全国高等院校新农科建设新形态规划教材·动物类　总主编 陈焕

兽医药理学

吕世明　王志强◎主编

西南大学出版社
国家一级出版社　全国百佳图书出版单位

图书在版编目(CIP)数据

兽医药理学/吕世明,王志强主编.--重庆：西南大学出版社,2024.10.--(全国高等院校新农科建设新形态规划教材).--ISBN 978-7-5697-2474-5

Ⅰ.S859.7

中国国家版本馆CIP数据核字第2024G95Z17号

兽医药理学

吕世明　王志强◎主编

出 版 人	张发钧
总 策 划	杨　毅　周　松

选题策划	杨光明　伯古娟
责任编辑	刘欣鑫　李　勇
责任校对	伯古娟
装帧设计	闰江文化
排　　版	黄金红
出版发行	西南大学出版社(原西南师范大学出版社)
网上书店	https://xnsfdxcbs.tmall.com
地　　址	重庆市北碚区天生路2号
邮　　编	400715
电　　话	023-68868624
印　　刷	重庆新荟雅科技有限公司
成品尺寸	210 mm×285 mm
印　　张	22.75
字　　数	607千字
版　　次	2024年10月　第1版
印　　次	2024年10月　第1次印刷
书　　号	ISBN 978-7-5697-2474-5
定　　价	68.00元

全国高等院校新农科建设新形态规划教材·动物类

编委会

总 主 编

陈焕春

(教育部动物生产类专业教学指导委员会主任委员、
中国工程院院士、华中农业大学教授)

副总主编

王志坚(西南大学副校长)

滚双宝(甘肃农业大学副校长)

郑晓峰(湖南农业大学副校长)

编　　委

——(以姓氏笔画为序)——

马　跃(西南大学)	马　曦(中国农业大学)
马友记(甘肃农业大学)	王　亨(扬州大学)
王月影(河南农业大学)	王志祥(河南农业大学)
卞建春(扬州大学)	邓俊良(四川农业大学)
甘　玲(西南大学)	左建军(华南农业大学)
石火英(扬州大学)	石达友(华南农业大学)
龙　淼(沈阳农业大学)	毕师诚(西南大学)
吕世明(贵州大学)	朱　砺(四川农业大学)
刘　娟(西南大学)	刘　斐(南京农业大学)
刘长程(内蒙古农业大学)	刘永红(内蒙古农业大学)

刘安芳(西南大学)	刘国文(吉林大学)
刘国华(湖南农业大学)	齐德生(华中农业大学)
汤德元(贵州大学)	孙桂荣(河南农业大学)
牟春燕(西南大学)	李　华(佛山大学)
李　辉(贵州大学)	李金龙(东北农业大学)
李显耀(山东农业大学)	杨　游(西南大学)
肖定福(湖南农业大学)	吴建云(西南大学)
邹丰才(云南农业大学)	冷　静(云南农业大学)
宋振辉(西南大学)	张妮娅(华中农业大学)
张龚炜(西南大学)	陈树林(西北农林科技大学)
林鹏飞(西北农林科技大学)	罗献梅(西南大学)
周光斌(四川农业大学)	封海波(西南民族大学)
赵小玲(四川农业大学)	赵永聚(西南大学)
赵红琼(新疆农业大学)	赵阿勇(浙江农林大学)
段智变(山西农业大学)	徐义刚(浙江农林大学)
卿素珠(西北农林科技大学)	高　洪(云南农业大学)
郭庆勇(新疆农业大学)	唐　辉(山东农业大学)
唐志如(西南大学)	涂　健(安徽农业大学)
剧世强(南京农业大学)	黄文明(西南大学)
曹立亭(西南大学)	崔　旻(华中农业大学)
商营利(山东农业大学)	董玉兰(中国农业大学)
蒋思文(华中农业大学)	曾长军(四川农业大学)
赖松家(四川农业大学)	魏战勇(河南农业大学)

本书编委会

主　编

吕世明（贵州大学）

王志强（扬州大学）

副主编

邹　明（青岛农业大学）

胡庭俊（广西大学）

俞道进（福建农林大学）

夏利宁（新疆农业大学）

林居纯（四川农业大学）

魏述永（西南大学）

编　委（以姓氏笔画为序）

王小莺（江西农业大学）	邹　明（青岛农业大学）
王立琦（贵州大学）	宋旭琴（贵州大学）
王志强（扬州大学）	张　楠（佛山大学）
吕世明（贵州大学）	张德显（佛山大学）
刘宝生（江西农业大学）	陈朝喜（西南民族大学）
刘宝涛（青岛农业大学）	林居纯（四川农业大学）
刘晓强（西北农林科技大学）	郑　寅（贵州大学）
李幸萍（河南科技大学）	胡庭俊（广西大学）
杨　帆（河南科技大学）	俞道进（福建农林大学）
杨　波（福建农林大学）	夏利宁（新疆农业大学）
杨　莉（新疆农业大学）	程　佳（山西农业大学）
肖　霞（扬州大学）	魏述永（西南大学）
何家康（广西大学）	

总序

农稳社稷，粮安天下。改革开放40多年来，我国农业科技取得了举世瞩目的成就，但与发达国家相比还存在较大差距，我国农业生产力仍然有限，农业业态水平、农业劳动生产率不高，农产品国际竞争力弱。比如随着经济全球化和远途贸易的发展，动物疫病在全球范围内的暴发和蔓延呈增加趋势，给养殖业带来巨大的经济损失，并严重威胁人类健康，成为制约动物生产现代化发展的瓶颈。解决农业和农村现代化水平过低的问题，出路在科技，关键在人才，基础在教育。科技创新是实现动物疾病有效防控、推进养殖业高质量发展的关键因素。在动物生产专业人才培养方面，既要关注农业科技和农业教育发展前沿，推动高等农业教育改革创新，培养具有国际视野的动物专业科技人才，又要落实立德树人根本任务，结合我国推进乡村振兴战略实际需求，培养具有扎实基本理论、基础知识和基本能力，兼有深厚"三农"情怀、立志投身农业一线工作的新型农业人才，这是教育部动物生产类专业教学指导委员会一直在积极呼吁并努力推动的事业。

欣喜的是，高等农业教育改革创新已成为当下我国下至广大农业院校、上至党和国家领导人的强烈共识。2019年6月28日，全国涉农高校的百余位书记校长和农业教育专家齐聚浙江安吉余村，共同发布了"安吉共识——中国新农科建设宣言"，提出新时代新使命要求高等农业教育必须创新发展，新农业新乡村新农民新生态建设必须发展新农科。2019年9月5日，习近平总书记给全国涉农高校的书记校长和专家代表回信，对涉农高校办学方向提出要求，对广大师生予以勉励和期望。希望农业院校"继续以立德树人为根本，以强农兴农为己任，拿出更多科技成果，培养更多知农爱农新型人才"。2021年4月19日，习近平总书记考察清华大学时强调指出，高等教育体系是一个有机整体，其内部各部分具有内在的相互依存关系。要用好学科交叉融合的"催化剂"，加强基础学科培养能力，打破学科专业壁垒，对现有学科专业体系进行调整升级，瞄准科技前沿和关键领域，推进新工科、新医科、新农科、新文科建设，加快培养紧缺人才。

党和国家高度重视并擘画设计，广大农业院校以高度的文化自觉和使命担当推动着新农科建设从观念转变、理念落地到行动落实，编写一套新农科教材的时机也较为成熟。本套新农科教材以打造培根铸魂、启智增慧的精品教材为目标，拟着力贯彻以下三个核心理念。

一是新农科建设理念。新农科首先体现新时代特征和创新发展理念，农学要与其他学科专业交叉与融合，用生物技术、信息技术、大数据、人工智能改造目前传统农科专业，建设适应性、引领性的新农科专业，打造具有科学性、前沿性和实用性的教材。新农科教材要具有国际学术视野，对接国家重大战略需求，服务农业农村现代化进程中的新产业新业态，融入新技术、新方法，实现农科教融汇、产学研协作；要立足基本国情，以国家粮食安全、农业绿色生产、乡村产业发展、生态环境保护为重要使命，培养适应农业农村现代化建设的农林专业高层次人才，着力提升学生的科学探究和实践创新能力。

二是课程思政理念。课程思政是落实高校立德树人根本任务的本质要求，是培养知农爱农新型人才的根本保证。打造教材的思想性，坚持立德树人，坚持价值引领，将习近平新时代中国特色社会主义思想、中华优秀传统文化、社会主义核心价值观、"三农"情怀等内容融入教材。将课程思政融入教材，既是创新又是难点，应着重挖掘专业课程内容本身蕴含的科技前沿、人文精神、使命担当等思政元素。

三是数字化建设理念。教材的数字化资源建设是为了适应移动互联网数字化、智能化潮流、满足教学数字化的时代要求。本套教材将纸质教材和精品课程建设、数字化资源建设进行一体化融合设计，力争打造更优质的新形态一体化教材。

为更好地落实上述理念要求，打造教材鲜明特色，提升教材编写质量，我们对本套新农科教材进行了前瞻性、整体性、创新性的规划设计。

一是坚持守正创新，整体规划新农科教材建设。在前期开展了大量深入调研工作、摸清了目前高等农业教材面临的机遇和挑战的基础上，我们充分遵循教材建设需要久久为功、守正创新的基本规律，分批次逐步推进新农科教材建设。需要特别说明的是，2022年8月，教育部组织全国新农科建设中心制定了《新农科人才培养引导性专业指南》，面向粮食安全、生态文明、智慧农业、营养与健康、乡村发展等五大领域，设置生物育种科学、智慧农业等12个新农科人才培养引导性专业，由于新的专业教材奇缺，目前很多高校正在积极布局规划编写这些专业的新农科教材，有的教材已陆续出版。但是，当前新农科建设在很多高校管理者和教师中还存在认识的误区，认为新农科就只是12个引导性专业，这从目前扎堆开展这些专业教材建设的高校数量和火热程度可见一斑。我们认为，传统农科和新农科是一脉相承的，在关注和发力新设置农科专业的同时，我们更应思考如何改造提升传统农科专业，赋予所谓的"旧"课程新的内容和活力，使传统农科专业及课程焕发新的生机，这正是我们目前编写本套新农科规划教材的出发点和着力点。因此，本套新农科教材，拟先从动物科学、动物医学、水产三个传统动物类专业的传统课程入手，以现有各高校专业人才培养方案为准，按照先传统农科专业再到新型引导性专业、先理论课程再到实验实践课程、先必修课程再到选修课程的先后逻辑顺序做整体规划，分批逐步推进相关教材建设。

二是以教学方式转变促进新农科教材编排方式创新。教材的编排方式是为教材内容服务的，以体现教材的特色和创新性。2022年11月23日，教育部办公厅、农业农村部办公厅、国家林业和草原局办公室、国家乡村振兴局综合司等四部门发布《关于加快新农科建设推进高等农林教育创新发展的意见》（简称《意见》）指出，"构建数字化农林教育新模式，大力推进农林教育教学与现代信息技术的深度融合，深入开展线上线下混合式教学，实施研讨式、探究式、参与式等多种教学方法，促进学生自主学习，着力提升学生发现问题和解决问题的能力"。这些以学生为中心的多样化、个性化教学需求，推动教育教学模式的创新变革，也必然促进教材的功能创新。现代教材既是教师组织教学的基本素材，也是供学生自主学习的读本，还是师生开展互动教学的基本材料。现代教材功能的多样化发展需要创新设计教材的编排体例。因此，新农科规划教材在优化完善基本理论、基础知识、基本能力的同时，更要注重以栏目体例为主的教材编排方式创新，满足教育教学多样化和灵活性需求。按照统一性与灵活性相结合的原则，本套新农科规划教材精心设计了章前、章（节）中、章后三大类栏目。如章前有"本章导读""教学目标""本章引言"（概述），以问题和案例开启本章内容的学习，并明确提出知识、技能、情感态度价值观的三维学习目标；章中有拓展教学方式类栏目、拓展教学资源类栏目，编者在写作中根据需求可灵活自由、不拘一格创设栏目版块，具有极大的创作空间；章后有"知识网络图""复习思考题""拓展阅读"等栏目形式，同样为编者提供了广阔的创新空间。不同册次教材的栏目根据实际情况做了调整。尽管教材栏目形式多样，但都是紧紧围绕三维教学目标来设计和规定的，每个栏目都有其明确的目的要义。

三是以有组织的科研方式组建高水平教材编写团队。高水平的编者具有较高的学术水平和丰富的教学经验，能深刻领悟并落实教材理念要求、创新性地开展编写工作，最终确保编写出高质量的精品教材。按照教育部2019年12月16日发布的《普通高等学校教材管理办法》中"发挥高校学科专业教学指导委员会在跨校、跨区域联合编写教材中的作用"以及"支持全国知名专家、学术领军人物、学术水平高且教学经验丰富的学科带头人、教学名师、优秀教师参加教材编写工作"的要求，西南大学出版社作为国家一级出版社和全国百佳图书出版单位，在教育部动物生产类专业教学指导委员会的指导下，邀请全国主要农业院校相关专家担任本套教材的主编。主编都是具有丰富教学经验、造诣深厚的教学名师、学科专家、青年才俊，其中有相当数量的学校（副）校长、学院（副）院长、职能部门领导。通过召开各层级新农科教学研讨会和教材编写会，各方积极建言献策、充分交流碰撞,对新农科教材建设理念和实施方案达成共识,形成本套新农科教材建设的强大合力。这是近年来全国农业教育领域教材建设的大手笔,为高质量推进教材的编写出版提供了坚实的人才基础。

新农科建设是事关新时代我国农业科技创新发展、高等农业教育改革创新、农林人才培养质量提升的重大基础性工程,高质量新农科规划教材的编写出版作为新农科建设的重要一环,功在当代,利在千秋!当然,当前新农科建设还在不断深化推进中,教材的科学化、规范化、数字化都是有待深入研究才能达成共识的重大理论问题,很多科学性的规律需要不断地总结才能指导新的实践。因此,这些教材也仅是抛砖引玉之作,欢迎农业教育战线的同仁们在教学使用过程中提出宝贵的批评意见以便我们不断地修订完善本套教材,我们也希望有更多的优秀农业教材面市,共同推动新农科建设和高等农林教育人才培养工作更上一层楼。

教育部动物生产类专业教学指导委员会主任委员
中国工程院院士、华中农业大学教授　陈焕春

前言

为反映兽药发展的新进展,适应新世纪我国高等教育和培养更高质量新农科人才的需要,深入实施新时代人才强国战略,西南大学出版社组织编写了本教材。

兽医药理学是动物医学专业一门重要的基础和桥梁学科。本教材内容包含了兽医药理学的基础理论、动物机体各系统药理、抗微生物药理、消毒防腐药理、抗寄生虫药理和特效解毒药理。旨在为教师和学生提供重点明确、知识点广泛且实用性强的教材,可用作动物医学、动物药学、制药工程等专业的教材或兽医临床应用的工具书。

本教材的创新与特色之处在于学习过程连贯统一、知识传授与时俱进、"素质—理论—实践"相结合三方面。学习过程连贯统一:各章设置了"本章导读"和"学习目标"为章前栏目,有助于学生提前预习和理解知识要点;同时设置"复习与思考""拓展阅读"为章后栏目,"复习与思考"中收集了近年来执业兽医资格证考试相关试题,有助于学生对所学知识的掌握。知识传授与时俱进:教材以中国兽药典和兽药质量标准为基础,删减了已禁止在兽医临床使用的药物,增加了新近批准上市的药物,对临床用药更具参考意义,同时更新了部分药物的耐药性、残留限量及休药期等内容。此外,教材配套了数字化资源,在有限的篇幅下丰富了知识内容,更新了传授方式。"素质—理论—实践"相结合:围绕知识与技能、过程与方法、情感态度与价值观学习目标,在理论知识中融入家国情怀、责任与担当、社会主义核心价值观等思政元素,数字资源中的"案例分析",旨在用理论去剖析实践问题,培养学生适应时代发展所需的核心素养和实践技能。

参加本教材编写的人员分工如下:俞道进、刘宝生、杨波负责绪论和第一章;胡庭俊、何家康负责第二章;邹明、刘宝涛负责第三章;王小莺负责第四章;魏述永负责第五章;杨帆、李幸萍负责第六章;张德显、张楠负责第七章;刘晓强负责第八章;陈朝喜负责第九章;程佳负责第十章;郑寅、吕世明负责第十一章;王志强、肖霞负责第十二章;林居纯负责第十三章;夏利宁、杨莉负责第十四章;宋旭琴、王立琦负责第十五章。本教材由吕世明教授、王志强教授主编,邹明教授、胡庭俊教授、俞道进教授、夏利宁教授、林居纯教授、魏述永副教授完成统筹策划及终审,他们从制定编写计划到定稿提出了许多建设性的意见。本教材的统稿、索引编写以及校对工作由贵州大学兽医药理学教研室负责,西南大学出版社为本教材的顺利出版给予了大力支持。在此谨向上述所有帮助本教材出版的人员和单位致以诚挚的谢意。

由于编者水平和能力所限,虽已竭尽所能,但仍可能存在一些疏漏,恳请读者批评指正。

编者

2025年1月

目录

绪论 ··· 001

第一章 总论 ··· 007
- 第一节 药物对机体的作用——药物效应动力学 ··· 009
- 第二节 机体对药物的作用——药物代谢动力学 ··· 018
- 第三节 药物作用的影响因素及合理用药 ··· 031
- 第四节 兽药管理 ··· 036

第二章 外周神经系统药理 ··· 041
- 第一节 肾上腺素能药 ··· 046
- 第二节 胆碱能药 ··· 053
- 第三节 骨骼肌松弛药 ··· 060
- 第四节 局部麻醉药 ··· 064
- 第五节 皮肤黏膜用药 ··· 068

第三章 中枢神经系统药理 ··· 073
- 第一节 镇静药和安定药 ··· 075
- 第二节 镇痛药 ··· 082

第三节 全身麻醉药……087
第四节 中枢兴奋药……095

第四章 血液循环系统药理……099
第一节 作用于心脏的药物……101
第二节 促凝血药和抗凝血药……110
第三节 抗贫血药……115

第五章 消化系统药理……117
第一节 健胃药与助消化药……119
第二节 抗酸药……124
第三节 止吐药和催吐药……126
第四节 增强胃肠蠕动药……127
第五节 制酵药与消沫药……128
第六节 泻药与止泻药……129

第六章 呼吸系统药理……135
第一节 祛痰药……137
第二节 镇咳药……139
第三节 平喘药……141

第七章 生殖系统药理……145
第一节 生殖激素类药物……147
第二节 子宫收缩药物……153

第八章 皮质激素类药理……157
第一节 糖皮质激素的药理作用……159
第二节 糖皮质激素常用药物……166

第九章　自体活性物质与解热镇痛抗炎药理 …………169

第一节　组胺及抗组胺药 …………………………171
第二节　前列腺素 …………………………………176
第三节　解热镇痛抗炎药 …………………………178

第十章　体液和电解质平衡调节药理 …………187

第一节　水盐代谢调节药 …………………………189
第二节　利尿药和脱水药 …………………………193

第十一章　营养药理 …………………………………199

第一节　矿物元素 …………………………………201
第二节　维生素和维生素类似物 …………………207

第十二章　抗微生物药理 …………………………215

第一节　抗生素 ……………………………………221
第二节　化学合成抗菌药 …………………………258
第三节　抗真菌药 …………………………………274
第四节　抗菌药的合理使用 ………………………275

第十三章　消毒防腐药理 …………………………279

第一节　环境消毒药 ………………………………282
第二节　皮肤、黏膜消毒药 ………………………289

第十四章　抗寄生虫药理 …………………………295

第一节　抗蠕虫药 …………………………………299
第二节　抗原虫药 …………………………………311
第三节　杀虫药 ……………………………………319

第十五章 特效解毒药理 ······ 327

第一节 有机磷中毒解毒剂 ······ 329
第二节 亚硝酸盐中毒解毒剂 ······ 331
第三节 氰化物中毒解毒剂 ······ 332
第四节 金属与类金属中毒解毒剂 ······ 334
第五节 有机氟中毒解毒剂 ······ 336

附录 ······ 337

主要参考文献 ······ 347

绪论

本章导读

兽医药理学是研究药物（本书一般是指兽药）与动物机体之间相互作用规律的学科。什么是药物？药物和毒物之间有什么关系和区别？兽医药理学的研究内容和任务是什么？兽医药理学的发展史又是怎样的？本章将逐一回答这些问题，帮助同学快速了解兽医药理学的发展背景，为后续的学习提供引导。

学习目标

（1）掌握药物、兽医药理学等基本概念以及兽医药理学的研究内容和任务。

（2）了解药理学和兽医药理学的发展史。

（3）了解兽医药理学对畜禽养殖业、食品安全和公共卫生的意义，培养合理用药意识。

知识网络图

```
绪论 ─┬─ 1.药物的基本概念 ─┬─ 药物
      │                    ├─ 毒物
      │                    ├─ 兽药
      │                    ├─ 药物来源
      │                    └─ 药物制剂
      │
      ├─ 2.兽医药理学的研究内容和任务
      │
      └─ 3.兽医药理学的发展简史
```

药物是用于预防、治疗及诊断疾病的化学物质,它们大多通过调节细胞和器官的功能而发挥作用。用于动物的药物称为兽药。药物与毒物之间没有明确的界限,因此合理用药至关重要。兽医药理学主要研究药物与动物机体之间相互作用的规律,是基础兽医学和临床兽医学之间的桥梁。兽医药理学的学科任务是培养学生学会合理用药,同时也为新兽药的研发奠定理论基础。兽医药理学伴随着药理学的发展而发展。

一、药物的基本概念

药物(drug)是能够调节细胞和器官功能,用于预防、治疗及诊断疾病的化学物质。用于动物的药物称为兽药(veterinary drug),兽药包括化学药品、中兽药和生物制品三大类。毒物(poison)是能够造成动物机体损害的化学物质。药物与毒物之间没有明确的界限,随着使用的目的、剂量和方法的不同,二者可相互转化。如地高辛能治疗慢性心功能不全,但治疗剂量出现偏差则极易引起中毒。同样,毒物也可成为药物,如具有溶血性毒性的蛇毒可以用于治疗血栓病。

药物可从天然的植物、动物、矿物和微生物发酵产物中提取,也可通过化学合成制得,还可利用细胞工程、基因工程等分子生物学技术制得。药物因治疗或预防的需要而制成了各种应用形式,称为药物剂型,简称剂型。剂型分为固体剂型(如片剂、丸剂等)、半固体剂型(如软膏剂、流浸膏等)、液体剂型(如注射液、口服液等)和气雾剂等。合理的剂型可提高药物的有效性、安全性、稳定性和运输、储存与使用的便利性。根据国家药品监督管理局批准的标准或其他规定的处方,将药物原料按某种剂型制成的具有一定规格的药物制品,称为药物制剂,简称制剂,如5%葡萄糖生理盐水注射液。

二、兽医药理学的研究内容和任务

兽医药理学(veterinary pharmacology)是研究药物与动物机体之间相互作用规律的学科,是为临床合理用药、防治疾病提供基本理论的学科。

兽医药理学是动物医学专业的一门重要专业基础课,是基础兽医学与预防兽医学、临床兽医学之间的桥梁学科。兽医药理学运用动物生理学、动物生物化学、兽医病理学、兽医微生物学和兽医免疫学等基础理论知识阐明药物作用机制、适应证(indication)和禁忌证(contraindication)。学习兽医药理学,未来的兽医师将学会合理用药,以提高药效、减少不良反应,避免食品动物的兽药残留,同时也为新兽药的研发奠定基础。兽医药理学不仅用于兽医学领域,还可用于比较生物科学、实验动物科学和比较药理学。

兽医药理学也是一门实验性的学科,其注重理论联系实际。兽医师应通过实践熟悉和掌握各类药物作用的基本规律,对重点药物要全面掌握其药理作用、作用机制、不良反应、临床应用与禁忌证,要掌握常用的药理实验方法和实验操作,养成严谨求实的科学精神和分析、解决问题的能力。

三、兽医药理学的发展简史

兽医药理学和药理学的发展密不可分。19世纪中后期，药理学逐渐发展为一门独立的现代学科，其先后经历了本草学阶段、药物学阶段和现代药理学阶段。

我国的本草学发展很早，我国最早的一部药物汇编——《神农本草经》可追溯至公元前，书中记载了约365种药物的性状及功效。唐朝出现了最早的一部药典——《新修本草》，收载的药物约844种，它比西方最早的《纽伦堡药典》要早八百多年。明朝李时珍历时30余年编著的《本草纲目》收录药物约1 900种，堪称一部药学巨著。喻本元和喻本亨编著的《元亨疗马集》是我国最早的兽医专著，收录药物和药方各400余条。

19世纪中期，生物化学家R.Buchheim建立了第一个真正致力于药理学研究的实验室，他也被Dorpat大学任命为第一位药理学教授。自此，药理学从药物学中分化出来，成为一门独立的学科。20世纪初，药理学迅速发展，1907年德国化学家Paul Ehrlich和同事成功合成了治疗梅毒螺旋体的特效药606(砷凡钠明)，开创了化学治疗学的先河，被称为"化学治疗之父"。他还提出了"受体"(receptor)这一概念，为药理学的发展指明了开创性的方向。

近几十年来，学科交叉融合发展，一些新的药理学分支学科又出现了，如免疫药理学、遗传药理学、量子药理学、药代动力学等。最近新成立的药物基因组学(pharmacogenomics)不仅阐明了药物的作用机制和本质作用，还揭示了生命过程中的各种细节。

兽医药理学的发展大致与药理学保持平行。18世纪60年代，法国、奥地利、德国和荷兰等地就已经建立了兽医学院。20世纪初期，一些兽医药物学及治疗学的教科书相继出版，但书中内容大多为植物药、矿物药和处方，没有提及药物对组织的作用及机制。1917年，美国康奈尔大学的H.J.Milks教授出版了《实用兽医药理学及治疗学》，在当时得到了广泛应用。因此20世纪20年代前后，兽医药理学成为独立学科。

我国兽医药理学建立于新中国成立之后。20世纪50年代初，我国一些农业院校设立了兽医专业，开始开设兽医药理学课程。1959年，我国第一部《兽医药理学》全国试用教材正式出版。改革开放之后，我国的兽医药理学迅猛发展，相关的科学研究蓬勃开展，新兽药的研制、开发也取得了突出的成就，这为保障我国畜牧业生产发展和公共卫生安全发挥了重要作用。

复习与思考

1. 构成药物的要素是什么？
2. 药物与毒物的区别是什么？二者间相互转化的条件是什么？

拓展阅读

扫码获取本章的复习与思考题、案例分析、相关阅读资料等数字资源。

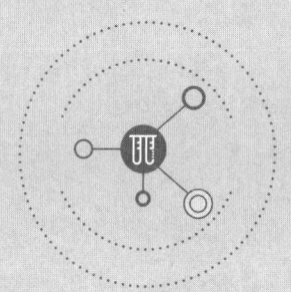

第一章

总论

本章导读

兽医药理学包括药物效应动力学和药物代谢动力学。前者研究药物对机体的作用,后者研究机体对药物的处置或作用。那么,药物对机体的作用有哪些特点?药物的化学结构、剂量和药理效应之间有什么关系?药物到底是怎样发挥作用?机体又是如何处置药物的?机体处置药物受到哪些因素的影响?如何运用数学模型定量地描述药物在体内的经时变化?影响药效的因素又有哪些?本章将一一解答这些问题。此外,本章也一并介绍了我国兽药管理的基本原则和政策。

学习目标

1.掌握药物作用的表现、方式、选择性、二重性、量—效关系和药物作用的受体机制,药物的体内处置过程及影响因素,药—时曲线、速率过程、房室模型等基本概念和基本参数。

2.了解我国兽药管理相关法规与政策,掌握我国兽药管理法规和政策,兽药行业发展相适应的特征。

3.培养辩证思维和合理用药意识。

知识网络图

- **总论**
  - **1. 药物效应动力学**
    - 药物的基本作用
    - 药物的构效关系
    - 药物的量效关系
    - 药物作用机制
  - **2. 药物代谢动力学**
    - 药物的跨膜转运
    - 药物的体内过程
    - 药物代谢动力学的基本概念
  - **3. 药物作用的影响因素及合理用药**
    - 药物因素
    - 动物因素
    - 饲养管理和环境因素
    - 合理用药原则
  - **4. 兽药管理**
    - 兽药管理的法规与兽药典
    - 兽药管理体制
    - 兽用处方药与非处方药的管理制度
    - 不良反应报告制度
    - 兽用生物制品的管理

兽医药理学包含药物效应动力学(pharmacodynamics)和药物代谢动力学(pharmacokinetics)两部分内容。前者简称药效学,研究药物对机体的作用规律,阐明药物防治疾病的原理;后者简称药动学,探讨机体对药物的处置(disposition)过程,即药物在机体内的吸收、分布、代谢和排泄。药物与机体之间的相互作用往往同时发生,相互影响。兽医药理学研究这两方面的内容旨在指导兽医师临床合理用药,同时也为研发新兽药和认识机体生命活动的本质提供科学依据。

第一节 药物对机体的作用——药物效应动力学

一、药物的基本作用

(一)药物作用的基本表现

药物作用(drug action)是药物与机体细胞之间的初始反应。药理效应(pharmacological effect)是继发于这种初始反应之后的机体生理、生化功能的改变。以去甲肾上腺素为例,它与血管平滑肌细胞上的α受体结合并激动该受体,随后激活腺苷酸环化酶,使细胞内环磷酸腺苷的浓度增加,这是药物作用;继而出现血管收缩、血压升高,这是药理效应。药物使机体某些组织和器官的生理、生化功能增强,这类药理效应称为兴奋(stimulation),相应的药物称为兴奋药(stimulant)。如咖啡因使大脑皮层兴奋,使心脏活动加强,属于兴奋药。反之,药物使机体某些组织和器官的生理、生化功能减弱,则分别称为抑制(depression)和抑制药(depressant)。如全身麻醉药能抑制中枢神经系统,属于抑制药。药物对不同的组织和器官可能有不同的作用,如咖啡因能兴奋心脏、增加心输出量,但对血管却起松弛的抑制作用。多数药物通过兴奋或抑制效应来调节机体的机能状态,使其恢复平衡,达到治疗疾病的目的;而化疗药物是通过抑制或杀灭体内外细菌、病毒、真菌、寄生虫、肿瘤等病原体,使机体的生理、生化功能恢复而呈现药理效应。

(二)药物作用的分类

药物通过不同方式对机体产生作用。

①局部作用(local action):药物被吸收入血之前在用药局部产生的作用,称为局部作用。例如皮肤

表面涂抹的碘酊对局部皮肤的消毒作用。

②吸收作用(absorptive action)：又称全身作用(general action)，指药物被吸收入血后在作用部位所发挥的作用。例如异氟烷通过肺部入血进入大脑皮层后会产生全身麻醉作用。

③直接作用(direct action)：又称原发作用(primary action)。例如强心苷类抗慢性心功能不全药能够直接兴奋心脏，增强心肌收缩力。

④间接作用(indirect action)：又称继发作用(secondary action)。例如强心苷兴奋心脏导致心输出量增加，肾血流量增加，尿量增加，表现出轻度利尿作用。

(三)药物作用的选择性

药物对某些组织、器官的作用特别强，而对其他组织的作用很弱甚至没有明显作用的现象称为药物作用的选择性(selectivity)。例如，去甲肾上腺素能够强烈收缩皮肤、黏膜的毛细血管和肾血管，但对骨骼肌血管和冠状动脉血管的作用很弱。药物作用的选择性受药物与不同组织或器官的亲和力、药物受体在体内分布和代谢酶类活力等因素的影响。通常，药物的选择性高、针对性强、不良反应少，则应用范围狭窄；若药物的选择性低、针对性差、不良反应多，则应用范围广。

(四)药物的治疗作用和不良反应

大多数药物在发挥治疗作用的同时，可使机体产生不同程度的不良反应，表现出好和不好的二重性，因此有"是药三分毒"的说法。

1.治疗作用(therapeutic action)

治疗作用是指药物能够产生与用药目的一致的、有利于机体康复和保持机体健康的作用。药物的治疗作用可分为对因治疗和对症治疗。对因治疗(etiological treatment)是指药物作用在引发疾病的原发致病因子上，中医称为治本，例如使用抗菌药物杀灭引起感染的病原微生物。对症治疗(symptomatic treatment)是指药物改善了疾病的症状，中医称为治标，例如使用布洛芬降低病毒性肺炎动物的体温。当机体出现严重的甚至可能危及生命的症状，如高热惊厥、急性心力衰竭时，应该首先进行对症治疗，待症状缓解后还需要进行对因治疗，根除病因。这与中医"急则治其标，缓则治其本"的原则相同。更多情况下，需要将对因治疗和对症治疗结合起来同时进行，以期达到"标本兼治"的效果。

2.不良反应(adverse reaction)

药物产生与用药目的无关或对机体有害的作用，称为不良反应。药物的不良作用或反应一般分为如下几种。

(1)副作用(side effect)

副作用是指药物在治疗剂量时产生的与用药目的无关的作用。其主要与用药目的和药物选择性的高低有关，用药前药物的副作用是可以预见的，一般选择性差的药物的副作用较为常见。例如阿托品能抑制腺体分泌，抑制胃肠蠕动，扩张瞳孔，兴奋心脏。其用于麻醉前给药时，产生抑制呼吸道腺体分泌的治疗作用，但同时产生的抑制胃肠蠕动、扩张瞳孔等其他作用就是副作用；其用于治疗胃肠绞痛时，产生抑制胃肠蠕动的治疗作用，而产生抑制腺体分泌的作用则为副作用。

(2)毒性作用(toxic effect)

毒性作用是指药物因使用剂量过大或用药时间过长在体内蓄积过多时引发的危害性反应。毒性作用一般比较严重,用药前是可以预见的,应该注意避免。短时间内(24 h内)摄入大量药物引起的中毒称为急性毒性(acute toxicity)。长期使用,药物在体内蓄积引起的中毒称为慢性毒性(chronic toxicity)。例如氨基糖苷类抗生素引起的肾毒性和耳毒性的反应,氯霉素引起的再生障碍性贫血等。有的药物及其代谢物还可以导致"特殊毒性",即致畸、致癌和致突变("三致"),如呋喃唑酮及代谢物可致癌和致突变,已被禁止用于食品动物。

(3)变态反应

变态反应(allergy)又称过敏反应,是机体对药物或其代谢物过敏,接触药物后出现的病理性免疫反应。用药前变态反应难以预知,其与药物本身的药理作用无关,使用药理拮抗剂治疗无效,往往需要使用组胺H_1受体阻断药、糖皮质激素、肾上腺素等药物治疗。

(4)继发性反应

继发性反应(secondary reaction),是药物作用后出现的一种不良反应。例如,四环素属于广谱抗菌药,长期使用会抑制动物肠道内对其敏感的菌群生长,破坏菌群平衡,使一些不敏感的细菌或者耐药的致病菌大量增殖,从而引起新的感染,这类继发性感染被称为"二重感染"。

(5)后遗效应

后遗效应(residual effect),是指停药后血药浓度低于阈浓度时仍然残存的药理效应。例如使用巴比妥类药物后,次日出现乏力、困倦等现象,也称为宿醉现象。后遗效应可能是药物与受体的牢固结合而靶器官内药物尚未消除,或者由药物造成不可逆的组织损害所致的。后遗效应不是全都对机体不利的,例如抗菌药后效应(postantibiotic effect,PAE)可以使抗菌药的作用时间延长。

二、药物的构效关系

药物的化学结构与药理效应之间存在密切的联系,即药物的构效关系(structure-response relationship)。多数情况下药物的化学结构相似,药物作用也相近,例如吗啡、二乙酰吗啡结构相似,都是阿片受体激动药;少数情况下化学结构相似但药物作用相反,如对氨苯甲酸是细菌合成叶酸的必需物质,而叶酸是细菌合成核酸过程中转运一碳基团的载体;磺胺药物与对氨苯甲酸的结构相似,其可以通过阻断细菌合成叶酸,从而阻碍细菌核酸合成而发挥抗菌作用。

另外药物的药理效应也与光学异构和晶型有关。一些化学结构相同的药物,其左旋异构体具有药理活性,而右旋异构体无作用。

三、药物的量效关系

药物剂量(或浓度)与效应之间的变化规律称为药物的量效关系(dose-response relationship)。

(一)药物剂量与效应

随剂量的不断增加,药理效应也逐渐增强,开始出现药理效应的剂量称为阈剂量(threshold dose)或最小有效量(minimal effective dose)。剂量小于阈剂量,不产生任何药理效应的剂量,称为无效量(ineffective dose);对50%个体有效的剂量,称为半数有效量(median effect dose,ED_{50});达到最大药理效应未出现毒性反应的剂量,称为极量(maximal dose);治疗剂量是在最小有效量与极量间,常处于临床疾病治疗的剂量范围内;能引起中毒的最低剂量,称为最小中毒量(minimal toxic dose);导致死亡的剂量,称为致死量(lethal dose);处于最小中毒量和致死量的剂量,称为中毒量;引起半数动物死亡的剂量,称为半数致死量(median lethal dose,LD_{50})。

(二)量效曲线

药物的量效关系可用量效曲线表示(图1-1)。以剂量为横坐标,以效应为纵坐标作图,可得到一条曲线,称量效曲线;若将横坐标改为剂量对数进行作图,则可得到一条对称的S形曲线,该图称为半对数图;S形量效曲线中近似曲线部分的坡度常用斜率表示,中间段的斜率最大,表示剂量的细微变化可引起药理效应的显著改变。量效曲线的横坐标,表示药物作用的强度,即该药物达到一定药理效应所需要的剂量。量效曲线的纵坐标,则说明药物作用的效能,即该药物所能达到的最大药理效应。

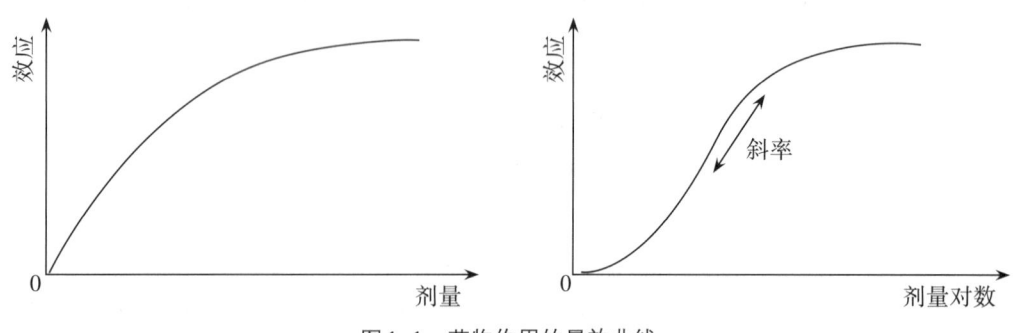

图1-1 药物作用的量效曲线

强度和效能是两个不同的概念,不能混淆。兽医临床考虑到药物的不良反应,所使用剂量是受到限制的,可能不足以达到最大效应,所以效能比强度更实用。以利尿药为例,环戊噻嗪比呋塞米强度更强,但呋塞米因为有更高的效能,是临床常用的高效利尿药(图1-2)。

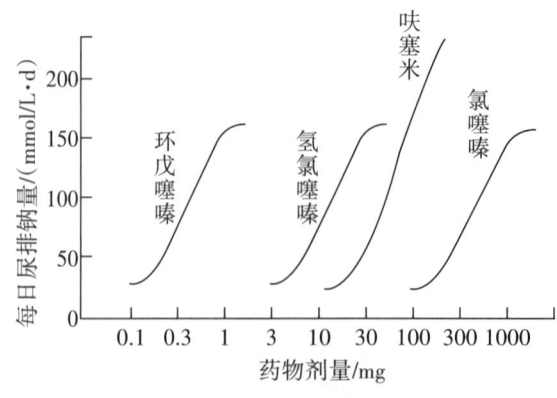

图1-2 利尿药的效能和强度

(三)量反应与质反应

量反应(graded response)是指药理效应的强弱可用具体数值或量的分级表示的反应,例如血压、心率、血糖、排尿量等。

质反应(qualitative response),又称全或无的反应(all or none response),是指药理效应随剂量或药物浓度增减而呈现质的变化,用有效或无效、存活或死亡、阳性或阴性来表示的反应。

如图1-3,以剂量或药物浓度的对数为横坐标,以阳性反应出现的频数为纵坐标作图,可得到呈现正态分布的质反应量效曲线;如果以剂量增加的累计阳性反应率为纵坐标作图,则可得到典型的S形累加量效曲线,其斜率表示群体中的药效学差异,并不表示动物个体从阈值到最大药理效应的剂量范围。

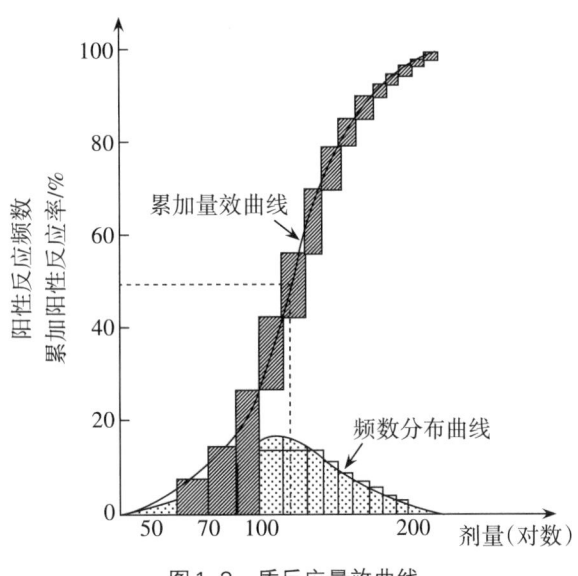

图1-3 质反应量效曲线

(四)药物安全性评价参数

治疗指数:半数致死量(LD_{50})除以半数有效量(ED_{50})的比值被称为治疗指数(therapeutic index,TI),常用于表示药物的安全性。TI值大的药物,安全性较大。但是,如果药物的有效量和致死量有重叠,用TI值评价安全性的药物并不可靠。如图1-4所示,在ED_{99}这个剂量下已有部分对药物敏感的个体出现了死亡。因此,有人提出以LD_5和ED_{95}的比值为安全范围(margin of safety),其用来评价药物的安全性更好。

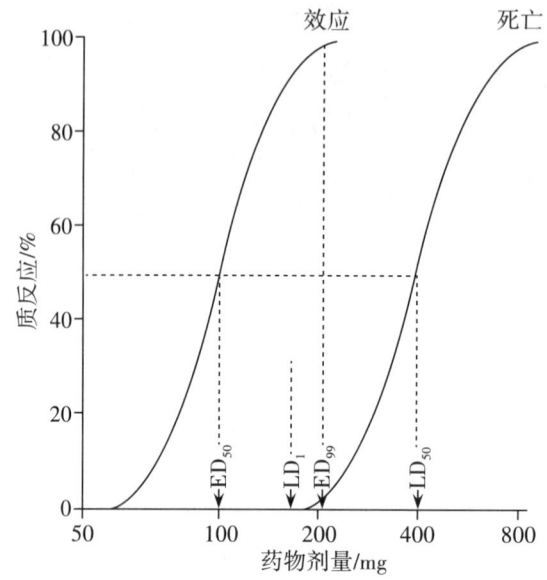

图 1-4　药物剂量与质反应的量效曲线

四、药物作用机制

药物作用机制主要研究药物在哪里起作用、如何起作用和为什么起作用的问题。阐明药物作用机制有助于理解药物治疗作用和不良反应,并为深入了解药物如何对机体生理、生化功能进行调节提供理论基础。药物的结构不同,其作用机制也各有差异。

(一)药物作用的受体机制

受体(receptor)是一类存在于细胞膜或细胞内,能准确识别配体并与之结合,通过信号转导与放大系统引起特定生理效应的生物大分子。配体(ligand)是能与受体特异性结合的生物活性物质,包括机体内固有的内源性活性物质和体外的外源性活性物质。内源性配体包括神经递质、激素、抗体、活性肽等,外源性配体包括药物和毒物等。受体与配体结合的部位称为受点。

1.受体与药物的相互作用

药物与受体结合形成药物—受体复合物后,具有内在活性的药物能够兴奋受体,无内在活性的药物可以阻断受体,从而产生相应的药理效应。

$$\text{药物}+\text{受体} \Longrightarrow \text{药物—受体复合物} \Longrightarrow \text{效应}$$

亲和力是指药物与受体结合的能力,药物通过离子键、氢键、范德瓦耳斯力、共价键与受体结合,进一步引发效应;内在活性(intrinsic activity,α)指药物与受体结合后,具有激活受体的效能。既有亲和力又有内在活性的药物称为受体的激动剂,具有亲和力但不具有内在活性的药物称为受体的阻断剂或拮抗剂。两种药物作用于同一受体,作用相反的现象称为竞争性拮抗;两种药物作用于不同受体,作用相反的称为非竞争性拮抗;具有一定的亲和力、内在活性介于激动剂和拮抗剂之间的药物,叫部分激动剂(partial agonist)。

2. 受体特性

受体特性主要有以下几种。

①高敏感性和高亲和力：含量极微的配体（10 pg/g组织）即可引起效应。

②高特异性：受体和配体的结合是特异性的结合，配体在结构上与受体应该是互补的。

③可饱和性：每个细胞的受体数量一定，配体与受体结合的剂量反应具有可饱和性，即当受体完全被配体占领时，再增加配体的数量并不会导致生理或药理效应增加。

④可逆性：受体和配体的结合是可逆的，结合在受体上的配体可以解离，恢复成结合前的形态，并保留原来的化学结构和性质。

⑤区域分布性：受体的分布与组织、细胞的类别有关，各类受体的分布呈现一定的区域特点。如N_1、N_2、β_1、β_2受体的分布，具有明显的区域特征。

3. 受体分类

（1）G蛋白偶联受体

G蛋白偶联受体（G-protein-coupled receptor）是通过G蛋白介导生物效应的细胞膜受体，单一肽链7次跨膜受体，细胞内有G蛋白结合区（图1-5）。该受体与配体结合后，细胞内cAMP增加或减少，引起兴奋或抑制效应。常见的G蛋白偶联受体有肾上腺素受体、阿片受体和前列腺素受体等。

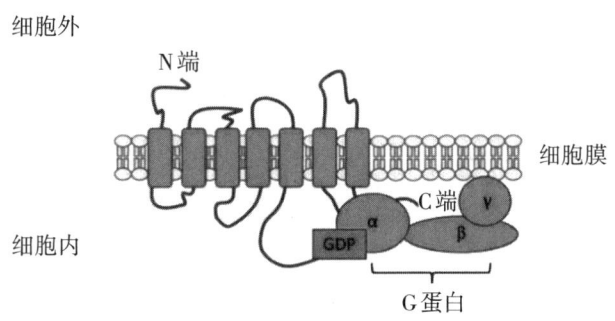

图1-5 G蛋白偶联受体示意图

（2）离子通道受体

离子通道受体（ion channel receptor）兴奋时离子通道开放，该受体通常位于细胞膜上，由多个亚基组成，每个亚基都有细胞外、细胞内和跨膜等3种结构域，每个亚基一般有4个跨膜区段，其中的部分区段组成离子通道（图1-6）。常见的离子通道受体有乙酰胆碱受体（ACh）、r-氨基丁酸受体、甘氨酸受体等。

（3）酪氨酸激酶受体

酪氨酸激酶受体（tyrosine kinase receptor）是一种跨膜糖蛋白，其被激动后能促进酪氨酸激酶残基的磷酸化，激活细胞内蛋白激酶，促进蛋白合成，产生使细胞生长分化等效应。常见此类受体如：胰岛素样生长因子、表皮生长因子、神经生长因子、血小板生长因子等的受体。酪氨酸激酶受体示意图如图1-7所示。

（4）细胞生长因子受体

细胞生长因子受体也是细胞膜受体，它由α和β两个亚基组成，前者与细胞因子的选择性、低亲和力结合有关,后者与信号转导、高亲和力结合有关,两个亚基均有单一的跨膜区。常见的细胞生长因子受体为白细胞介素受体、促红细胞生成素受体等。

(5)细胞核受体

细胞核受体有6个相同的结构区,依次为A至F区,自N端至C端排列。常见的细胞核受体包括甾体激素受体和甲状腺受体等。

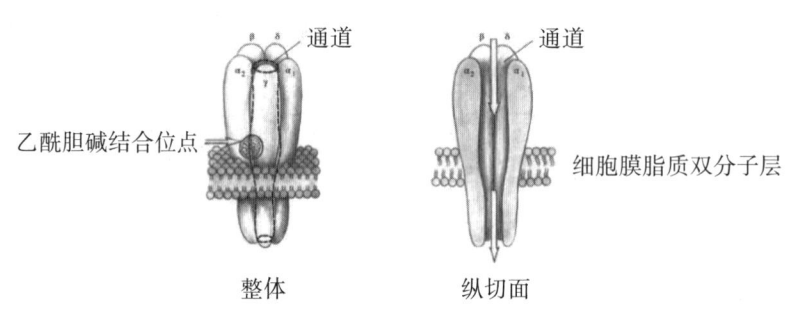

图1-6 乙酰胆碱N_2受体示意图

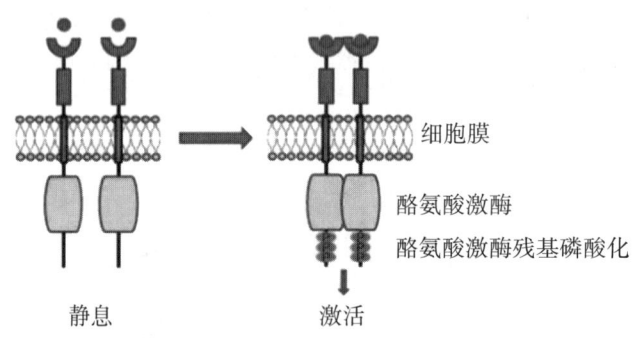

图1-7 酪氨酸激酶受体示意图

4.受体的调节

受体的数量、亲和力和效应受到各种生理、药物和病理因素的调节。受体的调节是维持机体内环境稳定的重要因素,其调节方式包括受体脱敏和受体增敏两种方式。受体脱敏(receptor desensitization)又称向下调节(down-regulation),是指受体长期反复与激动剂接触后,组织细胞对激动剂的敏感性和反应性下降的现象。其机制可能与受体磷酸化、受体内移和受体间的反馈调节机制有关。受体增敏(receptor hypersensitization)又称向上调节(up-regulation),是受体长期反复与拮抗药接触,表现出受体数目增加或对药物敏感性升高的现象。如长期使用β-肾上腺素受体阻断药普萘洛尔能够降低血压,突然停药会导致血压出现"反跳"现象。

5.受体学说

有关药物配体和受体之间的相互作用,不少学者提出了某些假说和模型。

(1)占领学说

占领学说由Clark提出,他认为受体只有与药物结合才能被激活并产生效应,药物效应的强度与被激活的受体的数量成正比,当受体全部被激活时会产生最大药理效应,药物浓度与效应关系服从质量作用定律,药物与受体的结合是可逆的。

(2)速率学说

速率学说由Paton提出,他认为药物的药理效应取决于药物分子与受体结合或解离的速率,也就是说,药物与受体结合或解离的速率越大,产生的药理效应越强。激动剂的结合速率和解离速率都很快,且解离速率大于结合速率;拮抗剂则结合速率快,解离速率慢;部分激动剂则具有中等的解离速率。

(3)诱导契合学说

诱导契合学说由Koshland提出,其根据是药物与受体、底物与酶相互作用可引起受体或酶发生显著的构象变化这一现象。他认为药物与受体就像"钥匙与锁"一样,二者结合会引起受体构象改变,进而产生药理效应。

(4)二态模型学说

二态模型学说由Monod提出,他认为受体有两种状态:一种是活化态,有内在活性;另一种是静息态,没有内在活性。二者可以相互转变,处于动态平衡。平衡趋向的改变取决于药物对活化态和静息态受体的亲和力。激动剂对活化态受体的亲和力更大,平衡趋向于活化态受体,产生激动效应。部分激动剂对活化态受体的亲和力仅比静息态受体的亲和力稍大一些,即使有足够的剂量,也只能产生较小的效应;拮抗剂与静息态受体结合,平衡趋向于静息态受体,产生拮抗效应。

(二)药物作用的非受体机制

①药物通过物理或化学作用产生药理效应。与受体机制不同,这些药物作用的机制往往是非特异性的。例如口服高浓度硫酸镁,它具有升高肠道内渗透压的作用,从而导泻;口服抗酸药碳酸氢钠可以中和胃酸,从而治疗消化性溃疡;去铁胺与铁离子结合,形成易溶于水的复合物,被排出体外,可用于铁中毒的解救等。

②药物通过补充机体缺乏的物质(维生素、激素等)达到治疗疾病的目的。例如右旋糖酐铁可治疗哺乳仔猪贫血。

③药物通过影响细胞膜上非受体调控的离子通道产生药理效应。例如普鲁卡因通过阻断感觉神经细胞膜上的Na^+通道,产生局部麻醉效果;硝苯地平通过阻断血管平滑肌细胞膜上的Ca^{2+}通道,扩张血管降低血压。

④药物通过影响核酸代谢发挥药理作用。例如磺胺类抗菌药能够干扰细菌叶酸代谢,抑制核酸合成,发挥抑菌作用;氟喹诺酮类抗菌药能够抑制DNA回旋酶发挥杀菌作用。

⑤药物通过影响神经递质或体内活性物质发挥药理作用。例如利血平耗竭囊泡内的去甲肾上腺素,而降低血压;新斯的明抑制胆碱酯酶,提高乙酰胆碱在神经肌肉接头中的浓度而治疗重症肌无力;阿司匹林抑制前列腺素,合成而降低体温;等等。

⑥药物通过影响免疫机能达到治疗目的。如糖皮质激素可抑制免疫系统,左旋咪唑有免疫增强作用等。

⑦药物直接作用于酶,改变机体的生理、生化机能。例如咖啡因抑制磷酸二酯酶,发挥兴奋中枢神经系统的作用;解磷定可恢复胆碱酯酶活性,对抗有机磷中毒;等等。

第二节 机体对药物的作用——药物代谢动力学

一、药物的跨膜转运

(一)生物膜

生物膜是细胞膜和细胞器膜的总称。1972年,Singer和Nicolson提出了液态镶嵌模型,认为生物膜由脂质双分子层组成,上面镶嵌了一些具有特定功能的蛋白质(图1-8)。脂质双分子层的脂质分子中亲水的磷脂头部朝外,亲脂的脂肪酸尾部朝内,一些镶嵌在脂质双分子层上的蛋白质具有物质交换的功能,例如载体蛋白(carrier protein)和通道蛋白(channel protein)。药物在体内转运过程中需要跨过一系列的生物膜(biological membrane),称为跨膜转运。例如口服给药后,药物需要跨过小肠黏膜上皮细胞入血,巴比妥类药物需要跨过血脑屏障才能进入脑组织。

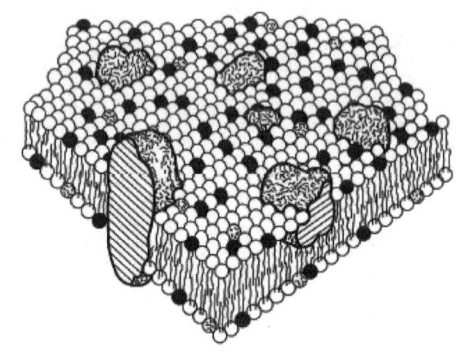

图1-8 生物膜结构示意图

(二)药物转运的方式与分子机制

药物因分子大小、脂溶性和电荷的不同,采取的跨膜转运方式也有所差异。药物主要的转运方式有被动转运、主动转运、易化扩散、胞饮/吞噬作用、离子对转运等。其中,被动转运中最主要的方式是简单扩散。

1.被动转运(passive transport)

被动转运是药物按顺浓度梯度通过细胞膜进行转运的过程,主要包括简单扩散和滤过。

(1)简单扩散

简单扩散是指药物按顺浓度梯度跨过脂质双分子层的转运方式。此转运方式不需要载体协助,无饱和现象,不消耗能量,是药物跨膜转运的主要方式,转运速率受到膜面积、药物的亲脂性和细胞膜两侧浓度差的影响。大多数药物是有机弱酸或有机弱碱,所处环境pH和药物pK_a会影响它们的解离程度。一般来说弱酸性药物在碱性环境中解离增加,碱性药物在酸性环境中解离也增加。如图1-9所示,有机弱酸HA在体液中会发生一定程度的电离,解离形成A^-,解离后其脂溶性下降,简单扩散的跨膜转运速率下降。当药物转运达到平衡时,在解离度较高一侧有更高的药物总浓度(解离型+非解离型),这种现象称为离子陷阱机制(ion-trapping mechanism)。

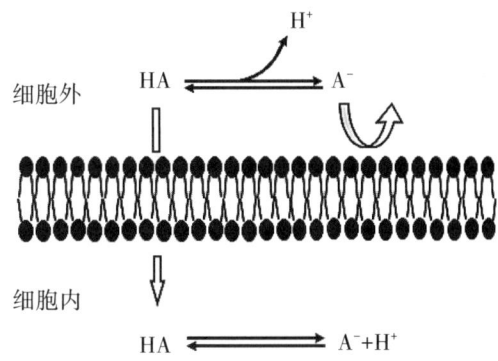

图1-9 周围环境pH影响有机弱酸的跨膜转运示意图

(2)滤过

滤过(filtration):小分子药物(相对分子量150~200)通过细胞膜的水通道转运,转运受流体静压或渗透压的影响。不同组织,其细胞膜水通道的直径有所不同,如肾小球和骨骼肌的毛细血管膜亲水通道直径较大,肌内注射的亲水药剂比亲脂药剂的吸收快,亲水药剂易于通过肾小球毛细血管的亲水通道,并滤过至肾小管中而排泄。

2. 主动转运(active transport)

主动转运是一种载体介导的逆浓度梯度转运药物的方式,需要载体参与,转运过程耗能,并有饱和现象和同一载体的药物间的竞争抑制现象。例如,青霉素和呋塞米都是有机弱酸,共用有机弱酸主动转运系统(载体),联合用药时它们就会出现竞争抑制。主动转运对药物在体内的不均匀分布和肾排泄有非常重要的意义。

3. 易化扩散(facilitated diffusion)

易化扩散又称促进扩散,是一种载体介导的顺浓度梯度转运药物的方式,转运过程中有饱和现象和竞争抑制现象,但不需要消耗能量。维生素B_{12}在肠道的吸收过程就是一种典型的易化扩散。

4. 胞饮/吞噬作用(pinocytosis/phagocytosis)

胞饮/吞噬作用是指细胞膜通过主动变形把一些大分子量的药物摄入细胞内。胞饮/吞噬作用基于细胞膜具有流动性的特点。

5. 离子对转运（ion pair transport）

离子对转运适合一些高度解离的化合物。如磺胺类药物和某些季铵盐，它们可能在胃肠道内与有机阴离子黏蛋白形成中性的离子对复合物。该复合物具有亲水和亲脂特性，可以通过被动扩散的方式跨膜转运而被吸收。这种转运方式叫离子对转运。

二、药物的体内过程

药物从进入机体至排出体外的过程称为药物的体内过程（图1-10），它包括药物的吸收、分布、代谢和排泄。药物的分布、代谢和排泄称为机体对药物的处置，药物的代谢和排泄又称药物的消除。

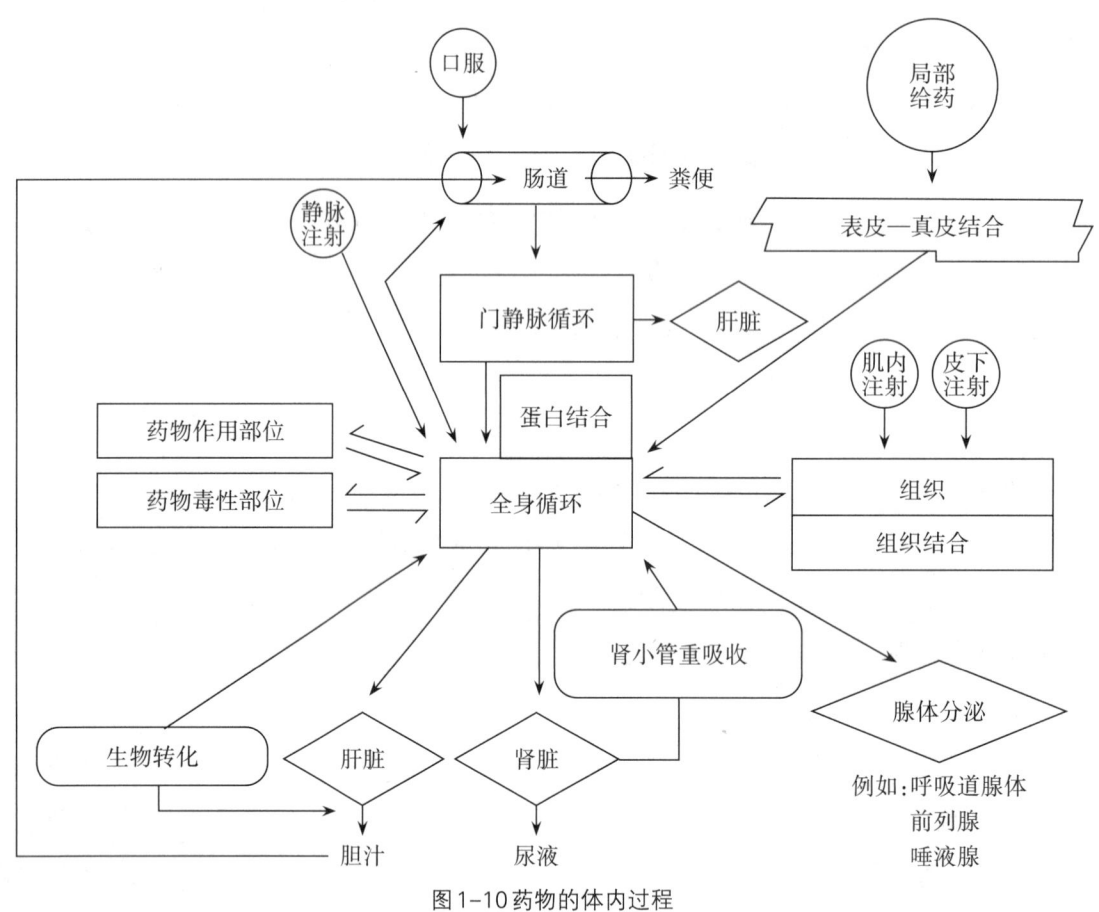

图1-10 药物的体内过程

（一）吸收

吸收是指药物从给药部位进入血液循环的过程。给药途径不同，药物的吸收速率和程度也有所差异。一般认为，除血管内给药外（如静脉注射），其他给药途径均有吸收过程。下面讨论给药途径不同时，药物的吸收过程。

1. 口服

口服是兽医临床常见的给药方式。口服药物的主要吸收部位是小肠，小肠肠腔内有巨大的吸收表面积（图1-11）和丰富的血液供应。口服药物吸收的影响因素如下。

①药物的理化性质，一般认为分子小、脂溶性高、解离度低的药物易被吸收。

②药物的剂型,溶液剂比片剂或胶囊剂等固体制剂的吸收快。

③吸收环境,多数情况下口服给药时,胃的排空和肠蠕动慢、肠内容物少时药物的吸收较快。

④胃肠液的pH,弱酸性药物易在胃内被吸收,碱性药物易在小肠被吸收。

⑤胃肠内药物间的相互作用,四环素能与食物中多种金属离子结合,如Ca^{2+}、Mg^{2+}、Al^{3+}等,可延缓吸收。

⑥首过消除现象。药物经胃肠道吸收后,先随血液流经门静脉进入肝脏,然后进入全身血液循环。但有些药物在内服后进入体循环之前,其在胃肠道或肝脏被代谢灭活,进入体循环的实际药量减少,称为首过消除。硝酸甘油、普萘洛尔、利多卡因、吗啡等具有明显的首过消除现象。

⑦消化道疾病可影响药物的吸收,例如维生素B_{12}需要借助小肠黏膜上皮细胞中的内因子才能被吸收,肠道感染致小肠(图1-11为小肠的结构特点)上皮细胞脱落可显著影响维生素B_{12}的吸收。

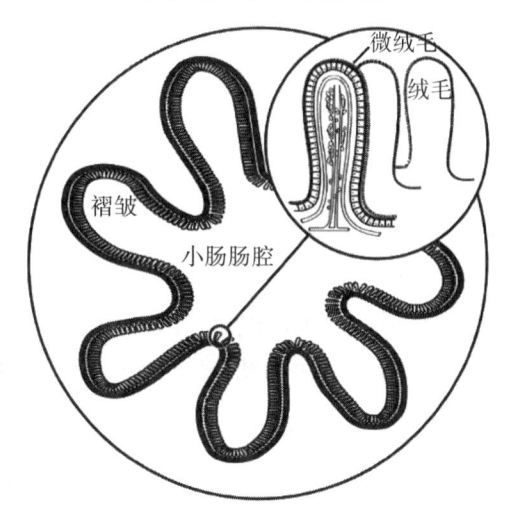

图1-11 小肠的结构特点

2. 注射给药

注射给药主要包括静脉注射、静脉输注、肌内注射、体腔(腹腔、脑室、关节腔等)注射、皮内注射和皮下注射。

静脉注射是指药物直接进入血液循环。目前其被认为没有药物吸收过程,该方式可使药物起效较快。

静脉注射以外的注射给药,有药物吸收的过程。注射部位的血液灌流量大、药物水溶性高和分子量小则吸收快。

3. 呼吸道给药

其往往用于挥发性液体麻醉药和气体以及气雾剂型药物的给药。由于肺泡血液供应充足、肺泡壁薄和吸收表面积大,因此呼吸道给药可使药物吸收迅速、起效快。

4. 皮肤给药

浇淋剂、乳膏剂等涂抹在皮肤表面后,药物首先从制剂基质中被释放出来,然后穿过角质层、表皮、真皮和皮下组织,扩散进入毛细血管被吸收。皮肤给药时药物的吸收速率与药物理化性质、制剂类型和角质层有关,目前的浇淋剂经皮肤给药最好的生物利用度不足20%。

(二)分布

分布是药物随循环系统被转运到各组织器官的过程。药物进入血液后,首先药物与血浆蛋白(白蛋白、α_1-酸性糖蛋白、脂蛋白等)发生可逆的结合,形成结合态血浆蛋白—药物复合体,与游离态药物一起随血液循环分布到全身,游离态药物透出血管在作用部位发挥作用,结合态的药物不能透出血管,成为药物暂时储存部分。当血液中游离态药物浓度降低时,结合态的药物会转化为游离态药物。

影响药物分布的因素如下。

①药物的理化性质,一般脂溶性高、解离度低、分子量小的药物易透过血管,药物在血液中浓度低,则在组织中的浓度较高。

②组织器官的血流灌流量,组织器官血流灌流量越高,组织中浓度越高。心脏、肝脏、肾脏、大脑等脏器的血流灌注流量大,药物在这些脏器中分布较快、浓度较高;肌肉、脂肪、皮肤等次之,骨骼、脂肪等血流灌流量最少,药物分布较慢,浓度较低。

③药物对组织的亲和力。药物对某些组织器官的亲和力越高,药物浓度越高。如庆大霉素易在肾脏中蓄积,四环素在骨骼和牙齿中沉积。

④血浆蛋白结合率。药物与血浆蛋白结合率越高,其在血液中的浓度越高,在血管外组织中的浓度越低。药物与血浆蛋白的结合具有饱和性,由于体内血浆蛋白的总量相对恒定,当两者结合饱和后,再增加药物的剂量会使血液中游离态药物浓度迅速增大,容易引起中毒。同时,因药物之间存在结合竞争现象,低结合率的药物会被高结合率药物从血浆蛋白中置换出来,使游离态药物大量增加,引发毒性反应。

5.组织屏障

一些体内的特殊屏障可影响药物的分布,如血脑屏障、胎盘屏障、血眼屏障、血睾屏障等。

①血脑屏障是脑部毛细血管上皮细胞、紧密连接、基底膜、神经胶质细胞构成的血液和脑组织之间的屏障(图1-12)。一些分子量大、脂溶性低的药物难以达到脑内。脑部炎症、幼年动物(血脑屏障发育不完整)血脑屏障的通透性高,有些高水溶性药物可以通过该屏障。如高水溶性的青霉素可有效治疗奈瑟菌引起的脑膜炎。

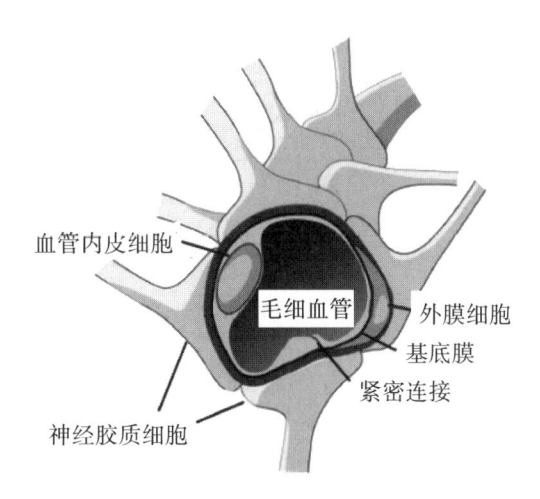

图 1-12 血脑屏障示意图

②胎盘屏障是胎盘绒毛血流与子宫血窦之间的屏障,母体里的药物需要透过胎盘才能进入胎儿,因此进入胎儿的药物需要较长时间。但大多药物均可进入胎儿体内,只是浓度和快慢不同。所以在妊娠期间,应特别注意某些药物进入胎儿体内引起的毒副作用。

(三)代谢

代谢,又称生物转化,是药物在体内发生化学变化生成代谢物的过程。大多数药物经过代谢后形成分子量更大、极性更强(水溶性更高)的代谢物,易于经尿液或胆汁排出。

1.代谢过程

药物在体内的代谢可分为Ⅰ相代谢和Ⅱ相代谢两步。

Ⅰ相代谢包括氧化、还原和水解反应。氧化反应常见的有侧链烷基、醛(酮)基、胺基和杂原子的氧化反应。还原反应常见的有脱卤还原反应、硝基还原反应和醛酮还原酶参与的还原反应。水解反应包括酯类、酰胺类、芳烃类、烯烃类和肽类药物的水解。

Ⅱ相代谢为结合反应,主要是药物或Ⅰ相代谢的产物与葡萄糖醛酸、硫酸、氨基酸和谷胱甘肽等内源性强极性物质相结合,形成分子量更大、极性更高的产物。

不同药物在体内代谢的过程不同,多数药物经历Ⅰ相和Ⅱ相代谢,有的药物则只发生Ⅰ相或Ⅱ相代谢,还有一些药物不发生代谢,以原形排出体外(如青霉素)。

大多数药物经过生物转化后药理活性降低或消失,称为代谢灭活(metabolic inactivation),如硝酸甘油生物转化后生成二硝基甘油、单硝基甘油和甘油,扩血管活性逐渐降低至完全消失。部分药物经过生物转化后药理活性反而增强,称为代谢活化(metabolic activation),如恩诺沙星可转化为环丙沙星,后者抗菌活性更强。有一些药物,本身没有药理活性,但进入体内转化为有药理活性的药物,这样的化合物称为前药,如百浪多息可转化为磺胺。另外,还有部分药物经过生物转化后成为毒性较高的产物,如异烟肼转化为乙酰肼,后者有明显的肝毒性。也有一些药物生成难以排出的代谢物,造成排泄器官机械性损伤,如磺胺类药物代谢物在肾脏析出结晶。

2. 药物代谢酶

药物代谢的主要器官是肝脏，此外血浆、肾、肺、脑、皮肤、胃肠黏膜和胃肠道微生物也能让部分药物进行生物转化。

(1) 药酶

药物在体内的生物转化是在各种酶的催化作用下完成的，参与药物生物转化的酶称为药物代谢酶，简称药酶。微粒体药物代谢酶系是体内主要的药酶，可催化氧化、还原或水解、结合等反应。其中最重要的是细胞色素P-450混合功能氧化酶系，又称单加氧酶。除微粒体药物代谢酶系外，少数药物在体内的代谢也由非微粒体药酶系统催化。如琥珀酰胆碱和普鲁卡因在血浆中的假性胆碱酯酶催化下发生水解，肾上腺素和去甲肾上腺素可以在线粒体中的单胺氧化酶催化下氧化成醛。此外，体内微生物也能让部分药物进行生物转化。

(2) 药酶的诱导与抑制

有些药物能促进药酶的合成或增强酶的活性，称为酶的诱导。现已发现有200余种药物具有诱导肝药酶的作用，它们可加快本身或其他药物的代谢速率，降低药效，是药物产生耐受性的重要原因。相反，某些药物可使药酶的合成减少或酶的活性降低，称为酶的抑制，其具有降低本身或其他药物的代谢速率的作用，如：有机磷杀虫剂、氯霉素、乙酰苯胺、异烟肼、对氨水杨酸等。因此，在临床上联合用药时应注意是否有酶的诱导剂和抑制剂，避免治疗失败或出现毒性反应。

3. 药物在体内代谢的影响因素

①生理因素，如年龄、性别、种属、种族、个体差异。幼年、老年或肝脏功能不全的动物，由于它们对某些药物代谢清除的能力偏低，用药需要调整剂量。

②药物方面的因素，如给药途径、剂量和剂型的影响。普通制剂比缓释制剂释放得更快，可引起代谢饱和现象，有更高的生物利用度。

③药物之间的相互作用，主要指受药酶诱导剂和抑制剂的影响。

④饮食因素。有研究发现大鼠在饥饿状态下，体内氨基比林-N-去甲基酶的活性会显著提高；葡萄、柚子中含有的黄酮类化合物能抑制机体胃肠道上皮细胞CYP3A4对硝苯地平等药物的首过消除作用，可显著提高生物利用度。

(四) 排泄

排泄是药物及其代谢物通过排泄器官或分泌器官排出体外的过程。药物的排泄与药效和毒副作用密切相关：药物排泄快，药效维持时间短；药物排泄慢，药物在体内驻留时间长，易蓄积而产生毒副作用。药物排泄通常是一级速率过程，但若有易化扩散或主动转运过程参与药物排泄，也可能出现非线性动力学过程。肾是药物排泄的主要器官，此外胆汁、乳腺、肺、唾液腺和汗腺也可进行排泄。

1. 肾排泄

肾排泄是高极性药物或代谢物的主要排泄途径。

(1) 排泄过程

药物及其代谢物随血液进入肾小球,从肾小球毛细血管上皮细胞之间的间隙滤过进入肾小管中,形成小管液。在肾脏中浓缩形成终尿,高极性(低脂溶性)药物跨膜转运难,停留在终尿中时浓度较高,最后随尿排出;低极性(高脂溶性)药物由于跨膜转运容易,在肾小管中可通过被动扩散的方式被重吸收入血(肾小管重吸收),排泄较慢;还有些药物可以通过肾小管分泌机制进入肾小管进行分泌,如青霉素的排泄(图1-13)。

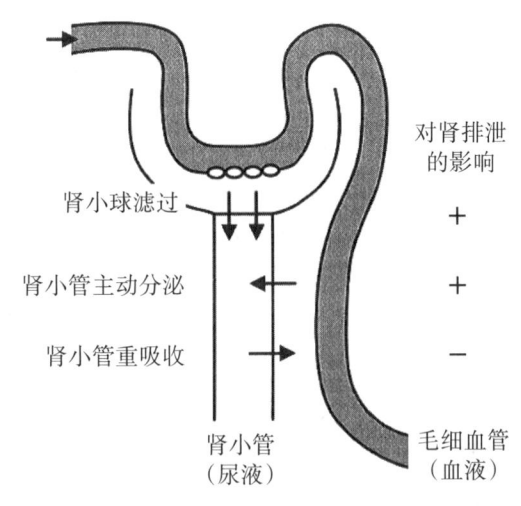

图1-13 药物肾排泄的过程

(2) 药物肾排泄的影响因素

药物肾排泄的影响因素有肾血流量、尿液pH、药物间的影响和肾功能状态等。增加肾血流量可增加肾的滤过量,如咖啡因、强心药、扩血管药可改善高肾血流量;一般碱性药物在肉食动物(其尿液呈酸性)体内排泄快,碱性药物在草食动物(其尿液呈碱性)体内排泄快;利用同一载体转运的两种药物同时使用时,会出现竞争抑制,影响排泄,如青霉素和丙磺酸同时使用时可抑制青霉素的排泄;肾衰会延缓药物的排泄,易造成药物中毒。

2. 胆汁排泄

胆汁排泄也是某些具有较大分子量、高极性药物的排泄方式。药物、Ⅰ相代谢物和某些内源性物质在肝脏内与葡萄糖醛酸结合,然后随胆汁排泄。不同种属动物胆汁排泄药物的能力存在差异,犬、鸡较强,猫、绵羊中等,兔和恒河猴较差。有些药物及其代谢物随胆汁排泄入肠道后,可能被重吸收进入血液,形成肠肝循环(图1-14)。进入肠肝循环的药物,其排泄速率减小,血药浓度—时间曲线会出现"双峰"现象(图1-15)。

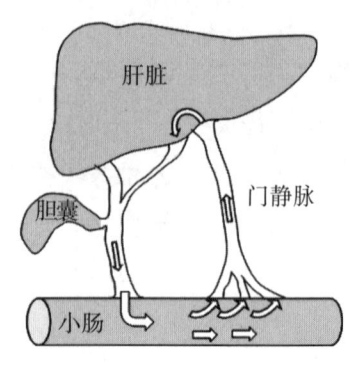

图1-14 药物的肠肝循环

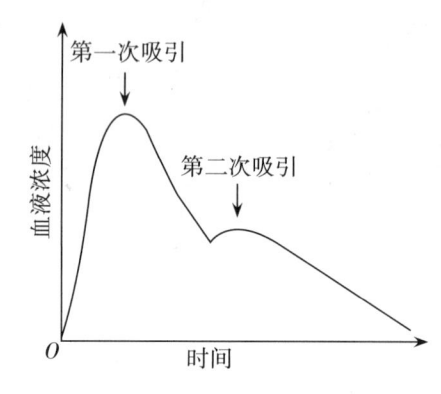

图1-15 肠肝循环的"双峰"现象

3.乳腺排泄

大部分药物均可随乳汁排出，此种方式的机制一般为被动扩散机制。由于乳汁的pH比血浆低，所以碱性药物在乳汁中的浓度要高于血浆，酸性药物则正好相反。例如红霉素和甲氧苄啶为弱碱性药物，静脉注射后其在乳汁中的浓度比在血浆中的更高；青霉素G和磺胺二甲嘧啶为弱酸性药物，在乳汁中的浓度比在血浆中的更低。抗菌药物和抗寄生虫药物可在乳汁中残留，危害食品安全。使用时需要进行残留监控，养殖企业用药应该严格遵守弃奶期。

三、药物代谢动力学的基本概念

药物代谢动力学（简称药动学）是研究药物或代谢物在体内的浓度随时间而变化的规律的一门学科。它是药理学与数学相结合的学科，用数学模型描述观测值并预测药物在体内的数量（浓度）、部位和时间三者之间的关系，为临床合理用药提供定量依据，也为新药研发和药物的临床评价提供客观的标准。此外，药动学也是研究临床药理学、药剂学和毒理学等学科的重要手段。

（一）血药浓度与药时曲线

1.血药浓度

血药浓度一般指血浆中的药物浓度，是体内药物浓度的重要指标。它虽然不是药物在作用部位的浓度，但是与作用部位的药物浓度及药理效应呈正相关关系。同时，血浆中药物的浓度随时间变化也能反映药物在体内的吸收、分布、生物转化和排泄过程的变化规律。除血浆外，尿液、唾液、乳汁、某些组织液也可用于研究体内药物的动态变化。

2.血药浓度与药物效应

血药浓度与药物效应的关系密切相关，药物剂量与药物效应的关系因动物种属而不同。一些药物在不同种属间的有效剂量差异很大，但出现药效时血药浓度的差异很小，因此，药物效应的种属差异是药物处置或药动学不同引起的，例如一种垂体促性腺激素抑制剂，其种属间的有效剂量差异可达250倍，但有效血药浓度均接近，约为3 μg/mL。

3.血药浓度—时间曲线

血药浓度—时间曲线是以时间为横坐标，以血药浓度为纵坐标绘制的曲线（图1-16），它反映了药物在体内连续变化的动态过程,用于定量分析体内药物动态变化与药理效应的关系。

非静脉注射给药的血药时浓度—时间曲线可分为药效的潜伏期、持续期和残留期。潜伏期是给药后到开始出现药效的时间,但快速静脉注射给药一般无潜伏期。持续期是指药物维持有效血药浓度的时间。残留期是指体内药物已经低于有效血药浓度,但尚未完全从体内消除的时间。持续期和残留期的长短均与消除速率有关。残留期长的药物,既要考虑长期用药后药物在体内蓄积导致的毒副作用,又要考虑用于食品动物后应制定较长的休药期,避免药物残留。

血药浓度—时间曲线的最高点称为峰浓度(peak concentration),达到峰浓度的时间称为达峰时间(peak time)。在曲线的上升段,药物吸收的速率大于分布速率、消除速率;在最高点,吸收速率等于分布速率、消除速率;在下降段,吸收速率小于分布速率、消除速率。

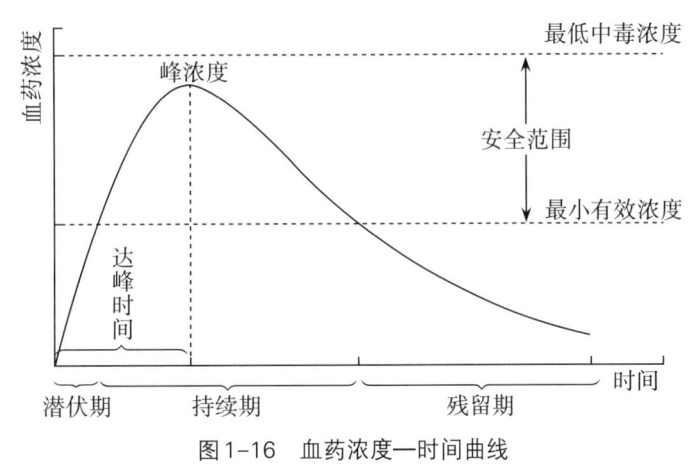

图 1-16 血药浓度—时间曲线

(二)速率过程

速率是指血药浓度或体内药量随时间推移的变化率。在药动学研究中,一般将速率过程分为一级速率过程、零级速率过程和非线性动力学过程等三类。

1.一级速率过程

一级速率过程是指药物在体内转运速率、消除速率与药物浓度的一次方成正比关系的过程,即单位时间转运或消除恒定比例的药物,药物在体内的消除半衰期恒定。大多数小分子药物在体内的吸收、分布和消除都服从一级速率过程。

2.零级速率过程

零级速率过程是指药物在体内转运速率、消除速率与药物浓度的零次方成正比关系的过程。药物转运速率、消除速率与药物浓度不相关,即单位时间内是恒量转运或消除的,药物在体内的消除半衰期随药量变化而变化。易化扩散就是零级速率过程。当药物剂量过多时,所有载体饱和,药物转运速率最大。此时再增加药物的量,转运速率或消除速率不再变化。

3.非线性动力学过程

药物的消除半衰期随剂量增加而延长,药时曲线下面积和平均稳态血药浓度与剂量不成正比,药动学参数则随着剂量的变化而变化,这类过程称为非线性动力学过程。由于给药剂量的大小或速率可引起一个或多个药动学参数变化,所以也称为剂量依赖性动力学。非线性动力学不遵循一级动力学过程的规律,常见于过量使用药物(如药物中毒),分布容积、总清除率均可在过量使用药物时发生改变。

(三)房室模型

房室模型是一种定量描述体内处置药物的数学模型。此处房室指的不是解剖学上具体的组织器官,而是按药物分布速率划分的药动学概念,机体根据药物的转运、分布动力学特点可分为若干房室。具有相同或相似动力学特征的组织器官被划分为同一房室。药物通过吸收进入机体,代谢或排泄离开机体,可进出房室,故这个模型又称为开放房室模型。房室模型又分为一室模型、二室模型和三室模型,三室及以上的模型并不常见。

1. 一室模型

一室模型也称为单室模型,整个机体具有相同或相似动力学特征。假定给药后,药物可立即均匀地分布到各组织器官,并迅速达到动态平衡。如环丙沙星单次静脉注射,药物瞬间进入机体并达到平衡态。若环丙沙星进行单次静脉注射,此时体内药物按照一级速率过程消除。由此建立的一室模型如图1-17所示。若以时间为横坐标、血药浓度的对数为纵坐标作图,可得一条直线,斜率为$-k/2.303$,k为消除速率常数。

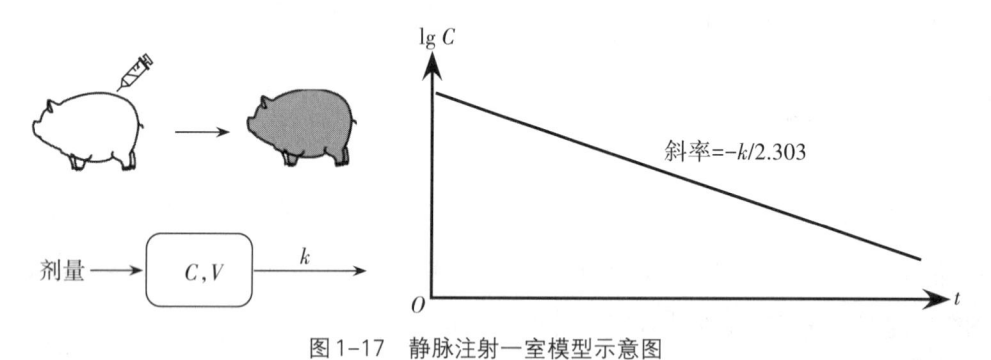

图1-17 静脉注射一室模型示意图

2. 二室模型

二室模型是把机体组织按分布速率分为两种,一种是快分布组织,如心、肺、肝、肾等脏器(中央室),给药后药物分布瞬时达到平衡;一种是慢分布组织,主要为中央室以外的组织(周边室),药物随血液流动分布到这些组织中的过程慢,达到分布平衡态需要一定的时间。假定药物从中央室消除,单次静脉注射后,以时间为横坐标、血药浓度的对数为纵坐标作图,可得一条双指数衰减的曲线,此为二室模型图(如图1-18所示)。从曲线看出,静脉注射后初期,药物从中央室向周边室分布的速率高于从周边室返回中央室的速率,同时,中央室内药物按照一定速率从体内清除。此阶段血药浓度快速下降,这段时期血液中药物的变化主要受分布的影响,称为分布相。随着药物在体内分布逐渐趋于平衡,中央室的药物只因消除而减少,此时期称为消除相。

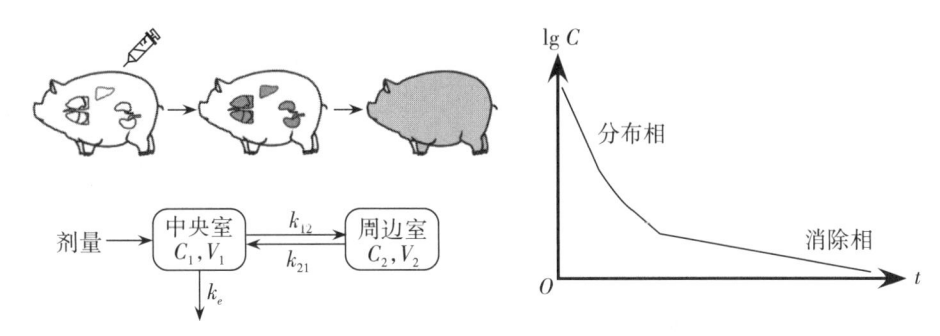

图 1-18　静脉注射二室模型示意图

3. 三室模型

少数药物以更缓慢的速率从中央室分布到骨骼、脂肪等组织,或者与某些组织牢固结合,这时血药浓度-时间曲线呈三相指数衰减,称为三室模型,三室及以上的模型比较少见。

除了房室模型外,非房室模型、生理药动学模型、群体药动学模型和药动—药效学同步模型也常用于药动学研究。

(四)药动学参数与意义

利用血药浓度-时间数据可以求出房室模型中的药动学参数,这些参数反映了药物在体内的动力学特征。这些参数便可为临床制定科学合理的给药方案,或者对药物制剂做出科学的评价。药动学研究中常用的参数包括吸收半衰期、分布半衰期、消除半衰期、药时曲线下面积、表观分布容积、中央室分布容积、体清除率、峰浓度和达峰时间、生物利用度和有效浓度维持时间等。

1. 消除半衰期

消除半衰期(elimination half life, $t_{1/2}$)是指体内药量下降至一半时所需要的时间,又称为半衰期或生物半衰期,简称半衰期,用 $t_{1/2}$ 表示。

半衰期的意义:

①其反映药物在体内消除的速率。大多数药物的体内消除属于一级速率过程,即药物按照恒定比例(消除速率常数)消除。此时,$t_{1/2} = \dfrac{0.693}{k}$,其是一个常数,与给药剂量无关。

②其是制定多次给药间隔时间的依据,在合理间隔时间给药以确保血药浓度维持在有效浓度以上。

③其是血中稳态浓度计算和停药后从体内消除所需时间估算的依据。如按半衰期间隔给药4~5次即可达到稳态浓度,停药后经过5个半衰期后体内95%的药物可消除。

2. 药时曲线下面积

药时曲线下面积(area under the concentration-time curve, AUC)是指 $t_0 \sim t_\infty$ 这段时间内,药时曲线与坐标轴所围成的区域的面积(图 1-19),用 AUC 表示,它反映了在全身循环的药物总量。

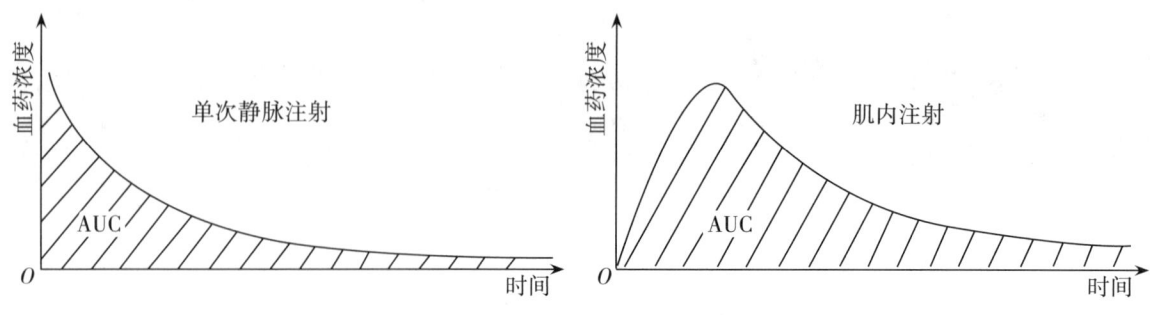

图 1-19　单次静脉注射和肌内注射的药时曲线下面积

3. 表观分布容积

表观分布容积（apparent volume of distribution，V_d）是指药物在体内分布处于动态平衡时，药物总量按血药浓度分布所需要的总容积，其值等于体内药量除以血药浓度，用 V_d 表示。需要说明的是，V_d 并不代表真正的生理容积，其仅仅是一个数学概念，故称为表观分布容积。V_d 是一个重要的药动学参数，它可以将体内药量和血药浓度联系起来。假定药物在体内均匀分布，V_d 为 0.8~1 L/kg。若 V_d 大于 1，说明药物穿透组织较多，组织内的药物浓度大于血药浓度，药物分布广泛。若 V_d 远高于 1 L/kg（假定机体的密度为 1 L/kg），则表明药物在特定组织内有较高的浓度，可能在此有蓄积。若 V_d 小于 1，说明组织内的药物浓度低于血药浓度，药物分布较窄。

4. 体清除率

体清除率简称清除率（body clearance，Cl_B），是指在单位时间内机体通过各种清除过程（包括生物转化和排泄）消除药物的血浆容积，用 Cl_B 表示，单位为 mL/(min·kg)。它具有重要的临床意义，是评价药物清除机制最重要的参数。对犬的药动学研究表明，氨苄西林和地高辛两种药物的 Cl_B 相同，均为 39 mL/(min·kg)，但氨苄西林的 $t_{1/2}$ 为 48 min，而地高辛高达 1 680 min。半衰期不同是因为两种药物在犬体内的表观分布容积不同（氨苄西林为 0.27 L/kg，地高辛为 9.64 L/kg）。由此可知，具有相同清除率的药物，其表观分布容积越小，半衰期越短。Cl_B 是体内各种清除率的总和，包括肾清除率、肝清除率、肺清除率、胆汁清除率、乳汁清除率等。由于大多数药物主要靠肝脏生物转化和肾排泄清除药物，所以 Cl_B 可近似等于肝清除率和肾清除率之和。

5. 峰浓度和达峰时间

峰浓度（peak concentration）与达峰时间（peak time）分别指给药后药物达到的最高血药浓度和达到该浓度所需要的时间，分别用 C_{max} 和 t_{max} 表示。前者与给药剂量、给药途径、给药次数及达到时间有关，后者与吸收速率和消除速率有关。峰浓度、达峰时间和药时曲线下面积是决定生物利用度和生物等效性的重要参数。

6. 生物利用度

生物利用度（bioavailability）是指药物以某种剂型的制剂从给药部位进入全身循环的速率和程度，用 F 表示。这个参数是决定药物量效关系的首要因素。静脉注射的 AUC_{iv} 代表完全吸收的生物利用度（100%）。相同动物、相同剂量条件下，内服给药所得的 AUC_{po} 和静脉给药的 AUC_{iv} 的比值为内服的绝对生物利用度。如果药物的制剂不能进行静脉注射给药,则采用与相同给药途径的标准药物制剂的AUC进行比较,所得的生物利用度称为相对生物利用度。导致生物利用度低于100%的因素很多,如口服给药后药物在胃肠道内的分解、首过效应等。如果生物利用度高于100%,则该药物可能进行肠肝循环。值得注意的是,受制剂和生产工艺等因素影响,即使是相同含量的药物制剂,也可能因为生物利用度不同而产生不同的药效。因此,生物利用度已经成为测定药物制剂生物等效性的主要参数,用于评估与已知药物相似的制剂。

第三节 药物作用的影响因素及合理用药

药物作用受多种因素的影响,这些因素总体分为三个方面:药物因素、动物因素、饲养管理和环境因素。

一、药物因素

兽药药物作用的影响药物因素主要包括:剂型、剂量、给药方案以及药物相互作用。

(一)剂型

兽用原料药不能直接用于动物疾病的防治,而是需要进一步制备成特定的制剂才能用于兽医临床。制剂是根据药典或相关部门批准的质量标准或其他规定的处方,将原料药加工制成具有一定规格,可直接用于临床的药物制品,主要有固体、液体和气体三大剂型。同种药物的静脉注射剂、气雾剂和肌内注射剂比口服制剂的药物作用强,相同药物口服时的吸收速率:水溶液速率>散剂速率>片剂速率,其不同剂型的达峰浓度、达峰时间和生物利用度一般不同,因此药效也不同。

兽药新剂型研究不断取得进展,缓释、控释、纳米制剂和靶向制剂逐步用于临床,剂型对提高药物的疗效、减少药物用量,降低或避免药物毒副作用具有重要意义。

(二)剂量

在一定剂量范围内,药物作用随着剂量的增加而增强。例如,小剂量巴比妥类药物可产生催眠作用,中剂量可产生镇静作用,大剂量产生抗惊厥和麻醉作用。但也有少数药物随着剂量或浓度的改变,作用性质会发生变化。如人工盐小剂量可产生健胃作用,大剂量可产生泻下作用;碘酊在低浓度(2%)时可产生杀菌作用,但在高浓度时(10%)则可产生刺激作用。因此,药物的剂量是决定药效最为主要的因素之一。

(三)给药方案

给药方案是指包括给药剂型、剂量、给药途径、给药时间间隔和持续给药时间的一整套给药操作方案。在相同剂型和剂量下,不同给药途径时药物的吸收速率、消除速率不同,从而影响药物的强度。如肾上腺素消化道给药无效,必须注射给药;氨基糖苷类抗生素消化道给药很难吸收,进行全身治疗时最好选择注射给药。对于首过效应较强的药物,因其生物利用度较低,用于全身性治疗时应选择肠道外给药。不同给药途径还能改变药物的作用性质,如硫酸镁消化道给药时仅产生泻下作用,但静脉注射则可产生抗惊厥作用。

在临床用药时,有些药物给药一次即奏效,但大多数药物通常都需要按一定的剂量和时间多次重复给药,才能达到治疗效果。这种为达到预期效果而规定治疗期间持续给药或接受处理的一段时间就称为疗程。确定重复给药的时间主要依据药物的消除半衰期而定,通常约为一个半衰期。

(四)药物相互作用

临床上经常同时或短期内先后使用两种或两种以上的药物治疗疾病,称为联合用药。联合用药的目的是提高疗效、减少不良反应。但是临床联合用药后,药物相互作用可以改变药物在动物体内的过程与疗效,甚至产生毒性反应。

1.药物体外的相互作用

两种或两种以上药物在体外混合时,可能发生氧化还原、中和、水解、破坏失效等理化反应,产生浑浊、沉淀、气体,以及变色等外观异常的现象,称为配伍禁忌。例如,将磺胺嘧啶钠注射液加入葡萄糖注射液中时,会有细微的磺胺嘧啶结晶析出,这是因为磺胺嘧啶钠在pH降低时会析出结晶;将肌松药琥珀胆碱与麻醉药硫喷妥钠混合使用,虽然混合后溶液的外观无明显变化,但琥珀胆碱在硫喷妥钠的碱性溶液中可水解失效。因此,在临床混合使用两种以上药物时必须慎重,避免产生配伍禁忌。此外,制备复方制剂时也可能发生配伍禁忌,如把氨苄西林制成水溶性粉剂时,加入的含水葡萄糖可使氨苄西林氧化,其药效降低或失效;临床曾发现某些四环素片剂无效,其原因是赋形剂换成碳酸钙后,四环素能与钙络合使溶解和吸收减少,导致四环素片失效。

2.药物体内的药动学相互作用

药动学相互作用是指两种或两种以上药物同时使用时,一种药物能改变另一种药物在动物体内的吸收、分布、生物转化或排泄,使该种药物的半衰期、峰浓度及生物利用度等发生改变的作用。

(1)影响吸收

药物在胃肠道里发生物理化学的相互作用,胃肠道pH改变影响机体对药物的解离和吸收;药物间发生螯合作用,如四环素、恩诺沙星等可与钙、铁、镁等金属离子发生螯合,影响吸收或失活。药物改变胃肠道的运动功能:拟胆碱药可加快胃排空和肠蠕动,使药物吸收不完全;抗胆碱药如阿托品等则降低胃排空率,减缓肠蠕动,使吸收速率减小,峰浓度降低,但药物在胃肠道停留时间延长,使总吸收量增加。胃肠道菌群可参与某些药物的代谢,从而影响机体对药物的代谢和吸收,如抗生素可使洋地黄在胃肠道的生物转化减少,吸收增加。有些药物可能损害胃肠道黏膜,如新霉素和地高辛的联合使用可影响消化道黏膜的完整性,影响机体对药物的吸收或阻断主动转运过程。

(2)影响分布

决定药物在器官组织中分布的首要因素是该器官组织的血流量,因此影响血流量分配的药物通常均可影响药物的分布。如普萘洛尔可减少心输出量,从而减少肝的血流量,使肝首过效应药物(如利多卡因)的肝清除率减少。此外,药物与血浆蛋白的竞争性结合也是影响药物分布的主要因素。具有较强蛋白亲和力的药物可以置换亲和力较弱的药物,其导致被置换药物的血药浓度升高,作用部位药物浓度升高,增强临床效应或毒性反应。如若同时使用香豆素类抗凝药和阿司匹林会导致两者在血浆蛋白中进行竞争性结合,使抗凝血作用增强,甚至引起出血。

(3)影响生物转化

药物在生物转化过程中的相互作用主要表现为酶的诱导和抑制。许多中枢抑制药包括镇静药、安定药、抗惊厥药等,如苯巴比妥能通过诱导肝微粒体酶的合成,提高酶的活性,从而加速药物本身或其他药物的生物转化,使药物的清除率增加,药效降低。相反,一些药物如氯霉素、利福平、糖皮质激素等,能使酶被抑制,导致药物的清除率降低、代谢减慢,血药浓度升高,药效增强。

(4)影响排泄

任何药物排泄途径均可发生药物的相互作用,但目前对肾排泄研究较多。药物在肾脏排泄的相互作用主要有以下几种表现形式:一是改变血浆蛋白与药物的结合力,药物以游离态存在,从而增加肾小球的滤过率,加速药物从尿液的排泄;二是影响肾小管中原尿的pH,药物解离度发生改变,从而影响药物的重吸收,如碱化尿液可加速水杨酸盐的排泄;三是药物相互作用引发的竞争性抑制使近曲小管产生对某些药物主动排泄的作用,如联合使用丙磺舒与青霉素,由于丙磺舒可与青霉素竞争近曲小管的主动分泌,从而使青霉素的排泄减慢,血药浓度升高,药物消除半衰期延长。

3.药物体内药效学的相互作用

联合用药可产生以下几种药物作用。

(1)协同作用

联合用药后的药物效应大于单药物效应的代数和,称为协同作用。如磺胺类药物与抗菌增效剂的合用可产生协同抗菌作用。

(2)相加作用

联合用药后的作用等于它们分别作用的代数和,称为相加作用。如四环素类与磺胺类药物合用在抗菌方面通常表现为相加作用。

(3)拮抗作用

联合用药后的作用小于它们分别作用的总和,称为拮抗作用。如β-内酰胺类抗生素与四环素类使用可能产生拮抗作用。

临床上常用协同作用来增强药效,而用拮抗作用来减少或消除不良反应。此外,联合用药也会产生不良反应,例如头孢菌素的肾毒性会因与庆大霉素合用而增强。

二、动物因素

动物的种属差异、生理因素、病理因素及个体差异等均会影响药物与机体之间的相互作用,从而对药效产生影响。

(一)种属差异

动物种类繁多,它们的进化起源相距甚远,生理结构特点各异,不同种属动物对同一药物的药动学和药效学往往有很大的差异。这种差异在大多数情况下表现为量的差异,即作用的强弱和维持时间的长短不同,例如,牛对赛拉嗪最敏感,其达到化学保定作用的剂量仅为马、犬、猫的1/10,而猪最不敏感,临床化学保定使用剂量是牛的20~30倍。

少数动物因体内缺乏某种药物代谢酶,因而对某些药物特别敏感。如猫体内缺乏葡萄糖醛酸酶,其对水杨酸盐特别敏感,内服阿司匹林(每1 kg体重10 mg)应间隔38 h,而马静脉注射水杨酸钠(每1 kg体重3.5 mg),每6 h要给药1次。此外,还有一些药物在不同的动物种属中产生不同甚至相反的药理作用,如吗啡对人、犬、大鼠和小鼠产生抑制作用,但对猫、马和虎则产生兴奋作用。

(二)生理因素

不同年龄、性别、生理状态(如妊娠期、哺乳期、产蛋高峰期等)的动物对同一药物的反应往往有一定差异,这与机体器官组织的功能状态,尤其与肝药物代谢酶系统有密切的关系。幼龄、老龄动物的肝微粒体酶系统功能不足,肾脏对药物代谢物的排泄能力也相对较弱,因此药物在动物体内的代谢转化和消除速率相对缓慢,药物的半衰期相对较长,动物对药物的敏感性增加,临床用药时应适当减量。

(三)病理因素

药物的药理效应一般都是在健康动物试验中观察得到的,动物在病理状态下对药物的反应存在差异。在病理情况下,药物受体的类型、数目和活性可以发生变化而影响药物的作用。例如,自发性高血压大鼠或人工高血压大鼠病理模型均产生了动脉和静脉中β肾上腺素受体数目明显减少的现象。

严重的肝、肾功能障碍可影响药物的生物转化和排泄,导致药物在动物体内蓄积,延长半衰期,从而增强药物的作用,甚至可能引发毒性反应。但少数需要经肝的生物转化后才能产生药理作用的药物,如可的松、泼尼松,在肝功能不全时其作用减弱或丧失。炎症可使动物体内的生物膜通透性增加,影响药物的跨膜转运,如头孢西丁在实验性脑膜炎犬脑内的药物浓度比在没有脑膜炎犬脑内的高出5倍。严重的寄生虫病、失血性疾病或营养不良的动物,由于其体内血浆白蛋白大大减少,因此高血浆蛋白结合率药物的血药浓度增加。这既能使药物作用增强,同时也使药物的生物转化和排泄增加,消除半衰期缩短。

(四)个体差异

不同动物个体之间通常存在药物作用的差异,这种差异同时存在于药动学和药效学中。描述群体中药动学和药效学差异的学科分别称为群体药动学和群体药效学。

同种动物群体中有少数个体对药物特别敏感,这些个体称为高敏性个体;还有少数个体则特别不敏感,这些个体称为耐受性个体。最敏感和最不敏感间的差异约10倍。

个体差异产生的主要原因是动物对药物的吸收、分布、生物转化和排泄存在差异,其中生物转化是最主要的因素。研究表明,药物代谢酶类的多态性是影响药物作用个体差异的最主要的因素之一,不同个体之间酶的活性可能存在的差异,造成药物代谢速率的差异。因此,相同剂量的药物在不同个体中,血药浓度、作用强度和作用维持时间存在很大差异。药物作用的个体差异还表现为生物转化类型的差异。

某些药物如磺胺、异烟肼等的乙酰化存在多态性,乙酰化分为快乙酰化型和慢乙酰化型,不同类型的个体间的差异非常显著。近年来,药物基因组学正在研究用基因组信息去识别药物作用靶点和药物反应变异的原因。

个体差异除表现药物作用中量的差异外,有的还能表现质的差异,这就是个别动物用某些药物后产生的变态反应。例如,马、犬等动物用青霉素等后,个体可能出现变态反应。这种在大多数动物中都不发生,只在极少数具有特殊体质的个体上才发生的现象,称为特异质。

三、饲养管理和环境因素

由于动物机体的健康状态可影响机体的免疫功能和对疾病的抵抗力,故机体的状态可直接或间接地影响药效的发挥。

饲养管理水平是决定动物健康的主要因素。饲养方面,应根据动物的生长阶段和营养需求做好饲料配比,保证日粮中各类营养物质配比均衡、全面,避免营养过剩或不良;管理方面,应防止饲养密度过高,建设圈舍时应注意通风、采光和活动空间,为动物创造适宜的温度、湿度、光照以及空气质量,保持圈舍的清洁,保证动物福利。动物患病时,不仅需要药物,还需要良好的饲养管理,药物的作用才能更好地发挥。例如,降低饲养密度、改善通风条件、清洁圈舍、保持干燥和减少空气中的粉尘等,配合全面细致的消毒工作,有利于提高抗菌药对猪气喘病的防治效果;当动物患破伤风时,使用镇静药治疗后,应将患病动物置于黑暗的圈舍中,为其提供安静的环境,减少刺激;水合氯醛麻醉动物后,可致动物体温降低,因此应注意保温,并饲喂易于消化的饲料,使患病动物尽快恢复健康。

环境也可直接或间接地影响药物的作用。例如,不同季节、温度和湿度均可影响消毒药和抗寄生虫药的效果;环境温度越高,消毒药的杀菌力越强;环境湿度过高或过低都会减弱消毒作用;体外抗寄生虫药一般以喷雾方式进行群体给药,也受环境因素的影响。此外,高温、高湿、寒冷、通风不良、空气浑浊等环境因素可增加动物的应激反应,降低药效。

四、合理用药原则

在兽医临床领域,合理用药是指根据疾病种类、患病动物状况和药理学知识选择最佳的药物及制剂,制定合理的给药方案,以期达到有效、安全、经济的防治疾病效果。兽医临床用药理论必须联系实际,除考虑动物疾病的治疗效果外,还需要考虑用药对人类可能产生的危害。合理用药应遵循以下原则。

(一)正确诊断

正确诊断动物疾病是合理应用任何药物的前提,否则药物治疗不仅无效,还会延误疾病的治疗。

(二)有明确的用药指征

每种疾病都有特定的发病过程和症状,因此在用药前必须严格掌握药物的适应证,根据患病动物的具体病情,选择有效、安全、经济易得且方便给药的药物制剂。

(三)制定科学的给药方案

要做到合理用药,除了选择正确的药物外,给药方案的制定也尤为重要。兽医师在给食品动物用药时,要根据药物在靶动物体内的药动学过程制定合理的给药方案,用药过程中要注意观察药效和毒副作用,并根据需要进行方案调整。

(四)合理的联合用药

合理的联合用药目的是增加药物的疗效和减轻药物的毒副作用,合理的联合用药可以取得更好的治疗效果。

(五)正确处理对因治疗与对症治疗的关系

用药时一般应遵循"治病必求其本,标本兼治。急则治其标,缓则治其本"的原则。

(六)防止兽药残留

兽药残留是指药物的原形或其代谢物和有关杂质可能蓄积、残存在食品动物的组织、器官或食用产品(如蛋、奶)中。为保障动物性食品的安全,使用兽药时必须遵守《中华人民共和国兽药典》和《中华人民共和国兽药典兽药使用指南》的有关规定,严格执行休药期,以保证动物性食品中兽药残留不超标。

第四节 兽药管理

质量合格的兽药,可以有效地预防、治疗动物疾病,或者调节动物生理机能;质量不合格的兽药(包括假、劣兽药),难以达到其应有防病治病功效,轻则延误动物疫病防治,重则产生明显毒副作用,甚至可能引发严重的食品卫生安全、环境与生态污染等问题,给动物、环境和人类带来不良的后果。目前,我国的兽药大部分用于食品动物,且大多采用群体给药的方式,一旦使用不当,即可造成批量动物性食品兽药残留超标,给众多消费者的健康带来威胁。此外,大量兽药及其代谢物从动物排出体外进入环境,也可能给局部(动物养殖场周围)甚至大面积(特别是水产用药)环境造成污染。为了确保兽药产品质量和兽药合理使用,当前我国已经建立了以《兽药管理条例》为核心,以中华人民共和国农业农村部为主导,各县级以上地方人民政府兽医行政管理部门共同参与的较为完善的兽药管理体系。

一、兽药管理的法规与兽药典

(一)《兽药管理条例》

《兽药管理条例》是兽药管理中其他法规、规定和政策制定的前提和依据。我国先后发布过1987年版和2004年版的《兽药管理条例》,目前施行的是2004年版。2004年版《兽药管理条例》先后经2014年、2016年和2020年三次修订,三次修订后的总体章节结构和条款数目与2004年首次发布时相同,包括总则、新兽药研制、兽药生产、兽药经营、兽药进出口、兽药使用、兽药监督管理、法律责任、附则9章,共75条。

除此之外,为了进一步规范我国兽药在研制、注册、进出口、生产、经营、使用及监管等领域的管理,我国农业农村部还先后制定和发布了《新兽药研制管理办法》《兽药注册办法》《兽药进口管理办法》《兽药产品批准文号管理办法》《兽药标签和说明书管理办法》《兽用生物制品经营管理办法》《兽用处方药和非处方药管理办法》《兽用麻醉药品的供应、使用、管理办法》等部门规章,以及《兽药非临床研究质量管理规范》(兽药GLP)、《兽药临床试验质量管理规范》(兽药GCP)、《兽药生产质量管理规范》(兽药GMP)、《兽药经营质量管理规范》(兽药GSP)等重要的兽药质量管理规范,这些是《兽药管理条例》的重要补充和我国兽药管理法规的有机组成部分。

(二)《中华人民共和国兽药典(2020年版)》

《中华人民共和国兽药典(2020年版)》简称《中国兽药典(2020年版)》,由中国农业农村部依据《兽药管理条例》组织编写、修订而成,是我国全国统一的兽药产品质量法律性规定。正常情况下该规定每5年修订并发布1次,《中国兽药典(2020年版)》,总共收载兽药品种2221种,其中一部收载752种,二部收载1370种,三部收载99种。

二、兽药管理体制

《兽药管理条例》第三条规定:"国务院兽医行政管理部门负责全国的兽药监督管理工作。县级以上地方人民政府兽医行政管理部门负责本行政区域内的兽药监督管理工作"。这明确了我国兽药监督管理组织机构实行中央和地方二级管理的组织形式。

(一)兽药监督管理机构

我国兽药监督管理机构从总体上可分为药政、药检和专业委员会三类。

1.兽药药政部门

兽药药政部门是兽药行政管理的直接负责部门,负责包括兽药各种管理规定的制订、修订与发布;负责兽药产品研究、注册、进出口、生产、经营、使用的日常监督与管理;负责同级兽药管理专业委员会的建立与工作指导等。

2.兽药药检部门

兽药药检部门是兽药管理的专业技术支撑部门,在兽药管理中起到协助兽药药政部门进行兽药监督管理的作用。主要负责兽药产品质量监测、新兽药产品的质量评审、兽药质量标准评定、兽药残留与动物源细菌耐药监测等工作。

3.专业委员会

专业委员会是由同级兽药药政部门建立并对其负责的兽药专业技术支持与业务执行机构。专业委员会的成员除了常设办公室外,通常都是以专家库的形式存在。中央一级的专业委员会包括:兽药典委员会、兽药评审委员会、兽药GMP工作委员会、兽用生物制品规程委员会和兽药残留与耐药性控制专家委员会等专业委员会。

(二)兽药注册制度

我国兽药实行兽药注册制度,申请人必须向国务院兽医行政管理部门提交注册申请和注册要求的兽药产品安全、有效、稳定的全部技术研究资料,同时还需提交经自行检验合格的试制产品样品和该兽药产品的质量标准草案。在通过兽药注册技术审评、样品检验和标准复核后,兽药产品的注册才算成功,只有注册成功的兽药才允许申请生产或进口。

(三)标签和说明书要求

标签和说明书既是兽药产品的质量告示,同时也是兽药合理使用的规定和指导。根据《兽药管理条例》第二十条的规定,兽药包装应当按照规定印有或者贴有标签,附具说明书,并在显著位置注明"兽用"字样。兽药的标签或者说明书,应当以中文注明兽药的通用名称、成分及其含量、规格、生产企业、产品批准文号(进口兽药注册证号)、产品批号、生产日期、有效期、适应证或者功能主治、用法、用量、休药期、禁忌、不良反应、注意事项、运输贮存保管条件及其他应当说明的内容。有商品名称的,还应当注明商品名称。兽用麻醉药品、精神药品、毒性药品和放射性药品还应当印有国务院兽医行政管理部门规定的特殊标志。

(四)兽药广告管理

《兽药管理条例》第三十一条规定:"兽药广告的内容应当与兽药说明书内容相一致,在全国重点媒体发布兽药广告的,应当经国务院兽医行政管理部门审查批准,取得兽药广告审查批准文号。在地方媒体发布兽药广告的,应当经省、自治区、直辖市人民政府兽医行政管理部门审查批准,取得兽药广告审查批准文号;未经批准的,不得发布。"

三、兽用处方药与非处方药管理制度

《兽用处方药和非处方药管理办法》于2013年发布,根据兽药的安全性和使用风险程度,将兽药分为兽用处方药和非处方药。

兽用处方药是指凭兽医处方笺方可购买和使用的兽药。当前,我国兽用处方药是实行目录管理,兽用处方药目录由农业农村部制定并适时公布。截至2024年5月30日,我国分四批共发布9大类处方药。兽用处方药目录以外的兽药为兽用非处方药。兽用处方药应当在标签和说明书的右上角以红色字体(背景应当为白色)标注"兽用处方药",兽药经营者出售兽用处方药时,应当对兽医处方笺进行查验,并保存兽医处方笺。

兽用非处方药是指不需要兽医处方笺即可自行购买并按照说明书使用的兽药,即为兽用处方药品种目录外的兽药品种,说明书只标注"兽用"标识。

四、不良反应报告制度

在兽药使用环节中,《兽药管理条例》第五十条规定:"国家实行兽药不良反应报告制度。兽药生产企业、经营企业、兽药使用单位和开具处方的兽医人员发现可能与兽药使用有关的严重不良反应,应当立即向所在地人民政府兽医行政管理部门报告。"兽药的不良反应是指在兽药的使用过程中,按规定的用法与用量,在正常的条件下,用药动物出现的过敏性反应和药物产生的与药效无关的毒、副作用等。兽药使用时的不良反应是兽药安全性的一个重要判断标准,兽药不良反应报告制度是确保我国兽药安全使用的关键制度之一。

五、兽用生物制品的管理

兽用生物制品是指以天然或者人工改造的微生物、寄生虫、生物毒素或者生物组织及代谢物等为材料,采用生物学、分子生物学或者生物化学、生物工程等相应技术制成的,用于预防、治疗、诊断动物疫病或者有目的地调节动物生理机能的兽药,主要包括血清制品、疫苗、诊断制品和微生态制品等。

在兽药监管领域,兽用生物制品分为国家强制免疫计划所需兽用生物制品(以下简称国家强制免疫用生物制品)和非国家强制免疫计划所需兽用生物制品(以下简称非国家强制免疫用生物制品)两大类。国家强制免疫用生物制品品种名录由农业农村部确定并公布,并由国务院兽医行政管理部门指定企业生产。

兽药生产企业生产的每批兽用生物制品,在出厂前应当由国务院兽医行政管理部门指定的检验机构审查核对,并在必要时进行抽查检验;未经审查核对或者抽查检验不合格的,不得销售。从事兽用生物制品经营的企业,应当依法取得《兽药经营许可证》。《兽药经营许可证》的经营范围应当具体载明国家强制免疫用生物制品、非国家强制免疫用生物制品等产品类别和委托的兽用生物制品生产企业名称。

复习与思考

1. 药物作用的强度和效能有何区别?
2. 治疗指数一样的两种药是否同样安全?

3. 首过效应较强的药物可通过什么方式提高生物利用度?

4. 药酶诱导对药物体内处置有何影响?

5. 肠肝循环对药物体内处置有何影响?

6. 为什么碱性药物乳汁中浓度比血浆中高?

> **拓展阅读**
>
> 扫码获取本章的复习与思考题、案例分析、相关阅读资料等数字资源。

第二章

外周神经系统药理

本章导读

外周神经系统药物在兽医临床中扮演着重要的角色,它们主要用于调节动物的自主神经系统功能,影响神经递质的释放、受体的激活或阻断以及神经信号的传递。本章将介绍外周神经系统如何对机体的诸多生理和病理过程进行调控,外周神经系统药物的分类及它们的药理作用优势。在使用这类药物时,不仅需要考虑动物的种类、年龄、健康状况,还必须考虑药物的药动学和药效学特性,以确保动物的安全和药物的有效性。

学习目标

1.深刻理解并熟练掌握以下内容:外周神经系统的递质、肾上腺素能药和胆碱能药的作用机制和代表药物。另外,还须了解外周神经系统的分布。

2.掌握兽药相关的法律知识,树立安全用药观。在临床用药中将对因治疗和对症治疗相结合,且了解药物特性和使用禁忌,根据用药指南合理使用药物。

3.通过产教融合充分认识到外周神经系统药物对于提高动物福利、确保手术安全以及治疗相关疾病的重要作用;兽医师应根据动物病情和药物特性来选择合适的药物,并严格控制用药剂量和疗程。学生通过本章的学习,明确专业使命,树立良好的职业道德与社会责任感。

知识网络图

- **外周神经系统药理**
  - 1. 肾上腺素能药
    - 拟肾上腺素药
    - 抗肾上腺素药
  - 2. 胆碱能药
    - 拟胆碱药
    - 抗胆碱药
  - 3. 骨骼肌松弛药
    - 神经肌肉阻断药
    - 中枢性骨骼肌松弛药
    - 外周性骨骼肌松弛药
  - 4. 局部麻醉药
    - 局麻药的分类
    - 药理作用
    - 应用
  - 5. 皮肤黏膜用药
    - 保护剂
    - 刺激剂

作用于外周神经系统的药物分为传出神经药物和传入神经药物。兽医临床常用的传出神经药物包括植物神经药和骨骼肌松弛药,传入神经药物包括局部麻醉药和皮肤黏膜用药。

一、传出神经

神经系统由中枢神经系统(脑、脊髓)和外周神经系统组成。外周神经系统是指除中枢神经以外的神经系统,由传入神经(主要是感觉神经)和传出神经组成。

传出神经分为运动神经系统和植物神经系统(又称自主神经系统)两大类。运动神经从中枢发出直接连接到骨骼肌,支配骨骼肌的随意活动;植物神经系统由交感神经和副交感神经组成。它们从中枢发出连接到神经节,在神经节交换神经元后发出神经纤维,并送到效应器,支配心脏、平滑肌和腺体等效应器的非随意生理活动。故神经节前的植物神经纤维称节前纤维,神经节后的植物神经纤维称节后纤维。

二、传出神经的递质、受体及效应

传出神经兴奋时其神经纤维末梢释放乙酰胆碱,这种神经纤维又称胆碱能神经,包括运动神经、副交感神经的节前和节后纤维、交感神经的节前纤维以及部分交感神经的节后纤维(如支配汗腺分泌、肌血管舒张神经和肾上腺髓质的交感神经纤维)。绝大部分交感神经的节后纤维兴奋时其神经纤维释放的神经介质是去甲肾上腺素,故这种神经纤维称为肾上腺素能神经。

传出神经支配的效应器上主要分布的受体为胆碱受体和肾上腺素受体。胆碱受体兴奋后使机体产生类似睡眠的生理效应,如心率变慢、皮肤内脏血管扩张、血压下降、瞳孔缩小、消化腺分泌增加和胃肠道运动增强等。胆碱受体分为毒蕈碱受体(又称M受体,对以毒蕈碱为代表的拟胆碱药物敏感)和烟碱受体(又称N受体,对以烟碱为代表的拟胆碱药物敏感)。

肾上腺素受体分为α受体、β受体,β受体又分为$β_1$受体和$β_2$受体,$β_1$受体分布在心肌,$β_2$受体分布在支气管平滑肌、冠状动脉和骨骼肌血管内。α受体、$β_1$受体为兴奋型受体,受体兴奋时平滑肌收缩;$β_2$受体为抑制型受体,兴奋时平滑肌松弛。传出神经所支配的效应器上的受体分布及效应见表2-1。

表2-1 传出神经所支配的效应器上的受体分布及效应

效应器		胆碱能神经兴奋(睡眠)		肾上腺素能神经兴奋(应激)	
		受体	效应	受体	效应
心脏	窦房结	M	心率减慢	$β_1$	心率加快
	传导系统	M	传导减慢	$β_1$	传导加速
	心肌	M	收缩力减弱	$β_1$	收缩力加速
血管	皮肤黏膜	M	扩张	α	收缩
	腹腔内脏	—	—	α、$β_1$	收缩(除肝血管扩张外)
	脑、肺	M	扩张	α	收缩

续表

效应器		胆碱能神经兴奋(睡眠)		肾上腺素能神经兴奋(应激)	
		受体	效应	受体	效应
血管	骨骼肌	M	扩张	α、$β_2$	扩张、收缩(以扩张为主)
	冠状血管	M	收缩	α、$β_2$	扩张、收缩(以扩张为主)
支气管平滑肌		M	收缩	$β_2$	舒张
胃肠道	胃平滑肌	M	收缩	$β_2$	舒张
	肠平滑肌	M	收缩	$β_2$	舒张
	括约肌	M	舒张	α	收缩
膀胱	逼尿肌	M	收缩	$β_2$	舒张
	括约肌	M	舒张	α	收缩
	括约肌	M	收缩	—	—
眼	辐射肌	—	—	α	收缩
	睫状肌	M	收缩	$β_2$	松弛
腺体	汗腺	M	分泌	α	分泌
	唾液腺	M	分泌大量稀液	α	分泌黏液
植物神经节		N_1	兴奋	—	—
骨骼肌		N_2	收缩	—	—
肾上腺髓质		N_1	分泌	—	—
糖原酵解		—	—	$β_2$	增加
脂肪分解		—	—	$β_1$	增加

三、传出神经药物

传出神经药物的作用与传出神经的神经递质及其受体功能密切相关,包括肾上腺素能药和胆碱能药两大类。肾上腺素能药包括拟肾上腺素药和抗肾上腺素药,胆碱能药包括拟胆碱药和抗胆碱药。植物神经系统的疾病在家畜中并不常见,但改变植物神经功能的药物在兽医临床上却比较常用。例如,胆碱能神经阻断剂阿托品常用于麻醉前给药。阿托品也是引起副交感神经兴奋不良反应药物的解毒剂。传出神经的药物分类见表2-2。

表2-2 传出神经药物的分类

分类		药物举例	主要作用环节与作用性质
拟胆碱药(胆碱受体激动剂)	节后拟胆碱药	毛果芸香碱、氨甲酰甲胆碱	直接作用于M受体
	完全拟胆碱药	乙酰胆碱、氨甲酰胆碱	直接作用于M和N受体
	抗胆碱酯酶药	新斯的明、溴吡斯的明	抑制胆碱酯酶
抗胆碱药(胆碱受体阻断药)	节后抗胆碱药	阿托品、东莨菪碱、后马托品	阻断M受体
	神经节阻断药	美加明、六甲季铵	阻断神经节N_1受体
	神经-肌肉阻断药(骨骼肌松弛药)	琥珀胆碱、筒箭毒碱	阻断骨骼肌N_2受体
拟肾上腺素药(肾上腺素受体激动剂)	α受体激动剂	去甲肾上腺素、去氧肾上腺素	主要直接作用于α受体
	β受体激动剂	异丙肾上腺素、克伦特罗	主要直接作用于β受体
	α、β受体激动剂	肾上腺素、多巴胺	作用于α受体和β受体
	间接作用于肾上腺素受体	麻黄碱、间羟胺	部分直接作用于受体,部分促进递质释放
抗肾上腺素药(肾上腺素受体阻断药)	α受体阻断药	酚妥拉明	阻断$α_1$受体和$α_2$受体,属短效类
		酚苄明	阻断$α_1$受体和$α_2$受体,属长效类
		哌唑嗪	阻断$α_1$受体
		育亨宾	阻断$α_2$受体
	β受体阻断药	普萘洛尔、普拉洛尔	阻断$β_1$受体、$β_2$受体
肾上腺素能神经阻断药		利血平、胍乙啶	促进去甲肾上腺素耗竭
		溴苄胺	抑制去甲肾上腺素释放

四、传出神经药物的作用方式

传出神经药物可直接作用于受体,大多数传出神经药物是通过直接与受体结合而起作用的。产生与递质相似作用的药物称为激动剂或拟似药,与受体结合后可激活受体,如拟肾上腺素药、拟胆碱药。结合后不能激活受体且妨碍递质与受体结合,产生与递质相反作用的药物称为拮抗剂或阻断剂,如抗肾上腺素药、抗胆碱药。

传出神经药物可影响神经递质的合成、储存、转运、释放和活性,改变神经递质的作用。例如,新斯的明可抑制乙酰胆碱酯酶降解乙酰胆碱的活性,提高突触间隙中乙酰胆碱的含量,氨甲酰胆碱可促进胆碱能神经末梢释放乙酰胆碱。间羟胺可取代囊泡中的去甲肾上腺素,促进其释放拟肾上腺素、发挥作用;利血平可抑制肾上腺素能神经末梢再摄取去甲肾上腺素,使囊泡内储存的去甲肾上腺素逐渐减少,甚至耗竭,表现出拮抗去甲肾上腺素能神经的作用。

第一节 肾上腺素能药

肾上腺素能药包括拟肾上腺素药和抗肾上腺素药,拟肾上腺素药或肾上腺素受体激动剂是一类化学结构及药理作用与肾上腺素、去甲肾上腺素相似的药物,又称拟交感药。抗肾上腺素药又称为肾上腺素受体阻断剂,可使肾上腺素受体不被激活,降低交感神经的活性。(表2-3)

表2-3 肾上腺素能药物的作用机制

作用机制	代表药物	效应
干扰递质合成	α-甲基络氨酸	使去甲肾上腺素耗竭
以递质相同途径代谢转化	甲基多巴	用假性递质代替去甲肾上腺素(α-甲基去甲肾上腺素)
阻滞神经末梢膜的转运系统	可卡因,丙咪嗪	使去甲肾上腺素在受体处累积
阻滞储存颗粒膜的转运系统	利血平	通过线粒体单胺氧化酶破坏去甲肾上腺素,使其耗竭
从神经末梢置换递质	苯丙胺,酪胺	拟交感作用
阻止递质释放	溴苄胺,胍乙啶	抗肾上腺素能作用
	α_1-去氧肾上腺素	拟交感作用(外周性)
	α_2-可乐定	减少交感的功能(中枢性)
在突触后膜受体处产生类似递质作用	β_1-多巴胺	选择性地兴奋心脏
	β_2-间羟叔丁肾上腺素	选择性地抑制平滑肌收缩
在突触后膜受体处阻断内源性递质	α-酚苄明	α-肾上腺素起阻断作用
	β_1、β_2-普萘洛尔	β-肾上腺素起阻断作用
	β_1-间羟叔丁肾上腺素	选择性肾上腺素起阻断作用(心肌)
抑制递质的酶降解	单胺氧化酶抑制剂,如帕吉林、烟肼酰胺、反苯环丙胺	对去甲肾上腺素或交感反应的直接作用较小,具有增强酪胺的作用

一、拟肾上腺素药

拟肾上腺素药依据化学结构的不同可分为儿茶酚胺(catecholamines)和非儿茶酚胺(noncatecholamines)两类,前者主要有肾上腺素、去甲肾上腺素、异丙肾上腺素和多巴胺,后者主要有苯丙胺(amphetamine)、麻黄碱和甲氧胺等。

根据药物对肾上腺素受体选择性的不同，拟肾上腺素受体激动剂可分为3大类。①α兼β肾上腺素受体激动剂：如肾上腺素、多巴胺和麻黄碱。②α肾上腺素受体激动剂：去甲肾上腺素、去氧肾上腺素和间羟胺。③β肾上腺素受体激动剂：如异丙肾上腺素、克伦特罗。

拟肾上腺素（图2-1）药的基本化学结构是β-苯乙胺，拟肾上腺素药的化学结构与药效存在以下关系：

①苯乙胺具有发挥药效的基本结构，碳链延长或缩短，作用强度均下降。

②苯环上引入羟基，拟肾上腺素作用增强，当苯环3,4位C上都有羟基时，外周作用强而中枢作用弱，作用时间短。苯环上无羟基时，不被儿茶酚胺氧位甲基转移酶代谢而时效延长，但作用减弱。如麻黄碱的药效约为肾上腺素的1%，但作用时间延长约7倍。

③β位引入羟基，产生光学活性，R-构型光学异构体具有较大的活性。

④在α位引入甲基，可增强外周血管的扩张作用。无α甲基的拟肾上腺素药则有利于支气管扩张作用。如在α位引入较大的基团，活性下降至消失。

⑤侧链氨基取代基被非极性烷基取代，取代基团愈大，β-受体的亲和力愈大，α-受体的亲和力愈小。

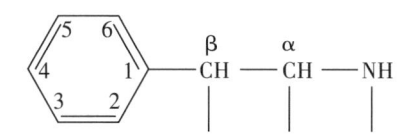

图2-1 拟肾上腺素药的结构图

（一）α兼β肾上腺素受体激动剂

肾上腺素（adrenaline）

【理化性质】白色或淡棕色的结晶性粉末，无臭，味稍苦。性质不稳定，具有强烈的还原性，遇氧化剂、碱、日光及热可缓缓氧化，颜色变为淡红色，最后为棕色而失效。临床常用其盐酸盐和酒石酸盐。

【药动学】肾上腺素经口服，易在碱性肠液、肠黏膜及肝脏中被破坏并氧化失效，不能达到有效血药浓度。皮下注射因局部血管收缩，吸收缓慢、作用时间较长，血药浓度可维持在1 h左右。肌内注射吸收较快，血药浓度维持10~30 min。静脉注射吸收迅速，但有效血药浓度维持时间较短。不易通过血脑屏障，对中枢作用较弱。

【药理作用】肾上腺素能同时与α受体和β受体结合，主要表现为兴奋心血管系统，松弛、扩张支气管平滑肌和冠状动脉，促进新陈代谢。

①心脏：对心脏作用最显著。其激动心肌、窦房结和传导系统的$β_1$受体，使心肌收缩力增大，传导速度加快，心率加快，心输出量增加。能够舒张冠状血管，提高心肌血液供应量且作用迅速，但可增加心肌耗氧量，给药速度过快极易引发心律失常甚至心室纤颤，加速心衰。

②兴奋α受体和β受体。兴奋α受体：使皮肤、黏膜和内脏的血管收缩，血压升高；兴奋$β_2$受体：扩张冠状动脉和骨骼肌血管。其对小动脉和毛细血管的作用显著，而对大动脉和静脉血管作用很弱。

③平滑肌:包括对支气管、胃肠道、膀胱、子宫平滑肌的作用。

支气管:激动支气管平滑肌的 $β_2$ 受体,产生强大的舒张作用使支气管平滑肌在痉挛状态时舒张最为明显,并能抑制肥大细胞释放组胺、白三烯等过敏物质。还激动支气管黏膜血管的 α 受体,产生收缩血管作用,降低血管通透性,从而减轻支气管黏膜充血和水肿程度。

胃肠道:激动 α 受体和 β 受体,松弛胃肠平滑肌。

膀胱:兴奋 α 受体使三角肌和括约肌收缩,兴奋 β 受体使膀胱逼尿肌舒张,故可引起排尿困难和尿潴留。

子宫:对子宫平滑肌的作用与性周期、子宫充盈状态和给药剂量有关,妊娠末期能降低子宫张力和抑制收缩。

④代谢:激动 $β_2$ 受体,可以促进糖原、脂肪分解,升高血糖及血液中游离脂肪酸含量,提高机体代谢率和耗氧量。

⑤中枢神经系统:肾上腺素不易透过血脑屏障,给药剂量一般时无明显中枢兴奋作用,给药剂量大时机体出现中枢兴奋症状,如肌肉强直、呕吐等。

⑥其他:兴奋 α 受体使马、羊出汗,降低机体毛细血管通透性,消除荨麻疹、血管神经性水肿等症状。

【临床应用】①作为急救药用于抢救心脏骤停。②治疗过敏性疾病,肾上腺素是治疗过敏性休克的主要药物,对药物过敏、荨麻疹、疫苗及血清反应等有较好效果。③配合局部麻醉药应用,可延长局麻时间。④治疗青光眼。

【注意事项】易引起心律失常,表现为期前收缩、心动过速,甚至心室颤动;与全麻药合用时易产生心室颤动,如水合氯醛;本品不能与洋地黄、钙制剂合用。

【用法与用量】皮下注射:一次量,马、牛 2~5 mg,猪、羊 0.2~1 mg,犬 0.1~0.5 mg(需稀释 10 倍后注射)。静脉注射:一次量,马、牛 1~3 mg,猪、羊 0.2~0.6 mg,犬、猫 0.1~0.3 mg。

【最高残留限量】允许用于食品动物,无须制定残留限量。

【制剂】盐酸肾上腺素注射液(adrenaline hydrochloride injection)。

多巴胺

又名儿茶酚乙胺、3-羟酪胺。

【理化性质】白色或类白色有光泽的结晶或结晶性粉末,无臭。在水中易溶,在无水乙醇中微溶。

【药动学】因本品在肠胃中迅速代谢,需静脉注射给药。静脉注射 5 min 内起效,停止注射后维持时间短于 10 min,血浆半衰期约为 2 min。不易穿透血脑屏障,经单胺氧化酶(MAO)和儿茶酚胺氧位甲基转移酶(COMT)催化后,代谢物为无活性物质。单胺氧化酶抑制剂可使多巴胺的活性延长至 1 h。

【药理作用】激动 α 受体和 $β_1$ 受体,还能激动肾、肠系膜血管和冠状血管的多巴胺受体,能促进神经末梢释放去甲肾上腺素。

①心脏:激动心脏 $β_1$ 受体,并促进神经末梢释放去甲肾上腺素,使心肌收缩力增强,心输出量增加,但对心率的影响并不明显。给药剂量大时可加快心率,甚至引起心律失常,但发生概率比肾上腺素低。

②血管和血压:不同剂量对血管和血压的影响不同。给药剂量一般时,可兴奋心脏,使心输出量增

加，激动α受体，使皮肤、黏膜血管轻度收缩；激动多巴胺受体，使肾和肠系膜血管舒张，总外周阻力变化不明显，故收缩压升高，舒张压不变或稍增加，脉压增加。给药剂量大时，心输出量增加，且α受体作用占优势，使血管收缩，肾及肠系膜血管也收缩，总外周阻力增大，故收缩压和舒张压均升高。

③肾脏：给药剂量小时多巴胺受体激动，使肾血管舒张，肾血流量及肾小球滤过率均增加，还能直接抑制肾小管对Na^+的重吸收，有助于排钠利尿。给药剂量大时，使肾血管α受体激动，肾血管收缩明显。

【临床应用】短期可用于治疗心力衰竭和急性少尿性肾功能衰竭。

【注意事项】给药剂量过大或静脉滴注过快会使机体出现心动过速、心律失常和肾功能下降等不良反应。

【用法与用量】静脉注射：一次量，每1 kg体重，治疗血管扩张性休克2.5~10 μg/min，辅助治疗急性心脏衰竭（犬）1~10 μg/min；治疗严重低血压/休克1~10 μg/min，辅助治疗少尿性肾衰竭（犬）1~3 μg/min。

【制剂】盐酸多巴胺注射液（dopamine hydrochloride injection）。

麻黄碱（ephedrine）

又名麻黄素，是从麻黄中提取的生物碱。

【理化性质】白色或类白色结晶性粉末，几乎无臭，在水中易溶，易溶于乙醇，在三氯甲烷中几乎不溶。

【药动学】本品经口服、皮下注射和肌内注射，均易被机体吸收，且可以透过血脑屏障。小部分在体内经脱氨氧化代谢，半衰期为3~6 h，大部分以原形从肾中排出。

【药理作用】与肾上腺素作用相似，能直接兴奋α受体、β受体。与肾上腺素相比，麻黄碱性质更稳定、作用弱但持久。

①心脏：兴奋心脏，使心肌收缩力增强、心排出量增加。血压升高会反射性减慢心率，此作用可抵消其直接加快心率的作用，故对心率变化的影响不大。麻黄碱的升压作用缓慢出现，但维持时间长。

②支气管：松弛支气管平滑肌作用较肾上腺素弱，起效慢，作用持久。

【临床应用】其主要用于平喘，治疗支气管哮喘；外用治疗鼻炎，以消除黏膜充血肿胀（0.5%~1%溶液滴鼻）。

【注意事项】用药过量时易引起机体出现失眠、不安、神经过敏、震颤等症状；用于有严重器质性心脏病或接受洋地黄治疗的动物，可出现心律失常。

【用法与用量】皮下注射，一次量，马、牛50~300 mg，猪、羊20~50 mg，犬10~30 mg。

【制剂】盐酸麻黄碱注射液（ephedrine hydrochloride injection）。

（二）α肾上腺素受体激动剂

去甲肾上腺素（noradrenaline）

【理化性质】白色至灰白色结晶性粉末，无臭，味苦，化学性质不稳定，遇光、热和空气易变质。易溶于水，在中性特别是在碱性溶液中可迅速氧化失效，故禁止与碱性药物混合使用。

【药动学】本品经口服不易被机体吸收，在肠内易被碱性肠液破坏，皮下注射不易被吸收且易发生局部组织坏死，故一般采用静脉滴注给药。外源性去甲肾上腺素不易透过血脑屏障，很少到达脑组织。未被摄取的去甲肾上腺素在肝内经单胺氧化酶和儿茶酚胺氧位甲基转移酶催化代谢,经肾脏通过尿液排出。

【药理作用】本品是强烈的α受体激动药,对β_1受体作用较弱,对β_2受体几乎无作用。

①血管:激动血管α_1受体,可引起小动脉和小静脉血管收缩,升高血压;皮肤黏膜血管的收缩最明显,其次是肾脏血管。

②心脏:激动心脏β_1受体,兴奋心脏,作用较肾上腺素弱,增强心肌收缩力使心率加快。由于血压升高,反射性兴奋迷走神经,机体心率先快后慢;由于药物的强烈缩血管作用,心脏射血阻力增加,心输出量不变或下降。

③血压:有较强的升压作用。给药剂量小时,因心脏兴奋,收缩压升高,此时血管收缩尚不强烈,舒张压升高不多,脉压差增大。给药剂量大时,因血管收缩,外周阻力明显提高,故收缩压与舒张压都升高,脉压差减小。

【临床应用】主要用于治疗休克或急性低血压患病动物,维持血压。

【注意事项】仅限用于休克早期的应急抢救,并在短时间内小剂量静脉滴注。

【用法与用量】静脉滴注:一次量,马、牛8~12 mg,猪、羊2~4 mg,犬、猫1~3 mg。临用前用5%葡萄糖注射液将本品稀释为每毫升含4~8 μg肾上腺素的注射液,猪、羊以2 mL/min的速度进行静脉滴注,马、牛可酌情加快。

【最高残留限量】允许用于食品动物,无须制定残留限量。

【制剂】重酒石酸去甲肾上腺素注射液(norepinephrine bitartrate injection)。

(三)β肾上腺素受体激动剂

异丙肾上腺素(isoprenaline)

【理化性质】理化性质与去甲肾上腺素相似。

【药动学】口服不易被吸收,气雾和舌下给药机体吸收较快,不易透过血脑屏障。吸收后主要在肝脏及其他组织中被COMT所代谢,较少被MAO代谢,有效血药浓度可维持2 h,最终经肾脏排泄。

【药理作用】本品是β受体激动剂,对β_1和β_2受体无选择性。对α受体几乎无作用。

①心脏:其对心脏β_1受体有强大的激动作用,使心肌收缩力增强,心率加快,心排血量和心肌耗氧量增加。

②血管与血压:其可激动血管β_2受体,使以β_2受体占优势的冠状血管和骨骼肌血管舒张,尤其骨骼肌血管明显舒张,总外周阻力下降。

③支气管:其作用于支气管平滑肌β_2受体,对支气管平滑肌有较强的舒张作用,作用强于肾上腺素,但不能收缩支气管黏膜血管和消除支气管黏膜水肿。

④代谢作用:促进糖原和脂肪分解,增加组织耗氧量。

【临床应用】用于动物过敏性支气管炎引起的喘息症及动物感染性、心源性休克,心输出量不足、中心静脉压较高的休克症,溺水、麻醉等引起的心搏骤停。

【注意事项】给药剂量过大易引起心律失常;抗休克时,用药前应先补足血容量,否则可能导致血压下降。

【用法与用量】皮下或肌内注射:一次量,犬、猫0.1~0.2 mg。静脉注射:一次量,马、牛1~4 mg,羊、猪

0.2~0.4 mg，犬、猫 0.05~0.1 mg。

【制剂】盐酸异丙肾上腺素注射液(isoprenaline injection)。

克伦特罗（clenbuterol）

克伦特罗又称瘦肉精，是一种无色微结晶粉末，能显著舒张支气管平滑肌，具有较好的选择性，有效剂量小且作用持久。主要用于治疗支气管哮喘、肺气肿等。给药剂量过大会兴奋 β_1 受体，引起心悸、心室早搏、骨骼肌震颤等。另外，本品能松弛子宫平滑肌，可用于扩张子宫、延迟分娩。

二、抗肾上腺素药

抗肾上腺素药又称肾上腺素能拮抗剂。它们与肾上腺素受体结合，阻断去甲肾上腺素或拟肾上腺素药与受体结合，产生拮抗肾上腺素的作用。抗肾上腺素药可分为 α 肾上腺素能阻断剂、β 肾上腺素能阻断剂、中枢阻断剂、肾上腺素能神经元阻断剂和单胺氧化酶抑制剂 5 类。

本类药物共同的副作用包括躯体张力低下、镇静或抑郁、胃肠蠕动增强和腹泻、影响射精、血容量和钠潴留增加。长期使用会诱导受体反馈性调节、瞳孔缩小、胰岛素释放增加。

（一）α 肾上腺素能阻断剂（α-adrenergic blocking agents）

α 肾上腺素受体阻断剂能选择性地与 α 肾上腺素受体结合，其本身不激动或较少激动该受体，妨碍去甲肾上腺素能神经递质及肾上腺素受体激动剂与 α 受体结合，从而产生抗肾上腺素作用。本类药能将肾上腺素的升压作用翻转为降压，这个现象称为肾上腺素作用的翻转。通常给予肾上腺素治疗后，血压先上升后轻微下降。若先给 α 肾上腺素受体阻断药则 α 受体被阻断，使肾上腺素收缩血管作用被取消，仅留下与血管舒张有关的 β 受体的作用，血管舒张作用充分地表现出来，有明显的降压反应。而对主要作用于血管 α 受体的去甲肾上腺素，α 肾上腺素受体阻断药只能取消或减弱其升压效应而无"翻转作用"。对主要作用于 β 受体的异丙肾上腺素的降压作用则无影响。

α 受体阻断药分为 3 类：α_1、α_2 肾上腺素受体阻断药，α_1 肾上腺素受体阻断药和 α_2 肾上腺素受体阻断药。由于 α_1 肾上腺素受体阻断药和 α_2 肾上腺素受体阻断药尚未批准用于动物，此处主要介绍 α_1、α_2 肾上腺素受体阻断药。

从药物作用时间看，本类药物有长效与短效之分。短效类：酚妥拉明和妥拉唑啉。本类药物与 α 受体结合较疏松，易于解离，竞争性地阻断 α 受体，对 α_1、α_2 受体的选择性低，与它们具有相近的亲和力。

酚妥拉明（phentolamine）

【理化性质】白色或类白色的结晶性粉末，无臭，味苦。在水或乙醇中易溶，在氯仿中微溶。

【药理作用】酚妥拉明能选择性地阻断 α 受体，拮抗肾上腺素的 α 型作用，作用较弱。静脉注射能使血管舒张，血压下降，肺动脉压和外周血管阻力降低。对心脏产生兴奋作用，使心收缩力加强，心率加快，心输出量增加。这种兴奋作用部分由血管舒张、血压下降反射引起，部分是阻断神经末梢突触前膜 α_2 受体，促进去甲肾上腺素释放的结果，偶尔可致心律失常。另外，酚妥拉明有拟胆碱作用，使胃肠平滑肌兴奋；也有组胺样作用，使胃酸分泌增加。

【临床应用】抗休克。能使心搏出量增加,血管舒张,外周阻力降低,从而改善休克状态时的内脏血液灌注量。能降低肺循环阻力,防止肺水肿发生,给药前必须补足血容量。也可用于治疗外周血管性疾病,如四肢闭锁性血管内膜炎、四肢营养不良性溃疡和冻疮等。

【注意事项】患有胃溃疡、胃炎及十二指肠溃疡者慎用;注意补充血容量,最好与去甲肾上腺素配伍使用;不得与铁剂配伍应用。

【不良反应】常见的不良反应有低血压,胃肠道平滑肌兴奋所致的腹痛、腹泻、呕吐和胃炎以及胃、十二指肠溃疡病。静脉给药有时可引起严重的心率加速、心律失常和心绞痛,因此需缓慢注射或滴注。

【用法与用量】用5%葡萄糖注射液100 mL稀释后缓慢静注,一次量,马、牛100 mg,犬、猫5 mg。

【制剂】甲磺酸酚妥拉明注射液(phentolamine mesylate injection)。

(二)β肾上腺素能阻断剂

本类药物简称β受体阻断剂,可分为非选择性β受体阻断剂、选择性$β_1$受体阻断剂、选择性$β_2$受体阻断剂三类。使用本类药物后,机体常表现为心率减慢、心肌收缩力减弱、心输出量减少、心肌耗氧量降低、支气管和血管收缩等,故可用于治疗心律失常、心绞痛等。

普萘洛尔(propranolol)

又名心得安,属非选择性β受体阻断剂,此类药物还有纳多洛尔(nadolol)、噻吗洛尔(timolol)、吲哚洛尔和氧烯洛尔。

【理化性质】白色或类白色粉末,味苦,无臭。易溶于水和乙醇。由等量左旋体和右旋异构体组成的消旋体,仅左旋体有阻断β受体的活性。

【药理作用】本品为非特异性β受体阻断剂。阻断心肌$β_1$受体,使心率减慢,心肌收缩力和排出量减低,冠脉血流量减少,心肌耗氧量明显减少,肝脏和肾脏的血流量减少,血压降低,抑制去甲肾上腺素引起的心动过速。阻断$β_2$受体,增加气管阻力,防止偏头痛,提高子宫活性,降低血小板凝集性,抑制心肌和骨骼肌糖元分解,增加循环系统中的嗜酸性细胞数量。口服吸收良好,犬首过效应明显,消除半衰期为0.77~2 h。

【临床应用】抗心律失常。如犬心节律障碍早搏,猫不明原因的心肌疾患。

【注意事项】①明显心衰竭,以及对此类药物敏感、高于1级的心脏传导阻滞、窦性心动过缓的患畜禁用此药,患有支气管痉挛肺病的病畜也应禁用。②用药过量时,可能引发低血压和心动过缓症状。③普萘洛尔具有对抗拟交感神经药的作用,能增加洋地黄的毒性,已洋地黄化而心脏仍高度扩大的动物禁用。

【用法与用量】犬、猫,用于心律失常:缓慢静注0.02 mg/kg;口服,0.1~0.2 mg/kg,每8 h一次,最高到1.5 mg/kg。心衰竭的辅助治疗:口服0.1~0.2 mg/kg,每8 h一次。

【制剂】盐酸普萘洛尔片剂(propranolol hydrochloride tablets),普萘洛尔注射液(propranolol injection),普萘洛尔口服溶液(propranolol oral solution)。

(三)中枢性阻断剂

本类药物主要作用是抑制交感神经元从中枢神经系统向外周传出。典型的中枢性阻断剂是α-甲基多巴,其进入中枢神经系统后,经脱羧和羟化,在中枢的肾上腺素能神经元内形成α-甲基去甲肾上腺素。这种假性神经递质具有很强的$α_2$受体激动作用,在中枢系统内使中枢的交感传出神经兴奋性下降、血压降低,也能竞争和抑制其他肾上腺素受体。

(四)肾上腺素能神经元阻断剂

与受体阻断剂不同,本类药物的作用不是阻断受体,而是作用于突触前神经末梢,使储存的内源性神经递质(去甲肾上腺素)耗竭,或直接阻止递质释放。药物主要有利血平(reserpine)。利血平阻断去甲肾上腺素储存颗粒膜上的传导系统,使去甲肾上腺素被神经细胞内的单胺氧化酶破坏而耗竭,主要用于治疗高血压。根据我国有关公告,违禁药物和非法添加物禁止在饲料和动物饮用水中使用的药物品种包括利血平。

第二节 胆碱能药

一、拟胆碱药

拟胆碱药(parasympathomietic agents)是一类药理作用与ACh作用相似的药物,主要作用于副交感神经。作用机制包括促进ACh释放,与接头后膜受体结合,干扰ACh失活等。

根据作用机制不同,拟胆碱药可分为作用于胆碱受体的胆碱受体激动剂和作用于胆碱酯酶的胆碱酯酶抑制剂两类。直接激动胆碱受体的药物(毛果芸香碱等)可作用于并兴奋ACh-受体(M受体/N受体),具有抗胆碱酯酶作用的药物(毒扁豆碱、新斯的明等)能间接引起胆碱能神经的兴奋。

拟胆碱药主要兴奋平滑肌和腺体的M受体,导致支气管、胃、肠、膀胱、虹膜、睫状肌等平滑肌收缩,腺体(主要位于支气管、胃、肠、汗腺、胰腺、唾液腺、泪腺和鼻咽等部位)分泌增加;使心脏的M受体兴奋,心率下降,心肌收缩力和房室传导性降低。

M受体兴奋表现为心率减慢,血压下降,瞳孔缩小,腺体分泌增加,支气管收缩,胃肠道蠕动和排便增强,泌尿增加等,又称M样作用。

(一)M受体激动剂

直接作用于副交感神经的拟胆碱药(direct acting parasympathomietic agents)又称M受体激动剂(muscarinic agonists)。该类药物包括胆碱酯类化合物和植物碱类,前者有ACh、氨甲酰胆碱等,后者有槟榔碱、毛果芸香碱等。

本类药物主要用于治疗胃肠和膀胱弛缓、青光眼和缩瞳。主要经内服或皮下注射给药,静脉注射易产生毒副作用,因此用药剂量过大或用于用过胆碱酯酶抑制剂的动物会产生毒性。

卡巴胆碱(carbachol)

又名氨甲酰胆碱,其为人工合成的拟胆碱药。

【理化性质】本品为白色结晶,易潮解。在水中极易溶解,在乙醇中略溶。

【药动学】本品不易被胆碱酯酶灭活,作用时间较长。用本品所制的滴眼剂滴眼后,10~20 min 内产生缩瞳作用,并可持续4~8 h,眼压降低维持8 h。眼前房内注射,2~5 min 内达最大缩瞳作用,可维持24~48 h。

【药理作用】本品是胆碱酯类作用最强的一种药物,其特点为性质稳定、作用强且持久。对胃肠、膀胱、子宫等平滑肌器官作用强,对心血管系统作用较弱。给药剂量小时即可促使消化液分泌,加强胃肠收缩,促进内容物迅速排出,增强反刍动物的反刍机能。给药剂量一般时对骨骼肌无明显影响,但大剂量的卡巴胆碱可引起肌束震颤,乃至麻痹。能直接作用于瞳孔括约肌达到缩瞳效果,同时具有抗胆碱酯酶作用,能维持较长的缩瞳时间。

【临床应用】用于通便、母猪催产;治疗胎衣不下、子宫蓄脓,胃肠积食,前胃、胃肠、膀胱和子宫弛缓,缓解眼内压;中毒时,可用阿托品解毒,但效果不理想。

【不良反应】结膜充血、视力调节困难、泪腺分泌增多。

【注意事项】不可静脉或肌内注射,以免引起强烈的不良反应。

【用法与用量】皮下注射:一次量,马、牛(300~500 kg)1~2 mg,羊、猪(30~125 kg)0.25~0.5 mg,犬(5~20 kg)0.025~0.1 mg;必要时,间隔30 min重复1次,共2次。经眼给药:用卡巴胆碱滴眼液,每天2次或3次。口服给药:2 mg/60 kg,每天3次。

【制剂】常见的制剂有卡巴胆碱注射液(carbachol injection)、卡巴胆碱滴眼液(carbachol eyedrops)。

氨甲酰甲胆碱(bethanechol)

【理化性质】白色结晶或结晶性粉末,有氨臭,易潮解。在水中极易溶解,在乙醇中易溶。

【药理作用】本品具有M样作用,几乎无N样作用。对胃肠道和膀胱的M受体选择性作用强,对心血管作用较弱。可激动M胆碱受体,特别是对胃肠道和膀胱平滑肌的选择性较高,作用较强,对心血管系统几乎无作用。能促进唾液、胃肠液分泌,作用快而持久,增强胃肠蠕动、子宫和膀胱收缩及反刍动物的反刍机能等。

【临床应用】主要用于治疗胃肠弛缓,也用于非阻塞性膀胱积尿、胎衣不下和子宫蓄脓等。

【不良反应】用药剂量较大时可引起呕吐、腹泻、气喘和呼吸困难。

【注意事项】患有肠道完全阻塞或创伤性网胃炎的动物及孕畜禁用;禁止静脉或肌内注射给药;禁用于患机械性肠梗阻和尿路梗阻、痉挛等动物。

【用法与用量】以氯化氨甲酰甲胆碱计算。皮下注射:一次量,每1 kg体重,马、牛、猪0.05~0.1 mg;犬、猫0.025~0.05 mg。

【制剂】氯化氨甲酰甲胆碱注射液(bethanechol chloride injection)。

毛果芸香碱(pilocarpine)

其是从芸香属植物叶中提取的生物碱,又称"皮鲁卡品"。

【药动学】毛果芸香碱具有水溶和脂溶的双相溶解度,故其滴眼液的通透性良好。用本品所制的1%滴眼液滴眼后10~30 min产生缩瞳作用,持续时间为4~8 h。降眼压作用的达峰时间约为75 min,持续4~14 h(与浓度有关)。

【药理作用】主要表现为M样作用,N样作用极小。毛果芸香碱直接选择兴奋M胆碱受体,产生与节后胆碱能神经兴奋时相似的效应。作用特点是对多种腺体和胃肠平滑肌有强烈的兴奋作用,但对心血管系统及其他器官的影响较小。用药剂量大(10~15 mg皮下注射)时亦能出现N样作用及兴奋中枢神经系统作用,引起肠道平滑肌兴奋、肌张力增加。

【临床应用】用于治疗犬神经性干燥性角结膜炎。适用于大动物的不全阻塞性肠便秘、前胃弛缓、瘤胃不全麻痹和猪食道梗塞等。用本品所制的1%~3%溶液滴眼,与扩瞳药交替应用治疗虹膜炎。

【不良反应】长期使用可引起强直性瞳孔缩小、虹膜后粘连、虹膜囊肿等。

【注意事项】用药前应灌服盐类泻药以软化粪便并补液;禁用于完全阻塞性便秘、心力衰竭和呼吸道疾病患畜及妊娠母畜;过量使用本品导致动物中毒时用阿托品解毒。

【用法与用量】皮下注射:一次量,每1 kg体重,马、牛0.2~0.5 mg,羊0.25~1 mg,猪0.04~0.4 mg,犬0.15~0.3 mg。滴眼:每次1~2滴。

【制剂】盐酸毛果芸香碱注射液(pilocarpine hydrochloride injection)。

(二)乙酰胆碱酯酶抑制剂

其与乙酰胆碱酯酶竞争性结合,阻滞ACh水解,导致ACh在体内蓄积,而产生类似ACh的作用,分为可逆性抑制剂和不可逆性抑制剂两类。可逆性抑制剂有氨基甲酰化物和滕喜龙,氨基甲酰化物包括新斯的明、溴吡斯的明等;不可逆性抑制剂主要是有机磷酸酯类如倍硫磷、敌敌畏等。

胆碱酯酶抑制剂的作用无选择性,可兴奋神经节N_1受体、骨骼肌的N_2受体和节后植物神经节后纤维支配效应器官上的M受体,产生先兴奋后抑制,使瞳孔缩小、胃肠道分泌和蠕动增加等ACh的M样和N样作用。过量会产生毒副作用。

胆碱酯酶抑制剂的适应证:胃肠和膀胱功能紊乱,青光眼,抗胆碱药中毒解救等。

新斯的明(neostigmine)

【理化性质】白色结晶性粉末,无臭,味苦。在水中极易溶解,在乙醇中易溶。

【药动学】口服难吸收且不规则,注射后消除迅速,肌注给药后半衰期为0.89~1.2 h。既可被血浆中胆碱酯酶水解,亦可在肝脏中代谢。用药量的80%可在24 h内经尿排出。不易穿过血脑屏障。

【药理作用】可抑制乙酰胆碱酯酶,提高突触间隙ACh的水平,ACh兴奋M受体,引起胃肠平滑肌收缩,增加肠道的运动和蠕动。蠕动波的频率增加和强度提高,肠道内容物的运动加快。注射大剂量新斯的明时骨骼肌抽搐,可改善肌无力。

【临床应用】用于治疗重症肌无力、胃肠弛缓、胎衣不下、手术后功能性肠胀气、尿潴留,以及手术结束时拮抗非去极化肌肉松弛药的残留导致的肌松作用等。

【不良反应】大剂量给药时会引起恶心、呕吐、腹泻、流泪、流涎等不良反应。

【注意事项】治疗重症肌无力时,应避免同时应用氧化亚氮以外的吸入性麻醉药、各种肌肉松弛药、氯丙嗪、奎尼丁、氨基糖苷类抗生素和多黏菌素B等,以防加重病情;过量使用导致中毒时,可使用阿托品进行对抗。

【用法与用量】肌内或皮下注射:一次量,每1 kg体重,马0.02~0.06 mg,牛0.01~0.06 mg,羊、猪0.02~0.05 mg,犬0.02~0.08 mg。滴眼:每次1~2滴。

【最高残留限量】允许用于食品动物,无须制定残留限量。

【制剂】甲硫酸新斯的明注射液(neostigmine methylsulfate injection)。

溴吡斯的明(pyridostigmine, mestinon)

【理化性质】白色或类白色结晶性粉末,味苦,有引湿性。在水、乙醇或三氯甲烷中极易溶解,在石油醚或乙醚中微溶解。

【药动学】口服后不易从胃肠道被吸收,静脉注射后$t_{1/2}$为1.9 h,原形药物或代谢物经肾排泄。

【药理作用】其为可逆性的抗胆碱酯酶药,能抑制胆碱酯酶的活性,使胆碱能神经末梢释放的ACh破坏减少,突触间隙中ACh积聚,产生M和N胆碱受体兴奋作用。此外,对运动终板上的烟碱样胆碱受体(N_2受体)有直接兴奋作用,并能促进运动神经末梢释放ACh,从而提高胃肠道、支气管平滑肌和全身骨骼肌的肌张力,作用类似新斯的明,特点是起效慢、维持时间久。

【临床应用】主要用于治疗重症肌无力、术后腹气胀或尿潴留,对抗非去极化型肌松药的肌松作用。

【不良反应】腹泻、恶心、呕吐、胃痉挛、汗及唾液增多等。

【注意事项】患心律失常、房室传导阻滞、术后肺不张、支气管哮喘、肺炎等疾病的动物及孕畜慎用;机械性肠梗阻、尿路梗阻等患畜禁用。

【用法与用量】口服给药:一次量,每1 kg体重,犬0.5~3.0 mg,每日2次或3次。

【制剂】溴吡斯的明片(pyridostigmine bromide tablets)。

二、抗胆碱药

抗胆碱药(anticholinergic agents, anticholinergics)又称胆碱能拮抗剂。本类药物与胆碱受体结合后,妨碍ACh或拟胆碱药与胆碱受体的结合,产生抗胆碱的作用,故又称胆碱受体阻断剂和胆碱能拮抗剂。其分为M受体阻断药(节后抗胆碱药)和N受体阻断药两类,前者包括阿托品类生物碱(如阿托品、山莨菪碱、东莨菪碱等)和阿托品的合成代用品(如后马托品、普鲁本辛等),后者包括N受体阻断药(神经节阻断药,包括美加明、咪噻吩等)和N受体阻断药(骨骼肌松弛药,包括琥珀胆碱、筒箭毒碱等)。

抗胆碱药的副作用源于副交感神经系统的植物功能抑制,主要为心动过速、口干、畏光、眼内压升高、膀胱弛缓而积尿、便秘、烦躁、体温升高和支气管堵塞等。

抗胆碱药的临床应用主要有以下几方面。

(1)麻醉前给药,能减少因麻醉药引起的支气管分泌的增加,减少迷走神经对心脏的影响,减轻胃肠蠕动与分泌,改善呼吸功能。

(2)拮抗胆碱能神经兴奋的症状,如胆碱能诱导支气管收缩,窦性心律过缓和迷走性心肌收缩力下降,唾液和支气管分泌物增加。

(3)减少胃肠道活动过度(小动物),起到解痉、抑制分泌和止泻等作用。

(4)眼科用药,产生扩瞳作用,松弛眼部肌肉,利于眼科检查。

(5)减少小动物的多动症。

阿托品(atropine)

其是从茄科植物颠茄、曼陀罗或莨菪等中提取的生物碱。天然存在的是不稳定的左旋莨菪碱(L-hyoscyamine),经化学修饰后,得到稳定的消旋体即阿托品。也可化学合成,常用原料为硫酸盐。

【理化性质】其硫酸盐为无色结晶或白色结晶性粉末,无臭。极易溶于水,易溶于乙醇。

【药动学】口服后自胃肠道迅速吸收,很快分布到全身组织。肌注后15~20 min血药浓度达峰值,口服的血药达峰时间为1~2 h,作用一般持续4~6 h,扩瞳时效更长,半衰期为11~38 h。主要通过肝细胞酶的水解代谢,有13%~50%在12 h内以原形随尿排出。

【药理作用】与M受体结合,无内在活性,占据受体而不能兴奋受体,竞争ACh对受体的兴奋,发挥抗胆碱作用。其主要作用包括以下几个方面。

①解除平滑肌的痉挛:可松弛胃肠道、胆管、支气管、泌尿道平滑肌和血管的平滑肌,对过度活动或处于痉挛状态的平滑肌松弛作用更明显,而对正常活动的平滑肌影响较小。可用于解除血管痉挛,改善微血管循环。

②抑制腺体分泌:通过阻断M-胆碱受体抑制腺体分泌。其对唾液腺及汗腺的抑制作用最明显,也可使泪腺和呼吸道腺体的分泌物显著减少,但对胃酸分泌的影响则较小。

③对眼的作用:阻断瞳孔括约肌及睫状肌的M-胆碱受体,发挥散瞳作用,具有升高眼内压及调节麻痹作用。

④对心血管的作用:给予较大剂量(1~2 mg)的阿托品能解除迷走神经对心脏的抑制,使心率加快,心输出量增加,动脉血压保持不变或略微升高。阿托品具有显著降低或消除通过迷走神经机制发挥作用的药物的心脏抑制作用。松弛皮肤内脏血管,改善微血管循环。

⑤兴奋中枢神经系统:大剂量给药时机体出现烦躁不安等。

⑥阻断胆碱能冲动:通过激活毒蕈碱受体来调节黏液的分泌和细支气管平滑肌的收缩,从而减少分泌物,增加细支气管的管腔直径。

⑦对抗有机磷酸酯制剂中毒时体内乙酰胆碱过度蓄积引起的反应。

【临床应用】胃肠平滑肌痉挛引起的疼痛、肾绞痛、胆绞痛、胃及十二指肠溃疡疼痛。膀胱痉挛、麻醉前给药、窦性心动过缓、止吐、扩瞳、感染中毒性休克、有机磷酸酯类中毒和拟胆碱药过量中毒。

【不良反应】常见副作用是过度流涎和呕吐、眼内压升高以及泪液减少。

【注意事项】易引起尿潴留。

【用法与用量】内服,一次量,每1 kg体重,犬、猫0.02~0.04 mg。肌内、皮下或静脉注射:一次量,每

1 kg体重，麻醉前给药，马、牛、羊、猪、犬、猫0.02~0.05 mg；解救有机磷酸酯类中毒，马、牛、羊、猪0.5~0.1 mg，犬、猫0.1~0.15 mg。

【最高残留限量】允许用于食品动物，无须制定残留限量。

【制剂】硫酸阿托品注射液(atropine sulfate injection)、硫酸阿托品滴眼液(atropine sulfate eyedrops)、硫酸阿托品软膏(atropine sulfate ointment)。

东莨菪碱(scopolamine)

东莨菪碱是一种莨菪烷类生物碱药物。

【理化性质】无色结晶或白色结晶性粉末，无臭。易溶于水，略溶于乙醇。

【药动学】口服后迅速从胃肠道吸收，主要分布在脑、肝、肺，对大脑的作用较强且持久。在肝内几乎完全被代谢，仅有极小一部分以原药随尿排出。可透过血脑屏障和胎盘。

【药理作用】可阻断ACh和相关胆碱能受体激动剂与毒蕈碱受体结合，并激活毒蕈碱受体的作用，阻止ACh与受体结合。其散瞳及抑制腺体分泌作用比阿托品强，对呼吸中枢具有兴奋作用，但对大脑皮质有明显的抑制作用，此外还有扩张毛细血管、改善微循环以及抗晕动等作用。眼部作用与阿托品相似，其散瞳、调节麻痹及抑制分泌的作用较阿托品强1倍，但持续时间短。

【临床应用】治疗平滑肌痉挛，用于全身麻醉前给药、晕动病、震颤麻痹和有机磷农药中毒等。

【不良反应】心动过速、眩晕、震颤、运动困难、便秘、排尿困难和尿潴留。

【注意事项】苯丙胺与莨菪碱类有协同性中枢兴奋作用，妥拉唑啉与东莨菪碱有协同作用。

【用法与用量】皮下注射：一次量，牛1~3 mg，羊、猪0.2~0.5 mg。

【制剂】氢溴酸东莨菪碱注射液(scopolamine hydrobromide injection)。

山莨菪碱(anisodamine)

【理化性质】白色结晶或结晶性粉末，无臭。在水中极易溶，在乙醇中易溶。

【药动学】口服吸收较差，口服30 mg后组织内药物浓度与肌内注射10 mg者相近。静注后1~2 min起效，半衰期约40 min。随尿排出，无蓄积作用。

【药理作用】作用与阿托品相似或稍弱。

【临床应用】用于治疗胃肠道、胆管、胰管和输尿管等的平滑肌痉挛。

【不良反应】心率加快、排尿困难等。

【注意事项】出现阿托品样的中毒症状，可用新斯的明或氢溴酸加兰他敏解除症状。

【用法与用量】治疗腹痛，肌内注射：一次量，每1 kg体重，犬、猫0.01~0.05 mg。抢救感染中毒性休克，静脉注射：一次量，每1 kg体重，犬、猫0.05~0.1 mg。

【制剂】氢溴酸山莨菪碱注射液(anisodamine hydrobromide injection)。

溴丙胺太林(propantheline bromide)

【理化性质】白色或类白色的结晶性粉末，无臭，味极苦，微有引湿性。在水、乙醇或氯仿中极易溶解。

【药理作用】此药属于季胺类药物，主要用作平滑肌松弛剂，能选择性地缓解胃肠道平滑肌痉挛，作用较强、较持久。

【临床应用】用于胃和十二指肠溃疡的辅助治疗,以及胃炎、胰腺炎、胆汁排泄障碍和多汁症的治疗。

【不良反应】尿潴留、便秘等,减量或停药后可消失。

【注意事项】肝、肾功能不全者及心脏病、消化道阻塞性疾病、重症肌无力、尿潴留和呼吸道疾病患畜慎用。

【用法与用量】口服:一次量,每1 kg体重,犬、猫0.04~0.1 mg,每日3次,饲前30~60 min服用。

【制剂】溴丙胺太林片(propantheline bromide tablets)。

甲硝阿托品(atropine methonitrate)

【理化性质】甲硝阿托品为白色、无味、结晶的粉末。

【药理作用】具有与抗痉挛药类似的平滑肌松弛作用。

【临床应用】作为解痉剂控制平滑肌痉挛,抑制子宫、膀胱、输尿管、胆管和细支气管的高张力;作为解毒药,可用于锑剂中毒引起的阿-斯综合征、有机磷中毒以及急性毒蕈碱中毒;用于麻醉前,抑制腺体分泌特别是呼吸道黏液分泌;用于散瞳,并对虹膜睫状体炎有消炎止痛之效。

【不良反应】类似于阿托品。

【注意事项】禁用于充血性心力衰竭、胃幽门梗阻、溃疡性结肠炎患畜。

【用法与用量】内服:一次量,每1 kg体重,犬、猫0.02~0.04 mg。肌内、皮下或静脉注射:一次量,每1 kg体重,麻醉前给药,马、牛、羊、猪、犬、猫0.02~0.05 mg。解救有机磷酸酯类中毒,马、牛、羊、猪0.5~0.1 mg,犬、猫0.1~0.15 mg。

【制剂】甲硝阿托品片(atropine methonitrate tablets),甲硝阿托品注射液(atropine methonitrate injection),甲硝阿托品滴眼液(atropine methonitrate eyedrops)。

后马托品(homatropine)

【药动学】散瞳作用较快,持续时间短,每次滴眼后5~20 min开始散瞳,30~90 min达高峰,持续18~48 h,一般48 h内复瞳。

【药理作用】合成的抗胆碱药,药理作用与阿托品药理相似,但效力和毒性较弱。

【临床应用】临床用于散瞳检查、眼科手术前散瞳。

【不良反应】常有眩晕,严重时瞳孔散大、皮肤潮红、心率加快、兴奋、烦躁和惊厥等。

【用法与用量】滴眼,一次1~2滴。

【制剂】后马托品滴眼剂(homatropine eyedrops)。

格隆溴铵(glycopyrrolate)

【药动学】胃肠道对本品的吸收少,口服途径给药的吸收率为10%~25%,不易通过血脑屏障,随胆汁及尿排出。

【药理作用】其为季铵类抗胆碱药,具有抑制胃液分泌及调节胃肠蠕动作用。本品还有比阿托品更强的抗唾液分泌作用,但没有中枢性抗胆碱活性,有较强的抑制胃液分泌作用。

【临床应用】用于胃及十二指肠溃疡、慢性胃炎和胃酸分泌过多等病症,麻醉前给药,是消化性溃疡和缓解内脏痉挛的辅助药。

【不良反应】与阿托品相似。

【注意事项】幽门梗阻、前列腺肥大的患畜忌用。

【用法与用量】口服给药：一次量，每 1 kg 体重，犬、猫 0.002~0.01 mg，一日 3~4 次。饲后服：维持量一次 0.01 mg，一日 2 次。

【制剂】格隆溴铵注射液（glycopyrrolate injection）。

第三节 骨骼肌松弛药

凡是能引起肌肉松弛的药物称为肌肉松弛药（muscle relaxants），简称肌松药。根据肌肉类型分为骨骼肌松弛药和平滑肌松弛药（又称平滑肌解痉药）两类；根据作用机制又分为神经肌肉阻断药（抗胆碱药）、中枢性肌肉松弛药和外周性肌肉松弛药三类。本节介绍的骨骼肌松弛药属于神经肌肉阻断药（抗胆碱药），其虽能松弛骨骼肌，但无镇静、麻醉和镇痛作用，因此不能单独用于外科手术，是全身麻醉时重要的辅助药。

一、神经肌肉阻断药

神经肌肉阻断肌松药通过抑制 ACh 的合成或释放，干扰 ACh 在突触后膜的作用从而产生肌松作用。它们具有相似的分子结构，均含季铵基团。分子中碳链长度决定药物对神经节和神经肌肉接头处 N 受体的特异性效应，5~6 个碳原子产生最强的神经节阻断效应，10 个碳原子产生极强的神经肌肉接头阻断效应。

（一）去极化型神经肌肉阻断药（depolarizing neuro-muscular blocking agents）

本类药物主要有琥珀酰胆碱（succinylcholine）和癸双铵（decamethonium，syncurine）。因作用时间短，能引起肌肉震颤，临床上仅用于马（家畜）和野生动物。

去极化型神经肌肉阻断药能够持久地与运动终板膜的 ACh 受体结合，使膜处于持久的去极化状态，引起突触后的肌细胞膜失去电兴奋性，导致运动神经末梢释放的 ACh 不能触发肌肉收缩，表现出神经肌肉阻断效应，引起肌肉松弛，又称为"一相"肌松药。胆碱酯酶水解本类药物的速度缓慢，因此本类药物能较长时间占据受体，使肌纤维的运动终板发生持久的去极化（直至药物被代谢和受体被游离）。高血钙、低血钾和呼吸性酸中毒均能增强本类药物的活性。

(二)非去极化型神经肌肉阻断药

本类药物能竞争肌纤维膜上的胆碱受体,不兴奋受体,阻断ACh的去极化作用,进而使骨骼肌松弛,又称为竞争性肌松药。本类药物常见的有苄异喹啉类化合物,如筒箭毒碱(D-tubocurarine)、阿曲库胺(atracurium)等;氨基类固醇化合物,如潘可罗宁、维库罗宁。主要用于外科手术,防止肌肉随意或反射性活动;麻痹制动,特别是野生动物;扩瞳,主要用于鸟类和爬行类。筒箭毒碱目前在临床上少用。

本类药物不使运动终板发生去极化,不伴随肌束震颤。凡能降低神经肌肉接头兴奋的条件,如低血钾、高血钾、呼吸性酸中毒均能加强本类药物的肌松作用。用药后其在血浆中的浓度很快升高并分布到血供丰富的脏器(肝、肾、心、肺),而后分布到肌肉组织,使肌肉出现松弛性麻痹反应。不能透过血脑屏障。胆碱酯酶抑制剂(如新斯的明)或能增加ACh释放的药物均有拮抗本类药物的作用。

二、中枢性骨骼肌松弛药

中枢性骨骼肌松弛药(centrally-acting skeletal muscle relaxants)通过不同途径作用于大脑皮质下中枢和脊髓,抑制单突触和多突触传递,引起骨骼肌松弛。常用的此类药物有愈创木酚甘油醚、苯二氮䓬类和氨基甲酸酯类等。

药理作用:(1)对于痉挛性强直性的肌肉紧张具有缓解作用。(2)可同时松弛骨骼肌和平滑肌痉挛,又称为解痉药(spasmolytics),可以用于周围血管痉挛性疾患。(3)可增加中枢神经系统的γ-氨基丁酸浓度,发挥镇静和镇痛作用。(4)具有副交感神经样作用,可能出现恶心、呕吐、血压下降等反应。

三、外周性骨骼肌松弛药

外周性骨骼肌松弛药(peripheral-acting skeletal muscle relaxants)主要影响肌细胞内钙离子的转运,使钙离子从肌浆网释放,部分抑制骨骼肌兴奋收缩耦联,进而减弱肌收缩力,使骨骼肌松弛。常用的此类药物为硝苯呋海因(dantrolene),其他此类药物介绍如下。

琥珀酰胆碱(succinylcholine)

【理化性质】白色或近白色的结晶性粉末,无臭,味咸。在水中极易溶解,溶解后水溶液呈酸性,在乙醇或三氯甲烷中微溶。常用的形式为氯化琥珀胆碱(suxamethonium chloride)。

【药动学】口服不易吸收。静脉注射起效迅速,30~60 s即可产生肌松作用,并迅速被血浆中的假性胆碱酯酶水解成琥珀单胆碱,肌松作用减弱,然后又缓慢分解成琥珀酸和胆碱,肌松作用消失。血浆半衰期为2~4 min。有10%~15%到达作用部位,10%以原形经肾随尿排出。不易透过血脑屏障和胎盘屏障。

【药理作用】琥珀胆碱为去极化型肌松药。作用与ACh相似,其与神经肌肉结合部的N_2受体结合后,引起终板肌细胞膜的长时间去极化,妨碍其复极化,以致神经肌肉的传递受阻,肌肉松弛。作用快,持续时间短,其肌松效能为筒箭毒碱的1.8倍。静注后首先引起短暂的肌束震颤,一分钟内产生肌松作用,持续时间一般为5~10 min。如需长时间的肌松作用可以采用持续静脉滴注,但会导致肌细胞膜逐步复极化，使受体对递质的敏感性降低。无神经节阻断作用，常用剂量不引起组胺释放，但大剂量仍可能使组胺明显释放，而出现支气管痉挛、血压下降或过敏性休克。也可致心率减慢及心律失常。

反复给药易使机体产生耐药性。对心肌无直接作用，但可刺激自主神经节，兴奋M受体，导致心脏节律的改变，甚至心脏停搏。在注射后和肌束颤动期间能很快引起眼内压和颅内压的升高。

与非去极化型阻断药不同，本品无拮抗剂。

【临床应用】主要用于短期外科手术的辅助麻醉，动物的化学保定。

【不良反应】可致眼内压突然升高，大剂量可致呼吸麻痹；可使肌肉持久去极化而释放出钾离子，使血钾升高；可使唾液腺、支气管腺和胃腺的分泌增加。

【注意事项】年老体弱、营养不良、严重肝功能不全、电解质紊乱及妊娠动物禁用。反刍动物对本品敏感，用药前应停食半日，以防影响呼吸或造成异物性肺炎。某些氨基糖苷类和多肽类抗生素在大剂量与琥珀胆碱合用时，易致呼吸麻痹。

【用法与用量】肌内注射：一次量，每 1 kg 体重，马 0.07~0.2 mg，牛 0.01~0.02 mg，猪 2 mg，犬、猫 0.06~0.11 mg，鹿 0.08~0.12 mg。

【制剂】氯化琥珀胆碱注射液（succinylcholine chloride injection）。

愈创木酚甘油醚（guaifenesin, glycerol guaiacolate）

【药动学】本品在动物体内的药动学尚未完全被解析。现知愈创木酚甘油醚的氨基甲酸酯可在胃肠道吸收并在 1~3 h 达血药浓度峰值。口服吸收不完全，大部分从肠道排出，少量被代谢成葡萄糖醛酸化合物从尿中排出。

【药理作用】对中枢神经系统有轻度镇静和镇痛作用，对中枢抑制剂、麻醉药和麻醉前用药有增效作用。大剂量会引起明显的低血压。此外，还能增加胃肠道的蠕动，兼有轻度止咳作用和消毒防腐作用。

【临床应用】用于大、中型家畜的辅助麻醉药，起制动和肌肉松弛作用；与硫喷妥钠、氯胺酮和赛拉嗪合用，可诱导和维持麻醉。

【不良反应】对血管有刺激性，过量使用可能会引起溶血反应、荨麻疹和窒息性呼吸。

【注意事项】肺出血、急性胃肠炎、肾炎患畜禁用；马属动物使用浓度不得超过12%。

【用法与用量】口服给药：一次量，每 1 kg 体重，犬、猫 0.2~0.8 mg/次，3~4 次/天，饲前服。

【制剂】愈创甘油醚片（guaifenesin tablets）。

潘寇罗宁（pancuronium bromide）

【药理作用】人工合成的有两个季铵基的甾体化合物，属非去极化类肌松药，可被新斯的明拮抗。肌松效能比筒箭毒碱强 5 倍，较其他非去极化肌松剂作用迅速，不释放组织胺，对 M 受体也有一定作用。静注后 2~3 min 产生肌松作用，维持 20~40 min，重复给药会产生蓄积，为长效阻断剂。本品不阻断交感神经节，对心血管有中度的兴奋作用，有利于麻醉。

【临床应用】小动物常用的肌松药。主要用于肌松的维持或全身麻醉气管插管以及机械通气治疗时控制呼吸，亦可用于破伤风等惊厥性疾病防止肌肉痉挛。

【注意事项】心绞痛慎用，重症肌无力者与肝、肾功能障碍者慎用。

【用法与用量】静脉注射：一次量，每1 kg体重，犬、猫0.04~0.1 mg，猪0.06~0.3 mg，马0.06 mg，兔、小型哺乳动物0.1 mg。

【制剂】溴化潘寇罗宁注射液（pancuronini bromidum injection）。

阿曲库铵（atracurium）

【药理作用】其为双季铵酯型的苄异喹啉化合物，属非去极化肌松药。作用与筒箭毒碱相似，但起效快，持续时间短，为短效阻断剂。其主要通过竞争性与胆碱能受体结合而起作用，重复给药无蓄积作用，可被血浆中胆碱酯酶灭活，可被新斯的明等抗胆碱酯酶药所逆转。

【临床应用】主要用于全身麻醉时调节肌肉松弛。

【不良反应】大剂量可致血压降低、心率加快或心动过缓。

【注意事项】对本品过敏及重症肌无力患畜禁用；神经肌肉疾病、严重心血管病患畜慎用；过量（用量＞0.5 mg/kg）可致组胺释放过多，引起心动过速。

【用法与用量】诱导麻醉：一次量，每1 kg体重，犬、猫0.11~0.22 mg。

【制剂】阿曲库铵注射液（atracurium injection）。

唑拉西泮（zolazepam）

【药理作用】其为苯二氮䓬类镇静催眠药，具有抗焦虑、镇静、抗惊厥和肌肉松弛作用；可加强替来他明对中枢神经系统的抑制作用，同时又可防止由替来他明引起的惊厥；能迅速使肌肉松弛，且不引起呼吸中枢抑制。

【临床应用】与替来他明混用可作为猫和狗的镇定剂。

【用法与用量】肌内注射：一次量，每1 kg体重，犬7~25 mg，猫10~15 mg。静脉注射：一次量，每1 kg体重，犬5~10 mg，猫5~7.5 mg。

【制剂】注射用盐酸替来他明/盐酸唑拉西泮（tiletamine hydrochloride and zolazepam hydrochloride for injection）。

氯唑沙宗（chlorzoxazone）

【药理作用】主要作用于中枢神经系统，在脊椎和大脑下皮层区抑制多突反射弧，从而对痉挛性骨骼肌产生肌肉松弛作用，达到止痛效果。

【临床应用】用于各种急、慢性软组织扭伤、挫伤、运动后肌肉劳损所引起的疼痛，由中枢神经病变引起的肌肉痉挛、慢性筋膜炎等。

【不良反应】不良反应较小，以恶心等消化道症状为主，可自行消失或停药后缓解。

【注意事项】肝肾功能损害动物慎用。

【用法与用量】口服给药：一次量，每1 kg体重，犬、猫0.5~1 mg，每日三次。

【制剂】氯唑沙宗片（chlorzoxazone tablets）。

乙哌立松（eperisone）

【药动学】口服后，消化道吸收完全，半衰期为1.6~1.8 h。

【药理作用】可同时作用于中枢神经系统和血管平滑肌，通过抑制脊髓反射和γ-运动神经元的自发性冲动,缓解骨骼肌紧张状态,并且通过扩张血管而改善血液循环,达到抑制肌紧张亢进效果。

【临床应用】主要用于改善肌紧张状态、痉挛性麻痹等。

【不良反应】可能会出现皮疹、失眠头痛、恶心呕吐等不良反应。

【用法与用量】口服给药:一次量,每1 kg体重,犬、猫0.1~0.5 mg,3次/日。

【制剂】盐酸乙哌立松片(eperisone hydrochloride tablets)。

力奥来素(baclofen)

【理化性质】白色粉末,溶于热水,水溶液呈中性。易溶于酸性、碱性水溶液,几乎不溶于乙醇、乙醚等有机溶剂。

【药理作用】其是脊髓部位的肌肉松弛剂。通过抑制单突触和多突触兴奋传递,并刺激γ-氨基丁酸β受体而抑制兴奋性氨基酸(谷氨酸、天门冬氨酸等)的释放,从而抑制神经细胞冲动而解除痉挛。与中枢神经系统药物合用可增强镇静作用。

【临床应用】主要用于治疗脊髓及大脑疾病或损伤引起的肌肉痉挛。

【不良反应】中枢神经系统抑制,嗜睡、运动失调及呼吸抑制等。

【用法与用量】口服给药:一次量,每1 kg体重,犬、猫0.01~0.05 mg,3次/日。

【制剂】巴氯芬片(baclofen tablets)。

第四节 局部麻醉药

局部麻醉药(local anesthetics)是能在用药局部可逆性阻断感觉神经冲动的传递,使机体局部的感觉特别是痛觉消失的药物,简称局麻药。局麻药作用的特点是麻醉局限在身体的"局部",动物保持清醒,药物对动物重要器官功能的干扰轻微,麻醉并发症少。自可卡因于1884年作为表面麻醉剂用于外科手术,至1905年第一个人工合成的局部麻醉药普鲁卡因的诞生,局麻药已有百余年的历史。

一、局麻药的分类

局麻药含一个疏水基团(芳香基)、一个亲水基团(烷胺基),二者由一个中间链连接,其结构如图2-2。根据其分子中的中间链为酯链或酰胺类,局麻药可分为酯类和酰胺类。中间链若为酯链则为酯类局麻药,如普鲁卡因、丁卡因;中间链为酰胺类局麻药,如利多卡因。一般认为,中间链的类型与药物降解速率有关,酯类局麻药易被降解,药效短;酰胺类局麻药降解慢,药效较长。药物的疏水基团与局麻药跨膜转运、穿透到达神经组织的速率有关;而亲水基团主要为烷胺基,属中等强度的碱,游离碱是局麻药的活性形态,与局麻药作用的强度相关。

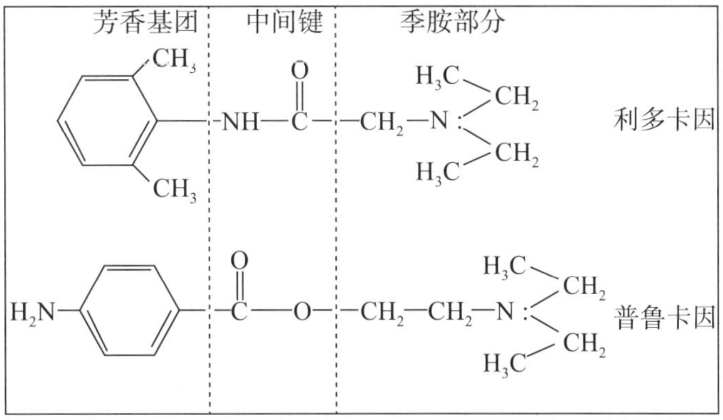

图 2-2　局麻药化学结构图

此外,临床上根据局麻药作用时效的长短可将局麻药分为长、中、短效麻醉药三类。局麻药作用的时效与药物的代谢、舒张血管程度、注射部位以及是否与收缩血管药物合用等相关。酯类局麻药在血浆内被水解或被胆碱酯酶分解,在肝脏内被代谢而失活,其所含的对氨基化合物可形成半抗原,可诱导变态反应。由于脊髓液中不含或少含酯酶,故鞘内给药的麻醉作用持久,如普鲁卡因。酰胺类局麻药性质稳定、起效快、弥散广、作用时效长,在肝脏内被酰胺酶分解,故肝病患病动物易出现毒性。酰胺类局麻药不能形成半抗原,故很少引起变态反应。一般普鲁卡因和氯普鲁卡因属于短效局麻药,利多卡因和丙胺卡因属于中效局麻药,布比卡因、丁卡因、罗哌卡因和依替卡因属于长效局麻药。

二、药理作用

目前认为局麻药以非解离型形式穿透进入神经,非解离型药物进入神经细胞内,然后在神经内又转变为解离型带电的阳离子,与神经细胞膜内表面的位点结合阻断钠通道,抑制膜兴奋性发生,使神经冲动传导阻滞而产生局麻作用。由于局麻药属于弱碱性药物,当炎症发生时,局部的pH下降导致局麻药解离增加,其穿透性下降,因此,炎症部位的局麻作用会变弱。

细神经纤维比粗神经纤维更易被局麻药阻断,无髓鞘的交感、副交感神经节后纤维比有髓鞘的感觉和运动神经纤维更易被局麻药阻断。局麻药作用于混合神经,首先消除的是持续性肿痛(如压痛),其次是短暂性锐痛,再次是嗅觉、味觉、冷觉、温觉、触觉和深部压力感觉,感觉恢复的顺序则相反。

局麻药有扩张血管、促进局部药物吸收和引起血压下降的作用,肾上腺素具有收缩血管的作用,可降低局麻药的吸收速率和延长麻醉时效,临床上局部麻醉时多与肾上腺素合用。值得注意的是,在急性炎症、损伤性或缺氧性疼痛情况下,局麻药的作用减弱或无效。

局麻药有减慢心率的作用,可阻碍心肌细胞去极化期间的钠跨膜转运,使心肌兴奋性降低,复极化减慢,不应期延长。对心房、房室结、室内传导和心肌收缩力均有抑制作用。

在局部麻醉剂量下,局麻药不引起全身性的作用,若局麻药的剂量或浓度过高,可引起中枢神经兴奋和心血管系统的毒性。

三、应用

局麻药使用方法包括表面麻醉、浸润麻醉、神经阻滞麻醉、脉管给药、硬膜外麻醉、脊髓或蛛网膜下腔麻醉和封闭疗法等。兽医临床上常将局麻药与全麻药合用于外科手术,以增强镇痛效果,减少全麻药的用量和毒性。

(一)表面麻醉

表面麻醉(surface, topical anesthesia):将穿透性强的局麻药滴点、涂布或喷雾在黏膜表面,其穿过黏膜,使黏膜下神经末梢麻醉、感觉消失,适用于眼部、鼻腔和口腔等部位的浅表手术。

(二)浸润麻醉

浸润麻醉(infiltration anesthesia):将局麻药直接注射到皮下、皮内或肌层组织中,使局部神经末梢麻醉。应用时可以菱形或扇形方式注射给药,兽医临床上常用于各种浅表麻醉。

(三)神经阻断麻醉

神经阻断麻醉(nerve block anesthesia)或传导麻醉(conduction anesthesia):将局麻药注射到某个外周神经干和神经丛附近,阻断神经冲动传导,使该神经所分布的区域麻醉。此法阻断神经干所需的局麻药浓度高,但用量较小,麻醉区域较大。常用于牛和马的椎旁麻醉、跛行诊断、四肢手术和腹壁手术等。

(四)静脉阻断

静脉阻断:将大容量、低浓度的局麻药注入肢体的静脉,术前用止血器阻止血液进入受药区,药物透过血管壁,扩散进入局部神经而起作用。当除去止血器后,血液流入受药区,局麻药被稀释,正常的神经、肌肉功能迅速恢复。常用于牛的趾部手术。有时也将低浓度的局麻药进行动脉内给药,以诊断跛行(常用于马)或使受术关节无反应(在关节手术之前或之后使用)。

(五)硬膜外麻醉

硬膜外麻醉(epidural anesthesia):将局麻药注入硬膜外腔(犬和猪一般为腰骶部,马和奶牛为第一、二尾椎部,有时称为尾部麻醉),麻醉药沿着神经鞘扩散,使穿出椎间孔的脊髓神经阻断,为后驱麻醉。麻醉的范围取决于药物扩散到神经组织的能力和速率。常用于难产、剖宫产、阴茎及后驱其他手术。马、牛慎用。

(六)脊髓或蛛网膜下麻醉

脊髓或蛛网膜下麻醉(spinal or subarachnoid anesthesia):将局麻药注入脊髓末端的蛛网膜下腔(绵羊和猫一般为腰骶部)麻醉该部位的脊神经根。由于动物的脊髓在椎管内终止的部位存在很大的种属差异,此法在兽医临床已少用。

(七)封闭疗法

封闭疗法(blockade treatment):将局麻药注射到患部的周围或其神经通路,阻断病灶部的不良冲动向中枢神经系统传导,以减轻疼痛、改善神经营养。

局麻药常用药物介绍如下。

普鲁卡因(procaine)

【理化性质】其盐酸盐为无色、无臭小针状或小叶状结晶,味微苦。易溶于水,略溶于乙醇,水溶液不稳定。

【药动学】起效快,毒性较小,是常用的局麻药之一。注射给药后1~3 min起效,可维持30~45 min。普鲁卡因与肾上腺素合用后作用时间延长,维持时间可延长20%。吸收入血的普鲁卡因大部分与血浆蛋白结合,代谢物一般均经肾脏排泄,尿中可有2%原形药排出。

【药理作用】其能阻断各种神经冲动的传导;吸收入血后,小剂量普鲁卡因对中枢神经系统轻度抑制,大剂量引起兴奋;由于具有中枢兴奋性和镇痛作用,常被非法用于动物竞赛或控制跛行。马对本品的中枢兴奋作用比其他动物敏感。

【临床应用】主要应用于局部浸润麻醉,还用于传导麻醉、脊髓麻醉和蛛网膜下麻醉,但由于其扩散和穿透力都较差,不适于表面麻醉。用于马的痉挛疝,起镇痛和解痉作用。静脉注射能减弱全麻药对心脏的作用,盐酸普鲁卡因酰胺是一种抗心律失常药。

【不良反应】超过推荐剂量使用可引起中枢神经系统和心血管反应,亦可引起大多数家畜的过敏反应;局部反应表现为注射部位水肿、疼痛;全身反应为荨麻疹、皮疹,严重者引起休克或死亡。

【注意事项】用量过大,可能引起恶心、出汗、脉速、呼吸困难、兴奋、惊厥,对惊厥可静注异戊巴比妥解救;不得与磺胺类和洋地黄合用,也不宜与抗胆碱酯酶药、肌松药和硫酸镁等合用。

【用法与用量】浸润麻醉、封闭疗法:0.25%~0.5%溶液。传导麻醉:2%~5%溶液,大动物10~20 mL,小动物2~5 mL。硬膜外麻醉:2%~5%溶液,马、牛20~30 mL。

【最高残留限量】允许用于食品动物,无需制定残留限量。

【制剂】盐酸普鲁卡因注射液(procaine hydrochloride injection)。

利多卡因(lidocaine)

【理化性质】其盐酸盐为白色结晶性粉末,无臭,味微苦。易溶于水或乙醇,溶于三氯甲烷。

【药动学】局部或注射给药,80%~90%在1 h内吸收。与血浆蛋白结合率达70%,分布广泛,能通过血脑屏障和胎盘屏障。

【药理作用】其为酰胺类局麻药,穿透力强、起效快、扩散广,血液吸收后对中枢神经系统有明显的兴奋和抑制双相作用。维持时间约为1~2 h,与肾上腺素合用,局麻作用持续2.5 h。在低剂量时,具有抗室性心律失常作用,随着剂量增大,可引起心脏传导速率减慢,房室传导阻滞,抑制心肌收缩力和使心排血量下降。

【临床应用】常用于表面麻醉、浸润麻醉、传导麻醉和硬膜外麻醉。作为抗心律失常的药物,也可用于因急性心肌梗死、外科手术等所致心律失常。兽医临床用于马的神经阻断麻醉。

【不良反应】神经症状多表现为头昏、眩晕、恶心和呕吐,过量引起嗜睡、共济失调和肌肉震颤等。

【注意事项】对本品过敏、充血性心衰、严重心肌受损、心动过缓、肝功能严重不全及休克患畜禁用;易引起新生幼畜中毒;静注限用于抗心律失常。

【用法与用量】浸润麻醉:0.25%~0.5%溶液。表面麻醉:2%~5%溶液。传导麻醉:2%溶液,马、牛8~10 mL,羊3~4 mL。硬膜外麻醉:2%溶液,马、牛8~12 mL。

【最高残留限量】允许用于食品动物,无需制定残留限量。

【制剂】盐酸利多卡因注射液(lidocaine hydrochloride injection)。

丁卡因(tetracaine)

【理化性质】常用盐酸盐,白色结晶粉末,脂溶性高。

【药动学】进入血液后,大部分和血浆蛋白结合。主要由血浆胆碱酯酶水解转化,经肝代谢为对氨基苯甲酸与二甲氨基乙醇,降解后随尿排出。

【药理作用】组织穿透能力强,作用迅速,1~3 min即生效,维持2~3 h。局麻作用比普鲁卡因强10倍。但其毒性比普鲁卡因强约10倍。

【临床应用】适用于硬膜外阻滞、蛛网膜下腔阻滞、神经传导阻滞和黏膜表面麻醉。

【不良反应】高剂量可导致头昏、寒战、震颤、恐慌,最后可致惊厥和昏迷,并出现呼吸衰竭和血压下降;可引起过敏反应。

【注意事项】大剂量可致心脏传导系统和中枢神经系统出现抑制。

【用法与用量】黏膜表面麻醉:0.5%~1%等渗溶液用于眼科表面麻醉,1%~2%用于鼻腔黏膜、喉头喷雾或气管插管,0.1%~0.5%用于泌尿黏膜麻醉。硬膜外阻滞:0.15%~0.3%溶液;神经传导阻滞:常用浓度0.1%~0.2%

【最高残留限量】允许用于食品动物,无需制定残留限量。

【制剂】盐酸丁卡因注射液(tetracaine hydrochloride injection)。

第五节 皮肤黏膜用药

皮肤黏膜用药主要发挥药物的局部作用,以治疗皮肤、黏膜疾病或消灭体表的寄生虫。常见剂型有溶液、油膏、酊剂、粉剂和糊剂等,将药物直接涂于皮肤表面,可达到治疗的作用。黏膜局部用药最常见的部位有口腔、呼吸道、阴道和直肠。

兽医临床上使用的皮肤黏膜用药有保护剂、刺激剂等,可制成软膏剂、泥敷剂、糊剂、粉剂、敷料、膏剂、混悬剂和洗剂等剂型。

一、保护剂

保护剂是指覆盖在皮肤、黏膜表面,可缓解外界有害因素刺激,减轻炎症和疼痛的一类药物。因保护剂能在皮肤、黏膜表面形成一层封闭性的保护膜,隔绝外界环境对感觉神经末梢的刺激,故可起到机械性保护作用,减轻炎症及疼痛等对机体产生的反射性反应,促进痊愈。根据保护剂的作用特点,其可分为吸附药、黏浆药、润滑药和收敛药。

(一)吸附药

吸附药是一类不溶于水且性质稳定的粉末状药物,可以吸附毒素或气体及其他有害物质,并在局部呈现机械性保护作用。常见吸附药有药用炭、白陶土、滑石粉等。

1. 药用炭

详见第五章。

2. 白陶土

其为类白色细粉或易碎块状物,加水湿润后有类似黏土气味,颜色加深。内服可吸收肠内细菌、病毒和毒素等各种有害刺激物,减弱对肠黏膜的刺激,从而减少肠蠕动,起到止泻作用。外用常作为撒布剂和热(冷)敷剂的赋形药,用于创伤、糜烂性湿疹、关节炎及挫伤等的治疗。

(二)黏浆药

黏浆药是由树脂、蛋白质及淀粉等高分子胶性物质制成的黏糊胶状溶液。药物本身无明显的药理活性,通过覆盖在黏膜或皮肤上,起到隔绝外界刺激、减轻炎症和阻止有害物质吸收的作用。临床上可用于肠炎、口腔黏膜炎等的治疗,常用药有淀粉、明胶、阿拉伯明胶、甲基纤维素、甘油和丙二醇等。

1. 淀粉

其为白色粉末,无臭、无味,不溶于冷水及酒精,与水混合加热后成胶体。1%~5%的淀粉黏浆液可与有刺激性药物如水合氯醛混合内服。内服可缓解肠炎症状或延缓毒素的吸收。此外,其常用于撒布剂、丸剂和舐剂等赋形剂。

2. 明胶

其由动物皮、腱骨等组织中的胶原部分水解而制得,为淡黄色至黄色微带光泽的粉末或半透明薄片,冷水中可软化膨胀,热水中则形成透明黏稠液体。明胶有止血作用,在消化道出血时,可制成10%溶液内服,对其他内出血,可用其5%~10%注射液(以生理盐水为溶媒)静脉注射。

(三)润滑药

润滑药是指具有油样滑腻和黏性的油脂类或矿脂类物质,通常作为调制软膏剂和搽剂的基质。润滑药涂布于皮肤能润滑和软化皮肤,减少表皮水分的流失,防止过度干燥,同时还能防止外界生物性、化学性和物理性有害因素的刺激。常用药物可分为动物脂类如豚脂、羊毛脂,植物油类如豆油、麻油、花生油、棉籽油和橄榄油等,矿脂类如凡士林、液状石蜡等,合成润滑药如聚乙二醇、吐温80等。

1. 羊毛脂

其为淡黄色或棕黄色的软膏状物,其特点是性质稳定且吸水性强,不易酸败。同时能使主药迅速被黏膜及皮肤吸收,是优良的软膏基质及油包水型乳剂的乳化剂。但因黏稠性大,涂于局部会引起不适感,故不宜单独用作基质,常与凡士林合用,并可增加凡士林的吸水性与穿透性。

2. 凡士林

其为淡黄色或白色半透明软块,性质稳定,可长期保存。外用可在皮肤表面形成一层保护膜,防止水分蒸发流失,滋润并保护皮肤。同时还可用作调制软膏或眼膏的赋形药,涂于患部使药物充分发挥局部作用。

(四)收敛药

收敛药是一种蛋白质沉淀剂。药物可与局部受损黏膜或皮肤的表层组织或渗出物的蛋白质作用,形成一层薄而致密的蛋白质保护膜,使皮肤坚韧,从而保护深层组织和感觉神经末梢免受外界刺激。同时还可收缩血管,减少渗出,达到局部消炎、镇痛和止血等作用。

收敛药包括鞣酸、鞣酸蛋白等植物性收敛药及明矾、醋酸铅、硫酸锌、硝酸银、蛋白银和硫酸铝等重金属盐。

1. 鞣酸

其为黄色或棕黄色粉末,能沉淀蛋白质,与生物碱、苷类及重金属等均能形成不溶性复合物。主要用于局部,其11%~20%软膏用于渗出性溃疡、烫伤、褥疮、痔疮和湿疹等,其15%~20%甘油溶液用于口腔炎、扁桃体炎与咽喉炎等。内服后可与胃黏膜蛋白生成鞣酸蛋白薄膜,对胃黏膜表面起机械性保护作用,免受其他因素的刺激,起到局部消炎、止血和镇痛等作用。

2. 明矾

其为硫酸钾铝的复合物,易溶于水。其稀溶液以收敛作用为主,浓溶液或外用明矾粉末则可产生刺激与腐蚀作用。外用其0.5%~4.0%溶液,可治口炎、咽喉炎和结膜炎等各种黏膜炎症。内服可治疗胃肠出血、腹泻等,发挥止血、收敛作用。

二、刺激剂

刺激剂(irritants)是对皮肤黏膜感受器和感觉神经末梢具有刺激作用的药物。在适宜剂量下,刺激剂对局部皮肤和黏膜有充血发红、发热等轻度刺激。如果药物的浓度过高或局部接触的时间过长,则可引起炎性反应,形成水疱、脓疱甚至溃疡,所以在用药时应注意药物的浓度和作用时间等。

刺激剂的主要药物有浓碘酊、鱼石脂、薄荷脑和氨溶液等。根据作用程度,刺激剂又分为发红剂(rubefacients)、起疱剂(vesicants)等。

浓碘酊（strong Iodine tincture）

【理化性质】其为含碘9.5%~10.5%，含碘化钾1.8%~2.2%的醇溶液。暗红褐色液体，有碘的特臭味，易挥发。

【药理作用】有局部刺激作用，涂擦患部，可使疼痛减轻，发挥局部消炎、止痛和抗菌作用。

【临床应用】外用治疗局部慢性炎症，如慢性肌腱炎、腱鞘炎、关节炎、骨膜炎或淋巴结肿等。

【制剂】浓碘酊（strong Iodine tincture）。

薄荷脑（menthol）

【理化性质】其为无色针形结晶，有强烈的薄荷香气。难溶于水，易溶于酒精，可溶于石蜡油、甘油等。

【药理作用】神经痛时，本品涂擦患部，可减轻疼痛，有局部消炎、止痛和抗菌作用。

【临床应用】将本品溶于液体石蜡，气管内注射使血管收缩，黏膜肿胀减轻，炎症消退，用于治疗支气管炎、气管炎和喉炎等。内服可为驱风药、解痉镇痛药及健胃止酵药。

【用法与用量】薄荷脑：内服，一次量，马0.2~2 g，牛0.3~0.4 g，羊0.2~1 g，犬0.1~0.2 g。复方薄荷脑注射液：气管内注射，一次量，马、牛10~15 mL，羊、猪2~3 mL，犬0.1~1 mL。

【制剂】复方薄荷脑注射液（compound menthol injection），复方薄荷脑软膏（compound mentholatum ointment）。

复习与思考

1. 简述肾上腺素的药理作用和临床应用。
2. 试述β肾上腺素受体阻断药的药理作用。
3. 局麻药的吸收反应有哪些？
4. 试述阿托品的药理作用。
5. 简述山莨菪碱的药理作用及临床应用。
6. 简述筒箭毒碱和琥珀胆碱的肌松作用特点。
7. 皮肤黏膜用药有哪几类？

拓展阅读

扫码获取本章的复习与思考题、案例分析、相关阅读资料等数字资源。

第三章

中枢神经系统药理

本章导读

作用于中枢神经系统的药物在兽医临床中发挥着重要的作用,许多疾病的治疗需要借助手术等手段,如何正确、合理选择镇痛药或麻醉药等药物减轻动物的疼痛呢？本章将详细介绍镇静药和安定药、镇痛药、全身麻醉药和中枢兴奋药及其常用代表药物的药理作用、临床应用、不良反应及使用方法。

学习目标

1. 了解中枢神经系统药物的不良反应和注意事项；掌握镇静药和安定药、镇痛药、全身麻醉药和中枢兴奋药常用药物的药理作用、临床应用及用法与用量。

2. 理论联系实际,具备解决生产问题的能力。

3. 通过学习,树立安全用药观,坚决做到远离毒品、珍爱生命,共同构建社会主义和谐社会。

知识网络图

- 中枢神经系统药理
  - 1. 镇静药和安定药
    - 吩噻嗪类：丙嗪、氯丙嗪、乙酰丙嗪等
    - 苯二氮䓬类：地西泮、氟西泮、氯羟安定等
    - α₂肾上腺素能受体激动剂：赛拉嗪、赛拉唑
    - 其他：巴比妥类、无机盐类（硫酸镁、溴化钠）
  - 2. 镇痛药
    - 麻醉性镇痛药
    - 解热镇痛抗炎药
  - 3. 全身麻醉药
    - 非吸入麻醉药
    - 吸入麻醉药：麻醉乙醚、环丙烷、甲氧氟氯乙炔等
  - 4. 中枢兴奋药
    - 大脑兴奋药
    - 延髓兴奋药
    - 脊髓兴奋药

中枢神经系统药物可分为中枢兴奋药和中枢抑制药。中枢抑制药包括镇静药、安定药、镇痛药、催眠药、抗惊厥药和麻醉药等。中枢兴奋药主要分为大脑兴奋药、延髓兴奋药和脊髓兴奋药。

中枢神经药物作用强度和持续时间的影响因素包括以下方面：①药物的生理学作用。药物耗竭神经递质存量的能力决定其作用，中枢神经药物的作用会随着生理状态和兴奋性或抑制性药物的作用而叠加。在浓度较低时，一些抑制性药物常会对某些功能产生兴奋性作用，如全身麻醉时，中枢神经的抑制系统受到了抑制或兴奋性递质释放增加的影响而出现诱导期兴奋阶段；某些抑制如神经递质耗竭、神经疲劳后会接着发生急性过度兴奋。②血脑屏障。药物的相对分子质量、电荷量、脂溶性以及是否存在能量依赖性转运系统都决定了其通过血脑屏障的能力。

作用于中枢神经系统的药物十分重要：有些药物能直接拯救生命；有些药物能改变动物的行为，达到驯服动物并改善动物与人的关系的目的；有些药物有助于解析药物作用的细胞和分子基础，确定药物的作用靶点和作用机制。

第一节 镇静药和安定药

镇静药(sedative)是主要作用于大脑皮层，能对中枢神经系统产生抑制作用，从而减弱机能活动、调节兴奋性、消除躁动不安和恢复安静的药物。该类药物的特点是对中枢神经系统的抑制作用有明显剂量依赖关系，低剂量时镇静，高剂量时催眠，大剂量还可起抗惊厥和麻醉作用。催眠药(hypnotic)是能诱导睡眠或近似自然睡眠，维持正常睡眠并易于唤醒的药物。能诱导深度睡眠但仍能唤醒的药物称为安眠药(soporific)。药物所产生的镇静、催眠或镇痛作用不仅与剂量相关，还与药物种类和动物种属有关。镇静药和催眠药都不改变动物的基础体温或行为。常用的镇静药和催眠药有巴比妥类、苯二氮䓬类和α_2肾上腺素受体激动剂等。

安定药(tranquilizer, ataractic)是一类能缓解焦虑而不产生过度镇静的药物。与镇静药、催眠药不同，安定药对不安和紧张等异常具有选择性抑制作用。安定药分为轻度安定药和深度安定药。轻度安定药又称为抗焦虑药(anxiolytic)，能驱散部分焦虑感觉，多数具有镇静和催眠作用，代表药物是苯二氮草类。深度安定药又称为抗精神失常药（antipsychotic）或神经松弛剂（neuroleptic），通过阻断中枢神经系统内多巴胺介导的反应，使激动或易动的动物安静下来，并能调节或控制它们的行为或精神状态，代表药物是吩噻嗪类。

一、吩噻嗪类

吩噻嗪类（phenothiazine derivatives）是由硫、氮原子连结两个苯环的一种具有三环结构的化合物（图3-1），该类药物最早作为抗精神失常药开发，随后发现其具有抗组胺等作用。本类药物的结构和药理作用非常相似，只是作用强度和持续时间有所不同。药物有丙嗪、氯丙嗪、乙酰丙嗪、甲哌氯丙嗪、丙酰丙嗪、三氟丙嗪、乙基异丁嗪、异丁嗪和哌乙酰嗪等。C_2位置可以是卤素、甲氧基和乙酰基，C_{10}位置为丙氨基时产生镇静作用，C_{10}位置为乙胺基时，则产生抗组胺和抗胆碱作用。

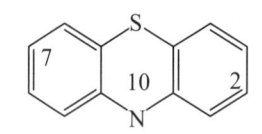

图3-1 吩噻嗪类分子结构

本类药物在兽医临床上用于麻醉前给药、化学制动、术前和术后镇静、安定镇痛（与阿片镇痛药合用）、抗热休克、止痒、止吐、松弛阴茎和缓解破伤风性强直等。

氯丙嗪（chlorpromazine）

又名冬眠灵、氯普马嗪。

【理化性质】常用其盐酸盐。盐酸盐为白色或乳白色结晶性粉末，微臭，味极苦。易溶于水、乙醇或三氯甲烷，不溶于乙醚或苯。水溶液呈酸性。

【药动学】内服、肌内注射均易吸收，内服给药有很强的首过效应。高度亲脂性，体内分布广泛，易通过血脑屏障，且脑内浓度较血浆浓度高4~10倍，肺、肝、脾、肾和肾上腺等组织浓度也较高，能通过胎盘屏障，并分泌到乳汁中。主要在肝内经肝微粒体酶代谢，其代谢物与葡萄糖醛酸或硫酸结合，经尿液或粪排出。排泄很慢，在动物体内残留可达数月。

【药理作用】其为中枢神经的D受体和α受体阻断剂，对中枢神经、植物神经及内分泌系统都有一定的作用。本品阻断中枢神经的D受体和α受体，产生镇静、止痛、止吐等作用；阻断外周α受体直接扩张血管，改善微循环，左心衰竭时可改善心功能；抑制丘脑下部体温调节中枢，降低基础代谢，使体温下降，且能使正常体温下降；有加强中枢抑制药的作用。本品阻断D_2受体后，会抑制促性腺激素、促肾上腺皮质激素和生长激素的分泌，增加催乳素分泌。

急性过量会引起共济失调、昏迷、行为改变、体温变化不规则，性激素和丘脑下部促激素释放紊乱，食欲增强，低血压，心动过速。

【临床应用】主要用作麻醉前给药：犬、猫的镇静或麻醉前给药，使神经质或攻击性动物安静下来；犬、猫的止吐剂。

【不良反应】常引起兴奋不安，易发生意外，马属动物慎用；应用过量时可引起犬、猫等动物出现心律不齐、四肢与头部震颤,甚至四肢与躯干僵硬等不良反应。

【注意事项】不可与pH为5.8以上的药液配伍,如青霉素钠(钾)、戊巴比妥钠、苯巴比妥钠、氨茶碱和碳酸氢钠等;过量引起低血压时禁用肾上腺素解救,但可选用去甲肾上腺素。

【用法与用量】内服:一次量,每1 kg体重,犬、猫2~3 mg。肌内注射:一次量,每1 kg体重,牛、马0.5~1 mg,猪、羊1~2 mg,犬、猫1~3 mg。

【最高残留限量】允许作治疗用,但不得在动物性食品中检出。

【制剂与休药期】盐酸氯丙嗪片(chlorpromazine hydrochloride tablets),盐酸氯丙嗪注射液(chlorpromazine hydrochloride injection)。牛、羊、猪休药期28 d,弃奶期7 d。

二、苯二氮䓬类

苯二氮䓬类(benzodiazepines)具有抗焦虑、抗惊厥、肌肉松弛和健胃等作用。镇静、安定作用的强度不如吩噻嗪类,也存在明显的种属差异。常用药物有地西泮、氟西泮、氯羟安定、氯硝安定、阿普唑仑、利眠灵、咪达唑仑、氯氮䓬、氯䓬酸钾、劳拉西泮、羟基安定和去甲羟安定。

本类药物内服吸收迅速,但肌内注射时吸收不稳定。本类药物具有高度亲脂性,可迅速渗入全身组织(包括脑组织),表观分布容积大,但进入脑脊液的量少,其血浆蛋白结合率高,原形和活性代谢物的血浆蛋白结合率为85%~95%。该类药物在肝内代谢可产生活性代谢物,代谢物的代谢比原形慢,所以药物的作用时间与原形的半衰期不平行。代谢物从尿液和粪便中排出。

苯二氮䓬类受体主要分布在大脑皮层、中脑、小脑、丘脑下部、海马、延髓和脊髓中。本类药物能增强抑制性神经递质γ氨基丁酸和甘氨酸的活性。增强甘氨酸的活性则产生肌肉松弛和抗焦虑作用,中枢神经系统内γ氨基丁酸的活性增强,就产生轻度镇痛和镇静作用。γ氨基丁酸的A受体至少有5个结合位点,分别与激动剂或拮抗剂、苯二氮䓬类、印防己毒素、巴比妥类和无机离子结合。未结合的受体则无活性,耦合的氯离子通道处于关闭状态。当γ氨基丁酸与受体结合后,氯离子通道开放,氯离子进入细胞内。苯二氮䓬类能加强γ氨基丁酸与其受体的结合,使氯离子大量进入细胞内。大量进入的氯离子使细胞超极化,会使去极化难以发生,因而降低神经的兴奋性。

氟马西尼是苯二氮䓬类的逆转剂,其对苯二氮䓬类的所有受体都具有高度的亲和力。氟马西尼与苯二氮䓬类的逆转剂量比为1∶13,但氟马西尼的作用时间短于苯二氮䓬,所以需要重复给药。

地西泮(diazepam)

【理化性质】又名安定、苯甲二氮唑。其为白色或类白色结晶性粉末,无臭,味微苦。易溶于丙酮或三氯甲烷,几乎不溶于水,溶于乙醇。

【药动学】内服、肌内注射均可吸收,但肌内注射吸收缓慢且不完全,临床急需发挥疗效时应静脉注射。亲脂性高,广泛分布于体内,易透过血脑屏障和胎盘屏障。本品在肝内代谢,经肾排出,并能分泌到乳汁中。马的血浆蛋白结合率约为87%。消除半衰期:马7~22 h,犬2.5~3.2 h,猪5.5 h。

【药理作用】其为长效的苯二氮䓬类药物。其主要作用于大脑的边缘系统和脑干的网状结构,加强抑制性神经递质γ氨基丁酸的作用，产生抗焦虑、催眠、镇静、抗惊厥、抗癫痫和中枢性肌肉松弛作用。肌肉松弛是因为本品在脊髓水平能对单突触反射产生突触前抑制。小剂量时可缓解狂躁不安，剂量较大时则产生镇静和中枢性肌松作用，使兴奋不安甚至有攻击性、狂躁的动物变得安静、驯服，易于接近和管理。抗惊厥作用强，对电惊厥、士的宁和戊四氮等中毒所致的惊厥有良好的抑制作用；对癫痫持续状态的疗效显著，但对癫痫小发作的效果较差。常与氯胺酮合用，以避免癫痫发作和肌肉僵直。

本品的镇静和抗焦虑作用具有明显的种属差异，犬最不敏感，马属动物最敏感。在镇静剂量下，猫的行为改变，犬可出现兴奋反应或食欲增加，马出现肌肉震颤和共济失调。

【临床应用】主要用于癫痫、惊厥、焦虑和肌肉痉挛的治疗，可作为肌松药配合全身麻醉。还可用作猫的短效健胃药。肝、肾功能障碍者慎用，妊娠动物忌用。

皮下和肌内注射吸收慢且不完全，并引起疼痛。一般采用静脉注射和内服给药，但静脉注射速度要慢。因其能引起兴奋反应，很少单独用于健康动物。除氯胺酮外，不能与其他药物混合使用。

【不良反应】猫可产生行为改变（受刺激、抑郁等），并可引起肝损害。经5~11 d内服治疗可出现昏睡、临床食欲减退、ALT/AST比例增加和高胆红素血症。犬可出现兴奋效应，有的还表现食欲增强，不同个体可出现癫痫或镇静两种极端反应。马在注射镇静剂量时，出现肌肉震颤、乏力和共济失调。

【注意事项】静脉注射宜缓慢，以防引起心血管和呼吸抑制；本品能增强其他中枢抑制药的作用，若同时应用应注意调整剂量。

【用法与用量】内服：一次量，犬5~10 mg，猫2~5 mg。肌内、静脉注射：一次量，每1 kg体重，马0.1~0.15 mg，牛、羊、猪0.5~1 mg，犬、猫0.6~1.2 mg。

【最高残留限量】允许作治疗用，但不得在动物性食品中检出。

【制剂与休药期】地西泮片（diazepam tablets），地西泮注射液（diazepam injection）。休药期：牛、羊、猪28 d。

三、α_2肾上腺素受体激动剂

α_2肾上腺素受体激动剂（α_2 adrenergic agonists）是一类强效镇静、催眠，兼有镇痛、肌松和局麻作用的中枢抑制药。批准在兽医临床上使用的药物有赛拉嗪和赛拉唑，其中赛拉唑为我国自主研发的产品。

α_2受体在体内肾上腺素神经通路和效应器上广泛分布，并有多个亚型。不同位置和亚型的α_2受体分布于突触前膜，兴奋后表现出多种效应。大脑的蓝斑与睡眠调节有关，兴奋蓝斑内的α_2受体，可产生镇静和催眠作用；兴奋大脑和脊髓痛觉通路上的α_2受体可发挥镇痛作用。

本类药物中赛拉嗪的作用强度较小，赛拉嗪对α_2和α_1的特异性为160:1。α_2肾上腺素能拮抗剂或反向激动剂（α_2 reversal agents）有育亨宾、妥拉唑林和阿替美唑。

赛拉嗪（xylazine）

又名隆朋。

【理化性质】其为噻嗪类衍生物，为白色或类白色结晶性粉末。味微苦，易溶于丙酮或苯，不溶于水。

【药动学】内服吸收不良。肌内注射时可迅速吸收,但生物利用度有明显种属差异,犬52%~90%,绵羊17%~73%,马40%~48%。马静脉注射后1~2 min起效,犬、猫皮下或肌内注射10~15 min起效。给药后,药物作用持续时间:犬1~2 h、猪不足0.5 h、牛1~5 h、马1.5 h,呈剂量依赖性。马宜静脉注射给药。本品脂溶性高,能进入大多数组织,在中枢神经系统和肾组织中浓度最高。通过胎盘的药量有限,产生较弱的胎儿抑制作用。

在大多数动物体内其可迅速、广泛代谢,产生约20种代谢物,其中主要一种是1-氨基2,6-二甲基苯。约70%以游离和结合形式从尿液中排出,原形排出仅占不到10%。原形的半衰期:犬30 min、牛36 min、马50 min、绵羊23 min。代谢物在大多数动物体内的消除持续10~15 h。

【药理作用】其能引起强大的中枢抑制,主要表现为镇静、镇痛和肌肉松弛。用药后,动物的头下沉、流涎、舌脱出、眼睑低垂、耳活动减少。有些动物还可出现嗜睡和卧地不起。镇痛时间短暂,为15~30 min。对头、颈、前肢和躯干的镇痛作用明显,而对后肢和皮肤的镇痛作用不显著。肌松作用持续20~60 min。反刍动物对本品非常敏感,给药剂量通常为小动物和马的1/10。猪对本品非常耐受,给药剂量是反刍动物的20~30倍。

【临床应用】本品的催眠、轻度肌松和镇痛作用,可用于外科小手术;轻度肌松及镇静作用,还可用于放射诊断;深度安眠(麻醉)、广泛且持久的肌松和镇痛作用,可用于诊疗马的疝痛。

麻醉前给药,可加强其他中枢抑制药的作用,减少用药剂量,并有利于麻醉和术后恢复。其在大、小动物的胃肠道手术中,常与其他药物合用。常用于野生动物的化学制动。有时还用于猫的催吐。

【不良反应】①犬、猫用药后常出现呕吐、呼吸频率下降、心搏徐缓、肌肉震颤等,另外猫出现排尿增加。②反刍动物对本品敏感,用药后表现心搏缓慢、唾液分泌增多、瘤胃迟缓、膨胀、逆呕、腹泻和运动失调等,妊娠后期的牛会出现早产或流产。③马属动物用药后可出现呼吸频率下降、心搏徐缓、多汗、肌肉震颤以及颅内压增加等。④本品与氯胺酮合用,会引起犬"麻醉性死亡"。

【注意事项】马静脉注射速度宜慢,给药前可先注射小剂量阿托品,以免发生心脏传导阻滞;牛对本品特别敏感,使用浓度为10%溶液,宜用生理盐水稀释5~10倍,剂量应为其他动物的1/10,避免给体质虚弱的牛使用;中毒时,可用α_2受体阻断药及阿托品等解救。

【用法与用量】常进行肌内注射和静脉注射给药,10%溶液用于马,2%溶液用于小动物。肌内注射:一次量,每1 kg体重,犬、猫1~2 mg,牛0.1~0.3 mg,羊0.1~0.2 mg,马1~2 mg,鹿0.1~0.3 mg。静脉注射:一次量,每1 kg体重,猪2~4 mg,反刍动物0.1 mg,马1 mg。

【最高残留限量】允许用于牛、马(泌乳期除外),无需制定残留限量。用于泌乳动物时,乳中不得检出。

【制剂与休药期】盐酸赛拉嗪注射液(xylazine hydrochloride injection)。休药期:牛、羊14 d,鹿15 d。

赛拉唑(xylazole)

又名静松灵、二甲苯胺噻唑。

【理化性质】其为白色结晶性粉末,味微苦,难溶于水。可与盐酸结合制成易溶于水的盐酸赛拉唑。

【药理作用】其作用与赛拉嗪相似。用药后表现为镇静、嗜睡和镇痛。静脉注射后1 min、肌内注射后 10~15 min 起效。

【临床应用】主要用于家畜和野生动物的化学保定,也可用于基础麻醉。

【不良反应】反刍动物对本品敏感,用药后表现心搏缓慢、唾液分泌增多、瘤胃迟缓、膨胀、逆呕、腹泻和运动失调等,妊娠后期的牛会出现早产或流产。马属动物用药后可出现呼吸频率下降、心搏徐缓、肌肉震颤、多汗以及颅内压增加等。

【注意事项】马属动物静脉注射速度宜慢,给药前可先注射小剂量阿托品,以免发生心脏传导阻滞。中毒时,可用 α_2 受体阻断药及阿托品等解救。

【用法与用量】肌内注射:一次量,每 1 kg 体重,犬 1.5~2 mg,黄牛 0.2~0.6 mg,水牛 0.4~1 mg,羊 1~3 mg,马、骡 0.5~1.2 mg,驴 1~3 mg。

【最高残留限量】允许用于食品动物如马、牛、羊、鹿,无需制定残留限量。

【制剂与休药期】盐酸赛拉唑注射液(xylazole hydrochloride injection)。休药期:牛、羊 28 d;弃奶期 7 d。

四、其他

兽医临床上使用的具有镇静、安定作用的药物,还有巴比妥类(如苯巴比妥)和无机盐类(硫酸镁、溴化物),巴比妥类构效关系等内容详见本章全身麻醉药一节。

苯巴比妥(phenobarbital)

又名鲁米那。

【理化性质】其为白色有光泽的结晶性粉末,无臭。饱和水溶液显酸性,溶于氢氧化钠或碳酸钠溶液,溶于乙醇或乙醚,略溶于三氯甲烷。

【药动学】内服吸收缓慢,犬内服后达峰时间为 4~8 h,生物利用度达 90%。吸收后可分布于全身各组织,药物在犬的表观分布容积为 0.75 L/kg,马为 0.8 L/kg。因脂溶性较低,进入中枢神经的量低于其他巴比妥药。蛋白结合率为 40%~50%。静脉注射起效时间为 15 min,肌内注射为 20~30 min,内服为 1~2 h。本品主要在肝内发生羟化代谢,生成硫酸和葡萄糖醛酸结合物,约 25% 以原形从肾排出,碱性尿液能增加排出量。消除半衰期:犬为 12~125 h(平均约 2 d),猫 34~43 h,马约 18 h。

【药理作用】长效巴比妥类药物,具有抑制中枢神经系统的作用。可以抑制神经元的持续放电,用于癫痫病的治疗。可与解热镇痛药合用以加强解热镇痛作用。

【临床应用】抗惊厥,用于治疗脑炎、破伤风、士的宁等中枢兴奋药中毒时引起的兴奋症状;镇静安定,保定狂躁动物或攻击性动物。与解热镇痛药配伍使用。

【不良反应】犬可能表现抑郁与躁动不安综合征,犬、猪有时出现运动失调;猫对本品敏感,易致呼吸抑制。

【注意事项】支气管哮喘、心脏疾患、严重贫血、呼吸抑制或肝肾功能不全的患畜禁用。

【用法与用量】内服:一次量,每 1 kg 体重,犬、猫 6~12 mg。肌内注射:一次量,羊、猪 250~1000 mg;每

1 kg体重,犬、猫6~12 mg。

【制剂与休药期】苯巴比妥片(phenobarbital tablets)(犬、猫)、注射用苯巴比妥钠(phenobarbital sodium for injection)。休药期:羊、猪28 d;弃奶期7 d。

硫酸镁注射液(magnesium sulfate injection)

【药动学】肌内注射后20 min起效,静脉注射可立即起作用。作用持续30 min,个体差异较大。肌内和静脉注射,药物均由肾脏排出。

【药理作用】镇静作用。应用本品后,被机体吸收的镁离子可抑制中枢神经系统,随着剂量的增加产生镇静、抗惊厥与全身麻醉作用,但产生麻醉作用的剂量能麻痹呼吸中枢,故不宜单独用作全身麻醉药。镁离子可阻断运动神经末梢释放乙酰胆碱,并减弱运动终板对乙酰胆碱的敏感性,使骨骼肌松弛。

【临床应用】治疗分娩时宫颈痉挛。抗惊厥,用于治疗脑炎、破伤风、士的宁等中枢兴奋药中毒时引起的惊厥。

【不良反应】静脉注射速度过快或过量可导致血镁过高,可引起心动过缓、血压剧降、呼吸抑制、神经肌肉兴奋传导阻滞,甚至死亡。

【注意事项】患有严重心血管疾病、肾功能不全、呼吸系统疾病的患畜慎用;与硫酸链霉素、硫酸多黏菌素、盐酸普鲁卡因、葡萄糖酸钙、青霉素、四环素等药物存在配伍禁忌。

【用法与用量】肌内、静脉注射:一次量,犬、猫1~2 g,猪、羊2.5~7.5 g,牛、马10~25 g。

【最高残留限量】允许用于食品动物马、牛、羊和猪,无需制定残留限量。

【制剂】硫酸镁注射液(magnesium sulfate injection)。

溴化钠(sodium bromide)

【药动学】内服后吸收迅速,溴离子在体内的分布与氯离子相同,多分布于细胞外液,主要经肾脏排出。体内氯离子含量与溴离子排泄的速度呈正相关,即氯离子排泄增加时,溴离子的排泄也增加。单胃动物一次内服后,该离子在24 h内仅排出10%,半衰期为12日,给药2个月后仍能在尿液中检出,因此,重复用药可能在体内蓄积。

【药理作用】溴化物在体内释放出的溴离子,可增强大脑皮层的感觉区和运动区的抑制过程,并能使抑制过程集中,因此起镇静和抗惊厥作用。与咖啡因联用,可促进被破坏的兴奋与抑制过程恢复,有助于调节内脏神经,在一定程度上缓解胃肠痉挛,减轻腹痛。

【临床应用】其主要用于镇静和抗惊厥,如破伤风引起的惊厥、猪因食盐中毒而出现的神经症状、脑炎引起的兴奋,以及骡、马疝痛引起的不安症状等。

【不良反应】排泄很慢,连续用药可引起蓄积中毒,中毒时立即停药,并给予氯化钠以加速溴离子的排出。

【用法与用量】内服:一次量,犬0.5~2 g,猪、羊5~15 g,牛15~60 g,马10~50 g。

【最高残留限量】允许用于所有哺乳类食品动物,但仅作外用。

【制剂】溴化钠。

第二节 镇痛药

镇痛药(analgesic)是能使感觉特别是痛觉消失的药物。根据镇痛作用特点和机制,镇痛药分为解热镇痛抗炎药(antipyretic-analgesic and anti-inflammatory drugs)和麻醉性镇痛药(narcotic analgesic)。麻醉性镇痛药是指在产生强力镇痛作用的同时还能诱导睡眠或麻醉的药物,该类药物可选择性作用于中枢神经系统,反复应用易成瘾,故又称为成瘾性镇痛药。解热镇痛抗炎药的作用部位不在中枢神经系统,缓解疼痛作用弱,多用于钝痛,临床上也常用于关节痛、神经痛、肌肉痛等慢性痛,且久用无成瘾性。此外,解热镇痛抗炎药还有解热、抗炎作用。本节的镇痛药主要介绍麻醉性镇痛药。

麻醉性镇痛药的特点:本类药物是选择性作用于中枢神经系统特定部位的阿片受体,可消除或缓解痛觉,因此又称为阿片样镇痛药(opioid analgesic)。正常剂量不使意识消失,不影响触觉、听觉、视觉和嗅觉等感觉,阿片受体拮抗剂能即刻阻断其作用。本类药物在大多数动物产生镇静、强大镇痛与欣快的作用,反复应用易产生成瘾性或依赖性,所以多数被归入管制药品,法律上主要指滥用的各种毒品,包括海洛因、吗啡等。

一、药物种类

阿片样镇痛药包括天然的鸦片碱类、天然碱类合成的衍生物和人工合成品。

天然的鸦片碱类:可待因、盐酸罂粟碱(舒血管药)、吗啡、二甲基吗啡(非麻醉性镇痛药)和乐克平(非麻醉性止咳药)。

天然碱类合成的衍生物:海洛因、环丁甲羟氢吗啡和氢化吗啡酮等。

人工合成品:美沙酮、丙氧芬、哌替啶、苯乙哌啶和芬太尼等。

二、药动学

本类药物通过黏膜和胃肠道外给药,吸收良好。内服吸收迅速,但有显著的首过效应,限制了其内服使用。可待因和羟氢可待酮的首过效应小,可内服给药,能延迟胃排空,故内服给药会造成离子在胃内潴留。

本类药物大多数具有亲脂性,能迅速渗入各组织,其中在内脏实质组织的浓度较高,但在脂肪和肌肉组织中的浓度较低,脑中浓度也相对较低。大多数能通过血脑屏障,但吗啡等两性化合物较难通过,羟化可增加其脂溶性,使其易通过血脑屏障;大多数能通过胎盘屏障,但在有些动物通过胎盘屏障较缓慢,胎儿表现出呼吸抑制。血浆蛋白结合率变化大。

肝代谢酶和其他酶可将本类药物迅速代谢成极性代谢物,代谢物可普遍与葡萄糖醛酸结合,如羟甲基吗喃和吗啡。海洛因和吗啡等药物的酯键可被酯酶水解，N-去甲基化是一种常见的次要代谢方式。原形和极性代谢物主要经肾脏排泄。经胆汁消除的药物会发生肝肠循环，延长药物的作用时间。

本类药物大多数在注射后 30~60 min 发挥最大作用，其作用持续时间在大多数动物中不足 2 h，而有些药物如环丁羟吗喃的镇痛时间可达 4~5 h，一些新药的持续时间会更长。

三、药理作用

本类药物主要作用于中枢神经系统、心血管系统、消化系统及泌尿生殖系统。

1. 中枢神经系统

本药物能让中枢神经系统改变对疼痛的感觉与反应，产生镇痛作用；解救动物的焦虑和痛苦，产生欣快作用；使动物昏睡和意识模糊，产生镇静作用；产生抑制呼吸中枢和咳嗽中枢的作用，还能引起恶心、呕吐、瞳孔和内分泌变化等。

2. 心血管系统

大剂量给药初期，使心率增加并伴有恶心、呕吐症状，随后因迷走神经的影响而心动过缓。后因外周阻力减少而出现低血压，并因静脉弹性下降，心脏受血量不足。目前，尚不清楚心脏受血不足是由组胺释放增加还是由延髓血管运动中枢被抑制引起的。此外，呼吸抑制使脑血管扩张，使颅内压增加。在常规剂量下，药物的直接作用不会产生上述心血管的反应。

3. 消化系统

给药初期可见迷走神经介导的唾液分泌增加、呕吐和排粪。随后因胃肠道的挛缩作用，常出现便秘（特别在多次给药之后）。会降低胃动力，但增加节律，盐酸分泌下降；增加小肠的静息节律和分节收缩活动，但减少推进性收缩活动，减少胆汁、肠液和胰液的分泌；增加大肠的节律和分节收缩活动，但降低推进性收缩活动；也能见到胆管平滑肌痉挛。

4. 泌尿生殖系统

本药物可引起尿道平滑肌痉挛，增加膀胱活动节律，减少肾血流量，使尿量减少。还可减弱子宫运动节律。

四、镇痛作用机制

内源性的类阿片活性肽是体内分泌的内源性物质，包括 β-内啡肽、强啡肽和脑啡肽，与阿片受体结合后发挥镇痛等作用。阿片受体分布在脊髓、大脑和其他组织中，属于 G 蛋白偶联受体超家族，分为 μ、κ、σ 和 δ 共 4 个亚型。μ 受体产生脊髓镇痛，并产生呼吸抑制、欣快和生理依赖作用，对纳洛酮的阻断最敏感。κ 受体产生脊髓镇痛、镇静和瞳孔缩小作用，也能用大剂量纳洛酮阻断其作用。σ 受体引起呼吸兴奋、烦躁不安、幻觉和血管舒缩作用，对纳洛酮的阻断不敏感。δ 受体存在于中枢神经系统、平滑肌和淋巴细胞，与情感（情绪）行为有关，大剂量纳洛酮可阻断。阿片类药物也能使 P 物质的释放受到抑制，P

物质在一定程度上负责中枢中疼痛冲动的传导。

阿片类镇痛药与分布在痛觉传导通路上的阿片受体结合后，使突触后神经元去极化并抑制其活动，从而抑制神经递质的释放，阻断痛觉向大脑皮层传导产生镇痛作用。阿片类镇痛药还会抑制腺苷酸的环化，降低cAMP浓度，升高cGMP浓度，长期或较大剂量使用本类药物会引起耐受。

根据其作用的性质，本类药物又可分为激动剂、激动—拮抗剂、部分激动剂和拮抗剂。激动剂一般由μ受体和κ受体介导产生完全镇痛作用，又分为强效激动剂和中效激动剂。强效激动剂有吗啡、羟氢吗啡酮、氢化吗啡酮、美沙酮和芬太尼等。中效激动剂有可待因、羟氢可待酮、二氢可待因酮和苯乙哌啶。激动—拮抗剂可对某些受体产生激动作用，而对另一些受体产生拮抗作用。该类主要药物有镇痛新、环丁羟氢吗喃、环丁甲羟氢吗啡和烯丙吗啡。部分激动剂对某些受体产生弱于激动剂的作用，但在另一些受体起拮抗剂作用，主要有曲马多和丁丙诺啡。拮抗剂本身没有药理作用，只能逆转激动剂的作用，主要有纳洛酮、纳曲酮、纳美芬、环丙羟丙吗啡和烯丙左吗喃。值得注意的是，这些分类在动物中存在明显的种属差异。

五、毒副作用

阿片类镇痛药治疗量有时可引起眩晕、恶心呕吐、便秘、呼吸抑制、嗜睡等副作用。连续多次应用易产生耐受性及成瘾性，一旦停药，会出现戒断症状。高度耐受的反应有恶心、呕吐、镇痛、镇静、欣快（或烦躁不安）、呼吸抑制、意识模糊、积尿和咳嗽抑制等，中度耐受的有心动过缓，轻度耐受的有瞳孔缩小、躁动、便秘、拮抗剂作用等。其中，呼吸麻痹是致死的主要原因。

六、临床应用

本类药物主要应用于外伤、腹痛和术后等镇痛及麻醉前给药，催吐、止咳、止泻。本类药物还可用于急性肺水肿的治疗，能减少静脉回流量、降低外周阻力和血压、缓解呼吸困难和痛苦。可制止过敏性休克，下丘脑的内啡肽族参与过敏性休克（释放组胺）的形成，可被纳洛酮阻断。多用于犬和大多数野生动物，牛、马、猫常常会出现异常反应，如哞叫（牛）、步态不稳（马）、狂躁（猫）。

本类药物用作麻醉前给药或镇痛药时，通常是与安定药/镇静药或麻醉药一起使用，以产生安定作用，使动物安静、失去攻击性，同时产生镇痛作用。此种用法称为安定镇痛。安定镇痛法并不能产生完全的麻醉，但能产生比较强大的镇痛和镇静作用。此外，因为阿片类药物能加强镇痛及镇静，药物相加能具有比预期的镇痛、镇静作用更为明显的协同效果，故安定镇痛法还可降低其他合用药物的用量。安定镇痛法的药物组合：猪、犬、猫常将乙酰丙嗪、地西泮、咪达唑仑、美托咪啶或赛拉嗪，与羟氢吗啡酮、吗啡、氢化吗啡、哌替啶、芬太尼、环丁羟吗喃或丁丙诺啡组合使用。因肌内注射吸收不好，地西泮常采用静脉注射。给马用药时，常将乙酰丙嗪、赛拉嗪或地托咪啶，与环丁羟吗喃或镇痛新合用。因该类药物多为管制药品，且未载入《中国兽药典（2020年版）》和《兽药质量标准（2017年版）》，本书仅对吗啡、哌替啶和芬太尼3种典型药物进行详细介绍，对其他药物仅作简要阐述。

吗啡(morphine)

【理化性质】其盐酸盐为白色、有丝光的针状结晶或结晶性粉末,无臭,溶于水。

【药动学】内服给药时,消化道吸收慢且不规律,首过效应明显。因此常通过肌内注射、皮下注射和静脉滴注的途径给药。全身给药时,镇痛作用持续4~6 h。

【药理作用】其有强大的中枢性镇痛作用,镇痛范围广,对各种疼痛都有效。对中枢神经系统的作用与动物的种属有关,可呈现兴奋或抑制作用。猫、猪、马、羊和奶牛等动物在给药一定时间后处于兴奋状态;但犬、猴等动物在给药后有短暂兴奋,出现唾液分泌、呕吐、排粪,而后痛觉迟钝,睡眠加深至难以苏醒。

其有较强的镇咳作用,对各种咳嗽均有效。治疗剂量可抑制各种动物的呼吸中枢,小剂量时即可表现出来。过大剂量急性中毒时可使动物呼吸中枢麻痹,呼吸停止而死。

小剂量时可缓解反刍动物及马肠道痉挛,但能提高括约肌张力而引起继发便秘;大剂量时先引起肠道机能亢进而腹泻,继而引起便秘,常见于犬和猫等动物,给犬用药时还能引起恶心、呕吐、尿量减少。

其可影响体温调节中枢,使犬、兔、猴的体温下降,猫、牛、山羊、马的体温升高。

【临床应用】用于犬麻醉前给药,可减少全麻药用量;也用于缓解剧痛(如创伤、烧伤等疼痛)。

【不良反应】胃肠道反应包括呕吐、肠蠕动减弱、便秘(犬),此外还可引起体温过高(马)或过低(犬)等反应;连续应用可成瘾。

【注意事项】胃扩张、肠阻塞及膨胀动物禁用;易引起牛、羊、猫强烈兴奋,须慎用;幼畜对本品敏感,慎用或不用。纳洛酮、烯丙吗啡可特异性拮抗吗啡的作用,过量中毒时首选。

【用法与用量】皮下、肌内注射,一次量,镇痛,每1 kg体重,马0.1~0.2 mg,犬0.5~1 mg,猫0.1~0.3 mg。麻醉前给药,犬0.5~2 mg。

【制剂】盐酸吗啡注射液(morphine hydrochloride injection)。

哌替啶(meperidine, pethidine)

又名杜冷丁。

【理化性质】其盐酸盐为白色结晶性粉末,无臭或几乎无臭,在乙醇或水中易溶,在三氯甲烷中溶解,在乙醚中几乎不溶。

【药理作用】其为人工合成的镇痛药。与吗啡相比,镇痛作用较弱,对呼吸的抑制强度相同但作用时间较短,可解除平滑肌痉挛但其作用强度仅为阿托品的1/20~1/10。能兴奋催吐化学感受区,易引起恶心、呕吐。

【药动学】代谢存在明显的种属差异,其在犬、猫的作用持续时间为1~2 h。

【临床应用】用于缓解创伤性疼痛和某些内脏疾患的剧痛。

【不良反应】具有心血管抑制作用,易致血压下降;可导致猫兴奋过度;过量中毒可致呼吸抑制、惊厥、心动过速、瞳孔散大等。

【注意事项】与阿托品合用,可解除平滑肌痉挛,增强止痛效果;过量中毒时,除用纳洛酮对抗呼吸抑制外,尚需配合使用巴比妥类药物对抗惊厥;禁用于患有慢性阻塞性肺疾病、支气管哮喘、肺源性心脏病和严重肝功能衰退的动物。

【用法与用量】皮下、肌内注射：一次量，每1 kg体重，马、牛、羊、猪2~4 mg，犬、猫5~10 mg。

【制剂】盐酸哌替啶注射液（meperidine hydrochloride injection）。

芬太尼（fentanyl）

【药动学】多采用注射给药途径，如静脉注射、皮下注射和鞘内注射，也可经口腔黏膜或经皮给药，其透皮制剂的起效时间约为12 h。血浆蛋白结合率约为84%，$t_{1/2}$为3.7 h，经肝脏代谢，原形药和代谢物均经肾脏排泄。本品脂溶性极高，可迅速透过血脑屏障。

【药理作用】其与哌替啶相似，但可缩瞳。主要激动μ受体，为强效镇痛药，其镇痛效价约为吗啡的100倍，起效快，肌内注射约15 min起效，静脉注射3~5 min起效，但作用维持时间短。可引起剂量依赖性呼吸抑制，成瘾性及其他副作用小。

【临床应用】其主要用于各种原因引起的剧痛，常用于心脏外科手术。注射给药可用于术后镇痛和分娩止痛；可用作有攻击性动物和野生动物的化学保定、捕捉、长途运输及诊断检查等；与氟哌利多合用，作为犬和实验动物的安定镇痛药。

【不良反应】主要不良反应与其他μ受体激动剂相似，其也会引起明显欣快感、呼吸抑制和药物依赖性；芬太尼用于麻醉时，可引起腹部和胸部肌肉僵直；单用于马时，可使马兴奋，曾被非法作为赛马的中枢兴奋剂。

【注意事项】静脉注射宜缓慢，以免产生呼吸抑制；巴比妥类、麻醉剂等中枢抑制剂有加强本品的作用，如联合用药，本品剂量应减少1/4~1/3。

【用法与用量】皮下、肌内或静脉注射，一次量，每1 kg体重，犬、猫0.02~0.04 mg。

【制剂】枸橼酸芬太尼注射液（fentanyl citrate injection）。

丁丙诺啡（buprenorphine）

其为κ受体的拮抗剂和μ受体的部分激动—拮抗剂，可逆转芬太尼的作用，纳洛酮可部分逆转其作用。作用强度为吗啡的20~30倍，常与赛拉嗪合用于马，与乙酰丙嗪合用于犬和马。本品对呼吸功能的影响较小。常用于镇痛，肌内或皮下注射的一次量为每1 kg体重，犬0.005~0.02 mg，猫0.005~0.01 mg。

环氢羟吗喃（butorphanol）

其为激动—拮抗剂，为κ受体和σ受体的激动剂，对μ受体的作用小。可内服给药，也可静脉注射、肌内注射和皮下注射，在肝内发生广泛代谢。与乙酰丙嗪、氯胺酮和赛拉嗪等其他药物合用，镇痛效果比吗啡强7倍以上，比哌替啶强40倍以上。对内脏的止痛效果优于对躯体止痛。对心肺的抑制作用小。临床用于制动，犬的止咳和马的镇痛，也可用作猫的镇痛、麻醉前给药和与麻醉药合用。不得用于妊娠和肝病患病动物。麻醉前给药时，采用肌内或皮下注射，一次量，每1 kg体重，犬、猫0.2~0.4 mg。

纳洛酮（naloxone）

其结构类似吗啡，与阿片受体的亲和力由大到小为μ、δ、κ和σ（不敏感）。能拮抗非阿片类抑制剂和γ氨基丁酸的作用，并能影响组胺能神经。用作所有动物的阿片拮抗剂，可解除马、犬和猫阿片类药物中毒和术后持续的呼吸抑制。也可用于治疗循环性和败血性休克。内服虽可吸收,但存在广泛的首过效应。常静脉注射或肌内注射,每1 kg体重,马0.01~0.02 mg,犬、猫0.02~0.04 mg。

纳曲酮(naltrexone)

其药理作用与纳洛酮相似,但作用时间较纳洛酮长。用于治疗马咬秣槽和其他怪癖,犬的肢体舔食性皮炎。内服的效果和维持时间优于纳洛酮。

美沙酮(methadone)

美沙酮是人工合成、口服有效的中枢性镇痛药。其镇痛作用与吗啡相当,但作用持续时间长。可用作犬的麻醉前给药、马的镇痛药(与乙酰丙嗪合用)。因其口服生物利用度高、产生依赖性所需时间长、戒断症状轻微,可用于吗啡和海洛因的脱毒治疗。

可待因(codeine)

其用于多种动物的止咳、止泻和镇痛。久用具有成瘾性,但成瘾性低于吗啡。用于镇痛时,内服,一次量,每1 kg体重,犬、猫0.5~2 mg。

镇痛新(pentazocine)

其用于治疗马的疝痛,也可作为犬的麻醉前给药。

氢吗啡酮(hydromorphone)

其用于犬,作用比吗啡强5倍,但致胃肠紊乱的副作用比吗啡小。

埃托啡(etorphine)

其用于野生动物的捕捉、运输、保定。

第三节 全身麻醉药

麻醉是感觉(或敏感性)消失,局部麻醉是用药使局部的感觉消失,全身麻醉是意识和全身感觉同时消失。外科麻醉的特点是镇痛、肌肉松弛、意识消失、反应性低下和记忆消失,与镇静、安定等其他中枢抑制作用不同。麻醉药是能使痛觉等感觉消失的药物,广义上包括镇静/安定药、局部麻醉药、全身麻醉药、麻醉辅助药和阿片类镇痛药。全身麻醉药(general anesthetics)简称全麻药,是一类能可逆地抑制中枢神经系统,暂时引起意识、感觉、运动及条件反射消失,骨骼肌松弛,但能保持延髓生命中枢(呼吸和血管运动相关)功能的药物,能使意识和全身感觉都消失。

全身麻醉药按其理化性质及给药途径的不同可分为吸入麻醉药和非吸入麻醉药(如注射麻醉)。

一、一般药理

(一)药理作用

1.麻醉分期

麻醉药对中枢神经系统各部位的抑制作用顺序为:通常先抑制大脑皮层,逐渐向后抑制间脑、中脑、桥脑和脊髓,最后抑制延髓。根据相应的临床表现,麻醉过程通常分为四期。

Ⅰ期为自主兴奋期,指从麻醉开始到意识消失。此时大脑皮质和网状结构上行激活系统受到抑制。此期是敏感期和镇痛期,动物可随意运动,瞳孔散大,呼吸和心率次数增加,频繁排尿排粪,对外界刺激过于敏感。各种反射灵活,站立的动物则平衡失调。

Ⅱ期为非自主兴奋期,指从意识丧失到开始规则呼吸。此时大脑皮层逐渐被抑制,对皮层下中枢失去控制和调节。动物反射功能亢进,出现不自主运动,肌肉紧张性增加,脉搏加快,血压升高,呼吸不规则,瞳孔散大,眼球震颤,随麻醉作用的加深,心跳、呼吸逐渐趋向有规律。此期不宜进行任何手术。Ⅰ期、Ⅱ期合称麻醉诱导期。

Ⅲ期为外科麻醉期,大脑、间脑、脑桥自上而下逐步受到抑制,脊髓由下而上逐渐被抑制,延脑机能仍然保存。本期按其麻醉深度又可分为四级:轻度麻醉、中度麻醉、深度麻醉和极度麻醉期。随着麻醉程度的加深,心肺功能会逐渐受到抑制。中度麻醉是理想的麻醉深度,外科手术主要在此期进行。

Ⅳ期为麻痹期,麻醉由深麻醉期继续深入,呼吸停止,瞳孔全部散大,心脏也因缺氧而逐渐停止跳动;脉搏和全部反射完全消失,必须立即抢救,否则动物很快死亡。心肺功能深度抑制是Ⅳ期的特点,外科麻醉禁止达到此期。

使用吸入麻醉药,全身麻醉的动物可能具有以下特征:轻度麻醉时呼吸加快,心动过速且不规则,各种反射仍然存在(如吞咽),眼球停止转动;适度麻醉时出现渐进性的髓内麻痹,良好的肌肉反射,合适的心血管功能;深度麻醉时各种反射消失,心搏缓慢,深度腹式呼吸直至窒息。

2.作用机制

现代的麻醉原理是基于配体-门控离子通道理论,主要配体有乙酰胆碱(烟碱和毒蕈碱受体)、甘氨酸、γ氨基丁酸等,不同麻醉药的受体不同。除氯胺酮外的注射麻醉药都是影响γ氨基丁酸受体的功能,异丙酚、巴比妥类降低γ氨基丁酸从受体上解离的速度,依托咪酯增加γ氨基丁酸受体的数量。迄今尚不了解药物是如何与特定受体相互作用的,现在比较清楚的是,麻醉并不是单一的作用机制,也不是药物在单个部位的作用。大脑皮层、网状激活系统和脑干是药物作用的靶位,而对有害刺激的反应和运动性却是与脊髓有关。现在一致认为,麻醉由三方面的作用构成:抑制中枢神经系统内的神经元(麻醉药是启动剂),神经元的兴奋性整体下降,神经元之间的传递受阻。

(二)应用

全身麻醉药主要用于外科手术及治疗,如眼部和胸腹部外科手术;治疗惊厥,如士的宁中毒;制动,如用于有攻击性的猫和犬;诊断,如气管穿刺;安乐死,如用于长期患病或有剧痛的动物。使用全身麻醉药时,要根据麻醉的目的、动物种属、动物品种、最近用药史和生理状况等制订合适的麻醉方案。

(三)使用方法

全身麻醉药的种类很多,但单独应用一种药物都不理想。为了克服药物的缺点,增强麻醉效果、减少剂量、降低毒副作用并增加安全性,使动物镇静或安定、易于保定、减少应激与扩大药物的应用范围等,临床上常采用复合麻醉方式,即同时或先行使用两种或两种以上的麻醉药或麻醉辅助药,以达到理想的平衡麻醉(麻醉效果最佳而不良反应最小)。常用的复合麻醉方式有如下几种。

(1)麻醉前给药(preanesthesia)

在使用麻醉药前,先用一种或几种药物以补救麻醉药的缺陷或增强麻醉效果。如麻醉前给予阿托品或东莨菪碱可减少呼吸道的分泌和胃肠蠕动,并防止迷走神经兴奋所致的心跳减慢;给予镇静、安定药使动物安静和安定,易于保定。

(2)诱导麻醉与维持麻醉(induction and maintenance of anesthesia)

为避免麻醉药诱导期过长,先用诱导期短的药物(如氧化亚氮或硫喷妥),使动物快速进入外科麻醉期,然后改用其他麻醉药(如乙醚)维持麻醉。

(3)基础麻醉(basal anesthesia)

先使用巴比妥类使动物处于浅麻醉状态,再用其他麻醉药维持合适的麻醉深度,以达到减轻麻醉药的不良反应及增强麻醉效果的目的。

(4)配合麻醉(combined anesthesia)

将其他药物或局部麻醉药配合全身麻醉药使用。例如,全身麻醉药使动物达到浅麻醉状态后,再在术野或其他部位使用局部麻醉药,以减少全身麻醉药的用量或毒性。在使用全身麻醉药的同时给予肌肉松弛药,以满足外科手术对肌肉松弛的要求;给予镇痛药以增强麻醉的镇痛效果。

(5)混合麻醉(mixed anesthesia)

将两种及以上的麻醉药混合在一起使用,以达到取长补短的目的,如硫酸镁溶液与水合氯醛混合,氟烷与乙醚混合等。

(四)不良反应

有些全身麻醉用药时常会发生以下并发症等不良反应,严重时会危及生命。常见不良反应如下。

1.呕吐

呕吐多见于宠物全身麻醉前期,此时,吞咽反射消失,胃内容物常流入或被吸入气管造成窒息或异物性肺炎等严重并发症。

2.舌回缩

其表现出有异常呼吸音或出现痉挛性呼吸和发绀症状,应立即用手或舌钳将舌牵出,并使其保持伸出口腔外。

3.呼吸停止

其可出现于深度麻醉期或麻痹期,这是由于延脑的重要生命中枢麻痹或由于麻醉剂中毒、组织的血氧过低所致的。

4.心脏骤停

麻醉时原发性心脏活动停止是最严重的并发症,通常发生在深度麻醉期。

二、吸入麻醉药

吸入麻醉药(inhalant anesthetic)或挥发性麻醉药(volatile anesthetic)是一类在常压和室温下以液态或气态形式存在(沸点通常在25~27 ℃),容易挥发成气体的麻醉药物,其特点是麻醉的剂量和深度容易控制,作用能迅速逆转,麻醉和肌肉松弛的质量高。药物的消除主要靠肺的呼吸而不是肝或肾的功能,用药成本较低,给药需使用特殊装置,有的易燃易爆。

吸入麻醉药经肺吸收并以原形经肺排出。氧化亚氮是最古老的吸入麻醉药,其他的主要有:麻醉乙醚、环丙烷、甲氧氟氯乙炔和恩氟烷,为易燃品;氟烷、地氟烷、异氟烷、七氟醚等,为非易燃品。

(一)药理作用

药物通过管道经肺泡吸收进入血液,随血流透过血脑屏障进入脑组织,使中枢神经系统整体被抑制,脑部的代谢率和氧耗下降,脑血管扩张致脑血流量增加和颅内压升高,出现意识消失、镇痛、肌松及记忆消失等。控制意识、机敏和运动的脑干网状结构是麻醉药作用的重要部位,大脑皮层、海马和脊髓也是其作用的部位。当脑中药物达到一定分压(浓度)时产生全麻作用。麻醉深度随麻醉分压而变化。最小肺泡浓度(minimum alveolar concentration,MAC)是指在一个大气压下,能使50%动物个体对标准的疼痛性刺激不发生反应的肺泡中麻醉药的最低浓度,所以MAC相当于半数有效浓度(ED_{50})。MAC值越小,药物的麻醉作用越强。1个MAC可产生微弱的麻醉,1.5个MAC产生轻度至中度麻醉,2个MAC产生中度至深度麻醉。如氟烷在犬的MAC为0.87%,1.5和2个MAC分别为1.3%和1.7%,故在犬中维持麻醉时的氟烷浓度应控制在1.3%~1.7%。

MAC与药物的脂溶性呈正相关,也受体温、年龄、病理状态等因素的影响,如低体温、新生畜、老龄、严重低血压、中枢抑制药等能降低MAC。MAC低则动物对吸入麻醉药更敏感,所需的麻醉药浓度更低。MAC不受性别、高血压、心率、贫血、酸碱紊乱和麻醉持续时间等因素的影响。氟烷、异氟烷和甲氧氟氯乙炔对中枢神经的抑制作用呈现剂量依赖性。恩氟烷在抑制初期会使机体兴奋甚至癫痫发作。苏醒时,协调功能与中枢神经的觉醒不一致,马属动物常出现苏醒不全,撤除吸入麻醉药时要注射镇静药。

吸入麻醉药对呼吸系统的抑制作用也呈剂量依赖性,可使呼吸频率、潮气量、肺泡通气量和二氧化碳消除速率下降。抑制的强度由大到小依次为恩氟烷、异氟烷、甲氧氯氟乙炔和氟烷。

吸入麻醉药对心血管系统的也呈剂量依赖性,由于脑干的心脏中枢被抑制和药物直接作用于心血管,可使心肌收缩力下降,全身血管阻力下降30%(如异氟烷),中央静脉压升高,心输出量减少,全身血压下降,内脏器官血流量下降。异氟烷能增加心率,七氟醚和地氟烷轻度增加,氟烷不增加。

吸入麻醉药均能抑制肝脏对药物的代谢,氟烷的抑制持续时间最长。氟烷可升高肝脏氨基转移酶的活性,引起严重肝炎。甲氧氟氯乙炔代谢产生的无机氟离子,具有肾毒性。本类药物均能通过胎盘并对胎儿产生抑制,引起胎儿的血压下降;都能引起子宫肌反射,可用于胎儿复位但会增加产后出血。使用吸入麻醉药后,某些敏感动物个体会出现恶性高热。

(二)药动学

吸入性麻醉药经肺吸收入血后随即转运至脑等各组织器官。吸入药物的麻醉诱导和苏醒的快慢由药物的溶解性(血/气分配系数)决定,血/气分配系数指血中浓度与其在气体或肺泡中浓度的比值。血/气分配系数越小,在血中的容量越小,肺泡、血和脑内药物分压上升越快,麻醉的诱导时间越短,麻醉药排出和苏醒时间越短,故血/气分配系数低的麻醉药更受欢迎。如七氟醚和氧化亚氮的溶解性低。吸入麻醉药的血/气分配系数越大,药物在血液中的量就越大,从肺泡损失的量就越少,麻醉强度则增加。吸入性麻醉药可在肝、肾或肺内发生代谢,代谢程度最高为甲氧氟氯乙炔(50%),其次为氟烷(20%)、七氟醚(3%~5%)、恩氟烷(2.4%)和异氟烷(<1%)。

三、注射麻醉药

理想的注射麻醉药的特性应是:溶于水,对光稳定,治疗指数高,在各种动物的结果一致,起效快,作用时间短,苏醒快,无毒,不引起组胺释放。巴比妥类和分离麻醉类是现在兽医临床上使用较多的注射麻醉药。依托咪酯(etomidate)和阿法沙龙(alfaxalone)已被多国批准为麻醉药使用。

(一)巴比妥类

巴比妥类是最早使用的注射麻醉药,兽医临床上常用的有苯巴比妥、硫喷妥和异戊巴比妥。

1. 构效关系

巴比妥类是巴比妥酸(含吡啶核,无中枢抑制活性)的衍生物(结构如图3-2),5位上的R被烷基取代则产生中枢抑制活性。R_1和R_2都被取代,起催眠作用,取代的碳链一般有4~8个碳原子。碳链越长,脂溶性越高,但长于8个碳原子的链会引起惊厥。短链稳定,为长效麻醉药。长链或不饱和碳链在体内容易被氧化,为短效麻醉药。R_1和R_2只能被一个芳基取代,芳基化巴比妥起抗惊厥作用(如苯巴比妥)。氧巴比妥是在X位上有一个氧,硫喷妥是在X位上有一个硫。硫取代氧后其脂溶性和作用强度均增加,但不稳定,作用时间缩短。甲基巴比妥是在R_3上有一个甲基,脂溶性也增加,但在体内这个甲基会迅速脱去。1位和3位的一个N上连接烷基,麻醉作用增强,起效也快,但也可能引起中枢兴奋;两个N上都被取代,引起惊厥。2位X上的氧被HN取代,可破坏催眠作用(表3-1)。

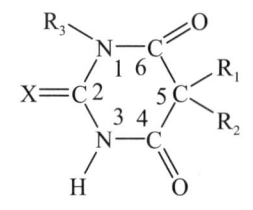

图3-2 巴比妥酸结构

表3-1 主要巴比妥类的结构与活性关系表

药物名称	活性	R₁代表	R₂代表	R₃代表	X代表
苯巴比妥	长效	—CH₂CH₃	苯	H	O
戊巴比妥	短效	—CH₂CH₃	甲丁基	H	O
硫喷妥	超短效	—CH₂CH₃	甲丁基	H	S
硫戊巴比妥	超短效	—CH₂CH=CH₂	甲丁基	H	S
甲己炔巴比妥	超短效	—CH₂CH=CH₂	1-甲基-2-戊基	CH₃	O

巴比妥类的脂溶性会影响其麻醉作用。高脂溶性的药物，潜伏期短、起效快、持续时间短、麻醉作用强（所需剂量减少）、血浆蛋白结合率高。常用巴比妥类的脂溶性，由大到小依次为甲己炔巴比妥、硫喷妥、硫戊巴比妥、戊巴比妥、苯巴比妥。

巴比妥类的水溶性差，故临床上使用的巴比妥类均为其钠盐。2位X上的氧与钠结合，可增加巴比妥的水溶性。钠盐在水中溶解，形成碱性溶液，pH一般为9~10，其中硫喷妥钠水溶液的pH为11。所以，巴比妥类一般需静脉注射给药。浓度高于4%的溶液，给药时漏到血管外会损害组织，可稀释到2%或2.5%以减少损害。

2. 作用

巴比妥类抑制大脑皮层、网状激活系统、脑桥和延髓的心、肺中枢，降低脑组织的血流量、脑氧耗和颅内压。此类药物小剂量可轻度抑制中枢神经，产生镇静作用，中剂量产生催眠或安眠作用，大剂量发挥麻醉等作用。其可降低γ氨基丁酸在受体的解离速率，降低中枢的兴奋性。另外，还可提升脊髓反射的阈值，产生抗惊厥作用（甲己炔巴比妥例外），无镇痛作用。

巴比妥类抑制延髓呼吸中枢，可明显抑制呼吸。猫最敏感，因为猫的网状激活系统与延髓呼吸中枢密切相关。

巴比妥类可以抑制心血管运动中枢和心脏，扩张血管，抑制心脏，引起血压降低，心律失常，甚至心脏衰竭。

其对胃肠道的作用是初期抑制，后期兴奋；大剂量会损害肝脏，延长药物的作用时间和苏醒期。巴比妥类能通过胎盘屏障进入胎儿循环，抑制胎儿的呼吸。

3. 药动学

经口或直肠给药，巴比妥类均能被吸收。最常用的给药方法是静脉注射。镇静剂量的苯巴比妥在犬可肌内注射，大鼠和小鼠可腹腔内注射。起效时间，含硫喷妥和甲己炔巴比妥为30 s，戊巴比妥为1~2 min。

静脉注射后，药物可迅速分布于血管丰富的组织如脑、心脏、肺、肾、肝，产生麻醉作用。在从血管丰富组织进入肌肉组织时，硫喷妥和硫戊巴比妥在临床上会导致麻醉苏醒，它们重分布到脂肪组织需要更长的时间。甲己炔巴比妥在重分布时会脱去甲基，也出现麻醉苏醒。戊巴比妥的重分布不明显，肝代谢是麻醉苏醒的主要原因。

pH会影响本类药物的解离程度和蛋白结合率。含硫喷妥的蛋白结合率高,低蛋白血症时增加游离药物,酸血症时降低蛋白结合率,起作用的药物比例增加,含硫喷妥为弱酸性(pK_a大于7.4),在血液pH下,未解离的比例高。

巴比妥类的主要代谢器官是肝脏,肾、脑和其他组织对本类药物代谢少。5位的侧链会被氧化,含硫喷妥会脱硫,1位上会脱去甲基。药物和动物不同,代谢速度会有差异。肝药酶受到诱导后,药物的代谢迅速而完全。戊巴比妥可使犬的代谢每小时增加15%,硫喷妥增加5%。

所有巴比妥类的原形都是通过肾小球滤过,又能迅速被肾小管重吸收的。巴比妥原形从肾脏排泄因药物而异,也取决于血浆蛋白结合率。苯巴比妥有30%以原形经肾排泄,戊巴比妥只有3%,而硫喷妥无原形排泄。

在苏醒期给予葡萄糖会延长戊巴比妥作用的时间,用阿托品可延长硫喷妥作用的时间。

硫喷妥(pentothal)

【理化性质】其钠盐为淡黄色或乳白色粉末。味苦,有蒜臭味。有潮解性,易溶于水。水溶液不稳定,呈强碱性。

【药动学】其脂溶性高,静脉注射后,迅速分布于脑、肝、肾等组织,能通过胎盘屏障,也能迅速透过血脑屏障产生作用。重分布时,脑内浓度迅速降低,故麻醉持续时间短,药物作用时间短。药物在肝内代谢,但代谢速度较慢。

【药理作用】其为超短时间作用的巴比妥类药物。静脉注射后约数秒钟即能奏效,无兴奋期,但一次麻醉量仅能维持5~10 min。其麻醉深度和维持时间与静脉注射速率有关。注射越快,麻醉则越深,维持时间也越短。苏醒期短,无明显兴奋现象。松弛肌肉的作用较差,镇痛作用很弱。麻醉剂量能明显抑制呼吸,用量过大、注射过快会引起心脏收缩减慢和血压下降,缓慢或稀释给药可避免。注射过快会引起呼吸暂停,持续30~60 s,很难与过量相区别。可兴奋喉反射,可能是副交感神经的作用。

【临床应用】其用于各种动物的诱导麻醉和基础麻醉,单独应用仅适用于小手术。反刍动物在麻醉前需注射阿托品,以减少腺体分泌;用于对抗中枢兴奋药中毒、破伤风以及脑炎等引起的惊厥。

【不良反应】猫注射后可出现呼吸抑制,轻度的动脉低血压;马可出现兴奋和严重的运动失调(单独应用时);犬用易导致心律失常。

【注意事项】肝、肾功能障碍,重病,衰弱,休克,支气管哮喘等情况下禁用。因溶液碱性很强,因此静脉注射时不可漏出血管外,否则易引起静脉周围组织炎症;而快速静脉注射会引起明显的血管扩张和高血糖。本品过量引起的呼吸与循环抑制,除采用支持性呼吸疗法和心血管支持药物(禁用肾上腺素类药物)外,还可用戊四氮等呼吸中枢兴奋药解救。

【用法与用量】静脉注射:一次量,每1 kg体重,犬、猫20~25 mg,猪、牛、羊、马10~15 mg,犊15~20 mg。临用时用灭菌注射用水或氯化钠注射液配制成2.5%溶液。

【最高残留限量】允许用于所有食品动物,但仅作静脉注射用,无需制定残留限量。

【制剂】注射用硫喷妥钠(thiopental sodium for injection)。

异戊巴比妥钠（amobarbital sodium）

又名阿米奴巴比妥钠、导眠钠。

【理化性质】常用其钠盐，其为白色的颗粒或粉末，无臭，味苦，有引湿性。极易溶于水，溶于乙醇。

【药动学】其脂溶性高，在脑、肝、肾等组织中浓度较高。主要在肝内代谢，小部分以原形经肾排出。

【药理作用】小剂量能镇静、催眠，随剂量的增加能产生抗惊厥和麻醉作用。麻醉作用维持时间约为30 min。与其他镇静、催眠药合用能增强对中枢的抑制作用。

【临床应用】其主要用于镇静、抗惊厥和基础麻醉，也用于实验动物的麻醉。不适于单用作麻醉药，易造成肺炎等并发症。

【不良反应】在苏醒时机体易出现较强烈的兴奋现象。

【注意事项】静脉注射要缓慢，否则可能引起呼吸抑制或血压下降；中毒解救同注射用硫喷妥钠；与其他镇静药、催眠药合用时，能增强对中枢的抑制作用。

【用法与用量】静脉注射：一次量，每1 kg体重，猪、犬、猫、兔2.5~10 mg；临用前用灭菌注射用水配制成3%~6%的溶液。

【制剂与休药期】注射用异戊巴比妥钠（amobarbital sodium for injection），猪休药期28 d。

（二）分离麻醉药

分离麻醉药（dissociative anesthetics）是一类能干扰脑内信号从无意识部分向有意识部分传递而又不抑制脑内所有中枢功能活动的药物。其主要作用部位是丘脑新皮质系统（抑制）和边缘系统（激活），产生镇痛（含浅表镇痛）、制动、降低反应性、记忆缺失和强制性昏厥（肌肉不松弛、睁眼、对周围环境反应淡漠）等作用。其强制性昏厥作用可能与阻断5-羟色胺能和多巴胺能神经有关。

分离麻醉药在化学上属芳环烷胺类（arycycloalkylamine compounds）或环己胺类（cyclohexamines），均为苯环己哌啶的衍生物。药物主要有氯胺酮、苯环己哌啶和噻环乙胺。

氯胺酮（ketamine）

又名开他敏。

【理化性质】常用其盐酸盐，盐酸盐为白色结晶性粉末，无臭。在水中易溶，在热乙醇中溶解。

【药动学】其与硫喷妥相似，本品脂溶性高、起效快，但作用时间短。能分布于全身组织，可通过胎盘。血浆蛋白结合率：马为50%，犬为53%，猫为37%~53%。主要在肝中代谢，代谢物为甲基化物和羟化物，从尿液排出。猫、小牛和马的消除半衰期为1 h。对肝微粒体系统有诱导作用。经肾脏排泄的原形药物，猫为87%。

【药理作用】其可抑制丘脑新皮层的传导，同时还能兴奋脑干和边缘系统，迅速地产生全身麻醉。麻醉时，动物痛觉消失、意识模糊，但各种反射依然存在，对刺激仍有反应；增加肌肉张力，出现"木僵样"姿势；眼球震颤正常，唾液和泪腺分泌增加。肌肉僵直和强制性昏厥是分离麻醉药的特有现象。与安定药（地西泮或乙酰丙嗪等）合用，肌肉僵直消失。

肾上腺素能系统的功能正常时，本品能兴奋心血管系统，增加心搏次数，升高血压，增加心输出量，提高心肌氧耗。大剂量使用本品能直接引起负性心力作用。

【临床应用】根据动物的不同,可用作麻醉前给药、诱导麻醉药、维持麻醉药或制动药。作为麻醉药,在一些动物可单独使用,如灵长类和猫。在其他动物,多与其他药物合用,以改善镇痛、肌肉松弛,缩短苏醒或麻醉持续时间。体表(躯体)镇痛作用明显,但内脏镇痛作用不明显,所以一般不单独用于内脏手术。

【不良反应】其可使动物血压升高、唾液分泌增多、呼吸抑制和呕吐等;高剂量可产生肌肉张力增加、惊厥、呼吸困难、痉挛、心搏暂停和苏醒期延长等。

【注意事项】其主要以原形从尿液中排泄,大剂量会引起尿路阻塞,患有肾病的动物不用;用于犬、马时,会引起兴奋和癫痫发作,因此不得单独使用;反刍动物应用时,麻醉前常需禁食12~24 h,并给予小剂量阿托品抑制腺体分泌;常用赛拉嗪等作麻醉前给药。

【用法与用量】静脉注射:一次量,每1 kg体重,猪、羊2~4 mg,牛、马2~3 mg。肌内注射,每1 kg体重,犬10~20 mg,猫20~30 mg,猪、羊10~15 mg。

【最高残留限量】允许用于食品动物,无需制定残留限量。

【制剂】盐酸氯胺酮注射液(ketamine hydrochloride injection)。

第四节 中枢兴奋药

中枢兴奋药(central nervous stimulant, analeptic)是能兴奋中枢神经系统,增强其活性的药物,包括黄嘌呤类、呼吸兴奋药、单胺氧化酶抑制剂、三环抗抑郁药和肾上腺素能胺类等。

根据药物的主要作用部位和效用不同,中枢兴奋药分为大脑兴奋药、延髓兴奋药和脊髓兴奋药。大脑兴奋药如黄嘌呤类,能提高大脑皮层的兴奋性,促进脑细胞代谢,改善大脑机能。延髓兴奋药如纳洛酮、多沙普仑,能直接或间接地作用于延髓的呼吸中枢,增加呼吸频率和呼吸深度,对心血管运动中枢亦有一定的兴奋作用。脊髓兴奋药如印防己毒素、士的宁,能选择性阻止抑制性神经递质对神经元的作用,兴奋脊髓。

中枢兴奋药的选择性作用部位是相对的。增加剂量,可增强药物的兴奋作用,亦可扩大作用的范围,表现出无选择性。中毒剂量可使中枢神经系统发生广泛、强烈的兴奋,产生惊厥。严重的惊厥会因能量耗竭而出现抑制。对于呼吸肌肉麻痹所致的外周性呼吸抑制,中枢兴奋药无效。对循环衰竭所致的呼吸功能减弱,中枢兴奋药能加重脑细胞缺氧,应慎用。

1. 黄嘌呤类

本类药物主要有咖啡因、茶碱、氨茶碱和可可碱,来自咖啡、茶叶和可可等植物,具有中枢兴奋、心脏兴奋、平滑肌松弛、利尿、骨骼肌兴奋等作用。口服、直肠或非肠道给药均可迅速吸收,吸收后可迅速到达中枢神经系统,亦可见于唾液、乳汁。我国批准用于兽医临床的药物有氨茶碱及其制剂。

本类药物在细胞水平的作用机制如下:抑制磷酸二酯酶,使环核苷酸(包括 cAMP 和 cGMP)在细胞内累积,但在治疗剂量下对磷酸二酯酶的抑制作用并不明显;抑制细胞内钙离子转运,并使肌浆网或内质网敏化,引起钙离子更快、更多地释放;阻断腺苷受体,腺苷是一种自体活性物质,通过特定的受体兴奋或抑制 cAMP 的合成,引起镇静、神经递质释放减少、脂肪分解抑制、负性肌力以及窦房结和房室结抑制;加强前列腺素合成抑制剂的合成;降低儿茶酚胺类在神经组织的摄取或代谢,因而延长它们的作用。

黄嘌呤类可产生非期望的剂量依赖性心血管作用(茶碱最明显):外周血管的阻力下降,血管舒张,此作用取决于给药时的条件,对心力衰竭患病动物非常有效,因为其静脉压在初期升高;脑内血管阻力增加,脑血流和脑的氧张力降低;包括心脏在内的许多器官的血液灌注量增加;直接兴奋心脏,产生正性肌力作用,心脏负荷增加,但可能引起心律失常;对中脑的中枢作用使迷走神经兴奋而导致心动过缓;能增加肾小球滤过率和直接作用于肾小管细胞,产生利尿作用。

此外,本类药物还可松弛支气管平滑肌,用于治疗猫的支气管哮喘,常与 β_2 肾上腺素能受体激动剂合用;松弛胆管括约肌;兴奋瘤胃收缩;增强肌肉的工作能力;增加内分泌和外分泌;抑制组胺释放,降低前列腺素活性。

2. 呼吸兴奋药

本类药物能增加呼吸的速率和潮气量,增加每分钟呼吸次数,常常使麻醉苏醒和麻醉程度减轻。对抑郁的动物,兴奋作用短暂,需要重复给药。因中枢神经系统抑制张力的增加,重复给药会引起"抑郁反弹"(rebound depression)。对于清醒动物或用过兴奋剂而醒来的抑郁动物,本类药物有引起惊厥的风险,与动物的抑郁状态和各药的治疗范围有关。肌肉震颤或惊厥会使已有的酸中毒恶化。

呼吸兴奋药用于治疗中枢抑制药中毒,也是气管插管和呼吸辅助的一种支持性护理手段。本类药物能有效拮抗吸入麻醉药的抑制作用,常以剂量依赖性方式兴奋中枢。代表药物有多沙普仑、纳洛酮、回苏灵、4-氨基吡啶、育亨宾、妥拉唑林和戊四氮等。在我国兽医临床中批准使用的有尼可刹米。

3. 三环抗抑郁药

本类药物的分子结构中含有三个环的基本核团,都能抑制神经元对去甲肾上腺素等生物胺类的摄取,从而对严重抑郁患者产生治疗效应。主要有阿米替林、去甲替林、普罗替林、麦普替林、丙咪嗪、多塞平和曲米帕明。每种药物在抑制 5-羟色胺、去甲肾上腺素和多巴胺重摄取的强度和选择性上有差别。丙咪嗪是本类最早使用的药物,常作为本类的原型药。

4. 单胺氧化酶抑制剂

肝脏的单胺氧化酶能灭活循环中的单胺类化合物,还影响其他药物在肝内的代谢。单胺氧化酶抑制剂抑制天然的单胺类化合物(儿茶酚胺类和 5-羟色胺)的氧化脱氨代谢,增加胺类在神经组织和其他靶组织的利用率。本类药物有肝毒性,过度的中枢兴奋会引起惊厥。因毒性大,临床上可作为二线药用于对其他抗抑郁药无效的动物。本类药物与三环抗抑郁药合用,机体会出现大脑兴奋和高热。代表药有司立吉林(deprenyl)、氯吉灵(clorgyline)和帕吉林(pargyline)。

5.肾上腺素能胺类

本类药物主要有苯丙胺、去氧麻黄碱和右旋苯丙胺。苯丙胺促进生物胺类(包括去甲肾上腺素、多巴胺和5-羟色胺)在神经末梢储存部位的释放,兴奋大脑皮质、呼吸中枢和网状激活中枢,心血管系统出现典型的拟交感效应,过量和长期使用会产生耐受性和毒性。去氧麻黄碱对中枢神经有温和的兴奋作用,对运动系统的作用较小,可用于治疗犬的多动症,与丙咪嗪合用可治疗犬科动物特殊的攻击性。

上述各类药物应根据临床病理和症状选择使用,大多数药物在治疗宠物疾病应用较多。

尼可刹米(nikethamide)

又名可拉明。

【药动学】内服或注射均易吸收,通常注射给药。其在体内部分转变成烟酰胺,再被甲基化转为N-甲基烟酰胺,由尿液排出。作用维持时间短暂,一次静脉注射,作用仅维持5~10 min。

【药理作用】其直接兴奋呼吸中枢,也可刺激颈动脉体和主动脉弓的化学感受器,反射性兴奋呼吸中枢,使呼吸加深加快,并使呼吸中枢对二氧化碳的敏感性升高。对大脑、血管运动中枢和脊髓有较弱的兴奋作用,对其他器官无直接兴奋作用。剂量过大可引起惊厥,但安全范围较宽。

【临床应用】其用于各种原因引起的呼吸抑制,如中枢抑制药中毒、因疾病引起的中枢性呼吸抑制、二氧化碳中毒、新生仔畜窒息等。在解救中枢抑制药中毒方面,本品对吗啡中毒的解救效果优于解救巴比妥类中毒的效果。

【不良反应】剂量过大可致出汗、心律失常、血压升高、震颤及肌肉僵直,甚至惊厥。

【注意事项】如出现惊厥,要及时小剂量静脉注射硫喷妥钠或静脉注射地西泮;兴奋作用之后机体常出现中枢神经抑制现象。

【用法与用量】静脉、肌内或皮下注射:一次量,犬0.125~0.5 g,猪、羊0.25~1 g,牛、马2.5~5 g。

【制剂】尼可刹米注射液(nikethamide injection)。

士的宁(strychnine)

又名番木鳖碱,其是从马钱科植物马钱的种子中提取的生物碱。

【药动学】其可内服也可注射给药且均易被吸收,吸收后体内分布均匀。80%进入肝脏被氧化破坏,20%以原形经尿液排出,排泄慢,反复应用易发生蓄积中毒。

【药理作用】其可选择性提高脊髓的兴奋性。治疗剂量时可提高脊髓反射的应激性,缩短脊髓反射时间,使神经冲动易于传导,并使骨骼肌的紧张度增强,改善肌无力状态。本品作用位点为甘氨酸受体,竞争性阻断甘氨酸介导的突触后抑制作用,使脊髓闰绍细胞的返回抑制和交互抑制功能受阻。本品对伸肌的阵发性惊厥非常有效,也可用于灭鼠药中毒的解救。

【临床应用】其常用于治疗直肠、膀胱括约肌的不全麻痹,因挫伤引起的臀部、尾部与四肢的不全麻痹以及颜面神经麻痹,猪、牛产后麻痹等。

【不良反应】毒性大,安全范围小,过大剂量或反复应用,容易出现脊髓兴奋性惊厥、肌肉震颤、角弓反张等。

【注意事项】肝肾功能不全、癫痫及破伤风患畜禁用,妊娠患畜及中枢神经系统兴奋症状的患畜禁用。本品排泄慢,反复应用易发生蓄积中毒,用药间隔应为3~4 d,反复用药应酌情减量。

【用法与用量】皮下注射:一次量,犬0.5~0.8 mg,猪、羊2~4 mg,马、牛15~30 mg。

【最高残留限量】允许用于食品动物,无需制定残留限量。

【制剂】硝酸士的宁注射液(strychnine nitrate injection)。

复习与思考

1. 镇静药和安定药可分为哪几类？常用代表性药物是哪些？其基本作用机制、作用和应用特点是什么？
2. 详述常用注射全麻药的作用特点和应用。
3. 中枢兴奋药根据作用位点可分为哪几类？简述各类药物的代表药及其作用。

拓展阅读

扫码获取本章的复习与思考题、案例分析、相关阅读资料等数字资源。

第四章

血液循环系统药理

本章导读

血液循环系统由心脏和血管组成。心脏是动力器官,通过有节律性地收缩与舒张,推动血液在血管中按照一定的方向循环流动。动物临床常见的心血管疾病主要有心力衰竭、心律不齐、高血压、血栓和出血性疾病等,针对这些疾病该如何合理选用药物进行治疗？在本章中将逐一展开介绍。

学习目标

1. 掌握心血管系统药物的分类,掌握强心苷的作用、作用机理、用法、不良反应,掌握米力农、肼屈嗪、卡托普利、依那普利等药物治疗充血性心力衰竭的作用机理,熟悉抗心律失常药物的分类,掌握止血药、抗凝血药、抗贫血药的临床应用。

2. 通过学习血液循环系统的药物及临床应用,了解心血管系统药物与其他系统药物间的交互作用,培养整体观、辩证观和综合治疗的能力。

3. 通过学习心衰的病理生理机制,认识治疗方案变化过程,即从早期的泵衰竭及血流动力学异常机制转变为近期的神经内分泌激活、左室重构机制,并基于此建立了新的用药治疗方案。帮助同学们在未来学习和工作生涯中树立"与时俱进"、"理论指导实践"和"实践推动理论创新"的理念,能够敢于突破陈规、积极地在实践中探索科学真理。

知识网络图

- 血液循环系统药理
  - 1. 治疗充血性心力衰竭药物
    - 强心苷：洋地黄、地高辛、毒毛花苷K等
    - 磷酸二酯酶抑制剂：米力农、匹莫苯丹等
    - 血管扩张药：肼屈嗪等
    - 血管紧张素转化酶抑制剂：卡托普利、依那普利、西拉普利等
    - 利尿药
  - 2. 抗快速型心律失常药
    - Ⅰ类——钠通道阻滞药：奎尼丁、普鲁卡因胺、利多卡因等
    - Ⅱ类——β受体阻滞药：普萘洛尔、阿替洛尔等
    - Ⅲ类——延长动作电位时程药：胺碘酮、索他洛尔、溴苄铵等
    - Ⅳ类——钙通道阻滞药：维拉帕米等
  - 3. 促凝血药
    - 作用于血管的药物：安络血等
    - 影响凝血过程的药物：维生素K等
    - 纤溶酶原激活因子抑制剂：氨甲环酸、氨甲苯酸等
  - 4. 抗凝血药
    - 影响凝血酶和凝血因子形成的药物：肝素、华法林等
    - 抗血小板药：阿司匹林等
    - 体外抗凝血药：枸橼酸钠等
    - 促纤维蛋白溶解药：链激酶等
  - 5. 抗贫血药
    - 铁制剂：硫酸亚铁、富马酸亚铁、右旋糖酐铁等
    - 叶酸
    - 维生素B_{12}

心血管疾病多见于马和犬（特别是赛马和工作犬），役用牛也常见。近年来，小动物心血管疾病在老年动物呈现越来越高发的迹象，血液循环系统药物的应用在兽医临床实践中愈发重要。本章药物主要有作用于心脏的药物、促凝血药与抗凝血药、抗贫血药。

第一节 作用于心脏的药物

心肌的收缩是血液循环的原动力，心脏输出足够的血量以供全身组织器官生命活动的需要。保持心脏良好的功能，除对正常动物的生产效率、使役能力等有重要影响外，与患病动物全身组织器官的功能，尤其是肺、肾、肝功能密切相关，调节心脏功能状态对病情的发展和转归起到积极作用。因此，对心脏本身的疾病、其他原因引起的心脏机能障碍，选用恰当的药物来保护或维持心脏功能正常，都具有重要的意义。

具有强心作用的药物有：①直接作用于心脏的药物，例如洋地黄，主要用于治疗充血性心力衰竭；②中枢兴奋药，例如咖啡因通过提高心肌 cAMP 含量来兴奋心脏，作用迅速但持续时间较短，适用于高热、中暑、中毒、过劳等引起的急性心力衰竭；③拟肾上腺素药，其强心作用强烈快速而短暂，能直接扩张冠状血管改善心脏供血，但在剂量较大时，可能激发心律不齐或心室颤动，主要用于心脏骤停时的抢救。本节将重点介绍治疗充血性心力衰竭和抗快速型心律失常药物。

一、治疗充血性心力衰竭药物

充血性心力衰竭（congestive heart failure，CHF）是由各种心脏疾病导致心脏泵血功能不全的一种临床综合征，因病程伴有体循环和肺循环的被动性充血，故称为充血性心力衰竭。该病基本病程如下，心肌收缩力下降，引起心泵血液量灌流不足，疾病初期通过一系列代偿机制，如反射性兴奋交感神经、激活肾素—血管紧张素—醛固酮系统（renin-angiotensin-aldosterone system，RAAS）等，以加强心肌收缩力及加快心率而增加血液输出量。但这些代偿机制会进一步导致心肌储备能量过多消耗，加重心肌机能障碍，如此形成恶性循环，最终引起心脏重构，心肌收缩力下降。家畜的充血性心力衰竭主要发生于重度使役或过度运动的耕牛、赛马、犬等动物，也可由心脏的某些疾病（如心肌炎、慢性心内膜炎、心包炎）等引起。临床主要症状是心率加快、可视黏膜发绀、静脉怒张、呼吸困难、水肿、运动耐力下降等。

本节治疗心力衰竭药物主要包括有：强心苷(地高辛、洋地黄等)和磷酸二酯酶抑制剂(米力农、匹莫苯丹等)、血管扩张药(肼屈嗪等)、血管紧张素转化酶抑制剂(卡托普利、依那普利等)、β受体阻滞剂(卡维地洛、美托洛尔等)、醛固酮拮抗剂(螺内酯)、利尿药(氢氯噻嗪、呋塞米等)。

(一)强心苷

强心苷(cardiac glycosides)是一类结构相似，对心脏有选择性作用，具有强心作用的苷类化合物。这类化合物存在于紫花洋地黄、毛花洋地黄、羊角拗、夹竹桃、铃兰、万年青和见血封喉等植物中，经分离提取而得。可供使用的药物有洋地黄、地高辛、西地兰和毒毛花苷K等。其中洋地黄为慢作用类药物，作用起效慢、持续时间长、蓄积性大，适用于慢性心力衰竭。其他为快作用类药物，作用起效快、持续时间短、蓄积性小，适用于急性心力衰竭或慢性心力衰竭的急性发作。

1.构效关系

强心苷是由一个特异的配基(苷元)和不同数量的糖结合而成的。配基由一个甾核和一个不饱和内酯环构成，是强心苷发挥强心作用的重要部分，化学结构如图4-1。

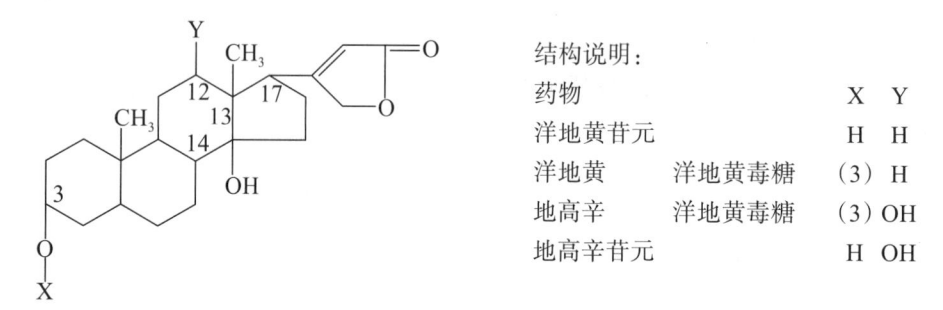

结构说明：

药物		X	Y
洋地黄苷元		H	H
洋地黄	洋地黄毒糖	(3)	H
地高辛	洋地黄毒糖	(3)	OH
地高辛苷元		H	OH

图4-1 洋地黄、地高辛及其苷元的化学结构

①分子具有强心活性需同时满足如下3个条件，即甾核上C_3位的羟基为β型且联结糖、C_{14}位上羟基为β型和C_{17}必须联β型不饱和内酯环。

②强心苷上的糖分子单独存在时并无活性，与配基结合后增强了强心苷的作用强度和持久性。糖的数目和种类与作用强度和蓄积性有一定的关系。若与葡萄糖结合，则作用强而持续时间短，一般与3个糖结合的三糖苷作用较强。

③强心苷作用的快慢与作用时间长短与甾核上的羟基多少有关。羟基多，则极性大，脂溶性就低，毒毛花苷K的C_3、C_5、C_{14}位上都有羟基，属于快作用类强心苷。

2.药理作用

各种强心苷的药理作用基本相同，只是在起效快慢、作用强弱、持续时间长短方面有所不同。

(1)正性肌力作用

强心苷对心脏具有高度的选择性，能显著加强衰竭心脏的收缩力，加快心肌收缩速度，缩短收缩期，增加心输出量，从而解除心衰的症状。收缩期缩短，舒张期延长，有利于心肌供血与营养，减少氧的消耗，这是其他有强心作用的药没有的特点。

(2)负性频率(减慢心率)

治疗量的强心苷对正常心率影响小,但对心率加快及伴有房颤的心功能不全者,其可显著减慢心率。使用强心苷后,由于心肌收缩力加强,心搏出量增加,刺激了颈动脉窦、主动脉弓的压力感受器,反射性降低了交感神经的兴奋性,使心率减慢。强心苷还可通过提高心肌对迷走神经敏感性或直接兴奋迷走神经,从而使心率变慢,故强心苷过量可引起心动过缓和传导阻滞(可用阿托品对抗)。大剂量情况下,强心苷还可直接作用于房室结减慢房室传导,引起心率减慢。

(3)利尿作用

强心苷改善心功能,增加了肾血流量和加强了肾小球的滤过功能。此外,强心苷可直接抑制肾小管Na^+-K^+-ATP酶,减少肾小管对Na^+的重吸收,促进钠和水排出,从而发挥利尿作用。

3.作用机制

目前认为,强心苷与心肌细胞膜上的Na^+-K^+-ATP酶特异性结合并抑制其活性,导致细胞内的Na^+与细胞外的K^+交换受到抑制,使细胞内Na^+量有所增加,细胞内Na^+增多强化了Na^+-Ca^{2+}双向交换机制,使细胞内Na^+与细胞外的Ca^{2+}交换增加,最终增加了心肌细胞内肌浆网中Ca^{2+}量,增多的Ca^{2+}加强了心肌收缩力(图4-2)。Na^+-Ca^{2+}交换的增强,降低了Na^+-K^+交换,易造成心肌的缺钾,因此强心苷在临床应用期间,应禁止使用钙剂,并补钾。

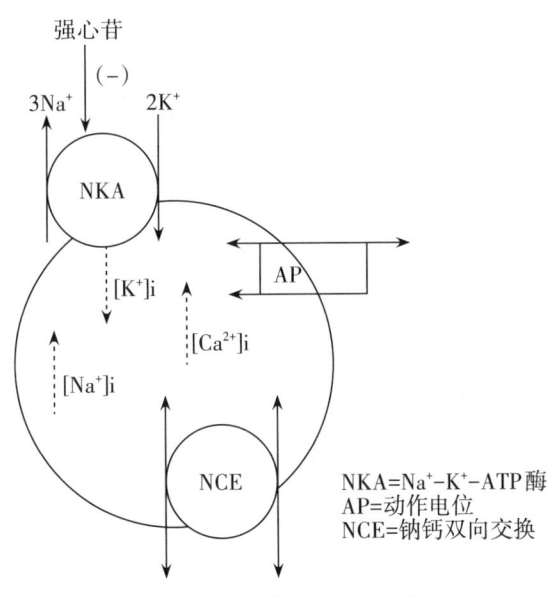

图4-2 强心苷作用机制示意图

4.临床应用

①治疗充血性心力衰竭,对伴有心房纤颤或心室率快的心力衰竭动物,疗效最佳。
②治疗快速型心率失常,如心房纤维性颤动、心房扑动和室上性心动过速。

5.用法用量

为了防止强心苷类药物在体内蓄积引发中毒,一般采用两步给药法。

第一步,在短期内(24~48 h)应用足够剂量,使其充分发挥药效。此剂量称为全效量,或称为洋地黄化的剂量。全效量的指征是：心脏情况改善，心律减慢接近正常，尿量增多等。根据病情的轻重，全效量的给药方法有缓给法、速给法。

第二步，在出现全效后，每天需要补充消除量，以维持疗效，这就是维持量。维持量一般为全效量的1/10，也有将全效量分为几次给药，直到出现洋地黄化，再用维持量。

6.不良反应及应对措施

强心苷安全范围小，一般治疗量已接近中毒剂量的60%，而且生物利用度及个体对强心苷的敏感性差异较大，故易发生不同程度的毒性反应。

（1）不良反应表现

①胃肠道反应：主要表现为恶心、呕吐及腹泻等。②心脏反应：为强心苷最危险的中毒症状，可诱发各种类型的心律失常，如快速型心律失常、房室传导阻滞、窦性心动过缓。③中枢神经系统反应：头痛、失眠、乏力、眩晕。

（2）应对措施

①立即停药。②补钾治疗：氯化钾是治疗因强心苷中毒所致的快速型心律失常的有效药物，钾能减少强心苷与Na^+-K^+-ATP酶的结合，减轻或阻止中毒反应，但对并发传导阻滞的强心苷中毒不能补钾盐，否则可致心脏停搏。③应用抗心律失常药：快速型心律失常用苯妥英钠救治，苯妥英钠不仅对强心苷中毒引起的快速型心律失常有较好作用，还能使强心苷从Na^+-K^+-ATP酶上解离开，恢复该酶的活性，因而有解毒效应。利多卡因可用于治疗强心苷中毒所引起的室性心动过速和心室纤颤。阿托品用于强心苷中毒所引起的心动过缓和房室传导阻滞。

洋地黄（digitoxin）

【药动学】洋地黄毒苷的口服吸收率较高，洋地黄酊剂吸收率较好，可达75%~90%，经6~10 h作用可达最高峰。停药后需两周时间，作用才完全消失。成年的反刍动物不宜内服，因强心苷在前胃内大部分被破坏。强心苷吸收后可与血浆蛋白结合，与血浆蛋白结合率可高达97%，结合后暂时失去活性，且不易进入组织液，因此洋地黄作用慢而持久。洋地黄在骨骼肌和肝脏分布最多，约占90%，心肌占10%以下，显然强心苷的强心作用是对心肌敏感性较其他组织更高的结果。被吸收后的洋地黄大部分从胆汁排于肠内，再由肠吸收，这样反复，形成肝肠循环。洋地黄毒苷主要在肝脏失活，肾脏原形排出极少，作用慢，消除也缓慢，作用时间长。

本品在体内作用时间很久，容易蓄积，洋地黄的中毒多由蓄积作用所引起。在猫体内消除半衰期长达100 h，犬的半衰期个体差异大，为8~49 h，故一般不推荐临床使用。

【药理作用与应用】适用于慢性心功能不全、阵发性室上性心动过速、心房颤动、心房扑动动物。

【用法用量】洋地黄化剂量：内服，一次量，每1 kg体重，犬0.11 mg，马0.03~0.06 mg，每日2次，连用24~48 h。维持剂量：内服，一次量，每1 kg体重，犬0.011 mg，马0.01 mg，每日1次。

【制剂】洋地黄毒苷片（digitoxin tablets）。

地高辛（digoxin）

其是从毛花洋地黄、狭叶洋地黄叶中提取分离的一种次级苷。

【药动学】内服吸收率不如洋地黄,吸收后与血浆蛋白结合率约25%,少量在肝脏代谢,约2/3以原形经肾脏排出。其具有排泄较快、蓄积性较小、应用较洋地黄毒苷安全等特点。犬猫的消除半衰期个体差异很大,犬为14.4~46.5 h,猫30~173 h。其他动物消除半衰期为:山羊7.15 h,马16.8~23.2 h,牛7.8 h。

【药理作用与应用】作为一种口服的正性肌力药物,可使心衰动物的压力感受器更敏感,强心作用较洋地黄毒苷强而迅速,能显著地减缓心率,且有较强的利尿作用。适用于治疗各种原因所致的慢性心力衰竭、阵发性室上性心动过速和心房颤动。

应注意,本品在pH<3时易发生水解,不宜与较强酸、碱性药物配伍。

【用法用量】洋地黄化剂量:内服,一次量,每1 kg体重,犬0.025 mg,每日2次,连用3次,马0.06~0.08 mg,每8 h给药1次,连用5~6次。静脉注射,一次量,每1 kg体重,猫0.005 mg,分3次快速注射,每次间隔1 h(首次为1/2,第2、3次各为1/4)。维持剂量:内服,一次量,每1 kg体重,猫0.007~0.015 mg且每日1次至每2日1次,犬0.011 mg,马0.01~0.02 mg,每日2次。

【制剂】地高辛片(digoxin tablets),地高辛注射液(digoxin injection)。

毒毛花苷K(strophanthin K)

其是从夹竹桃科植物绿毒毛旋花种子中提取的强心苷。

【药动学】内服吸收不良,常用静脉注射的给药方式。毒毛花苷K与血浆蛋白结合率低,约5%。静注后经3~10 min即可出现药效,约1~2 h效应最高,可维持10~12 h。毒毛花苷K体内代谢极少,主要以原形经肾脏排出,排泄快,蓄积小。

【药理作用与应用】其为高效、速效、短效的强心苷。对心肌的收缩作用较强,对心率和房室束传导的影响较小。临床用于急性心功能不全、慢性心功能不全的急性发作,特别是心衰而心率较慢的危急病情。但对使用过洋地黄毒苷治疗的患病动物,必须停用洋地黄1~2周后才能使用,否则会引起洋地黄在体内的蓄积而中毒。

【用法用量】静脉注射:一次量,每1 kg体重,犬0.25~0.50 mg,马、牛1.25~3.75 mg。临用前用5%葡萄糖注射液稀释,缓慢注射。

【制剂】毒毛花苷K注射液(strophanthin K injection)。

(二)磷酸二酯酶抑制剂

磷酸二酯酶(phosphodiesterase,PDE)广泛分布于心肌、平滑肌、血小板及肺组织,PDE Ⅲ为心肌中降解cAMP为5′AMP的主要亚型。通过抑制PDE Ⅲ,抑制cAMP的裂解而提高心肌细胞内cAMP浓度,增加Ca^{2+}内流,产生正性肌力作用。除正性肌力作用外,磷酸二酯酶抑制剂还通过提高血管平滑肌细胞内cAMP含量而产生扩血管作用,使心脏负荷降低,心肌耗氧量下降,是一类正性肌力扩血管药或强心扩血管药。

米力农(milrinone)

【药动学】米力农内服后30 min内可起作用,起效迅速,1.5~2.0 h后作用达到峰值,在犬体内的半衰期大约为2 h,可明显改善血流动力学异常的情况。

【药理作用】米力农属双吡啶类衍生物,通过抑制PDE Ⅲ活性而提高细胞内cAMP含量,增加细胞内钙离子浓度,兼具正性肌力作用和扩张血管作用,是新型正性肌力药物。

【临床应用】主要用于治疗对洋地黄、利尿剂、血管扩张剂治疗无效或效果欠佳的各种原因引起的急、慢性顽固性充血性心力衰竭。

【不良反应】犬偶见心室节律障碍。

【用法用量】以米力农计,内服:一次量,每1 kg体重,犬0.5~1 mg,每日2次。

【制剂】米力农片(milrinone tablets)。

匹莫苯丹(pimobendane)

【药动学】在犬的口服生物利用度为60%~63%,进食时或进食后给药会降低生物利用度,建议至少饲前1 h服用。口服之后1 h会达到药物浓度的高峰,半衰期为2 h。可与血浆蛋白高度结合,通过氧化去甲基反应形成其主要活性代谢物,经过肝脏代谢及胆汁分泌而降解消除,几乎全部通过粪便排出。

【药理作用】匹莫苯丹的作用机制主要是增强心肌纤维对细胞内Ca^{2+}敏感性及抑制磷酸二酯酶(PDE)活性,发挥正性肌力作用。该作用可在不增加Ca^{2+}量的条件下,提高心肌收缩力,同时并不增加耗氧量。再加上对血管的扩张作用,其在用于心衰治疗时,增加患病动物对运动的耐力,减轻心力衰竭症状,减少心力衰竭发作次数,可明显改善心衰动物的生活质量,延长动物的存活时间。

【临床应用】治疗犬类继发于慢性瓣膜性心脏病的充血性心力衰竭和扩张型心肌病。

【用法用量】以匹莫苯丹计,内服,每1 kg体重,犬0.25~0.50 mg,一日2次。

【制剂】匹莫苯丹片(pimobendane tablets)。

(三)血管扩张药

血管扩张药通过舒张容量血管和阻力血管,降低心脏前后负荷,改善泵血功能,改善心衰症状。

肼屈嗪(hydralazine)

【理化性质】该类药物常用药为盐酸肼屈嗪,白色至淡黄色结晶性粉末,无臭。在水中溶解,在乙醇中微溶,在乙醚中极微溶解。

【药动学】犬内服盐酸肼屈嗪吸收较快,3~5 h作用达到峰值,最长可持续12 h。盐酸肼屈嗪与食物同服时,生物利用度可下降60%以上。主要经肝代谢,尿毒症能够影响盐酸肼屈嗪的生物转化,故尿毒症动物的血药浓度可能会增加。

【药理作用】其为强效的血管扩张剂,是单纯的小动脉扩张剂,其对静脉系统几乎无作用。直接松弛血管平滑肌,扩张小动脉,降低外周阻力和后负荷,增加心脏每搏输出量和心排血量,增加动脉供血,缓解组织缺血症状,适用于心输出量明显减少而外周阻力升高的患病动物,可提高对运动的耐力。

【临床应用】适用于高血压及犬的由二尖瓣机能不全引起的超负荷充血性心力衰竭。

【不良反应】最常见毒副作用是低血压,有时也可引起胃肠道不适,严重时需考虑停药。犬用偶发显著的反射性心动过速,在应用时应当注意监听心率。

【用法用量】以盐酸肼屈嗪计,内服:犬,每1 kg体重,起始剂量0.5 mg,逐渐增加剂量直到有临床反应或最大剂量为3 mg;中等大小的猫,每1 kg体重,2.5 mg,可适当上调到10 mg,每日2次。

【制剂】盐酸肼屈嗪片(hydralazine hydrochloride tablets)。

(四)血管紧张素转化酶抑制剂

血管紧张素转化酶抑制剂(angiotensin converting enzyme inhibitors,ACEI)最初作为扩血管药用于治疗CHF,后来发现其疗效比其他扩血管药更优,而且作用机制也有特点。临床ACEI常与利尿药、地高辛合用,作为治疗CHF的基本药物。常用药物包括第一代的卡托普利、第二代的依那普利与贝那普利、第三代的西拉普利等,由于依那普利和贝那普利副作用小,在兽医临床上很大程度上替代了卡托普利。

血管紧张素转化酶抑制剂主要通过以下3种机制发挥治疗CHF的作用。

①减少血管紧张素Ⅱ(AngⅡ)的生成。本品通过抑制血管紧张素转化酶(ACE),阻止无活性的血管紧张素Ⅰ(AngⅠ)转化为有活性的血管紧张素Ⅱ(AngⅡ),使血液及组织中AngⅡ含量降低,AngⅡ是强烈的血管收缩因子。AngⅡ含量下降使血管扩张,降低外周血管阻力,降低心脏后负荷作用。

②抑制醛固酮分泌。降低肾素—血管紧张素—醛固酮系统(RAAS)的活化度,从而抑制醛固酮分泌,减轻水钠潴留,降低心脏前负荷,使回心血量减少。

③阻止或逆转心血管重构。CHF是一种超负荷心肌病,发病早期的适应性反应为心肌肥厚和心室重构。晚期进一步恶化,出现血管壁细胞的增殖症状,心肌肥厚和心肌纤维化又加剧了心脏收缩和舒张功能的障碍。AngⅡ及醛固酮是促进心肌细胞增生、胶原含量增加、心肌间质纤维化,导致心肌及血管重构的主要因素,因此ACE抑制药可减少AngⅡ及醛固酮的形成,减少缓激肽降解,有效阻止和逆转心肌与血管重构,改善心功能。

依那普利(enalapril)

【药动学】口服吸收良好,犬的药效高峰在口服后的4~6 h,药物作用时间为12~14 h。猫的最大活性在口服后2~4 h。本品在肝脏中水解为依那普利拉,水解后能与ACE持久结合发挥抑制作用,作用比卡托普利强10倍。依那普利和它的有效代谢物随尿液排出,因此肾衰竭和严重充血性心衰竭会延长药物的清除,建议减少使用剂量。

【药理作用】其能引起血管扩张而降压,降低心衰患犬的肺毛细血管压、平均血压和肺动脉压,减轻肺水肿,提高患犬运动耐力,降低心衰的程度。

【临床应用】临床用于治疗心功能不全及高血压伴有心功能不全者。

【用法用量】内服:犬,每1 kg体重0.5~1 mg,每日1~2次;猫,每1 kg体重0.25~0.5 mg,每日1~2次。

卡托普利(captopril)

【药动学】口服吸收迅速,犬的口服生物利用度约75%,胃内食物可使吸收减少30%~40%。与血浆蛋白结合率为40%,半衰期为2.8 h(犬)。能分布到大部分组织,但不能透过血脑屏障。超过95%的药物以原形(45%~50%)和代谢物的方式经肾脏排泄。肾功能不全的患畜可明显延长其半衰期。

【药理作用】在兽医临床上可抑制RAA系统的ACE,阻止AngⅠ转换成AngⅡ,并能抑制醛固酮分泌,减少水钠潴留,回心血量减少,心脏前负荷降低。

【临床应用】作为血管扩张药治疗CHF及各型高血压，目前为治疗高血压的一线药物之一。

【用法用量】以卡托普利计，内服：犬，每1 kg体重1~2 mg，每隔8 h一次；猫1/4~1/2片12.5 mg的药片，每隔8~12 h一次。

【制剂】卡托普利片（captopril tablets）。

（五）利尿药

利尿药一直是治疗各种程度CHF的一线药物，主要产生利尿作用和扩血管作用，降低血容量，减轻心脏前后负荷，消除或减缓静脉淤血及其所引发的肺水肿和外周水肿，尤其适用于对CHF伴有水肿或有明显淤血者。

二、抗快速型心律失常药

心律失常（arrhythmia）是指由冲动形成或传导异常导致的心律失常、心动节律和频率异常的现象。心律正常时心脏协调而有规律地收缩、舒张，顺利地完成泵血功能。心律失常时心脏泵血功能发生障碍，影响全身器官的供血。临床上，根据心率高低，心律失常又可分为缓慢型（房室阻滞、窦性心动过缓等）和快速型（心房纤维性颤动、心房扑动、房性心动过速、室性心动过速和早搏等）。其中，缓慢型心律失常可应用阿托品（抑制迷走神经兴奋）或肾上腺素类药物（正性心肌作用）治疗，该类药物已在本书其他章节讲解，因此，本节重点讨论在兽医临床中用于治疗快速型心律失常的药物。

【药理作用】抗快速型心律失常药物药理作用归纳如下。

1. 降低自律性

药物通过抑制心房、传导组织、房室束和浦肯野纤维等快反应细胞的Na^+内流或者抑制窦房结和房室结等慢反应细胞的Ca^{2+}内流，或者加快K^+外流，增大最大舒张电位，使其远离阈电位，从而降低心肌自律性。

2. 减少后除极和触发活动

细胞内钙超载可致迟后除极，通过减少细胞内Ca^{2+}的蓄积减少迟后除极，钙通道阻滞药能有效地发挥这一作用；另外，能抑制一过性Na^+内流的药物也能减少迟后除极，如钠通道阻滞药利多卡因等。

3. 改变膜反应性及传导性而消除折返

药物减弱膜反应性而减慢传导从而消除折返激动，如奎尼丁；增强膜反应性而改善传导，因而消除折返激动，如苯妥英钠。

4. 改变有效不应期（ERP）和动作电位时程（APD）而减少折返

奎尼丁、普鲁卡因胺和胺碘酮等延长ERP。利多卡因、苯妥英钠等药物使ERP和APD缩短，但APD缩短程度比ERP更显著，导致ERP/APD比值增大，即有效不应期相对延长，减少期前兴奋和消除折返，产生抗心律失常作用。

【药物分类】根据药物作用机制，可将抗快速型心律失常药物分为如下4类。

Ⅰ类——钠通道阻滞药,代表药为奎尼丁、普鲁卡因胺、利多卡因、苯妥英钠等。阻滞细胞膜钠通道,抑制动作电位升高,从而减缓冲动在心脏细胞间的传导。

Ⅱ类——β受体阻滞药,代表药为普萘洛尔、阿替洛尔等,可抑制儿茶酚胺对心脏的作用。

Ⅲ类——延长动作电位时程药,如胺碘酮、索他洛尔、溴苄铵、依布替利和多非替利等。可延长心脏动作电位的有效不应期但不影响传导速率,适用于抑制折返性心律失常或室性纤颤。

Ⅳ类——钙通道阻滞药,如维拉帕米等。该类药物对室性心律失常一般无效,但却是针对室上性心动过速的重要药物。

奎尼丁(quinidine)

其为植物金鸡纳树皮所含的一种生物碱,是奎宁的异构体。

【药动学】内服后几乎全部被胃肠道吸收,内服后由于肝脏的首过效应其到达全身循环的量减少,生物利用度为70%~80%,血浆蛋白结合率为82%~92%。各种动物的表观分布容积差别较大,在体内分布广泛,可以分布到乳汁和胎盘。奎尼丁大部分在肝脏进行羟基化代谢,其羟化代谢物仍有药理活性,犬的半衰期为5.6 h,猫为1.9 h。约20%原形在给药24 h后随尿排出。

【药理作用】其为钠通道阻滞药的代表药。通过与膜钠通道蛋白结合产生阻断作用,抑制Na^+内流,从而抑制心肌兴奋、减弱传导及收缩性,并延长心肌有效不应期。

【临床应用】其为广谱抗心律失常药,主要用于治疗小动物或马的室性心律失常,如心房纤颤、心房扑动、室上性和室性心动过速等。

【不良反应】心血管系统:可能出现房室传导阻滞、低血压等。胃肠道反应:犬常见厌食、呕吐、腹泻,马常见消化扰乱,伴有呼吸困难的鼻黏膜肿胀、蹄叶炎、荨麻疹。

【用法用量】内服一次量,每1 kg体重,犬6~16 mg,猫4~8 mg,每天3~4次。

【制剂】硫酸奎尼丁片(quinidine sulfate tablets)。

普鲁卡因胺(procainamide)

其为普鲁卡因的衍生物。

【理化性质】白色或淡黄色结晶性粉末,常用其盐酸盐。

【药动学】口服吸收迅速完全,犬吸收半衰期为0.5 h,生物利用度约85%,但个体差异大。可很快分布全身组织,部分在肝代谢,代谢物N-乙酰普鲁卡因胺仍有抗心律失常作用。犬约有50%~75%以原形随尿排出,犬的消除半衰期2~3 h。

【药理作用】其对心脏的作用与奎尼丁相似而较弱,但无明显的抗胆碱作用及拮抗外周血管α受体作用。

【临床应用】适用于室性早搏综合征、室性或室上性心动过速的治疗,临床报道本品控制室性心律失常比房性心律失常效果好。静脉注射可抢救危急病例。

【不良反应】与奎尼丁相似。口服引起胃肠道反应,静脉注射速度过快,由于周围血管扩张而血压显著下降,甚至休克。

【用法与用量】内服,犬,每1 kg体重8~20 mg,每日4次。静脉注射,犬,一次量,每1 kg体重6~8 mg

（在 5 min 内注射完），然后改为肌内注射，一次量，每 1 kg 体重 6~20 mg，每 4~6 h 一次。

【制剂】盐酸普鲁卡因胺片（procainamide hydrochloride tablets）。

异丙吡胺（disopyramide）

【理化性质】白色结晶性粉末，极易溶于水，常用其磷酸盐。

【药动学】口服进入人体后吸收迅速，2~3 h 药物达到峰浓度，在药物治疗水平，有 50%~60% 与血浆蛋白结合。在肝脏中代谢，40%~65% 以药物原形随着尿液排出，犬的半衰期为 2 h。

【作用与应用】其与奎尼丁、普鲁卡因胺相似，属广谱抗心律失常药。主要作用是降低心肌兴奋性和传导速率，口服用于预防或治疗室性快速型心律失常。不良反应为类阿托品样作用，使室性心率增加。

【用法与用量】内服，一次量，每 1 kg 体重，犬 6~15 mg，4 次/天。

【制剂】磷酸异丙吡胺片（disopyramide phosphate tablets）。

第二节 促凝血药和抗凝血药

生理状态下，血液凝固、抗凝、纤维蛋白溶解过程维持动态平衡，保持血液循环畅通。一旦平衡打破，就会出现血栓或出血性疾病。

一、血液的凝固和纤维蛋白的溶解

（一）血液凝固机制

血液凝固是血液从流动状态变为不可流动凝胶态，本质上是血浆中可溶性的纤维蛋白原转化为不可溶的纤维蛋白，不溶性纤维蛋白交织成网状，网罗红细胞和血液中的其他成分，产生血液凝块的过程。血液凝固一般分为三个阶段。

1. 凝血酶原激活复合物的形成

其可由以下两个途径获得。

血液系统：当血管损伤时，血液内无活性的表面接触因子Ⅻ与创面或异物面接触而被激活，在血小板因子和 Ca^{2+} 的协助下，与血液中的一些凝血因子（Ⅺ、Ⅸ、Ⅷ、Ⅹ、Ⅴ）形成凝血致活酶。

组织系统：当组织损伤时，组织因子释放出，在 Ca^{2+} 的协同下，与一些凝血因子（Ⅶ、Ⅹ、Ⅴ）形成凝血致活酶。两个途径所得的凝血致活酶都是以复合物的形式存在的。

2. 凝血酶的形成

在凝血致活酶与Ca^{2+}的共同作用下,其使血浆中凝血酶原转变成有活性的凝血酶。

3. 纤维蛋白的形成

在凝血酶的作用下,其使血浆中纤维蛋白原转变成纤维蛋白。它是不溶性细丝,是血凝块的基质,交叉联结为纤维蛋白多聚体凝块而凝血(血液凝固系统如图4-3所示)。

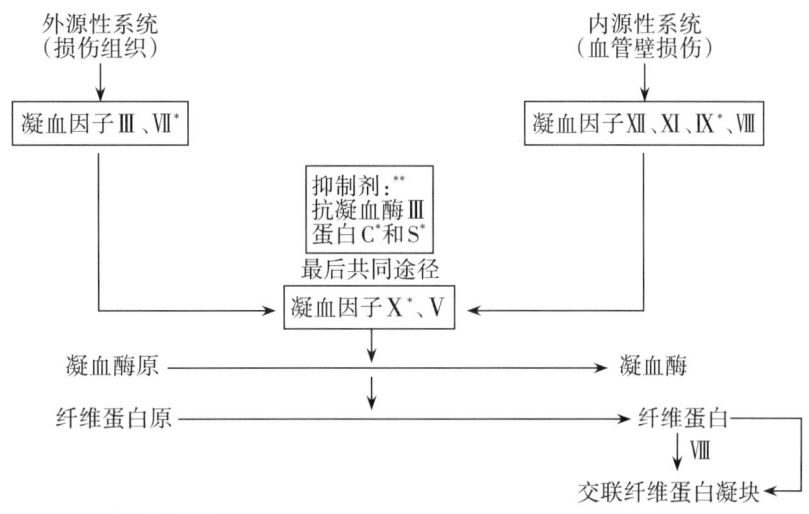

```
外源性系统                          内源性系统
(损伤组织)                         (血管壁损伤)
    │                                  │
    ▼                                  ▼
凝血因子Ⅲ、Ⅶ*              凝血因子Ⅻ、Ⅺ、Ⅸ*、Ⅷ
                     │
              抑制剂:**
              抗凝血酶Ⅲ
              蛋白C*和S*
              最后共同途径
                     │
                凝血因子X*、V
                     │
    凝血酶原 ─────────────────── 凝血酶
                     │
    纤维蛋白原 ───────────────── 纤维蛋白
                                    │Ⅷ
                                    ▼
                                交联纤维蛋白凝块
```

*维生素K依赖因子。

**抗凝血酶Ⅲ抑制Ⅸ、X、Ⅺ、Ⅻ和凝血酶,蛋白C和S抑制V和Ⅷ。

图4-3 血液凝固系统

(二)纤维蛋白溶解机制

纤维蛋白溶解是指凝固的血液在某些酶的作用下分解成可溶性产物。血液中含有的能溶解血纤维蛋白的酶系统称为纤维蛋白溶解系统(fibrinolytic system),简称纤溶系统,它由纤溶酶原、纤溶酶、纤溶酶原激活因子(plasminogen activator)和纤溶酶抑制因子(plasmin inhibitor)组成(图4-4)。纤维蛋白溶酶原转化为纤维蛋白溶酶,使得纤维蛋白降解,从而产生抗凝。

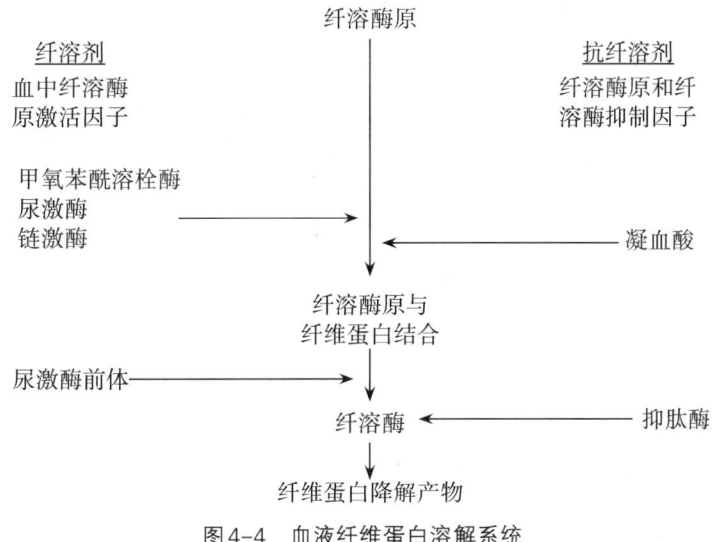

```
             纤溶酶原
纤溶剂                    抗纤溶剂
血中纤溶酶                 纤溶酶原和纤
原激活因子                 溶酶抑制因子

甲氧苯酰溶栓酶
尿激酶      ──────►           ◄────── 凝血酸
链激酶              
                    │
              纤溶酶原与
              纤维蛋白结合
                    │
尿激酶前体  ────────►
                    ▼
                  纤溶酶      ◄────── 抑肽酶
                    │
                    ▼
              纤维蛋白降解产物
```

图4-4 血液纤维蛋白溶解系统

二、常用的促凝血药

维生素K(vitamin K)

【理化性质】维生素K广泛存在于自然界中。维生素K有K_1、K_2、K_3、K_4,其中K_1、K_2两种是天然品,K_1存在于苜蓿等植物中,K_2由肠道细菌产生或来源于腐败鱼粉,两者皆具有脂溶性,需要胆汁协助吸收。K_3(亚硫酸氢钠甲萘醌)、K_4(乙酰甲萘醌)是人工合成品,具有水溶性,不需胆汁协助吸收。临床上常用的是K_3。

【药理作用】维生素K是羧化酶的辅酶,主要作用是促进肝脏合成凝血因子Ⅱ、Ⅶ、Ⅸ、Ⅹ的活化过程,缺乏维生素K导致上述凝血因子合成止于凝血蛋白前体,引起出血或出血倾向。(参与过程如图4-5)

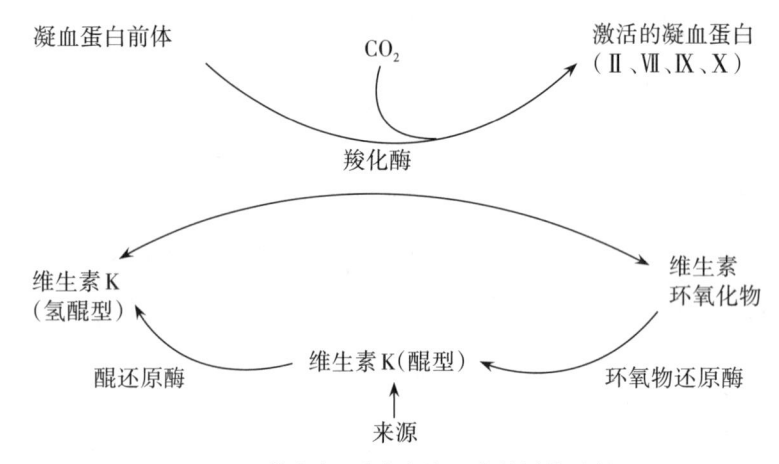

图4-5 维生素K参与凝血蛋白的活化过程

【临床应用】①维生素K缺乏症:哺乳动物特别是牛,其肠道内细胞可合成维生素K,一般不会发生维生素K缺乏症,但处于哺乳期的犊和单胃动物、快速生长的家禽会出现维生素K缺乏症,应注意在饲料中补充维生素K;此外,胆汁分泌障碍、肠炎、肝炎、慢性腹泻、长期内服广谱抗生素等影响维生素K的吸收。②出血性疾病:动物采食霉烂苜蓿或其他化学物质如水杨酸钠药物引起低凝血酶原症。某些出血性疾患如家禽感染球虫排血便,可在对因治疗的同时使用维生素K进行辅助治疗。

【用法用量】以维生素K_1计,肌内、静脉注射:一次量,每1 kg体重,大家畜0.5~2.5 mg,犊1 mg,犬、猫0.5~2 mg。静脉注射时宜缓慢,用生理盐水稀释,成年家畜每分钟不超过10 mg,幼龄动物不超过5 mg。混饲:每1 000 kg饲料,雏禽400 mg,产蛋鸡、种鸡2 000 mg。

【最高残留限量】允许用于犊,不需要制定残留限量。

【制剂】维生素K_1注射液(vitamin K_1 injection),维生素K_3注射液(vitamin K_3 injection),维生素K_4片(vitamin K_4 tablets)。

酚磺乙胺(etamsylate)

【药理作用】又名止血敏,其能促进血小板的生成,并增强其黏合力,还能促使凝血活性物质的释放,缩短凝血时间,达到止血效果。此外还能增强毛细血管的抵抗力、降低其通透性,作用迅速。可用于手术前后的出血、消化道出血等。

【用法用量】肌内或静脉注射:一次量,马、牛1.25~2.5 g,猪、羊0.25~0.5 g。

【最高残留限量】允许用于食品动物马、牛、羊和猪,不需要制定残留限量。

【制剂】酚磺乙胺注射液(etamsylate injection)。

氨甲苯酸、氨甲环酸(P-aminomethylbenzoic acid、transamic acid)

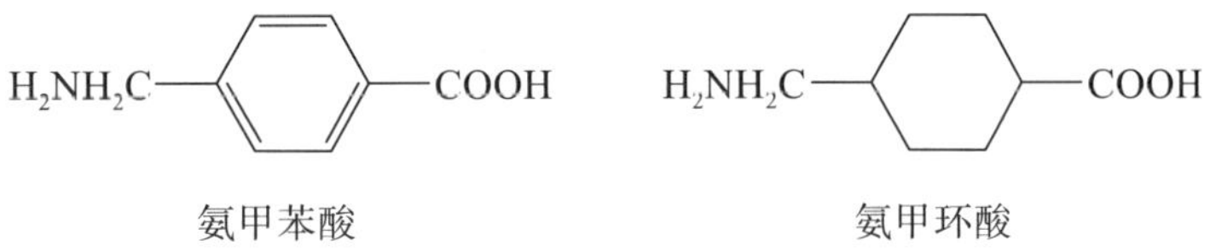

图4-6 分子结构图

氨甲苯酸又名凝血芳酸,氨甲环酸又名凝血酸,其分子结构如图4-6。

【药理作用】氨甲苯酸和氨甲环酸都是纤溶酶原激活因子抑制剂,使纤溶酶原不能被激活为纤溶酶,从而抑制纤维蛋白的溶解,保护伤口的血凝块不被破坏,产生止血作用。还可抑制链激酶和尿激酶激活纤溶酶原。

【临床应用】临床上主要用于治疗纤溶亢进引起的出血,如产后出血、肝、肺、脾等手术后的异常出血。对纤维蛋白溶解活性不增高的出血无效,剂量过大会产生血栓,一般出血不要滥用。

【用法用量】静脉注射:一次量,马、牛0.5~1 g,猪、羊0.5~0.2 g。以1~2倍量的葡萄糖注射液稀释后,缓慢注射。

【制剂】氨甲苯酸注射液(P-aminomethylbenzoic acid injection),氨甲环酸注射液(transamic acid injection)。

安特诺新(adrenosin)

又名安络血,其为肾上腺素缩氨脲与水杨酸钠生成的水溶性复盐。

【药理作用】其为肾上腺素氧化衍生物,无肾上腺素样作用,不影响血压和心率。它可增加毛细血管对损伤的抵抗力,还能降低毛细血管的通透性。

【临床应用】适用于治疗毛细血管通透性增加而引起的出血,如鼻出血,还可用于内脏出血、产后出血等。

【用法与用量】肌注,一次量,马、牛5~20 mL,猪、羊2~4 mL,每天2~3次。

【制剂】安特诺新注射液(adrenosin injection)。

三、常用的抗凝血药

凡能防止血液凝固或延长血凝时间的药物,都称为抗凝血药。抗凝血药可以用于输血或化验室血样检验(体外抗凝药),用于治疗体内有血栓形成倾向的疾病(体内抗凝药)。一般分4类:(1)影响凝血酶和凝血因子形成的药,如肝素和香豆素类,常用于体内抗凝。(2)使血液脱钙而抗凝,仅用于体外抗凝,如枸橼酸钠,常用于输血和化验室血样的抗凝。(3)促纤维蛋白溶解药,对已经形成的血栓有溶解作用,如链激酶(溶栓酶)和尿激酶。(4)抗血小板聚集药,如阿司匹林、潘生丁等,主要用于预防血栓形成。

肝素（heparin）

肝素因首先从肝脏中被发现而得名，是由葡萄糖胺、L-艾杜糖醛酸、N-乙酰葡萄糖胺和D-葡萄糖醛酸交替连接形成的聚合物。肝素存在于动物体内各种组织中，以肺、肠黏膜中含量最高，目前药用肝素多从牛肺或猪肠黏膜中提取。

【理化性质】外观呈无色或微黄色的粉末状，平均分子量为15 kDa，水中溶解性好，高温不稳定，强酸性并具有大量负电荷。

【药动学】因其分子量大，故口服不吸收，肌内注射对局部有刺激性，因此肝素只宜静注、静滴。静注有很高的初始浓度，但半衰期短，吸收后有60%的肝素集中于血管内皮，大部分经单核—吞噬系统的肝素酶分解代谢，极少以原形经肾排出。

【药理作用】其在体内、体外均有强大的抗凝作用。能够与抗凝血酶-Ⅲ（AT-Ⅲ）可逆性结合，使AT-Ⅲ构象改变，迅速与凝血因子Ⅱa、Ⅸa、Ⅹa、Ⅺa、Ⅻa等的丝氨酸活性中心结合，加速凝血因子灭活。

【临床应用】其用于体外血液样本的抗凝。防治血栓栓塞性疾病或潜在的血栓性疾病，如肾综合征、心肌疾病等。低剂量可减少心丝虫杀虫药治疗的并发症和预防马的蹄叶炎。

【注意事项】肝素若用量过大可引起各种出血，有出血性倾向疾病的动物禁止使用本品。在体内通过肝素酶代谢，肝脏有炎症时禁用本品；肝素中毒可使用特效解毒药鱼精蛋白解救。

【用法用量】高剂量方案（治疗血栓栓塞症）：静脉或皮下注射，一次量，每1 kg体重，犬150~250 U，猫250~375 U，每日3次。低剂量方案（治疗弥散性血管内凝血）：静脉或皮下注射，一次量，每1 kg体重，马25~100 U，小动物75 U。

【制剂】肝素钠注射液（heparin sodium injection）。

华法林（warfarin）

其为香豆素类抗凝剂。

【理化性质】华法林钠为白色结晶性粉末，在水中极易溶解，在乙醇中易溶，在三氯甲烷或乙醚中几乎不溶。

【药动学】内服后吸收迅速而完全，与血浆蛋白结合高，猫的结合率可高达96%，起效时间较慢，经24~48 h才出现作用，3~5 d达到高峰，停药后作用仍可维持4~14 d。

【药理作用】在肝脏中抑制维生素K从环氧化物向氢醌型转化，从而抑制维生素K参与的凝血因子在肝脏中的合成。对血液中已有的凝血因子并无抵抗作用，因此不能作为体外抗凝药使用，体内抗凝也须有活性的凝血因子消耗后才能有效，因此起效较慢。

【临床应用】临床上主要内服用于血栓栓塞性疾病的长期治疗（或预防）。通常用于马、犬、猫。

【用法用量】内服：一次量，犬、猫每1 kg体重0.1~0.2 mg，马每450 kg体重30~75 mg，每日1次。

【制剂】华法林钠片（warfarin sodium tablets）。

枸橼酸钠

其又名柠檬酸钠。

【药理作用】枸橼酸钠能与Ca^{2+}结合为难解离的枸橼酸钙，导致血浆中Ca^{2+}浓度降低，而Ca^{2+}为重要凝血因子,从而阻止了血液的凝固。

【临床应用】主要用于体外抗凝,每100 mL血液中加2.5%的枸橼酸钠溶液10 mL可用于保存血液。

在静脉输血时,其中所含的枸橼酸钠容易在体内氧化,其氧化速率和输入速率相差不多,所以不会引起血钙过低性反应。但是如果输入过快或者用量过大则会引起血钙过低。遇此情况,可先静脉注射钙剂预防。

链激酶(streptokinasum)

由β-溶血性链球菌培养液中提取制得,又名溶栓酶。本品能使血液纤维蛋白溶酶原被激活,成为有活性的纤维蛋白溶酶,使纤维蛋白溶解,引起血栓内部崩解和表面溶解。主要用于治疗动物血栓栓塞性疾病。

阿司匹林(aspirin)

又名乙酰水杨酸,其是一种常用的抗血小板聚集药,也是常用的非甾体抗炎药。抗血栓形成的机制主要表现为不可逆抑制血小板环氧合酶,从而阻止了细胞膜的磷脂产生前列腺素和血栓素。小剂量阿司匹林可使血小板环氧化酶活性中心的丝氨酸乙酰化而使酶失活,从而减少血栓素A2的生成,产生抗血小板聚集及抗血栓作用。但大剂量则抑制血管壁内皮细胞中前列环素生成,易促进血小板聚集和血栓形成。本品小剂量用于预防动脉血栓栓塞。

第三节 抗贫血药

循环血液中的红细胞和血红蛋白数量低于正常值就称为贫血。根据病因和发病机制的不同,贫血可分为出现性贫血、营养性贫血(缺铁性贫血、巨幼红细胞性贫血)、再生障碍性贫血、溶血性贫血。治疗时应查明原因,根据病因和发病机制进行治疗。常用的抗贫血药有铁制剂、叶酸和维生素B_{12},本节重点介绍铁制剂。

铁制剂(iron preparation)

临床上常用的铁制剂包括有内服的硫酸亚铁、富马酸亚铁、枸橼酸铁铵及注射用的右旋糖酐铁注射液。

【药动学】铁的吸收主要在十二指肠和空肠上段。亚铁进入血液,立即被氧化为三价铁,与血浆中的转铁蛋白相结合,运送到贮藏组织中供骨髓造血用。铁的日排出量很少,主要通过粪便、胆汁、尿液、上皮脱落等排泄。

【药理作用】吸收后的铁首先吸附于骨髓有核红细胞膜上,然后进入线粒体,与原卟啉结合形成血红素,再与珠蛋白结合成为血红蛋白,进而发育为成熟的红细胞。铁缺乏时,血红蛋白合成减少,血液携氧能力降低,引起全身组织器官缺氧性损害。

【临床应用】铁制剂主要用来治疗或预防缺铁性贫血:哺乳仔猪、生长期幼畜、孕畜、泌乳期的母畜,需铁量较大而摄入不足时,如哺乳仔猪每日需铁量为7 mg,而从母乳中仅能获得1 mg,因此仔猪出生后应及时注射右旋糖酐铁;而成年家畜贫血一般内服硫酸亚铁。

【不良反应】其内服对胃肠黏膜有刺激性,可引起食欲减退、恶心、腹痛、腹泻,故应饲后给药为宜;当铁剂到达肠内,能与硫化氢结合为硫化铁,引起便秘。

【注意事项】不宜与四环素类药物同服,容易发生螯合作用,影响吸收;有刺激性,消化道溃疡、肠炎患畜忌用,肌内注射可引起疼痛。

【用法用量】右旋糖酐铁注射液:肌内注射,一次量,仔猪100~200 mg,驹、犊200~600 mg,幼犬20~200 mg,水貂30~100 mg,狐狸50~200 mg。

富马酸亚铁:内服,一次量,羊、猪0.5~1 g,马、牛2~5 g。

硫酸亚铁:内服,一次量,羊、猪0.5~3 g,马、牛2~10 g,猫0.05~0.1 g,犬0.05~0.5 g。临用前配成0.2%~1%溶液。

【最高残留限量】允许用于所有食品动物,不需要制定残留限量。

【制剂与休药期】右旋糖酐铁注射液(iron dextran injection),硫酸亚铁片(ferrous sulfate tablets)。

复习与思考

1. 强心苷的作用机理是什么?强心苷有哪些主要药理作用及临床应用?
2. 简述米力农、肼屈嗪、卡托普利、匹莫苯丹治疗充血性心力衰竭的作用机制。
3. 常用的促凝血药与抗凝血药有哪些?
4. 简述维生素K的作用机制和临床应用。
5. 常用的抗贫血药有哪些?

拓展阅读

扫码获取本章的复习与思考题、案例分析、相关阅读资料等数字资源。

第五章

消化系统药理

本章导读

动物生命的维持离不开对食物的消化、吸收和利用。根据消化系统常见疾病的类型,本章主要学习并掌握健胃药、助消化药、抗酸药、止吐药、催吐药、增强胃肠蠕动药、制酵药、消沫药、泻药、止泻药的药理作用、临床应用及注意事项等相关知识。

学习目标

1. 掌握消化系统常用药物的名称、药理作用、临床应用及注意事项等重要知识,并根据消化系统疾病的病因及症状,合理选择、使用消化系统药物。

2. 理解调理消化系统机能在治疗其他疾病中的重要意义。

3. 结合传统医学"病从口入"的理念,认识"三高"等基础疾病对人类及宠物健康的巨大危害。

知识网络图

- 消化系统药理
  - 1. 健胃药与助消化药
    - 健胃药
      - 苦味健胃药
      - 芳香健胃药
      - 盐类健胃药
    - 助消化药
      - 酸
      - 消化酶
      - 益生菌
  - 2. 抗酸药
    - 碱性抗酸药：碳酸钙、氧化镁、氢氧化铝等
    - 抑制胃酸分泌药：奥美拉唑、溴丙胺太林等
  - 3. 止吐药和催吐药
    - 止吐药：甲氧氯普胺
    - 催吐药：阿扑吗啡
  - 4. 增强胃肠蠕动药
    - 瘤胃兴奋药：氨甲酰胆碱、新斯的明等
    - 胃肠推进药：甲氧氯普胺、多潘立酮
  - 5. 制酵药与消沫药
    - 制酵药：鱼石脂、甲醛溶液、大蒜酊等
    - 消沫药：二甲硅油、松节油
  - 6. 泻药与止泻药
    - 泻药
      - 容积性泻药
      - 润滑性泻药
      - 刺激性泻药
    - 止泻药
      - 保护性止泻药
      - 吸附性止泻药
      - 抑制肠蠕动止泻药

消化系统疾病为家畜和家禽等动物的常发病,其病症主要包括积食、便秘、呕吐、腹泻、反酸和瘤胃鼓胀等,且因动物消化系统的结构各异,疾病种类和症状有所不同。例如,牛常发前胃疾病,而马常发便秘、疝。消化系统疾病可原发于消化系统,也伴发于多种疾病。因此,根据疾病病因、病症不同,充分掌握并科学应用于消化系统的各类药物十分必要。根据药理作用不同,本章药物主要包括健胃药、助消化药、抗酸药、泻药、止泻药、瘤胃兴奋药、制酵药、消沫药、催吐药与止吐药等。

第一节 健胃药与助消化药

一、健胃药

健胃药(stomachics)是指能促进唾液、胃液等消化液分泌,从而提高食欲、加强胃消化机能的一类药物。按其来源,健胃药分为苦味健胃药、芳香健胃药及盐类健胃药三类。

(一)苦味健胃药

苦味健胃药原材料多来源于具有苦味的植物,如龙胆、马钱子等。其强烈苦味可通过神经反射引起消化液分泌增多,促进食欲,起到健胃作用。为充分发挥该类药物的健胃作用,临床应用时应注意下面几点:①制成适合经口给药的剂型,如舔剂、散剂、溶液剂、酊剂等。②一定要经口给药,使药物接触味觉感受器,方能起到作用效果,不能用胃管投药。③给药时间宜为饲前5~30 min。④控制用量,过量服用可抑制胃液分泌。⑤避免长期单一用药,而应与其他健胃药交替使用,以防药效降低。

龙胆(gentianae radix et rhizoma)

其为龙胆科植物条叶龙胆(*Gentiana manshurica* Kitag.)、龙胆(*Gentiana scabra* Bge.)、三花龙胆(*G. triflora* Pall.)或坚龙胆(*Gentiana rigescens* Franch.)的干燥根茎和根。含龙胆苦苷、龙胆糖、龙胆碱等成分。

【药理作用】其味苦性寒,经口可作用于舌味觉感受器,促进唾液、胃液分泌,提高食欲,加强消化机能。

【临床应用】其可用于治疗某些热性病引起的食欲不振、消化不良等,常与其他健胃药配伍,制成散剂、酊剂、舔剂等剂型使用。

【用法用量】内服：一次量，马、牛 15~45 g，羊、猪 6~15 g，骆驼 30~60 g，犬、猫 1~5 g，兔、禽 1.5~3 g，水貂 0.2~0.3 g。

【制剂】龙胆酊（gentian tincture），龙胆末。

马钱子（strychni semen）

其为马钱科植物马钱（*Strychnos nux-vomica* L.）的干燥成熟种子。含有多种生物碱，主要有番木鳖碱（士的宁，strychnine）、马钱子碱（brucine）等成分。

【药理作用】其味极苦，内服主要发挥苦味健胃作用。吸收后可兴奋中枢神经系统，尤其对脊髓具有强烈选择性兴奋作用，因此具有较强毒性。

【临床应用】其用于治疗食欲不振、消化不良、前胃迟缓、瘤胃积食等疾病。

【注意事项】该药具有较强毒性，且安全范围小，应严格控制使用剂量，而且连续用药不能超过 1 周，以免发生蓄积性中毒。中毒后可用巴比妥类药物或水合氯醛解救。

【用法用量】马钱子粉内服：马、牛 1.5~6 g；羊、猪 0.3~1.2 g。马钱子酊内服：一次量，马 10~20 mL，牛 10~30 mL，羊、猪 1~2.5 mL，犬 0.1~0.6 mL。马钱子流浸膏内服：一次量，马 1~2 mL，牛 1~3 mL，羊、猪 0.1~0.25 mL，犬 0.01~0.06 mL。

【制剂】马钱子粉（strychni semen pulveratum）、马钱子酊（strychnine tincture）、马钱子流浸膏（strychnine liguid extract）。

（二）芳香健胃药

芳香健胃药是一类具有芳香或辛辣气味的中草药，常兼具健胃、制酵（抑制胃肠道微生物异常发酵）、祛风（促进积气排出）、祛痰作用。健胃作用强于苦味健胃药，且作用持久。常用药有陈皮、豆蔻、干姜、大蒜等，可配成复方制剂使用。

陈皮（citri reticulatae pericarpium）

其又名橙皮，为芸香科植物橘（*Citrus reticulate* blanco）及其栽培变种的干燥成熟果皮。含挥发油、橙皮苷、川皮酮、维生素 B_1 和肌醇等成分。

【药理作用】内服其芳香气味能刺激消化道黏膜，增强消化液分泌及胃肠蠕动，发挥芳香健胃药作用，另兼具祛风作用。

【临床应用】其用于治疗食欲减退、消化不良、积食气胀等。

【用法用量】陈皮内服：马、牛 15~45 g，羊、猪 5~10 g，犬、猫 2~5 g，兔、禽 1~3 g。陈皮酊内服，一次量，马、牛 30~100 mL，羊、猪 10~20 mL，犬、猫 1~5 mL。

【制剂】陈皮酊（aurantium tincture）。

豆蔻（amomi fructus rotundus）

其又名白豆蔻，为姜科植物白豆蔻（*Amomum kravanh* Pierre ex Gagnep.）或爪哇白豆蔻（*Amomum compactum* Soland ex Maton）的干燥成熟果实，含挥发油，含有右旋龙脑、右旋樟脑等成分。

【药理作用】其具有健胃、制酵、祛风等作用。

【临床应用】其用于治疗消化不良、前胃迟缓、胃肠气胀等。

【用法用量】内服(粉)，一次量，马、牛 15~30 g，羊、猪 3~6 g，兔、禽 0.5~1.5 g。内服(酊)，一次量，马、牛 10~30 mL，羊、猪 10~20 mL。

【制剂】复方豆蔻酊(compound cardamom tincture)、豆蔻粉(cardamom powder)。

干姜(zingiberis rhizoma recens)

其为姜科植物姜(*Zingiber officinale* Rosc.)的干燥根茎，含姜辣素、姜烯酮、姜酮、挥发油，挥发油含龙脑、桉油精、姜醇、姜烯等成分。

【药理作用】其性温，味辛辣。内服后能显著刺激胃肠道黏膜，引起消化液分泌，增加食欲。还具有制酵及祛风作用。

【临床应用】其用于治疗消化不良、食欲不振、胃肠气胀等。孕畜禁用。

【用法用量】内服，一次量，马、牛 15~60 g，羊、猪 6~15 g，犬、猫 1~5 g，兔、禽 1~3 g。

【制剂】姜酊(ginger tincture)、姜流浸膏(ginger liquid extract)。

大蒜(allii sativi bulbus)

其为百合科植物大蒜(*Allium sativum* L.)的鳞茎，含挥发油、大蒜素等成分。

【药理作用】内服可发挥芳香性健胃作用。其所含的大蒜素对多种革兰氏阴性菌和阳性菌均有一定的抑制作用，对隐球菌、白色念珠菌等真菌以及滴虫等原虫也有作用。

【临床应用】其主要用于治疗食欲不振，积食气胀，幼畜及禽肠炎、下痢等。

【用法用量】内服，一次量，马、牛 30~90 g，羊、猪 15~30 g，犬、猫 1~3 g，兔、禽 2~4 g，鱼每 1 kg 体重 10~30 g(拌饵投喂)。

【制剂】大蒜酊(garlic tincture)。

(三)盐类健胃药

盐类健胃药主要包括中性盐氯化钠、弱碱性盐碳酸氢钠及复方制剂人工盐等，临床常用人工盐。

人工盐(artificial carlsbad salt)

其又名人工矿泉盐、卡尔斯泉盐。由干燥硫酸钠44%、氯化钠18%、碳酸氢钠36%及硫酸钾2%混合制成。

【理化性质】白色粉末，易溶于水，水溶液呈弱碱性(pH=8~8.5)。

【药理作用】适量内服可增加胃液分泌，促进胃肠蠕动，促进食物消化吸收，并有一定中和胃酸和利胆作用。大量内服并大量饮水可起到盐类泻药作用：其主要成分硫酸钠在肠道中可解离出 Na^+ 和不易被吸收的 SO_4^{2-}，在晶体渗透压作用下致大量体液内流，刺激肠管蠕动并软化粪便，起到缓泻作用。

【临床应用】马属动物较多用于一般性消化不良、胃肠弛缓、便秘等。也可配合制酵药应用于便秘初期。另外可用于治疗胆囊炎，促进胆汁排出。

【注意事项】禁与酸性物质或酸类健胃药、胃蛋白酶等配伍使用。

【用法用量】内服(用于健胃)，一次量，马 50~100 g，牛 50~150 g，羊、猪 15~30 g，兔 1~2 g。内服(用于缓泻），一次量，马、牛 200~400 g，羊、猪 50~100 g，兔 4~6 g。

二、助消化药

助消化药（digestant）是一类能加强胃肠道消化功能的药物，多为消化液的主要成分，如胃蛋白酶、淀粉酶、胰酶、稀盐酸等。动物消化液分泌不足时，可起到替代疗法的作用。

稀盐酸（dilute hydrochloric acid）

【药理作用】其可提供酸性环境，使胃蛋白酶原激活为胃蛋白酶，并能调节幽门紧张度及胰腺的分泌。另外，可使十二指肠内容物呈酸性，有利于铁、钙吸收，还可轻度杀菌，抑制细菌过度繁殖。

【临床应用】其主要用于治疗因胃酸分泌不足造成的食欲不振，消化不良，胃内发酵，牛前胃弛缓，马、骡急性胃扩张，碱中毒等。

【注意事项】用药浓度不宜过大，否则可损伤胃肠黏膜，导致腹痛，用前稀释 20 倍以上。配伍禁忌：碱类、盐类健胃药，有机酸、洋地黄及其制剂等。

【用法用量】内服，一次量，马 10~20 mL，牛 15~20 mL，羊 2~5 mL，猪 1~2 mL，犬、禽 0.1~0.5 mL。

【最高残留限量】允许用于食品动物，无需制定残留限量。

稀醋酸（dilute acetic acid）

【理化性质】含醋酸 5.5%~6.5%。其为无色澄明液体，味酸，有刺激性特臭。能与水、乙醇、甘油互溶。

【药理作用】其有助消化、防腐、制酵作用。局部防腐和刺激作用较强，2%~3% 的稀释液可冲洗口腔治疗口腔炎，0.1%~0.5% 的稀释液可用于冲洗阴道，治疗滴虫病等。

【临床应用】用于治疗马、骡急性胃扩张，消化不良，牛瘤胃臌胀等。

【注意事项】高浓度对皮肤、黏膜、金属器械等有腐蚀性。忌与碱类、碳酸盐、苯甲酸盐、水杨酸盐等配伍。

【用法用量】内服，一次量，马、牛 50~200 mL，羊、猪 5~10 mL。

【最高残留限量】允许用于牛、马，无需制定残留限量。

乳酸（lactic acid）

【理化性质】含乳酸 85%~95%。其为无色或几乎无色澄清黏稠液体，几乎无臭，有引湿性，水溶液显酸性反应。与水、乙醇任意比混溶，在氯仿中不溶。

【药理作用】内服可促进消化液分泌，并有防腐、制酵作用。

【临床应用】其用于治疗幼畜消化不良，牛、羊前胃弛缓及马属动物急性胃扩张。外用 1% 溶液冲洗阴道治疗滴虫病。亦可用于室内熏蒸消毒，每立方米 1 mL 用量，稀释 10 倍后加热熏蒸 30 min。

【用法用量】内服，一次量，马、牛 5~25 mL，羊、猪 0.5~3 mL（用前需稀释成 2% 溶液）。

【最高残留限量】允许用于食品动物，无需制定残留限量。

胃蛋白酶（pepsin）

其又名胃蛋白酵素，胃液素。从猪、羊或牛的胃黏膜中提取制得。

【药理作用】内服其可使蛋白质初步分解为蛋白胨，有助消化作用。

【临床应用】其常用于治疗胃液分泌不足及幼畜胃蛋白酶缺乏引起的消化不良。

【注意事项】在酸性环境中作用强，pH为1.8时其活性最强，为充分发挥胃蛋白酶的消化作用，使用时应同服稀盐酸。

【注意事项】避免温度高于70 ℃及剧烈搅拌，宜饲前服用。

【用法用量】内服，一次量，马、牛4000~8000 U，羊、猪800~1600 U，驹、犊1600~4000 U，犬80~800 U，猫80~240 U。

【最高残留限量】允许用于食品动物，无需制定残留限量。

【制剂】胃蛋白酶片。

干酵母（saccharomyces siccum, yeast）

又名食母生，其为酵母科啤酒酵母或葡萄汁酵母菌或隐球酵母科产朊假丝酵母未经提取的干燥菌体。

【理化性质】其为淡黄色至淡黄棕色的颗粒或粉末。有酵母特臭，味微苦。

【药理作用】富含B族维生素如硫胺素、核黄素、烟酸、维生素B_6、叶酸、维生素B_{12}及肌醇、麦芽糖酶等，故可参与体内糖、蛋白质、脂肪等的代谢和生物转化过程，有助消化作用。

【临床应用】其用于食欲不振、消化不良和维生素B缺乏的辅助治疗。

【不良反应】用量过大可致腹泻。

【用法用量】内服，一次量，马、牛30~100 g，羊、猪5~10 g。

【最高残留限量】允许用于牛、羊、猪，无需制定残留限量。

乳酶生（lactasin）

其又名表飞鸣（biofermine），为乳酸杆菌的干燥制剂，每克含乳酸杆菌活菌数不低于1000万个。

【理化性质】其为白色粉末。无臭无味，难溶于水。受热后效力下降，冷暗处保存。

【药理作用】内服进入肠内后，其能分解糖类产生乳酸，使肠内酸度升高，从而抑制腐败性细菌的繁殖，并可防止蛋白质发酵，减少肠内产气。

【临床应用】其主要用于胃肠异常发酵和腹泻、肠胀气等。

【注意事项】不宜与抗菌药、收敛药、吸附药、酊剂等配伍，以免失效。

【用法用量】内服，一次量，驹、犊10~30 g，羊、猪2~4 g，犬0.3~0.5 g，禽0.5~1 g，水貂1~1.5 g，貂0.3~1 g。

【最高残留限量】允许用于羊、猪、驹、犊，无需制定残留限量。

第二节 抗酸药

抗酸药（antacids）为能降低胃内容物酸度的药物。该类药物可适度提高胃内pH，以减轻胃酸刺激、降低胃蛋白酶活性，用于治疗反酸所致胃黏膜损伤及溃疡，也是十二指肠溃的主要治疗药物之一。此外还可螯合胆酸盐，减轻其反流性损害，并通过刺激前列腺素释放，促进黏液分泌，保护胃黏膜。

抗酸药包括碱性抗酸药及抑制胃酸分泌药两类。易吸收的碱性抗酸药碳酸氢钠虽能迅速中和胃酸，但维持时间短，且用量过大时升高体液pH，造成碱中毒。故目前常用不易吸收的缓冲性抗酸药，如碳酸钙、氧化镁、氢氧化镁、氢氧化铝等。

一、碱性抗酸药

碳酸钙（calcium carbonate）

【药理作用】抗酸。作用起效快、药效强且持久。

【临床应用】用于治疗胃酸过多。

【不良反应】内服对胃肠道有一定刺激性。中和胃酸的同时产生大量CO_2而引起嗳气。

【注意事项】长期大量应用可造成便秘、腹胀。大量Ca^{2+}进入小肠可刺激胃泌素分泌，引起反跳。

【用法用量】内服，一次量，马、牛30~80 g，羊、猪3~20 g。

【最高残留限量】允许用于食品动物，无需制定残留限量。

氧化镁（magnesium oxide）

【药理作用】抗酸作用起效缓慢、药效强且持久。中和胃酸的同时不产生CO_2，但生成$MgCl_2$释放Mg^{2+}，刺激肠管蠕动致泻。另外，本品具有吸附作用，可吸附CO_2等气体。

【临床应用】主要用于治疗胃酸过多、急性瘤胃臌气及胃肠臌气。

【不良反应】长期大量应用可造成便秘、腹胀。

【用法用量】内服，一次量，马、牛50~100 g，羊、猪2~10 g。

【最高残留限量】允许用于食品动物，无需制定残留限量。

氢氧化铝（aluminium hydroxide）

【药理作用】呈弱碱性，内服与胃液混合形成凝胶，覆盖于溃疡表面，有保护溃疡作用。在中和胃酸时产生的氯化铝还有收敛、局部止血作用。

【临床应用】用于治疗胃酸过多、胃溃疡。

【注意事项】内服可影响四环素类、维生素、磷酸盐、氯丙嗪、巴比妥类等药物的吸收或消除。

【用法用量】内服，一次量，马15~30 g，猪3~5 g。

【最高残留限量】允许用于食品动物,无需制定残留限量。

二、抑制胃酸分泌药

胃酸由胃黏膜壁细胞分泌,并受促胃液素、乙酰胆碱、组胺、前列腺素、生长抑素等调节。它们作用于壁细胞的特异性受体,增加cAMP及Ca^{2+}浓度,影响壁细胞顶端分泌小管膜内H^+-K^+-ATP酶(质子泵)而影响胃酸分泌。

该类药物主要包括三类:①H_2受体阻断药,包括西咪替丁、雷尼替丁等。②H^+-K^+-ATP酶抑制药,如奥美拉唑,起效特异性高、药效强,主要用于治疗消化性溃疡。③M胆碱受体阻断药,如格隆溴铵、溴丙胺太林、甲吡戊痊平等。

奥美拉唑(omeprazole)

其又名洛赛克(losec),是第一个质子泵抑制剂。

【理化性质】其为亚砜类苯并咪唑衍生物,呈弱碱性,有旋光异构现象。

【药理作用】既是质子泵的底物,又是其抑制剂。进入壁细胞后在分泌小管的酸性环境中迅速分解生成次磺胺,与质子泵的巯基结合,使其不可逆失活而抑制胃酸分泌,升高胃液pH。

【临床应用】主要用于治疗十二指肠溃疡,并能预防或治疗阿司匹林等致溃疡性药物长期应用引起的胃损伤、糜烂。

【不良反应】可抑制肝药酶活性,并致胃内细菌滋长。

【注意事项】禁用于妊娠及泌乳雌马,用药后的动物禁止食用;不宜长期用药,肝功能减退者,用量宜酌减。

【用法与用量】内服:马,一次量,每1 kg体重4 mg,每日1次,连用4周。为预防复发,可继续给予维持量4周,每1 kg体重2 mg。

溴丙胺太林(propantheline bromide)

其又名普鲁本辛。

【理化性质】其为白色或类白色结晶粉末。无臭,味极苦。极易溶于水、乙醇或氯仿,不溶于苯和乙醚。

【药理作用】其为节后抗胆碱药,有类似阿托品样作用。对胃肠道平滑肌M受选择性高,抑制作用强且持久。亦可减少唾液、胃液及汗液的分泌,并有神经节阻断作用。

【临床应用】用于治疗胃酸过多症及缓解胃肠痉挛。

【不良反应】大剂量用药可阻断神经肌肉传导,使呼吸麻痹。

【注意事项】可增加呋喃妥因和地高辛在肠内的吸收。

【用法与用量】内服:一次量,小犬5~7.5 mg,中犬15 mg,大犬30 mg,猫5~7.5 mg每8 h 1次。

【制剂】溴丙胺太林片(propantheline bromide tablet)。

第三节 止吐药和催吐药

一、止吐药

呕吐是上消化道内的一种复杂的协调性活动过程,由位于延髓的呕吐中枢调控。长期、剧烈的呕吐易造成机体脱水和电解质失衡。止吐药(antemetics)在兽医临床上主要用于制止犬、猫等动物剧烈呕吐,包括氯苯甲嗪、甲氧氯普胺、舒必利等。

甲氧氯普胺(metoclopramide)

其又名胃复安、灭吐灵。

【理化性质】其为白色结晶性粉末。遇光变成黄色,毒性增强,勿用。

【药理作用】可阻断多巴胺 D_2 受体作用,抑制延髓催吐化学感受区,反射性地抑制呕吐中枢,呈现较强的中枢性止吐作用。此外,还能促进食管和胃蠕动,加速胃排空,有助于改善呕吐症状。

【临床应用】治疗胃肠胀满、恶心呕吐及用药引起的呕吐等。

【注意事项】犬、猫妊娠期禁用。忌与阿托品、颠茄制剂等配合,以防药效降低。

【用法用量】内服:一次量,犬、猫 10~20 mg。肌内注射:一次量,犬、猫 10~20 mg。

二、催吐药

催吐药(emetics)是一类引起呕吐的药物。催吐作用可由兴奋中枢呕吐化学敏感区引起,如阿扑吗啡;也可通过刺激食道、胃等消化道黏膜,反射性地兴奋呕吐中枢引起,如硫酸铜。催吐药主要用于中毒急救,排除胃内未吸收的毒物以减少毒物吸收。

阿扑吗啡(apomorphine)

其又名去水吗啡。

【理化性质】其能溶于水和乙醇,水溶液中性。

【药理作用】其能直接刺激延髓催吐化学感受区,反射性兴奋呕吐中枢,引起呕吐。内服作用较弱,缓慢,皮下注射后 5~15 min 即可产生强烈的呕吐。

【临床应用】常用于犬驱出胃内毒物。猫不用。

【用法用量】皮下注射:一次量,猪 10~20 mg,犬 2~3 mg。

第四节 增强胃肠蠕动药

本类药物包括瘤胃兴奋药及胃肠推进药两类。瘤胃兴奋药是指能加强瘤胃平滑肌收缩、促进瘤胃蠕动、兴奋反刍的药物，又称反刍兴奋药。临床上常用的瘤胃兴奋药有拟胆碱药（如氨甲酰胆碱、氯化氨甲酰甲胆碱）、抗胆碱酯酶药（如新斯的明）等。胃肠推进药主要指通过增强胃肠蠕动，促进胃正向排空和推动胃内容物从十二指肠向回肠盲部推进，而产生胃肠促进作用的药物，如甲氧氯普胺和多潘立酮。相应药物的药理作用如下。

浓氯化钠注射液（concentrated sodium chloride injection）

其为氯化钠的高渗灭菌水溶液。

【药理作用】静脉注射后血中高 Cl^- 和 Na^+ 能反射性兴奋迷走神经，引起胃肠平滑肌兴奋，消化液分泌增多，蠕动增加，尤其在瘤胃机能较弱时，作用更加显著。一般用药后 2~4 h 作用最强。

【临床应用】临床上用于治疗反刍动物前胃迟缓、瘤胃积食，马属动物胃扩张等。

【注意事项】静脉注射时不可稀释，注射速度宜慢，不可漏至血管外。心力衰竭和肾功能不全患畜慎用。

【用法用量】以氯化钠计。静脉注射：一次量，每 1 kg 体重，家畜 0.1 g。

【最高残留限量】允许用于食品动物，无需制定残留限量。

【制剂】浓氯化钠注射液（concentrated sodium chloride injection）。

多潘立酮（domperidone）

其又名吗丁啉。

【药动学】内服从胃肠道吸收，在犬具有高度首过效应，生物利用度仅20%。内服后 2 h 血药浓度达峰值，与血浆蛋白高度结合，代谢物主要从粪便和尿中排出。

【药理作用】其是一种直接作用于胃肠壁的多巴胺受体拮抗剂，作用机制和胃肠道促动力效应与甲氧氯普胺相似，可促进胃排空，增强胃及十二指肠的运动，但在动物上的治疗效果不显著。

【临床应用】其可用于治疗食管反流、恶心、呕吐等症状。

【用法与用量】该药在小动物中的应用未见报道，建议剂量 2~5 mg/只。另据报道，该药物可用于治疗马的苇状羊茅中毒及无乳症。

【制剂】多潘立酮片（domperidone tablets），每片含有 10 mg 多潘立酮。

第五节 制酵药与消沫药

制酵药与消沫药在兽医临床主要用于治疗胃肠臌气。胃肠臌气较常见的有牛、羊瘤胃臌气和马、骡肠臌气。

瘤胃臌气多与动物摄食大量腐败变质或易发酵的饲料有关。发酵产生的大量气体不能及时通过嗳气消除,导致瘤胃臌气,进而引起瘤胃运动减弱或停止。可用套管针穿刺间歇性放气,并用制酵药抑制发酵产气。如动物采食大量皂苷类植物,发酵产生的气体以泡沫形式混杂于瘤胃内容物中,则产生"泡沫性臌气"。此时套管针穿刺放气无效,需用消沫药治疗。马属动物采食大量发酵饲料后,其肠道能很快产生大量气体,当产气过多不能及时排出时会出现肠臌气症状,也可用该类药物治疗。

一、制酵药

制酵药(antifoaming agents)指能制止胃肠内容物异常发酵的药物,常用鱼石脂、甲醛溶液、大蒜酊等。另外抗生素、磺胺药等都有一定程度的制酵作用。

鱼石脂(ichthammol)

又名依克度。

【理化性质】其是植物油(豆油、玉米油、桐油等)经硫化、磺化,再与氨水反应后制得的混合物。为棕黑色浓厚黏稠液体,有特臭。

【药理作用】其具有较弱的抑菌作用和温和的刺激作用,内服能防腐和制止发酵,促进胃肠蠕动与气体排出。

【临床应用】常用于治疗前胃迟缓、瘤胃臌胀、急性胃扩张等。外用具有局部消炎和刺激肉芽生长的作用。

【用法用量】以鱼石脂计。内服:一次量,马、牛 10~30 g,羊、猪 1~5 g,兔 0.5~0.8 g。临用时先加倍量的乙醇溶解,然后加水稀释成2%~5%的溶液。

【最高残留限量】允许用于食品动物,无需制定残留限量。

二、消沫药

消沫药(antifrothing agents)是指能降低泡沫液膜局部表面张力,使泡沫破裂的药物,如二甲硅油、松节油等。

二甲硅油(dimethicone)

其又名聚甲基硅。

【理化性质】无色澄清油状液体。无臭或几乎无臭,无味。在三氯甲烷、甲苯、二甲苯或乙醚中能任意混合,在水或乙醇中不溶。

【药理作用】表面张力低,内服后能迅速降低瘤胃内泡沫液膜的表面张力,使小气泡破裂,融合成大气泡,随嗳气排出,产生消沫作用。

【临床应用】作用迅速,用药 5 min 内即产生效果,15~30 min 时药效最强。

【用法用量】内服:一次量,牛 3~5 g,羊 1~2 g。临用时配成 2%~3% 酒精溶液或 2%~5% 煤油溶液,最好采用胃管投药。灌服前后应灌服少量温水,以减轻局部刺激。

【最高残留限量】允许用于牛、羊,无需制定残留限量。

【制剂】二甲硅油片(dimethicone tablets)。

第六节 泻药与止泻药

一、泻药

泻药(laxatives)是一类能加速粪便排泄的药物。临床上主要用于治疗便秘、排除胃肠道内的毒物及腐败分解物及与驱虫药合用驱除肠道寄生虫。根据其作用方式和特点,可分为:①容积性泻药(亦称盐类泻药),如硫酸钠、硫酸镁、氯化钠等。②刺激性泻药(亦称植物性泻药),如大黄、芦荟、番泻叶、蓖麻油等。甘汞、酚酞属于非植物性的刺激性泻药,现已很少用。③润滑性泻药(亦称油类泻药),如液状石蜡、植物油、动物油等。

使用泻药时须注意以下事项:对于诊断未明的动物肠道阻塞不可以随意使用泻药,且不宜多次重复使用,适当补充水分防止脱水;治疗肠炎或怀孕动物便秘时,应使用油类泻药;对于极度衰竭呈现脱水状态、机械性肠梗阻以及妊娠末期的动物禁止使用泻药;高脂溶性药物或毒物引起中毒时,不应使用油类泻药,使用盐类泻剂,以免促进毒物的吸收。

(一)容积性泻药

本类药物为易溶于水且不易被肠壁吸收的盐,常用硫酸钠、硫酸镁等。内服后可在肠腔内能形成高渗环境,使周围组织低渗体液内流,并阻止肠道吸收水分,肠内容积增大,有利于软化粪便。此外,解离出的盐类离子及溶液的渗透压对肠黏膜亦有一定的刺激作用,促进肠管蠕动,引起排便。

影响盐类泻药下泻效果的因素如下:盐类离子在消化道内吸收的难易程度,一般难吸收者,下泻作用强,反之弱;内服溶液的浓度,一般只有达到微高渗的浓度,才能产生快而强的下泻作用,故硫酸钠、硫酸镁应配成4%~8%的微高渗溶液(硫酸钠等渗溶液3.2%,硫酸镁等渗溶液4%);动物体内含水量,若机体内水量多,则能加强下泻作用,反之下泻效果差。因此,用药前应进行补液或大量饮水。

硫酸钠(sodium sulfate)

【药理作用】内服后在肠内解离出Na^+和SO_4^{2-},后者不易被肠壁吸收,肠内形成高渗环境,扩大肠管容积,软化粪便,并刺激肠蠕动,产生下泻作用。下泻作用因动物而异,单胃动物约3~8 h起效,而复胃动物需约18 h起效。药物内服进入十二指肠,亦可刺激肠黏膜,反射性引起胆管入肠处奥迪氏括约肌松弛,胆囊收缩,促使胆汁排出。另外,内服小剂量硫酸钠对胃肠黏膜有缓和刺激而呈现健胃作用。

【临床应用】排出消化道内毒物、异物,配合驱虫药排出虫体。高渗溶液(10%~20%)外用治疗化脓创、瘘管等。与其他盐类配伍,作为健胃药应用。

【注意事项】治疗大肠便秘时,合适浓度为4%~6%,若浓度过低则效果较差,浓度过高可加重机体脱水、阻碍下泻作用,并继发肠炎。不适用于小肠便秘,因易继发胃扩张。

【用法用量】内服(用于导泻):一次量,马200~500 g,牛400~800 g,羊40~100 g,猪25~50 g,犬10~25 g,猫2~4 g,用时加水配成6%~8%溶液。

硫酸镁(magnesium sulfate)

【药理作用】其对消化道的作用与应用基本同硫酸钠。

【注意事项】在某些情况(如机体脱水、肠炎等)下,镁离子吸收增多会产生毒副作用。肠炎患畜不宜应用。

【用法用量】内服:一次量,马200~500 g,牛300~800 g,羊50~100 g,猪25~50 g,犬10~20 g,猫2~5 g。用时加水配成6%~8%溶液。

(二)润滑性泻药

本类药物为来源于动物、植物和矿物的无刺激性中性油,故又称油类泻药。常用者有植物油如菜籽油、豆油、花生油、棉籽油等,动物油如豚脂、獾油等,矿物油如液状石蜡。

液状石蜡(liquid paraffin)

其是从石油中制得的多种液状烃的混合物。

【药理作用】内服后在消化道不被吸收,以原形通过肠管,能阻止肠内水分的吸收,故起软化粪便、润滑肠腔的作用,且作用温和,无刺激性。

【临床应用】用于治疗便秘、瘤胃积食、小肠阻塞等。患肠炎病畜、孕畜亦可使用。

【注意事项】不宜长期反复应用,因其降低营养物质消化,有碍脂溶性维生素和钙、磷吸收并减弱肠蠕动。

【用法用量】内服:一次量,马、牛500~1500 mL,驹、犊60~120 mL,羊100~300 mL,猪50~100 mL,犬10~30 mL,猫5~10 mL。

(三)刺激性泻药

内服后,其在肠内代谢分解出有效成分,并对肠黏膜感受器产生化学性刺激作用,促使肠管蠕动,引发下泻作用。包括含蒽醌类大黄、芦荟和番泻叶等，刺激性油类蓖麻油、巴豆油等及树脂类牵牛子等，以及化学合成品酚酞等，其中兽医临床多用大黄、蓖麻油。需要注意，本类药物亦能加强子宫平滑肌收缩而导致孕畜流产。

大黄（radixet rhizoma rhei）

其为蓼科大黄属多年生植物大黄的干燥根茎。含苦味质、鞣质及蒽醌苷类的衍生物（如大黄素、大黄酸、大黄酚等）等成分。

【药理作用】其作用与剂量及所含成分有关。内服小剂量时，呈现苦味健胃作用；中等剂量产生收敛止泻效果，因其鞣质可使肠蠕动减弱且分泌减少；大剂量时，蒽醌苷类衍生物如大黄素等可刺激大肠，产生泻下作用，但作用缓慢，约在用药后8~24 h排出软便，且因含有大量鞣质，排便后可能继发便秘。另外，大黄素、大黄酸等具有一定的体外抗菌作用。

【临床应用】大黄与硫酸钠配合用于大肠便秘，与小苏打合用作为健胃药，做成撒布剂外用治疗创伤、火伤及烫伤。

【用法用量】内服（用于健胃）：一次量，马10~25 g，牛20~40 g，羊2~4 g，猪2~5 g，犬0.5~2 g。内服（用于止泻）：一次量，马25~50 g，牛50~100 g，羊2~4 g，猪5~10 g，犬3~7 g。内服（用于下泻）：一次量，马60~100 g，牛100~150 g，驹、犊10~30 g，仔猪2~5 g，犬2~7 g。内服（酊）（用于健胃）：一次量，马25~50 mL，牛40~100 mL，羊10~20 mL。

【制剂】大黄粉（radix et rhizoma rhei powder），大黄酊（radix et rhizoma rhei tincture）。

蓖麻油（castor oil）

其为大戟科植物蓖麻（*Ricinus communis* L.）的成熟种子压榨并经精制而得的脂肪油。

【药理作用】本身并无刺激性，内服到达十二指肠后，一部分经胰脂肪酶作用，皂化分解为蓖麻油酸和甘油。前者又可生成蓖麻油酸钠，蓖麻油酸钠通过刺激小肠黏膜感受器，促进小肠蠕动，导致泻下。而未被分解的蓖麻油可润滑肠道、软化粪便。

【临床应用】其下泻作用点在小肠，主要用于幼畜及其他小动物小肠便秘。

【注意事项】内服后易黏附于肠表面，影响消化机能，不可多次重复使用。内服有肠道刺激性，不宜用于孕畜、肠炎病畜。能促进脂溶性物质吸收，不宜与脂溶性驱虫药合用，以免后者毒性增加。

【用法用量】内服：一次量，马250~400 mL，牛300~600 mL，羊、猪50~150 mL，犬10~30 mL。

二、止泻药

止泻药（antidiarrheal drugs）是一类能保护肠黏膜，吸附有毒物质或收敛消炎而制止腹泻的药物。

针对腹泻，应根据病因和病情采用综合治疗措施。首先应消除病因，如排出毒物、抗感染、改善饲养管理等。其次是应用药物止泻和对症治疗，如补液、纠正酸中毒等。

依据作用特点，止泻药可分为三类：①保护性止泻药，通过凝固蛋白质形成保护层，使肠道免受有害因素刺激，减少分泌，起收敛保护黏膜作用，如鞣酸、鞣酸蛋白、碱式硝酸铋、碱式碳酸铋等；②吸附性止泻药,通过表面吸附作用,可吸附水、气、细菌、病毒、毒素及毒物等,减轻对肠黏膜的损害,如药用炭、高岭土、蒙脱石等;③抑制肠蠕动止泻药,通过抑制肠道平滑肌蠕动而止泻,如苯乙哌啶、复方樟脑酊、颠茄酊等。

(一)保护性止泻药

碱式硝酸铋(bismuth subnitrate)

其又名次硝酸铋。

【理化性质】白色粉末。无臭或几乎无臭,微有引湿性。在水或乙醇中不溶,在盐酸或硝酸中易溶。

【药理作用】内服难吸收,小部分在胃肠道内解离出铋离子,与蛋白质结合,产生收敛及保护黏膜作用。同时游离的铋离子与肠道内硫化氢结合成不溶性硫化铋,覆盖于黏膜表面,表现出机械性保护作用,并可减少硫化氢对肠黏膜的刺激作用。在炎性组织中,铋离子也能与组织蛋白质和细菌蛋白质结合,产生收敛和抑菌作用。铋盐的抑菌作用还和铋离子结合细菌酶系统中的巯基有关。

【临床应用】用于治疗肠炎和腹泻。对湿疹、烧伤的治疗,可用撒布剂或10%软膏。

【注意事项】对由病原菌引起的腹泻,应先用抗微生物药物控制其感染后再用。在肠内溶解后,可产生亚硝酸盐,量大时能引起中毒。

【用法用量】内服:一次量,马、牛15~30 g,羊、猪、驹、犊2~4 g,犬0.3~2 g。

【最高残留限量】允许用于食品动物,无需制定残留限量。

(二)吸附性止泻药

药用炭(medicinal charcoal)

【药理作用】颗粒细小,具有多孔结构,比表面积大(1 g药用炭总表面积达500~800 m^2),吸附能力强。内服到达肠道后,其能与肠道中有害物质或毒素结合,阻止吸收,从而能减轻对肠壁的刺激,使肠蠕动减弱,呈止泻作用。

【临床应用】内服用于治疗腹泻、肠炎及阿片、马钱子等生物碱类药物中毒。外用作为创伤撒布剂。

【注意事项】用于排出毒物时最好与盐类泻药配合应用。

【用法用量】内服:一次量,马20~150 g,牛20~200 g,羊5~50 g,猪3~10 g,犬0.3~5 g。

【最高残留限量】允许用于马、牛、羊、猪,无需制定残留限量。

(三)抑制肠蠕动止泻药

盐酸地芬诺酯(diphenoxylate hydrochloride)

其又名苯乙哌啶、止泻宁(lomotil)。

【药理作用】其是哌替啶的衍生物,为非特异性止泻药。可抑制肠黏膜感受器,减弱肠蠕动,同时增强肠道的节段性收缩,延迟内容物后移,以利于水分的吸收。另外,大剂量呈镇痛作用,长期使用可产生依赖性,配伍使用阿托品可减少依赖性发生。

【临床应用】主要用于急慢性功能性腹泻、慢性肠炎的对症治疗。

【应用注意】不宜用于细菌毒素引起的腹泻,否则毒素在肠中停留时间过长反而会加重腹泻。用于猫时可能会引起咖啡样兴奋,犬则表现镇静。

【用法与用量】内服:一次量,犬2.5 mg,每日3次。

【制剂】复方地芬诺酯片(compound diphenoxylate tablets)。

复习与思考

1. 试述健胃药的主要类别及其代表性药物。

2. 试述泻药的主要类别及其代表性药物。

拓展阅读

扫码获取本章的复习与思考题、案例分析、相关阅读资料等数字资源。

第六章

呼吸系统药理

本章导读

动物会咳嗽吗？大多数哺乳动物(例如狗、牛、马等)通过呼吸道进行呼吸,存在与人体相似的咳嗽机制,也会产生咳嗽现象。在动物发生咳嗽等呼吸系统疾病时,常用的镇咳药、平喘药和祛痰药各有哪些？这些药物的作用机理又是什么呢？本章将一一解答这些问题。

学习目标

1.掌握祛痰药、镇咳药和平喘药的分类、药理作用及应用注意事项。

2.具备合理应用呼吸系统药物的能力；在动物呼吸系统疾病的治疗中能够合理应用对因治疗和对症治疗方法。

3.通过学习本章,同学们在未来从业过程中能够正确使用呼吸系统药物,杜绝非法药物添加,培养良好的职业责任和担当；同时,能够认识到滥用成瘾性镇咳药物的危害,增强对毒品的警惕性。

知识网络图

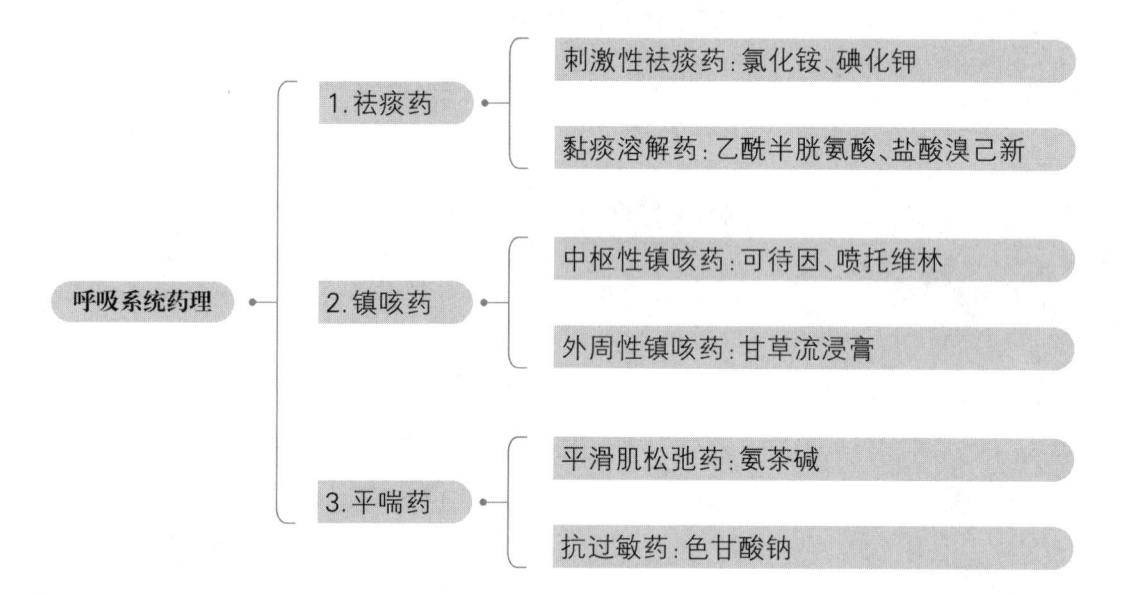

- **呼吸系统药理**
  - **1. 祛痰药**
    - 刺激性祛痰药：氯化铵、碘化钾
    - 黏痰溶解药：乙酰半胱氨酸、盐酸溴己新
  - **2. 镇咳药**
    - 中枢性镇咳药：可待因、喷托维林
    - 外周性镇咳药：甘草流浸膏
  - **3. 平喘药**
    - 平滑肌松弛药：氨茶碱
    - 抗过敏药：色甘酸钠

呼吸系统通过鼻腔与外界直接接触，容易受内在和外部环境因素的影响而引发各种疾病，如上呼吸道感染、支气管炎、肺炎、支气管哮喘、慢性阻塞性肺病、肺纤维化等。动物呼吸系统疾病的主要表现是气管和支气管的分泌物增多（多痰）、咳嗽和呼吸困难，可简单归纳为"痰、咳、喘"。

呼吸系统疾病的病因包括物理或化学因素刺激、过敏反应、病原微生物或寄生虫感染等。在临床中，最常见的疾病是由微生物感染引发的炎症性疾病，所以一般应首先给予对因治疗（详见第十二章：抗微生物药物），之后再针对"痰、咳、喘"使用祛痰药、镇咳药和平喘药，以缓解症状，加快患病动物的康复。

第一节 祛痰药

祛痰药（expectorants）是一类能改变痰中黏性成分，降低痰的黏滞性，使痰易于排出的药物。其作用在于促进气管或支气管内腺体的分泌，使黏痰变稀，或促进纤毛上皮运动，或直接降低黏痰的黏滞性，在机体保护性咳嗽反射的参与下，促进痰液排出，间接起到镇咳作用。

依据作用方式可将祛痰药分为两类：①刺激性祛痰药，通过刺激呼吸道黏膜，使气管及支气管的腺体分泌增加，加速痰液稀释，易于咳出，如氯化铵、碘化钾等；②黏痰溶解药，又称黏痰液化药，能够使痰液中黏性成分分解、黏度降低，使痰液易于排出，如乙酰半胱氨酸、盐酸溴己新等。

氯化铵（ammonium chloride）

【理化性质】无色结晶或白色结晶性粉末，无臭，有引湿性。在水中易溶，在乙醇中微溶。

【药动学】内服吸收完全，在体内几乎全部转化降解，仅极少量以原形随粪便排出。

【药理作用】内服氯化铵后，可刺激胃黏膜迷走神经末梢，反射性引起支气管腺体分泌增加，稀释痰液，易于咳出。由于对支气管黏膜的刺激减少，咳嗽症状也随之减轻。此外，氯化铵被吸收后，分解为氯离子和铵离子：铵离子被转运到肝脏内合成尿素，经肾脏排出时会带走一部分水分；氯离子经肾脏排泄时，在肾小管内富集，超过了重吸收阈值，也会带走大量的阳离子（主要为Na^+）并排出水分，从而呈现利尿作用。此外，由于氯化铵为强酸弱碱盐，可使尿液呈现酸性，故兼有酸化尿液作用。鉴于氯化铵的多种药理作用，在把其作为祛痰药时，应注意其利尿及酸化尿液等潜在的副作用。

【临床应用】祛痰：主要用于支气管炎初期，特别适用于黏膜干燥，痰稠不易咳出时；酸化尿液：预防或帮助溶解某些尿结石，当有机碱类药物(如苯丙胺等)中毒时，可促进毒物的排出。

【不良反应】按规定的用法用量使用，尚未见不良反应。

【注意事项】肝脏和肾脏功能异常的患畜内服氯化铵容易出现血氯过高性酸中毒和血氨升高，应禁用或慎用；禁与碱性药物、重金属盐、磺胺类药物等配伍应用；单胃动物服用后，偶有呕吐反应。

【用法与用量】内服：一次量，马 8~15 g，牛 10~25 g，羊 2~5 g，猪 1~2 g，犬、猫 0.2~1 g。

【最高残留限量】允许用于马、牛、羊、猪，无需制定残留限量。

【制剂与休药期】氯化铵片(ammonium chloride tablets)，无需制定休药期。

碘化钾(potassium iodide)

【理化性质】无色结晶或白色结晶性粉末，无臭，微有引湿性。在水中极易溶解，在乙醇中溶解。

【药理作用】内服碘化钾后，部分药物从呼吸道腺体排出，刺激呼吸道黏膜，促进腺体分泌，痰液稀释，易于咳出，进而发挥祛痰作用。

【临床应用】内服后主要用于治疗痰液黏稠而不易咳出的亚急性支气管炎(病程后期)和慢性支气管炎。

【不良反应】按规定的用法用量使用，尚未见不良反应。

【注意事项】碘化钾在酸性溶液中能析出游离碘，与甘汞混合能生成金属汞和碘化汞，使毒性增强；碘化钾溶液遇生物碱会生成沉淀，肝脏和肾脏功能异常的患畜慎用。

【用法与用量】内服：一次量，马、牛 5~10 g，羊、猪 1~3 g，犬 0.2~1 g，猫 0.1~0.2 g，鸡 0.05~0.1 g。每日 2~3 次。

【最高残留限量】允许用于所有食品动物，无需制定残留限量。

【制剂】碘化钾片(potassium iodide tablets)。

盐酸溴己新(bromhexine hydrochloride)

【理化性质】白色或类白色结晶性粉末，无臭。在甲醇中略溶，在乙醇中微溶，在水中极微溶解。

【药动学】鸡以每千克体重 2.5 mg 的剂量经口灌服，达峰时间约为 0.4 h，达峰浓度约为 223.8 ng/mL，药时曲线下面积约为 1 122.4 h·ng/mL。

【药理作用】主要作用于气管、支气管黏膜的黏液产生细胞，抑制痰液中酸性黏多糖蛋白的合成，并可使痰中的黏蛋白纤维断裂，使气管、支气管分泌的流变学特性恢复正常，黏痰减少，痰液稀释易于咳出。另外还可促进呼吸道黏膜表面的纤毛运动，促进痰液排出，从而改善肺功能和提高防御能力。

【临床应用】主要用于治疗慢性支气管炎，促进黏稠痰液咳出。

【不良反应】对胃肠道黏膜有刺激性，有胃炎或胃溃疡患畜慎用。

【注意事项】少数患畜可见胃部不适，偶见转氨酶升高；消化性溃疡、肝功能不良患畜慎用。

【用法与用量】以盐酸溴己新计，内服：一次量，每 1 kg 体重，马 0.1~0.25 mg，牛、猪 0.2~0.5 mg，犬 1.6~2.5 mg，猫 1 mg。混饮：鸡，每 1 L 水，3.3 mg，一日 1 次，连用 3~10 日。

【最高残留限量】允许用于牛、猪、禽，泌乳期禁用，产蛋期禁用，无需制定残留限量。

【制剂】盐酸溴己新叮溶性粉（bromhexine hydrochloride soluble powder）。

乙酰半胱氨酸（acetylcysteine）

【理化性质】白色结晶性粉末，有类似蒜的臭气。有引湿性，性质不稳定。在水中或乙醇中易溶。

【药理作用】本品结构中的巯基能使黏痰中连接黏蛋白肽链的二硫键断裂，降低痰液的黏性；此外，本品能降解脓性痰液中的DNA，对脓性黏痰亦有良好疗效。

【临床应用】主要用作呼吸系统或眼的黏液溶解药。

【不良反应】有类似蒜的臭味，可引起恶心或呕吐；对呼吸道有刺激性，可致支气管痉挛，加用异丙肾上腺素可避免。

【注意事项】可减轻青霉素、头孢菌素、四环素等药物的药效，不宜混合或并用；小动物在应用本品的喷雾后宜运动，以促进痰液排出，或叩击动物的两侧胸腔，以诱导咳嗽，将痰液排出；支气管哮喘患病动物慎用或禁用；本品与碘化油、糜蛋白酶、胰蛋白酶呈配伍禁忌，不宜同时使用；不宜与铜、铁等金属及橡胶、氧化剂接触，喷雾容器要使用玻璃或塑料制品。

【用法与用量】喷雾：中等动物一次使用25 mL，每日2~3次，一般喷雾2~3 d或连用7 d。犬、猫25~50 mL，每日2次。气管滴入：以5%溶液滴入气管内，一次量，马、牛3~5 mL，每日2~4次。

【最高残留限量】允许用于所有食品动物，无需制定残留限量。

【制剂】喷雾用乙酰半胱氨酸（acetylcysteine for spray）。

第二节 镇咳药

咳嗽是呼吸系统受到刺激时所产生的一种防御性反射活动，由延髓的咳嗽中枢接收到传入冲动的兴奋所引起。当咽喉、气管、支气管、肺或胸膜等受到刺激时，冲动经不同的传入神经（以迷走神经为主）传入咳嗽中枢，被兴奋的咳嗽中枢将冲动经传出神经发出，支配声门及呼吸肌等产生咳嗽反应。因此，对冲动传入、传出环节或咳嗽中枢有抑制作用的药物，都能产生镇咳效应。

轻度咳嗽有利于痰液或异物排出，待异物排出后，咳嗽自然缓解，此时无需使用镇咳药（antitussives）。但剧烈而频繁的咳嗽会给患畜带来痛苦及不利影响，甚至产生严重的并发症，此时则应使用镇咳药，以缓解咳嗽。对于有痰的咳嗽，还应与祛痰药同时使用。

目前，镇咳药可分为中枢性镇咳药（central antitussives）和外周性镇咳药（peripheral antitussives）。其中，中枢性镇咳药是指能选择性抑制延髓咳嗽中枢而产生镇咳效应的药物，该类药物又分为成瘾性和非成瘾性两类:成瘾性镇咳药是吗啡类生物碱及其衍生物,虽然镇咳效果好,但有成瘾性,目前仅保留了可待因等几种成瘾性小的药物,作为镇咳药应用;非成瘾性镇咳药是在吗啡类生物碱构效关系的基础上,经过结构改造或合成而制得的。外周性镇咳药是通过抑制外周神经感受器、传入神经或传出神经任何一个咳嗽反射弧环节而发挥镇咳作用的,如甘草流浸膏等。

可待因(codeine)

【理化性质】无色细微结晶,味苦。在三氯甲烷、乙醇、丙酮、戊醇中易溶,在苯、乙醚中稍溶,在四氯化碳和水中微溶。与多种酸形成结晶盐,临床常用其硫酸盐或磷酸盐。

【药理作用】与吗啡相似,有镇咳和镇痛的作用。对咳嗽中枢的作用约为吗啡的1/4,镇痛作用为吗啡的1/10~1/7,在镇咳剂量下不抑制呼吸,成瘾性较吗啡弱。但大剂量时对呼吸中枢也有一定的抑制作用。

【临床应用】用于治疗剧烈的刺激性干咳,也用于阻断中等强度的疼痛。目前兽医临床应用较少。

【注意事项】与抗胆碱药合用,可加重便秘或尿潴留的副作用;与吗啡类药物合用,可加重中枢性呼吸抑制作用;与肌肉松弛药合用,呼吸抑制作用更为显著;大剂量或长期使用会有副作用,主要为轻微的消化道不良反应,表现为恶心、呕吐、便秘、胰和胆管痉挛;过高剂量会导致呼吸抑制,猫可见中枢兴奋现象,表现为过度兴奋、震颤或癫痫。

【用法与用量】以可待因计,内服或皮下注射:一次量,每1 kg体重,马、牛0.2~2 g,犬1~2 mg,猫0.25~4 mg。

【制剂】磷酸可待因片(codeine phosphate tablets),磷酸可待因注射液(codeine phosphate injections)。

喷托维林(pentoxyverine)

又名咳必清,其为人工合成的镇咳药。

【理化性质】白色结晶性粉末。在水中易溶,水溶液呈酸性。临床常用其枸橼酸盐。

【药理作用】对咳嗽中枢有选择性抑制作用,但作用较弱,约为可待因的1/3。部分药物从呼吸道排出,对呼吸道黏膜有轻度的局麻作用,故兼有外周性镇咳作用。此外,较大剂量时还有阿托品样的平滑肌解痉作用。

【临床应用】临床上用于治疗伴有剧烈干咳的急性上呼吸道感染,常与氯化铵合用。

【不良反应】有时表现为腹胀和便秘(阿托品样作用)。

【注意事项】心功能不全并有肺淤血患病动物禁用。

【用法与用量】以喷托维林计,内服:一次量,马、牛0.5~1 g,羊、猪0.05~0.1 g。

【制剂】枸橼酸喷托维林片(pentoxyverine citrate tablets)。

甘草(glycyrrhiza radix et rhizoma)

始载《神农本草经》,其为豆科植物甘草、胀果甘草或光果甘草的干燥根或根茎。

【药理作用】具有祛痰、止咳等作用。甘草中的甘草次酸有类似肾上腺皮质激素样作用,近年来发现甘草次酸的衍生物还有中枢性镇咳作用。甘草制剂内服后能覆盖于发炎的咽部黏膜表面,减轻咳嗽对黏膜的刺激。此外,甘草还具有补脾益气、和中缓急、解毒、调和诸药、缓解药物毒性或烈性等功能。

【临床应用】主治咳喘、咽喉肿痛、脾胃虚弱、倦怠无力、中毒等。

【不良反应】按规定剂量使用,暂未见不良反应。

【注意事项】常与其他祛痰镇咳药配合使用;不宜与海藻、大戟、甘遂以及芫花合用。

【用法与用量】内服:甘草流浸膏,一次量,马、牛30~120 mL,驼60~150 mL,羊、猪6~12 mL。甘草颗粒,一次量,猪6~12 g,禽0.5~1 g。

【制剂】甘草流浸膏(glycyrrhiza radix et rhizoma liquid extract)和甘草颗粒(glycyrrhiza radix et rhizoma granules)。

第三节 平喘药

气喘(哮喘)是临床上常见的慢性呼吸道炎症,以气道高反应性和可逆性气道狭窄为特征,临床主要表现为发作性呼气性呼吸困难、喘息、哮鸣等,是以肥大细胞、嗜酸性粒细胞和T淋巴细胞等多种炎性细胞参与慢性气道炎症改变为主的呼吸系统疾病。其发病机制复杂,主要由多细胞因素和多介质引起,有过敏性因素(如组胺、冷空气、花粉等)导致的支气管痉挛,以及非过敏性因素导致的气喘,如猪支原体性肺炎(猪气喘病)等,患畜发病时会表现出咳嗽、喘息以及胸闷等症状。

呼吸系统气道口径的变化受支气管平滑肌控制,其神经分布较复杂。支气管平滑肌受副交感神经和交感神经的双重支配(图6-1),其细胞膜上分布$β_2$肾上腺素受体、α肾上腺素受体、M_3受体以及组胺H_1与H_2受体,协调维持气道平滑肌张力的平衡。神经系统传递信息到平滑肌的细胞,受到细胞内cAMP和cGMP浓度的影响。α受体兴奋使cAMP浓度减少,M_3受体或H_1受体兴奋使cGMP浓度增加,则平滑肌收缩;Ca^{2+}和几种介质也能诱导气管、支气管收缩;$β_2$或H_2受体兴奋则诱导cAMP增加,会使平滑肌松弛;磷酸二酯酶抑制也可使cAMP增加。肥大细胞和嗜碱性细胞等细胞膜上也有$β_2$受体、α受体和M受体,$β_2$受体兴奋时可抑制组胺、白三烯和P物质等炎症介质的释放;α受体和M受体兴奋时则可促进炎症介质的释放。在病理因素作用下,上述神经系统功能失调,可导致支气管呈现高反应性,使机体出现气喘症状。

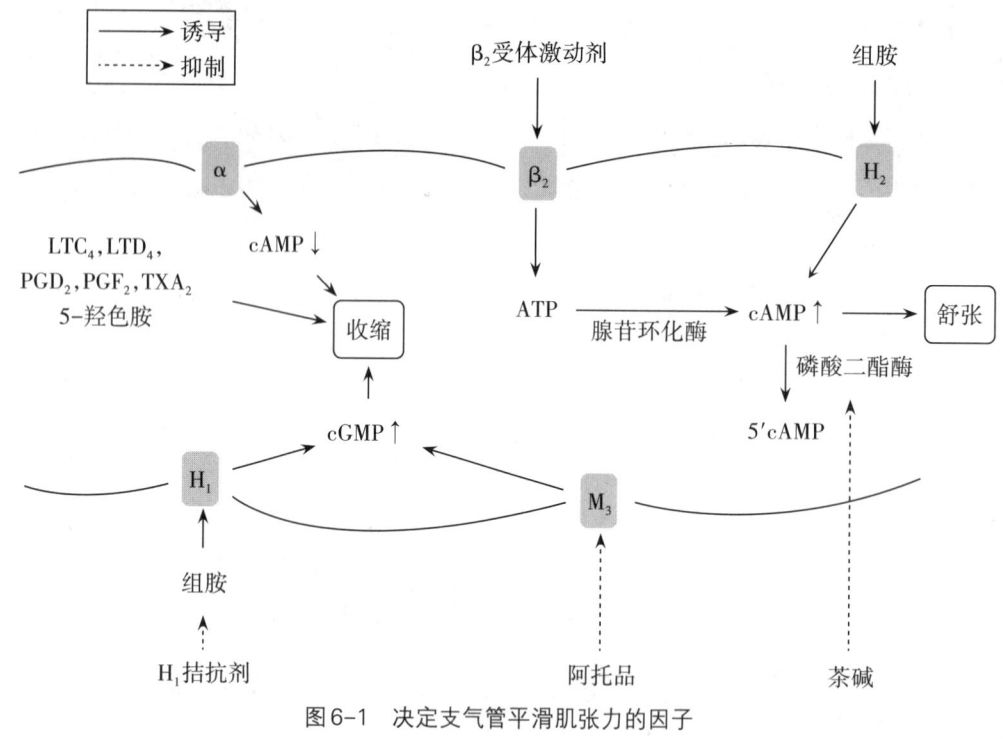

图6-1 决定支气管平滑肌张力的因子
LT，白三烯；PG，前列腺素；TXA，血栓素

体内平滑肌张力的调节较为复杂，主要通过感觉神经受体输入的确认信号控制。受体在遭受物理或化学刺激时，会引发气管、支气管收缩或咳嗽等症状。上呼吸道感染会导致气道被黏液、水肿或炎症介质阻塞，从而引发喘息。

平喘药（antiasthmatic drugs），即能够缓解或消除呼吸系统疾病引起的气喘症状的药物。过去，平喘药的研究仅限于支气管扩张，也称为支气管扩张药。随着研究的深入，气喘的治疗逐渐转向预防和治疗气道炎症，而不仅是传统的缓解气道平滑肌痉挛。在临床上，需要针对病情及时采用抗炎药物（如糖皮质激素），同时结合使用平滑肌松弛剂（如β₂受体激动剂和茶碱类）、抗胆碱药和抗过敏药等，才能达到良好的治疗效果。上述药物大部分在其他章节进行论述，本节主要介绍氨茶碱和色甘酸钠。

氨茶碱（aminophylline）

氨茶碱的药理作用来自茶碱。茶碱于1889年由德国生物学家Albrecht Kossel从茶叶中萃取制得，目前也可化学合成。茶碱水溶性低，将其与乙二胺合成复盐，即氨茶碱，其水溶性增强。

【理化性质】白色至微黄色的颗粒或粉末，微有氨臭，在空气中吸收二氧化碳，并分解为茶碱，水溶液显碱性。在水中溶解，在乙醇中微溶，在乙醚中几乎不溶。

【药动学】氨茶碱内服易吸收，马、犬、猪内服生物利用度接近100%，吸收后分布于细胞外液和组织，能穿过胎盘并进入乳汁（约为血清中浓度的70%），主要经肝脏代谢。犬的蛋白结合率为7%~14%，表观分布容积为0.82 L/kg，马的表观分布容积为0.85~1.02 L/kg。消除半衰期：马12~15 h，牛6.4 h，猪11 h，犬5.7 h，猫7.8 h。10%的茶碱以原形形式经尿排出。

【药理作用】①对支气管平滑肌有直接松弛作用，其作用机理是抑制磷酸二酯酶，使气管平滑肌

cAMP的水解速度减慢,升高组织中cAMP/cGMP比值,抑制组胺和慢反应物质等释放,促进儿茶酚胺释放,使支气管平滑肌松弛,从而解除支气管平滑肌痉挛,缓解支气管黏膜的充血水肿,发挥平喘功效。②兴奋呼吸中枢,使呼吸中枢对二氧化碳的刺激阈值下降,呼吸深度增加。③具有较弱的强心和利尿作用。鉴于氨茶碱的多种药理作用,在应用其作为平喘药时,应注意其强心和利尿等潜在的副作用。

【临床应用】具有松弛支气管平滑肌、扩张血管和利尿等作用,可用于缓解气喘症状。

【不良反应】犬猫可能出现恶心、呕吐、失眠、胃酸分泌增加、腹泻、贪食、多饮和多尿等症状;马的副作用一般与剂量有关,包括紧张不安、兴奋、震颤、发汗、心动过速和运动失调等。

【注意事项】肝功能低下或心衰动物慎用注射液。静脉注射或静脉滴注若用量过大或速度过快,可使中枢神经和心脏强烈兴奋,需稀释后注射并注意剂量和速度。注射液碱性较强,可引起局部红肿、疼痛,应作深部肌内注射。

【用法与用量】内服:一次量,每1 kg体重,马5~10 mg,犬、猫10~15 mg。肌内、静脉注射:一次量,马、牛1~2 g,羊、猪0.25~0.5 g,犬0.1~0.2 g。

【制剂】氨茶碱片(aminophylline tablets)和氨茶碱注射液(aminophylline injection)。

色甘酸钠(disodium cromoglycate)

色甘酸钠,又名咽泰,咳乐钠。

【理化性质】白色结晶性粉末,无臭。有引湿性,遇光易变色。在水中溶解,在乙醇或氯仿中不溶。

【药理作用】色甘酸钠对速发型过敏反应有明显保护作用,作用机制复杂:能稳定肥大细胞的细胞膜,一般认为通过抑制肥大细胞的磷酸二酯酶,升高细胞内cAMP含量,阻止肥大细胞脱颗粒或释放过敏介质;目前认为该机制与肥大细胞内Ca^{2+}浓度的降低有关。阻断支气管痉挛相关的神经反射,降低呼吸道末端感受器的兴奋性或抑制迷走神经反射弧的传入支。降低非特异性气道高反应性,预防二氧化硫、冷空气、甲苯二异氰酸盐等刺激引起的支气管痉挛。

【临床应用】预防过敏性哮喘。

【注意事项】动物接触过敏原前给药效果较好。

【用法与用量】吸入:马80 mg/d,分3~4次吸入。

【制剂】吸入用色甘酸钠胶囊(disodium cromoglicate capsules for inhalation)。

复习与思考

1. 常用的祛痰药及其作用机理。
2. 镇咳药的分类及其作用特点。
3. 平喘药的作用机理。
4. 氨茶碱的药理作用和注意事项。

拓展阅读

扫码获取本章的复习与思考题、案例分析、相关阅读资料等数字资源。

第七章
生殖系统药理

本章导读

应用生殖系统类药物的目的在于提高或抑制繁殖力,调节繁殖进程,增强抗病能力。生殖系统药物对机体激素水平调节的原理是什么?生殖系统药物分为哪几类?如何合理地选择药物来治疗机体疾病或调节繁殖进程?本章将一一解答这些问题。

学习目标

1. 掌握生殖激素类药物的药理作用及应用;了解子宫收缩药的药理作用及应用。

2. 学会在使用生殖系统药物时注意兽药残留与食品安全的相关问题。

3. 了解生殖系统药物的毒、副作用,树立规范用药的理念,承担维护人类健康安全的社会责任和使命。

知识网络图

- 生殖系统药理
  - 1. 生殖激素类药物
    - 性激素类药物
      - 雄性激素类药物
      - 雌激素类药物
      - 孕激素类药物
    - 促性腺激素和促性腺激素释放激素类药物：卵泡刺激素、黄体生成素、绒促性素等
  - 2. 子宫收缩药物：缩宫素、麦角新碱、垂体后叶素等

哺乳动物的生殖系统受神经和体液双重调节。机体内外的刺激通过感受器将神经冲动传递至下丘脑,引发促性腺激素释放激素的分泌;促性腺激素释放激素经下丘脑门静脉运送至垂体前叶,刺激促性腺激素释放;促性腺激素经血液循环到达性腺,最终调节性腺的生理机能。当血液中某种生殖激素的浓度升高或降低,又会反馈性地促进或抑制上级激素的分泌。

生殖激素分泌过少或过多均会引起生殖系统紊乱,进而引发产科疾病或繁殖障碍,此时需要使用药物进行治疗或调节。应用生殖系统类药物的目的在于提高或抑制繁殖力,调节繁殖进程,增强抗病能力。作用于生殖系统的药物包括生殖激素类(性激素、促性腺激素、促性腺激素释放激素)、催产素类(缩宫素、麦角新碱和垂体后叶素等)、前列腺素类(氯前列烯醇、氟前列醇等)和多巴胺受体激动剂。本章主要介绍前两类,其他各类见相应章节。

第一节 生殖激素类药物

直接影响生殖机能的激素即生殖激素。生殖激素主要调节雌性动物的发情、排卵、生殖细胞的发育、胚胎附植、妊娠、分娩以及泌乳。生殖激素能促进雄性动物精子的生成和副性腺的发育成熟。生殖激素又分为性激素、促性腺激素和促性腺激素释放激素。

一、性激素类药物

性激素是由性腺分泌的激素,包括雄激素、雌激素和孕激素,属甾体化合物。临床应用的性激素多为人工合成的甾体化合物。

(一)雄性激素类药物

天然雄激素主要是睾酮,由睾丸间质细胞合成分泌。卵巢、胎盘及肾上腺皮质也能分泌少量的睾酮。在临床中多使用的药物是人工合成的睾酮衍生物,例如丙酸睾酮和苯丙酸诺龙。

丙酸睾酮(testosterone propionate)

【理化性质】白色或类白色的结晶或粉末。不溶于水,易溶于乙醇或乙醚,极易溶于三氯甲烷。

【药理作用】与天然睾酮的作用相同,可刺激雄性生殖器官及副性征的发育、成熟,激发动物性欲及性兴奋。对抗雌激素,抑制子宫内膜生长,抑制卵巢、垂体的功能,抑制雌性动物发情。蛋白同化作用,促进蛋白质的合成,增加肌肉与体重,同时增加体内钙量,加速钙盐沉积。提高骨髓造血机能,刺激红细胞和血红蛋白的生长。

【临床应用】用于雄性动物因睾丸机能减退引起的性欲降低,亦可用于骨折愈合过慢,再生障碍性贫血和其他贫血。

【不良反应】注射部位可出现硬结、疼痛、感染及荨麻疹。

【注意事项】具有水、钠潴留作用,心、肾、肝功能不全的动物慎用。仅用于种畜;发生过敏反应立即停药,可损害雌性胎儿,妊娠动物禁用。

【用法与用量】肌内、皮下注射:一次量,每1 kg体重,种畜0.25~0.5 mg,每周2~3次。

【最高残留限量】所有可食组织不得检出。

【制剂与休药期】丙酸睾酮注射液(testosterone propionate injection)。无需制定休药期。

苯丙酸诺龙(nandrolone phenylpropionate)

又称苯丙酸去甲睾酮。人工合成品,其为蛋白同化剂。

【药理作用】人工合成的睾酮衍生物,同化作用比丙酸睾丸素强而持久,其雄激素活性较弱。能促进蛋白质合成和抑制蛋白质异化作用,并有促进骨组织生长、刺激红细胞生成等作用。

【临床应用】用于组织分解旺盛的疾病,如严重寄生虫病、犬瘟热、糖皮质激素使用过量等引发的组织损耗等;组织修复,如大手术后、骨折、创伤等;营养不良动物虚弱性疾病的恢复。

【不良反应】可引起钠、钙、钾、水、氯和磷潴留以及繁殖机能异常,也可引起肝脏毒性。

【注意事项】肝、肾功能不全的动物慎用。

【用法与用量】肌内、皮下注射:一次量,每1 kg体重,家畜0.2~1 mg,每2周1次。

【最高残留限量】残留标志物:诺龙(nandrolone)。所有可食组织不得检出。

【制剂与休药期】苯丙酸诺龙注射液(nandrolone phenylpropionate injection)。休药期28 d,弃奶期7 d。

(二)雌激素类药物

雌二醇是由卵巢和睾丸分泌的天然雌激素,然而天然雌激素活性较低,临床多用以雌二醇为母体进行人工合成的高效甾体类衍生物。

苯甲酸雌二醇(estradiol benzoate)

【理化性质】雌二醇为天然激素,17β-雌二醇活性最高,常被制成各种酯类应用,如苯甲酸雌二醇(estradiol benzoate)。苯甲酸雌二醇为白色结晶性粉末,无臭。略溶于丙酮,微溶于乙醇或植物油,不溶于水。

【药理作用】①对于雌性动物,可促进雌性动物器官和副性征的生长和发育,增强子宫的收缩。②对于雄性动物,可使睾丸萎缩,副性征退化,最终造成不育。③能恢复生殖道的正常功能与形态结构,如促进生殖器官血管增生和腺体分泌,出现发情迹象。用于治疗雌激素所诱导的发情不排卵,动物配种不妊娠。④提高子宫内膜对孕激素、子宫平滑肌对催产素的敏感性,促使乳房发育和泌乳。与孕酮合用,效果更为显著。然而对于泌乳期母牛,大剂量雌激素会抑制催乳素的分泌从而导致泌乳停止。⑤增强食欲,促进蛋白质合成。

【临床应用】可排出子宫内的炎性物质,治疗胎衣不下、子宫炎、子宫蓄脓及阴道炎,并可用于排出死胎及催产。小剂量用于催情。治疗老年犬或阉割犬的尿失禁,雌性动物性器官发育不全,雌犬过度发情,假孕犬乳房胀痛等。

【不良反应】对犬等小动物偶见血液恶液质,多见于老年动物或大剂量应用时。偶见囊性子宫内膜增生和子宫蓄脓。延长牛的发情期,减少泌乳,以上不良反应经剂量调整后可减轻或消除。妊娠早期动物禁用,以免造成流产或胎儿畸形。

【用法与用量】肌内注射:一次量,马 10~20 mg,牛 5~20 mg,羊 1~3 mg,猪 3~10 mg,犬 0.2~0.5 mg。

【最高残留限量】残留标志物:雌二醇。所有可食组织不得检出。

【制剂与休药期】苯甲酸雌二醇注射液(estradiol benzoate injection)。休药期28 d,弃奶期7 d。

(三)孕激素类药物

天然孕激素主要是黄体分泌的孕酮,又称黄体酮,睾丸和肾上腺皮质也能少量分泌。现多为人工合成或其衍生物,主要包括孕酮和烯丙孕素。

孕酮(progesterone)

又称黄体酮、孕激素、助孕素。

【理化性质】白色或类白色的结晶性粉末。无臭,无味。不溶于水,可溶于植物油、乙醇、乙醚,极易溶于三氯甲烷。

【药理作用】①安胎:降低子宫对催产素的敏感性,抑制子宫肌的收缩;分泌黏液,阻断宫颈口与外界的接触,避免精子通过,防止病原入侵。②抑制发情和排卵:通过减少垂体前叶黄体生成素和下丘脑促性腺激素释放激素的分泌,达到反馈性抑制动物排卵的效果,进而可调节雌性动物的繁殖进程,用于同期发情。③泌乳:促进乳腺腺泡发育,在雌激素协同作用下刺激乳腺腺泡和腺管充分发育,为泌乳做准备。

【临床应用】①治疗:用于习惯性或先兆性流产,对非感染因素导致的流产和妊娠早期黄体机能不足引发的流产效果明显;同样用于牛卵巢囊肿引起的慕雄狂以及牛、马排卵延迟。②用于雌性动物的同期发情:用药后,雌性动物在数日内即可发情和排卵,但第一次发情受胎率低(一般只有30%左右)。故常在第二次发情时配种,受胎率可达90%~100%。

【注意事项】作为人类提供乳类的食品动物,在泌乳期不得使用。

【用法与用量】肌内注射:一次量,马、牛 50~100 mg,羊、猪 15~25 mg,犬 2~5 mg。

【最高残留限量】允许用于食品动物,无需制定残留限量。

【制剂】黄体酮注射液(progesterone injection)。

烯丙孕素（altrenogest）

【理化性质】淡黄色至黄色结晶性粉末，无臭，几乎无吸湿性。

【药理作用】与天然黄体酮的作用类似。给药期间能抑制脑垂体分泌促性腺激素，阻止卵泡发育及发情。给药结束后，脑垂体恢复分泌促性腺激素，促进卵泡发育与发情。停药时卵泡发育程度一致，加上促性腺激素的分泌同步恢复，使所有动物在停药5~8 d后同期发情。

【临床应用】用于初产母猪的同期发情。在猪生产中，通过同期发情，可减少后备母猪的数量和优化育种。

【不良反应】给药量不足可能导致卵泡囊肿。由于高剂量烯丙孕素可引起孕马胎儿异常，因此孕马禁用。

【注意事项】仅用于至少发情过一次的性成熟的母猪。有急性、亚急性、慢性子宫内膜炎的母猪慎用。妊娠和育龄妇女应避免接触本品，意外接触可能导致月经紊乱或妊娠期延长。

【用法与用量】以烯丙孕素计。直接用5 mL喷头饲喂或喷洒在饲料上内服，一次量，后备母猪20 mg（5 mL），连用18 d。

【最高残留限量】残留标志物：烯丙孕素。肌肉：1 μg/kg。

【制剂与休药期】烯丙孕素内服溶液（altrenogest oral solution）；休药期：猪9 d。

二、促性腺激素和促性腺激素释放激素类药物

性激素的产生和分泌受到下丘脑—腺垂体的调节。下丘脑分泌促性腺激素释放激素（gonadotropin-releasing hormone，GnRH），促进腺垂体分泌促卵泡激素（follicle stimulating hormone，FSH）和黄体生成素（luteinizing hormone，LH）。对于雌性动物，FSH可刺激卵泡滤泡的发育与成熟，使其分泌雌激素，与此同时，LH的受体数量增加，LH可以促进卵巢黄体的生成，并刺激卵巢黄体分泌孕激素。对于雄性动物，FSH可促进睾丸曲细精管的成熟和睾丸精子的生成，能启动生精过程，LH可使睾丸间质细胞加快分泌雄激素，促进睾酮的合成，维持生精过程。该类药物主要包括垂体促卵泡激素、垂体促黄体素、绒促性素、促黄体释放素 A_2、促黄体释放素 A_3、戈那瑞林。

卵泡刺激素（follicle stimulating hormone，FSH）

又称促卵泡激素、促卵泡生成素，其是从猪的垂体前叶提取的糖蛋白。

【理化性质】白色或类白色粉末，易溶于水。

【药理作用】刺激雌性动物卵泡颗粒细胞增生和卵泡发育，可引起多发性排卵。与垂体黄体生成素合用，促进卵泡成熟和排卵，使卵泡内膜细胞分泌雌激素。促进雄性动物生精上皮细胞发育和精子形成。

【临床应用】①促进雌性动物发情：治疗卵泡发育停滞、卵巢静止、持久黄体、多卵泡症等，使不发情的雌性动物发情和排卵，提高受胎率和加强同期发情的效果。②用于超数排卵：牛、羊在发情前几天注射卵泡刺激素，可出现超数排卵，供卵移植或提高产仔率。③促进雄性动物精子生成，提高精子密度。

【用法与用量】临用前以灭菌生理盐水2~5 mL稀释。

治疗卵巢静止、持久性黄体、卵泡发育停滞,肌内注射:一次量,马、驴200~300 U,每日或隔日1次,2~5次为一疗程;奶牛100~150 U,隔2日1次,2~3次为一疗程。

超排,肌内注射:牛总剂量450~500 U,一日2次,间隔12小时,递减法连用4日;山羊总剂量180~220 U,一日2次,递减法连用3日。

【最高残留限量】允许用于食品动物,无需制定残留限量。

【制剂】注射用垂体促卵泡素(follicle stimulating hormone injection)。

黄体生成素(luteinizing hormone,LH)

又称促黄体生成素、促黄体素,其是从猪下丘脑垂体前叶中提取的糖蛋白。

【理化性质】白色粉末,易溶于水。

【药理作用】在卵泡刺激素协同作用下促进卵泡成熟,引起排卵,形成黄体,并维持黄体而产生保胎作用。促进雄性动物睾丸间质细胞发育,分泌睾酮,提高雄性动物的性兴奋,增加精液量,与卵泡刺激素协同促进精子形成。

【临床应用】治疗成熟卵泡排卵障碍,提高受胎率,也可用于治疗卵巢囊肿、习惯性流产、不孕和幼龄动物生殖器官发育不全。治疗雄性动物性机能减退、精子生成障碍、性欲缺乏及幼龄动物隐睾症等。

【用法与用量】临用前用灭菌生理盐水2~5 mL稀释。肌内注射:一次量,马200~300 U;牛100~200 U。

【注意事项】治疗卵巢囊肿时,剂量应加倍。

【最高残留限量】允许用于食品动物,无需制定残留限量。

【制剂】注射用垂体促黄体素(luteinizing hormone injection)。

绒促性素(chorionic gonadotropin,CG)

又称人绒毛促性腺激素(Human Chorionic Gonadotropin,HCG),是从胎盘绒毛膜滋养层的合胞体细胞中提取的一种糖蛋白类激素。

【理化性质】白色或类白色的粉末,溶于水。

【药理作用】主要作用与黄体生成素相似,也具有较弱的卵泡刺激素样作用。促进成熟卵泡排卵,促进黄体生成,但对未成熟的卵泡无刺激作用。促进同期发情,能短时间刺激卵巢分泌雌激素,引起发情。对患卵巢囊肿并伴有慕雄狂症状的母牛,疗效显著。治疗雄性动物性机能减退。可刺激睾丸间质细胞发育分化,促进雄激素分泌,促进性器官成熟,还可使隐睾的动物睾丸下降。

【临床应用】用于促进雌性动物发情,诱导排卵,提高受胎率。治疗雄性动物生殖机能减退和幼龄动物隐睾症,治疗雌性动物卵巢囊肿和习惯性流产。

【不良反应】与其他促性腺激素合用可增加不良反应。

【注意事项】长期使用会产生抗体,抑制垂体的促性腺功能。本品溶液极不稳定,需在短时间内用完。

【用法与用量】肌内注射:马、牛1 000~5 000 U,羊100~500 U,猪500~1 000 U,犬25~300 U,一周2~3次。

【最高残留限量】允许用于食品动物,无需制定残留限量。

【制剂】注射用绒促性素(chorionic gonadotrophin for injection)。

马促性腺激素

马促性腺激素是从妊娠马血清中提取到的一种酸性糖蛋白类激素。

【理化性质】白色或类白色粉末。溶于水,在水溶液中不稳定,常被制成注射用无菌粉剂。

【药理作用】其具有 FSH 和 LH 双重活性,但以卵泡刺激素样作用为主,能促进雌性动物卵泡发育和成熟,使静止卵巢转为活动期,引起雌性动物发情;有轻度黄体生成素样作用,促进成熟卵泡排卵甚至超数排卵。能增加雄性动物雄激素分泌,提高性兴奋。

【临床应用】用于诱导雌性动物发情和促进卵泡发育,同期发情。用于久不发情、卵巢机能障碍引起的不孕症。促进猪、羊的超数排卵,增加产仔数量。

【不良反应】重复使用会使机体产生抗体而降低效果,甚至偶尔产生过敏性休克。

【注意事项】溶液极不稳定,对温度敏感,不耐热,需在短时间内用完。

【用法与用量】临用前,以灭菌生理盐水 2~5 mL 稀释。皮下、肌内注射:催情,马、牛 1 000~2 000 U;羊 100~500 U;猪 200~800 U;犬 25~200 U;猫 25 100 U;兔、水貂 30~50 U。超排,母牛 2 000~4 000 U;母羊 600~1 000 U。

【最高残留限量】允许用于食品动物,无需制定残留限量。

【制剂】注射用血促性素(serum gonadotrophin for injection)。

促黄体素释放激素 A_2

促黄体素释放激素 A_2 为人工合成的促黄体素释放激素,属多肽类激素药。

【理化性质】白色或类白色粉末,略臭,能溶于水或 1% 醋酸溶液。

【药理作用】能刺激腺垂体释放黄体生成素(LH)和卵泡刺激素(FSH)。

【临床应用】用于治疗奶牛排卵迟滞、卵巢静止、持久黄体、卵巢囊肿及早期妊娠诊断,也用于鱼类诱发排卵。

【不良反应】使用剂量过大,可导致催产失败、亲鱼成熟率下降、被催产鱼失明等;减少剂量或多次使用,会引起免疫耐受、性腺萎缩退化等不良反应,降低疗效。

【注意事项】使用本品后一般不能再用其他激素,对未完成性腺发育的鱼类诱导无效。用生理盐水或注射用水稀释后使用,现配现用。

【用法与用量】注射用水或生理盐水稀释后使用,现用现配。

鱼类催产时,雄鱼剂量为雌鱼的一半。

肌内注射:一次量,奶牛排卵迟滞,输精同时肌内注射 12.5~25.0 g;奶牛卵巢静止,25 μg,每日 1 次,可连用 1~3 次,总剂量不超过 75 μg;奶牛持久黄体或卵巢囊肿,25 μg,每日 1 次,可连用 1~4 次,总剂量不超过 100 μg;奶牛早期妊娠诊断,12.5~25.0 μg,配种后 5~8 d 注射一次,35 d 内无重复发情判为已妊娠。猪 25 μg,羊 10 μg。

【最高残留限量】允许用于食品动物,无需制定残留限量。

【制剂】注射用促黄体素释放激素 A_2(luteinizing hormone releasing hormone A_2 for injection)。

促黄体素释放激素 A_3

促黄体素释放激素 A_3 为人工合成的多肽类促黄体素释放激素。白色或类白色粉末,略臭,溶于水。作用类似促黄体素释放素 A_2,常被制成注射用促黄体素释放激素 A_3。

戈那瑞林(gonadorelin)

【药理作用】能促进促黄体素和促卵泡素的产生和释放。能刺激雌性动物卵巢中的卵细胞成熟排卵,促进雄性动物精巢发育和精子的形成。

【临床应用】用于治疗奶牛的卵巢机能停止及奶牛的卵泡囊肿,诱导奶牛同期发情。

【注意事项】一般不能与其他类激素共同使用。禁止用于促生长。儿童不宜触及本品。

【用法与用量】肌内注射:一次量,每头奶牛 100 μg。

【最高残留限量】允许用于食品动物,无需制定残留限量。

【制剂与休药期】戈那瑞林注射液(gonadorelin injection)。休药期 7 d,弃奶期 12 h。

第二节 子宫收缩药物

子宫收缩药是一类能选择性兴奋子宫平滑肌的药物。子宫收缩状态随子宫生理状态、药物种类、用药剂量不同而表现为节律性或强直性收缩。引发子宫节律性收缩的药物多用于引产或者分娩时的催产,在子宫颈口开放、产道通畅、胎位正常、子宫收缩乏力时应用;引发子宫强直性收缩的药物多用于流产、产后流血和产后子宫复原。常见的子宫收缩药包括缩宫素、麦角新碱、垂体后叶素等。

缩宫素(oxytocin)

又称催产素。最早是从牛或猪的垂体后叶中提取,现已人工合成。

【理化性质】白色粉末或结晶。在水中溶解,水溶液呈酸性,为无色澄明或几乎澄明的液体。

【药理作用】能选择性兴奋子宫,加强子宫平滑肌的收缩。缩宫素对子宫体的兴奋作用强,对子宫颈的兴奋作用弱。其兴奋子宫平滑肌强度因用药剂量和体内激素水平而不同:小剂量能增加妊娠末期子宫肌的节律性收缩,使得宫缩增强,频率增加,适用于催产;大剂量能引起子宫平滑肌发生强直性收缩,压迫子宫肌层内的血管而起止血作用,适用于产后出血和产后子宫复原。在妊娠初期,子宫处于孕激素环境中,对催产素不敏感。随着妊娠的进行,雌激素浓度逐渐增加,子宫对催产素的敏感性也增加,临产时达到高峰。此外,缩宫素能促进乳腺腺泡和腺导管周围的肌上皮细胞收缩,促进排乳,也能促进垂体前叶生乳素的分泌。

【临床应用】小剂量用于子宫颈口已开放、产道通畅、胎位正常但宫缩乏力时的催产；大剂量用于产后出血、胎衣不下、胎盘滞留和子宫复原不全的治疗，在分娩后24 h内使用。用作新分娩而缺乳动物的催乳剂。

【注意事项】产道阻塞、胎位不正、骨盆狭窄及子宫颈尚未开放时禁用缩宫素。不宜多次反复应用，与其他宫缩药合用时可使子宫的张力过高，增加子宫破裂或子宫颈撕裂的风险。

【用法与用量】皮下、肌内注射，一次量，马、牛 30~100 U，羊、猪 10~50 U，犬 2~10 U。

【最高残留限量】允许用于食品动物，无需制定残留限量。

【制剂】缩宫素注射液（oxytocin injection）。

麦角新碱（ergometrine）

其是从麦角中提取的生物碱，主要含麦角碱类，如含麦角胺、麦角毒碱和麦角新碱，常用马来酸盐形式。

【理化性质】马来酸麦角新碱为白色或类白色细微结晶性粉末。不溶于三氯甲烷或乙醚，在水中略溶，乙醇中微溶，遇光易变质。

【药理作用】麦角新碱对子宫平滑肌具有高度选择性，能同时引起子宫体和子宫颈收缩，作用强且持久，通常可维持 2~4 h。稍大剂量即可引起子宫平滑肌强直性收缩，故不适于催产和引产。但由于子宫肌强直性收缩，机械压迫肌纤维中的血管，可阻止出血。

【临床应用】用于产后子宫出血、胎衣不下及产后子宫复原不全。

【注意事项】剂量稍大即引起子宫平滑肌强直收缩，引发胎儿窒息或子宫破裂。不能与血管收缩药合用，不宜与缩宫素及其他子宫收缩药联合使用，胎儿未娩出前禁用。

【用法与用量】静脉或肌内注射：一次量，马、牛 5~15 mg，羊、猪 0.5~1 mg，犬 0.1~0.5 mg。

【最高残留限量】允许用于食品动物，无需制定残留限量。

【制剂】马来酸麦角新碱注射液（ergometrine maleate injection）。

垂体后叶素（hypophysin pituitrin）

其含有从牛或猪脑垂体后叶中提取的水溶性成分，如缩宫素和加压素。

【药理作用】小剂量能增强子宫的节律性收缩，作用快，但持续时间短。对子宫体的兴奋作用强，对子宫颈的兴奋作用弱。大剂量可引发强直性收缩。由于含加压素，还具有抗利尿和升高血压的作用。

【临床应用】用于产后止血，加速胎衣排出及子宫复原。

【注意事项】催产时，若产道异常、胎位不正、子宫颈尚未开放等禁用。

【用法与用量】皮下、肌内注射：一次量，马、牛 30~100 U，羊、猪 10~50 U，犬 2~10 U，猫 2~5 U。

【最高残留限量】允许用于食品动物，无需制定残留限量。

【制剂】垂体后叶注射液（posterior pituitary injection）。

复习与思考

1. 能用于雌性动物同期发情的药物有哪些？试述其作用的异同点。
2. 治疗胎衣不下、子宫蓄脓的药物有哪些？
3. 本章被禁用于食品动物的药物有哪些？

拓展阅读

扫码获取本章的复习与思考题、案例分析、相关阅读资料等数字资源。

第八章
皮质激素类药理

本章导读

由肾上腺皮质束状带所分泌的糖皮质激素作用广泛、复杂,且随着剂量的改变而改变;生理情况下所分泌的糖皮质激素主要影响正常的物质代谢,缺乏时将导致代谢失调以致死亡。当应激状态时,机体分泌大量糖皮质激素,通过允许作用等适应内外环境变化所致的强烈刺激。而超过生理剂量的糖皮质激素会对机体产生哪些影响呢?本章将解答这一问题。

学习目标

1. 了解糖皮质激素的构效关系和体内过程。熟悉糖皮质激素用药注意事项及相互作用。

2. 掌握糖皮质激素的生理、药理作用、作用机制、临床应用及不良反应。

3. 学生通过学习,提高观察、分析、解决实际问题的能力,启发大胆创新的意识,养成严谨的科学态度和追求探索的精神;通过分析糖皮质激素感染性疾病中的应用,深刻认识糖皮质激素是一把"双刃剑",用之得当能保障动物健康、而不当则可能严重损害动物健康。因此务必注意其合理使用,防止滥用。

知识网络图

- 皮质激素类药理
  - 1. 糖皮质激素药理作用
    - 抗炎
    - 抗毒素
    - 抗免疫
    - 抗休克
    - 影响代谢
  - 2. 糖皮质激素临床应用
    - 治疗严重感染性疾病
    - 治疗休克
    - 治疗关节疾患
    - 治疗过敏性疾病
    - 治疗眼、耳科疾病
    - 治疗皮肤疾病
    - 治疗母畜代谢病
    - 引产
    - 预防手术后遗症
  - 3. 糖皮质激素药
    - 短效糖皮质激素：氢化可的松
    - 中效糖皮质激素：曲安西龙
    - 长效糖皮质激素：如地塞米松、倍他米松自1849年英国医生Addison发现肾上腺功能缺陷可引起致死性后果后,人们意识到肾上腺皮质对机体极为重要。肾上腺功能主要由肾上腺分皮质部和髓质部实现,髓质部分泌肾上腺素,肾上腺皮质由外向内依次为球状带、束状带和网状带,它们具有分泌多种激素的功能,所分泌的激素称为肾上腺皮质激素(简称皮质激素)。该激素属于甾体类化合物:①球状带约占皮质的15%,合成盐皮质激素。以醛固酮和去氧皮质酮为代表,主要影响水盐代谢,维持体内水和电解质的平衡。②束状带约占皮质的78%,主要合成糖皮质激素。以氢化可的松为代表,对物质代谢有较强的作用。具有良好的抗炎、抗过敏、抗毒素和抗休克作用等重要的药理学价值。③网状带约占皮质的7%,主要合成氮皮质激素(性激素)。以雌二醇和睾酮为代表,生理功能较弱。临床常用的皮质激素主要为糖皮质激素。

第一节 糖皮质激素的药理作用

一、构效关系

肾上腺皮质激素的基本结构为甾核(图8-1),其构效关系如下:①A环的C_3的酮基、C_{20}的羰基及C_{4-5}的双键是保持生理功能所必需;②糖皮质激素的结构特征是D环C_{17}上有-OH,C环的C_{11}上有=O或-OH;③盐皮质激素的结构特征是D环的C_{17}上无-OH,C环的C_{11}上无=O或有O与C_{18}相联;④A环的C_{1-2}为双键以及B环的C_6引入-CH_3,抗炎作用增强,水盐代谢作用减弱;⑤B环的C_9引入-F,D环的C_{16}引入-CH_3或-OH,抗炎作用更强,水盐代谢作用更弱。为了提高皮质激素的临床疗效,对它们的结构进行改造可获得多种新型药物。

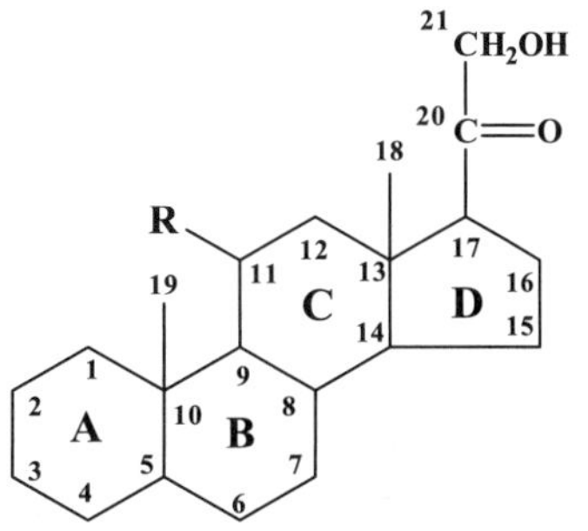

图8-1 肾上腺皮质激素的基本结构

二、药动学

糖皮质激素口服、注射均可被吸收。口服给药后2h血药浓度达到峰值,肌内或皮下注射后1h达到峰浓度。一次给药作用可维持8~10 h。在无应激情况下,大多数家畜每日每千克体重可产生1 mg的可的松。糖皮质激素在关节内吸收缓慢,仅发挥局部作用。

糖皮质激素吸收入血后,约90%与血浆蛋白结合,其中80%与皮质激素转运蛋白(corticosteroid binding globulin,CBG)结合,10%与白蛋白结合,结合型药物暂时失去药理活性。肝脏是合成CBG的场所,肝、肾疾病时CBG合成减少,游离型激素增多。雌激素可促进CBG合成,从而减少游离型激素,而游离型激素减少时,可反馈性增加促肾上腺皮质激素(adreno-cortico-tropic-hormone,ACTH)的释放,使游离型激素保持在正常水平。

人工合成的糖皮质激素在肝脏被代谢为葡萄糖醛酸或硫酸的结合物,代谢物经尿和胆汁排出,肝、肾功能不良可导致糖皮质激素类药物血浆半衰期延长。可的松与泼尼松需经肝脏代谢活化才有效,因此肝功能不全的患病动物宜采用氢化可的松或泼尼松龙。

根据生物半衰期长短,糖皮质激素可分为短效糖皮质激素(<12 h),如氢化可的松;中效糖皮质激素(12~36 h),如曲安西龙;长效糖皮质激素(>36 h),如地塞米松、倍他米松。

三、药理作用

糖皮质激素的药理作用主要包括以下几个方面。

(一)抗炎作用

糖皮质激素具有快速、强大而非特异性的抗炎作用,对各种原因引起的炎症(物理性、化学性、生物性和免疫性损伤)和炎症的不同阶段均有对抗作用:对急性炎症能使炎症部位的血管收缩,降低毛细血管的通透性,抑制粒细胞在炎症部位积聚,从而减少炎症早期的充血、渗出、肿胀和白细胞浸润;在慢性炎症或急性炎症后期,能抑制成纤维细胞的增生和肉芽组织的生成,从而减轻炎症部位的粘连和阻止疤痕的形成,减轻后遗症。

糖皮质激素抗炎作用环节主要包括以下几个方面。

1. 抑制炎性介质的合成与释放

糖皮质激素可促进脂皮素-1(lipocortin-1,LC1)的释放,进而抑制磷脂酶A2(phospholipase A2,PLA2)活性,影响花生四烯酸的代谢,使具有扩张血管作用的前列腺素和有趋化作用的白三烯(leukotrienes,LTs)等炎性介质减少。糖皮质激素可抑制一氧化氮合成酶(nitric oxide synthase,NOS)和环氧酶-2(cyclooxygenase-2,COX-2)等的表达,阻断NO、PGE_2等相关介质的产生。糖皮质激素还可诱导血管紧张素转化酶的生成,阻止血管舒张和致痛作用的缓激肽的释放。

2. 抑制炎症细胞因子和黏附分子的表达

糖皮质激素可抑制与炎症有关的细胞因子,如白细胞介素(IL-1、IL-3、IL-4、IL-5、IL-6、IL-8),肿瘤坏死因子α(tumor necrosis factor-α,TNF-α)、巨噬细胞集落刺激因子(macrophage colony-stimulating factor,MCSF)等的转录,从而抑制细胞因子介导的炎症。还可在转录水平抑制黏附分子,如E-选择素、细胞间黏附分子-1(intercellular cell adhesion molecule-1,ICAM-1)的表达,影响细胞因子和黏附分子发挥生物学效应。同时,糖皮质激素可促进多种抗炎因子,如NF-κB抑制蛋白1(inhibitor of kappa B1,IκB1)、IL-10、IL-12、IL-1RA的表达。

3. 影响细胞凋亡

诱导炎性细胞凋亡和保护正常细胞的作用是内源性和外源性糖皮质激素抗炎作用的重要分子机制之一。

4. 其他

糖皮质激素可稳定溶酶体膜,使之不易被破坏,从而减少蛋白因子和水解酶类的释放,减弱细胞和组织的损伤性反应。能抑制黏多糖酸酶,减少细胞基质(黏多糖)的分解和间质水肿的产生,保持毛细血管壁的完整性。提高血管对儿茶酚胺的敏感性、张力,减弱通透性。抑制白细胞和巨噬细胞的渗出和游走。

应当指出,炎症反应是机体的一种防御机能,炎症后期的反应更是组织修复的重要过程。糖皮质激素在抑制炎症反应并减轻症状的同时,也会降低机体的防御功能,若应用不当可使感染扩散,创面愈合延迟。因此在治疗感染性疾病时,糖皮质激素必须与足量有效的抗菌药物配合使用。

(二)抗免疫与抗过敏作用

糖皮质激素是临床上常用的免疫抑制剂。小剂量能抑制细胞免疫,大剂量可抑制B细胞转化为浆细胞的过程,使抗体生成减少,干扰体液免疫,并对免疫过程的多个环节均有抑制作用。糖皮质激素免疫抑制作用的主要机制是:抑制巨噬细胞(macrophage,Mφ)对抗原的吞噬和处理;破坏敏感动物的淋巴细胞,导致血液中淋巴细胞迅速减少;干扰淋巴组织在抗原作用下的分裂和增殖,阻断致敏T淋巴细胞所诱发的单核细胞和巨噬细胞的募集。

在免疫过程中,由于抗原—抗体反应引起肥大细胞脱颗粒而释放组胺、5-羟色胺、过敏性慢反应物质、缓激肽等,从而引发过敏反应。糖皮质激素能减少致敏活性介质的释放,抑制因过敏反应产生的病理变化,减轻过敏症状。

(三)抗毒素和降体温作用

糖皮质激素对细菌外毒素所引起的损害无保护作用,但对大肠杆菌、痢疾杆菌等革兰阴性细菌产生的内毒素却有很强的对抗作用,能缓解毒血症的症状,减轻细胞损伤,保护机体度过危险期。

糖皮质激素具有迅速而良好的退热作用。糖皮质激素可抑制细胞因子和炎症递质的释放(TNFα、IL-6等),使内源性致热源减少,抑制下丘脑致热源反应,具有明显的降温和抗炎症作用。另外,其强大的抗炎作用使白细胞浸润和吞噬现象显著减少,增加溶酶体的稳定性,在一定程度上降低体温。直接作用于下丘脑体温调节中枢,降低其对致热原的敏感性,使体温迅速下降至正常。降低周围产热效应器的敏感性,使产热减少,有利于退热。

(四)抗休克作用

糖皮质激素广泛用于各种休克,如感染性休克、中毒性休克、过敏性休克、低血容量性休克等。其抗休克作用与下列因素有关：①扩张痉挛收缩的血管，兴奋心脏，加强心肌收缩；②稳定溶酶体膜：溶酶体破裂释放出来的蛋白水解酶，能加速组织细胞形成心肌抑制因子（myocordial-depressant-factor，MDF）。MDF能抑制心肌收缩力，降低心输出量，收缩内脏血管，进而加剧微循环障碍。糖皮质激素可稳定溶酶体膜，减少MDF的形成，能直接增强心肌收缩力，保障重要器官的血液供应，并能对抗去甲肾上腺素的缩血管作用，对痉挛收缩的血管有解痉作用，改善外周循环，有助于终止或延缓休克的发生与发展。

（五）影响代谢

糖皮质激素对物质代谢的影响主要表现在以下几个方面。

升高血糖：糖皮质激素可通过促进糖的异生，减缓葡萄糖的分解及减少机体组织对葡萄糖的利用而升高血糖。

促进蛋白质分解，抑制蛋白质合成：能增加尿中氮的排泄量，导致负氮平衡。

促进脂肪分解与重新分配：增高血浆胆固醇，激活四肢皮下的脂酶，大剂量可导致脂肪重新分布，向面部和躯干聚集，出现向心性肥胖。

长期大剂量使用可导致肌肉萎缩、伤口愈合不良、生长缓慢等。

影响水盐代谢：大剂量使用糖皮质激素会促进钠的重吸收，增加钙、磷的排出，长期使用会引起水、钠潴留，使机体出现低血钾、水肿、骨质疏松等症状。

（六）影响造血系统

糖皮质激素能刺激骨髓造血机能，增加红细胞和血红蛋白的含量。大剂量可使血小板数量增加，提高纤维蛋白原浓度，缩短凝血时间；刺激中性白细胞释放入血使中性粒细胞增多，可使淋巴组织萎缩，导致血中淋巴细胞、单核细胞和嗜碱性粒细胞数量显著减少。

四、作用机制

糖皮质激素的大多数作用都是基于其与特异性受体相互作用的结果。糖皮质激素受体广泛分布于肝、肺、脑、胃肠平滑肌、骨骼肌、淋巴组织及胸腺细胞内，但肝脏是其主要的靶组织。受体的类型和数量因动物和组织的不同而异。即使是同一组织，受体的数量也会随细胞繁殖周期、年龄及各种内外源性因素而改变。现已证明糖皮质激素受体至少受到15种因素调节。

糖皮质激素作用的强弱与受体数量有直接关系。受体数量下调，生物学效应降低。该类药物还存在耐受现象，这或许是受体数量减少或受体与药物的亲和力降低所致的。正常生理条件下，天然糖皮质激素的分泌受神经和体液双重调节。丘脑下部释放的促皮质激素释放激素（corticotropin releasing hormone，CRH），经由脑垂体的门静脉系统进入垂体前叶，刺激嗜碱性细胞的合成，分泌ACTH。ACTH的分泌受昼夜节律的影响，且ACTH能促进肾上腺皮质的组织增生以及皮质激素的生成和分泌，主要为糖皮质激素（图8-2）。血中氢化可的松和皮质酮可通过负反馈机制抑制CRH和ACTH分泌，外源性糖皮质激素亦具有此作用。

细胞质内的糖皮质激素受体（glucocorticoid receptor，GR）在与糖皮质激素结合前为非活化状态，并与热休克蛋白70、热休克蛋白90和亲免素（immunophinlin，IP）结合成复合物。糖皮质激素进入靶细胞并与其受体结合后，热休克蛋白等与受体结合的蛋白质解离，激素—受体复合物进入细胞核，受体活化。被激活的激素—受体复合物作为基因转录的激活因子，以二聚体的形式与DNA上的特异性序列（激素反应元件）结合，通过启动基因转录或阻抑基因转录，合成或抑制某些特异性蛋白质，由此发挥类固醇激素的生理和药理效应（图8-3）。

糖皮质激素诱导合成的蛋白质有抗炎多肽脂皮素（lipocortin）、脂肪分解酶原-1、β_2-肾上腺素受体、血管紧张素转化酶（angiotensin converting enzyme，ACE）、中性内肽酶（neutral endopeptidase，NEP）等。合成受抑制的蛋白质多为致炎蛋白质，如细胞因子、天然杀伤细胞1受体、可诱导的NOS、COX-2、内皮缩血管肽1（endothelin-1，ET-1）、PLA2、血小板活化因子（platelet activating factor，PAF）等。受体和药物最终被代谢消除，活化的复合物在细胞内的半衰期为10 h。

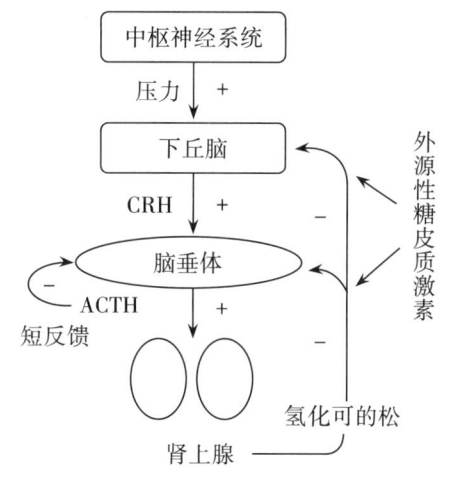

图8-2 肾上腺皮质激素分泌的调节

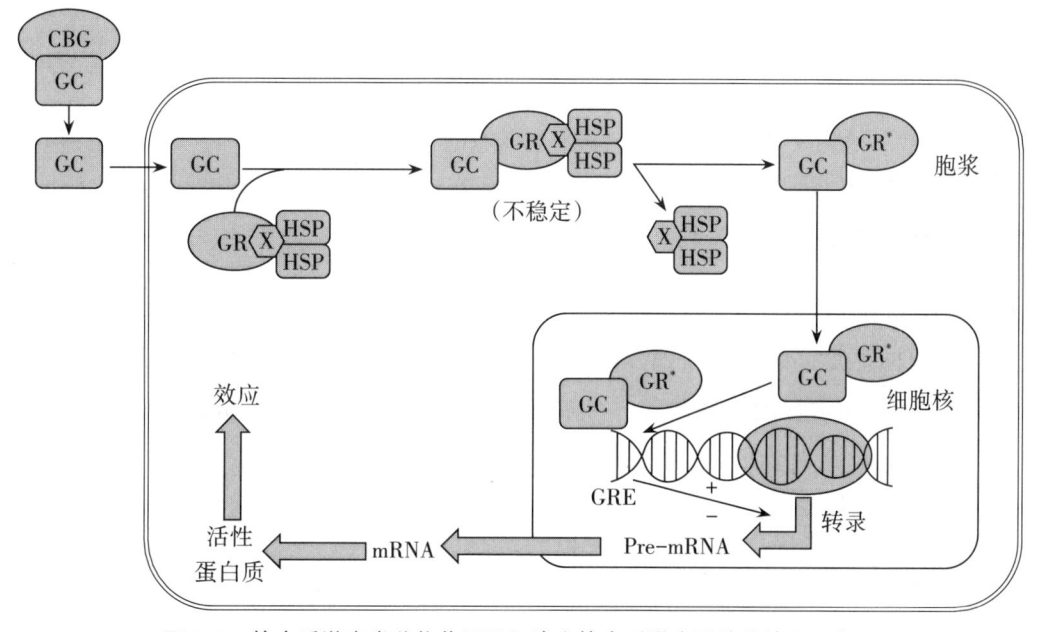

图8-3 糖皮质激素类药物作用于细胞内糖皮质激素受体的效应示意图

CBG：皮质类固醇结合球蛋白；GC：糖皮质激素类；CR：糖皮质激素受体；X：亲免素；HSPs：热休克蛋白；GRE：糖皮质激素受体元件

五、临床适应证

糖皮质激素的作用非常广泛,其应用主要包括以下几个方面。

(一)治疗严重感染性疾病

一般的感染性疾病不要使用糖皮质激素,但当感染给动物的生命带来严重威胁或影响生产能力时,需使用糖皮质激素抑制过度的炎症,但必须与足量的有效的抗菌药合用。当感染发展为毒血症时,用糖皮质激素治疗更为重要,因为它能保护内毒素中毒的动物。对各种败血症、中毒性肺炎、中毒性痢疾、腹膜炎、产后急性子宫炎等感染性疾病,糖皮质激素可增强抗菌药的治疗效果,加速患病动物康复。糖皮质激素对其他细菌性疾病,如对牛的支气管肺炎、乳腺炎、马的淋巴管炎等也具有较好的治疗效果。病毒性感染一般不用激素,使用本品可降低机体的防御能力,可能加重感染。但当病毒性感染所致病变和症状严重威胁患病动物生命时,也可应用糖皮质激素以缓解症状。真菌感染禁用。

(二)治疗休克

糖皮质激素可用于各种休克的治疗。对感染中毒性休克,在应用足量、有效抗菌药物的同时,应尽早、短时间、给予大剂量的糖皮质激素,症状控制后即停药。对过敏性休克,首选肾上腺素,糖皮质激素为次选药物,当病情严重或发展较快时选用。对低血容量性休克,在补充电解质、补充血容量后疗效不佳时,可应用超大剂量的糖皮质激素。对心源性休克,须结合病因治疗。

(三)治疗关节疾患

其用于治疗风湿性关节炎、类风湿性关节炎、风湿热等自身免疫性疾病,可暂时缓解症状。治疗期间,如果炎症不能痊愈,停药后常会复发。近年研究证明,糖皮质激素对关节的作用因剂量不同而变化,小剂量保护软骨,大剂量则损伤软骨并抑制成骨细胞活性,引起"激素性关节病",因此应使用小剂量糖皮质激素治疗关节炎。

(四)治疗过敏性疾病

其可用于荨麻疹、血管神经性水肿、支气管哮喘、光敏、过敏性皮炎和湿疹等的治疗,局部或全身给药均能达到治疗疾病的效果。

(五)治疗眼、耳科疾病

糖皮质激素可防止炎症对眼组织的破坏,抑制炎性液体渗出,防止粘连和瘢痕形成,避免角膜混浊。治疗时,房前结构的表层炎症(如眼睑疾病、结膜炎、角膜炎、虹膜睫状体炎)可局部用药;对于深部炎症(如脉络膜炎、视网膜炎、视神经炎)给予全身给药或结膜下注射方能有效。

可用糖皮质激素配合相应药物治疗外耳炎,但应随时清除或溶解炎性分泌物。对于比较严重的外耳炎,如犬的自发性浆液性外耳炎,则需进行全身给药(泼尼松龙,每日 0.5~1.0 mg)。

(六)治疗皮肤疾病

糖皮质激素对皮肤的非特异性或变态反应性疾病有较好的疗效。用药后瘙痒在 24 h 内停止,炎症反应消退。对于荨麻疹、急性蹄叶炎、湿疹、脂溢性皮炎和其他化脓性炎症,局部或全身用药都能使病情明显好转。对伴有急性水肿和血管通透性增加的疾病疗效尤为显著。

(七)治疗母畜代谢病

糖皮质激素对牛酮血症和羊妊娠毒血症等代谢性疾病有良好的疗效,可使血糖很快升至正常水平,缓慢降低酮体浓度,使患畜食欲在24 h内改善,产奶量回升。肌内注射常量的氢化可的松即可起到显著效果。

(八)引产

地塞米松可用于雌性动物的同步分娩。在母畜妊娠后期的适当时候(如牛一般在妊娠第286 d后)给予地塞米松,牛、羊、猪一般可在48 h内分娩,对马无效。糖皮质激素的引产作用可能是雌激素分泌增加,黄体酮水平下降所致的。

(九)预防手术后遗症

糖皮质激素可用于剖宫产、瘤胃切开、肠吻合等外科手术后,以防止脏器与腹膜粘连,减少创口瘢痕化,但同时它又会影响创口愈合。因此要权衡利弊,审慎用药。

六、不良反应与注意事项

(一)不良反应

长期应用或滥用糖皮质激素均可产生许多不良反应,甚至引发严重的并发症。因此,必须严格掌握适应证,采取合理的给药方案,尽量避免不良反应的发生。

①能抑制机体的防御机能,降低抵抗力,易引起原有感染扩散或二重感染。

②能促进蛋白质分解,延缓肉芽组织生成,影响伤口愈合。

③能引起物质代谢和水盐代谢紊乱,引起留钠排钾,出现水肿和低血钾症。促进蛋白质分解,增加钙、磷排泄,使动物出现肌肉萎缩无力和骨质疏松等症状,导致幼龄动物生长缓慢,发育停滞。

④妊娠后期大剂量使用可引起流产。

⑤大剂量或长期使用易引起肾上腺皮质功能衰退。

(二)注意事项

①妊娠早期及后期母畜禁用。

②禁用于骨质疏松症和疫苗接种期。

③严重肝肾功能不良、骨软症、骨折治疗期、创伤修复期动物禁用。

④细菌性感染应与抗菌药合用。

⑤长期用药不能骤然停药,应采取逐渐减量、缓慢停药的方法。

第二节 糖皮质激素常用药物

兽医临床应用的糖皮质激素有氢化可的松、醋酸可的松、醋酸泼尼松、地塞米松、倍他米松、醋酸氟轻松等。

氢化可的松（hydrocortisone, cortisol）

【理化性质】白色或几乎白色的结晶性粉末。无臭，初无味，随后有持续的苦味。略溶于乙醇或丙酮，微溶于三氯甲烷，几乎不溶于乙醚，在水中不溶。

【药动学】因其极难溶解于体液，肌内注射较难吸收，作用较弱，一般不作全身治疗。多用作静脉注射或局部应用。

【药理作用】天然短效的糖皮质激素，具有抗炎、抗过敏、抗毒素及抗休克作用。多用作静脉注射，局部应用效果较好。主要供乳室内、关节腔、鞘内等局部注入及眼科炎症。

【临床应用】用于炎症性、过敏性疾病和牛酮血症、羊妊娠毒血症等。外用用于结膜炎、虹膜炎、角膜炎和巩膜炎等。

【用法与用量】静脉注射：一次量，马、牛 200~500 mg，羊、猪 20~80 mg。肌内注射：一次量，马、牛 250~750 mg，羊 12.5~25 mg，猪 50~100 mg，犬 25~100 mg。滑囊、腱鞘或关节囊内注射：一次量，马、牛 50~250 mg。

【最高残留限量】允许用于食品动物，但仅作外用，不需要制定残留限量。

【制剂】氢化可的松注射液（hydrocortisone injection），醋酸氢化可的松注射液（hydrocortisone acetate injection）。

醋酸可的松（cortisone acetate）

【理化性质】与氢化可的松相似。

【药动学】肌内注射吸收缓慢，作用持久。

【药理作用】该药本身无活性，在体内转化为氢化可的松后起效，具有抗炎、抗过敏、抗毒素及抗休克作用。皮肤等局部用药无效。

【临床应用】用于炎症性、过敏性疾病和牛酮血症、羊妊娠毒血症等。

【用法与用量】肌内注射：一次量，马、牛 250~750 mg，羊 12.5~25 mg，猪 50~100 mg，犬 25~100 mg。滑囊、腱鞘或关节囊内注射：一次量，马、牛 50~250 mg。

【最高残留限量】允许用于食品动物，但不需要制定残留限量。

【制剂】醋酸可的松注射液（cortisone acetate injection）。

醋酸泼尼松（prednisone acetate）

又称强的松、去氢可的松。人工合成品。

【理化性质】与氢化可的松相似。

【药理作用】本身无药理活性，需在体内转化为氢化泼尼松而起作用。具有良好的抗炎、抗过敏、抗毒素和抗休克的作用。抗炎作用和糖原异生作用为氢化可的松的4倍,而水钠潴留和排钾作用比氢化可的松小。因抗炎、抗过敏作用强,副作用较少,故较为常用。

【临床应用】用于治疗炎症性、过敏性疾病和牛酮血症、羊妊娠毒血症等。外用于结膜炎、虹膜炎、角膜炎和巩膜炎等。

【用法与用量】内服:一次量,马、牛20~60片,羊、猪2~4片;犬、猫,每千克体重,0.5~2 mg。或遵医嘱。眼部外用:一日2~3次。

【最高残留限量】允许用于食品动物,但不需要制定残留限量。

【制剂】醋酸泼尼松片(prednisone acetate tablets),醋酸泼尼松眼膏(prednisone acetate eye ointment)。

地塞米松(dexamethasone)

又称氟美松。人工合成品。

【理化性质】磷酸钠盐为白色或微黄色粉末。无臭,味微苦。有引湿性。在水或甲醇中溶解,在丙酮或乙醚中几乎不溶。

【药动学】对犬肌内注射后,会快速出现全身作用,0.5 h血药浓度达峰值,消除半衰期约为48 h。主要经粪和尿排泄。

【药理作用】作用与氢化可的松基本相似,但作用较强,显效时间长,副作用较小。抗炎作用与糖异生作用为氢化可的松的25倍,而水钠潴留和排钾作用比氢化可的松稍小。对垂体—肾上腺皮质轴的抑制作用较强。除此之外,还可用于母畜同期分娩的引产,但可使胎盘滞留率升高,泌乳延迟,子宫恢复到正常状态较晚。

【临床应用】用于治疗炎症性疾病、过敏性疾病、牛酮血症及羊的妊娠毒血症,也用于雌性动物的同期分娩,但对马没有引产效果。

【不良反应】其有较强的水钠潴留和排钾作用。犬可导致迟钝,被毛干燥,引发或加剧糖尿病,肌肉萎缩,行为改变(沉郁、昏睡、富有攻击性),可能需要终止给药。猫偶尔可见多饮、多食、多尿、体重增加、腹泻或精神沉郁。长期高剂量给药可导致皮质激素分泌紊乱。

【用法与用量】肌内、静脉注射:一日量,马2.5~5 mg,牛5~20 mg,羊、猪4~12 mg,犬、猫0.125~1 mg,对牛的同步分娩有较好的效果。

【最高残留限量】允许用于食品动物。最大残留限量,牛奶:0.3 μg/kg,牛、猪、马肌肉:1.0 μg/kg,肝:2 μg/kg,肾:1.0 μg/kg。

【制剂与休药期】地塞米松磷酸钠注射液(dexamethasone sodium phosphate injection)。休药期:牛、羊、猪21 d,弃奶期72 h。

醋酸地塞米松(dexamethasone acetate)

【理化性质】白色的结晶或结晶性粉末,无臭,味微苦。在丙酮中易溶,在甲醇或无水乙醇中溶解,在水中不溶。

【药动学】口服易吸收,血浆蛋白结合率较其他皮质激素类药物低。

【药理作用】与地塞米松相似。

【临床应用】与地塞米松相似,用于炎症性、过敏性疾病和牛酮血症、羊妊娠毒血症等,也用于雌性动物的同期分娩。

【不良反应】同地塞米松。

【用法与用量】内服，一次量：马、牛 5~20 mg，犬、猫 0.5~2 mg。

【注意事项】同地塞米松。

【最高残留限量】允许用于食品动物。最大残留限量，牛奶：0.3 μg/kg，肌肉：1.0 μg/kg。

【制剂】醋酸地塞米松片（dexamethasone acetate tablets），每片含醋酸地塞米松 0.75 mg。

倍他米松（betamethasone）

【理化性质】白色或类白色结晶性粉末。无臭，味苦。在乙醇中略溶，在二恶烷中微溶，在水或三氯甲烷中几乎不溶。

【药动学】内服易吸收，在体内广泛分布。

【药理作用】具有抗炎、抗过敏、抗毒素、抗休克作用，但其抗炎作用与糖原异生作用较地塞米松强，为氢化可的松的30倍，钠潴留作用稍弱于地塞米松。

【临床应用】应用与地塞米松相同，也可用于雌性动物的同步分娩。

【用法与用量】内服：一次量，犬、猫 0.25~1 mg。

【最高残留限量】允许用于食品动物。最大残留限量，牛奶：0.3 μg/kg，肌肉：0.75 μg/kg。

【制剂】倍他米松片（betamethasone tablets）。

醋酸氟轻松（fluocinolone acetate）

【理化性质】白色或类白色结晶性粉末，无臭，无味。易溶于丙酮，略溶于乙醇，不溶于水。

【药理作用】其抗炎作用较氢化可的松强100倍，亦具有较强的水钠潴留作用，因此只供外用。为外用糖皮质激素中疗效最显著、副作用最小的品种。

【临床应用】局部涂敷，对皮肤和黏膜的炎症、瘙痒和皮肤过敏反应能迅速显效。

【用法与用量】外用：适量，每日 3~4 次。使用 0.025% 浓度即可显效。

【注意事项】局部细菌感染时，应与抗菌药配伍使用。

【最高残留限量】允许用于食品动物，但不需要制定残留限量。

【制剂】醋酸氟轻松乳膏（fluocinonide cream）。

复习与思考

1. 简述糖皮质激素的抗炎作用机制。
2. 简述糖皮质激素的主要临床用途。
3. 简述临床使用糖皮质激素的注意事项。

拓展阅读

扫码获取本章的复习与思考题、案例分析、相关阅读资料等数字资源。

第九章

自体活性物质与解热镇痛抗炎药理

本章导读

炎症反应的过程中,组胺和前列腺素发挥着重要生物学作用,如何正确、合理选择抗过敏药物和解热镇痛抗炎药物来治疗炎症呢?本章将结合组胺和前列腺素的生成、消除及其主要生物学作用,详细介绍抗过敏药物和解热镇痛抗炎药物的作用特点和作用机制。

学习目标

1. 了解并掌握抗组胺药物、前列腺素、解热镇痛抗炎药的代表药物及其药理学作用、不良反应和临床应用等基本知识。

2. 培养学生正确认识炎症反应和抗炎药物之间的关系,引导学生正确、合理选择和使用抗组胺药物、前列腺素和解热镇痛抗炎药。

3. 结合安乃近跌落神坛案例,从造成的肾脏等器官系统损害作用角度引导理性选择和合理使用解热镇痛抗炎药,从而保证动物、人类健康和生命安全。

知识网络图

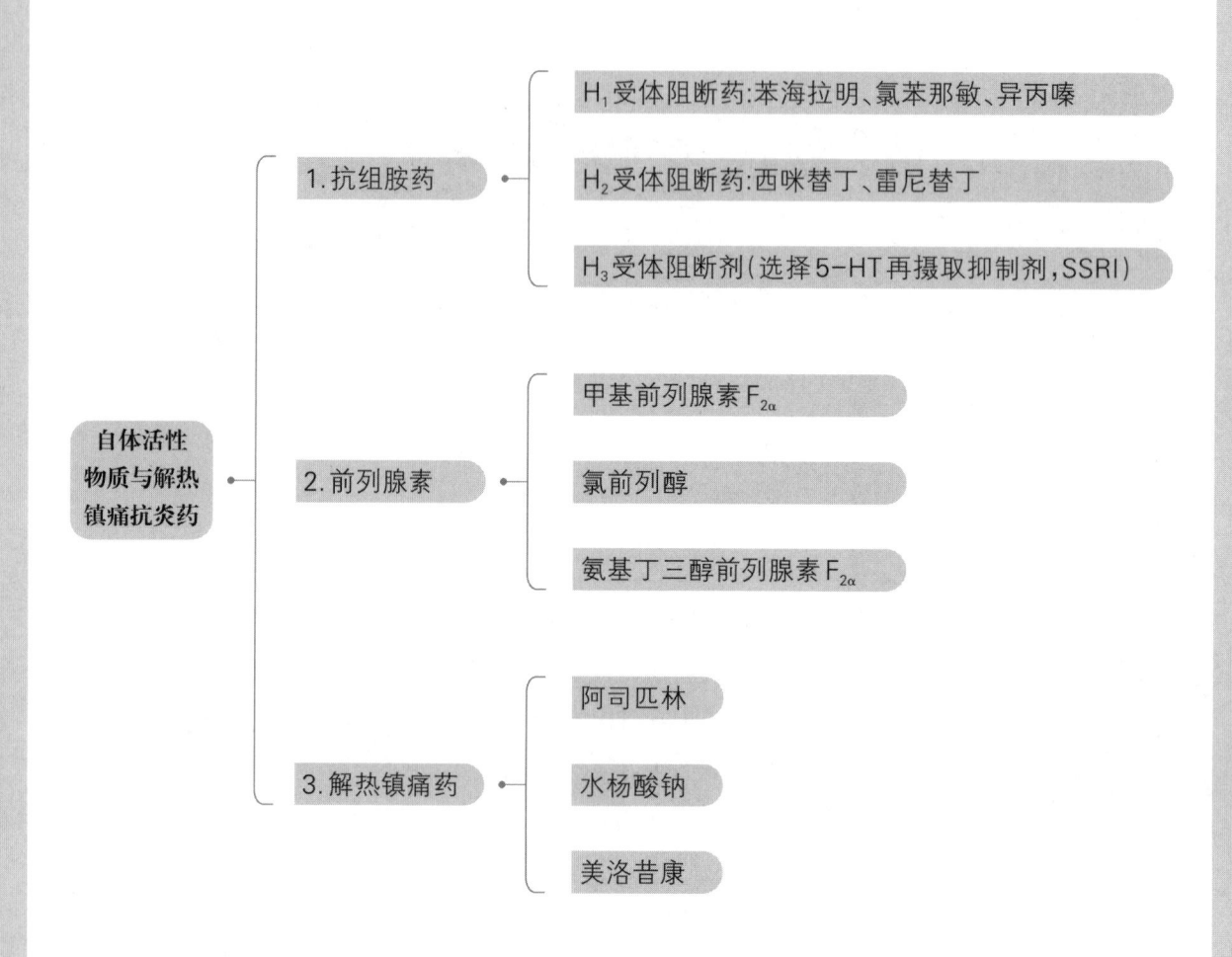

- 自体活性物质与解热镇痛抗炎药
  - 1. 抗组胺药
    - H₁受体阻断药：苯海拉明、氯苯那敏、异丙嗪
    - H₂受体阻断药：西咪替丁、雷尼替丁
    - H₃受体阻断剂（选择5-HT再摄取抑制剂，SSRI）
  - 2. 前列腺素
    - 甲基前列腺素 $F_{2\alpha}$
    - 氯前列醇
    - 氨基丁三醇前列腺素 $F_{2\alpha}$
  - 3. 解热镇痛药
    - 阿司匹林
    - 水杨酸钠
    - 美洛昔康

自体活性物质(autocoids)是动物体内普遍存在、具有广泛生物学(药理)活性的物质的统称。医药学上重要的自体活性物质主要分为两大类:①小分子化学信号物质:组胺、5-羟色胺、前列腺素、白三烯、一氧化氮和腺苷等。②大分子化学信号物质:血管活性神经肽类、细胞因子和生长因子等。在兽医临床意义较大的是组胺和前列腺素。

正常情况下,自体活性物质以前体或储存状态存在,当受到某种因素刺激而被激活或释放时,微量即可产生非常广泛、强烈的生物学效应。自体活性物质通常由局部产生,以旁分泌方式仅对邻近部位发挥作用,多数都有自己的特异性受体。与神经递质或激素的不同之处在于机体没有产生的特定器官或组织。有些自体活性物质可被直接用作药物而治疗疾病,如前列腺素。有些自体活性物质可用相关药物进行调节,如组胺。还有一些自体活性物质通常参与某些病理过程,通过模拟或拮抗其作用,或干扰其代谢转化,弄清其生理或病理学意义,有助于发现新药并阐明作用机制。

第一节 组胺及抗组胺药

过敏反应亦称变态反应,其本质是抗原—抗体反应,是动物机体接触过敏原后出现的异常的免疫应答反应。主要有四种类型:Ⅰ型(速发型)、Ⅱ型(细胞毒性)、Ⅲ型(免疫复合物型)和Ⅳ型(迟发型)。通常所说的过敏反应指的是Ⅰ型,过敏原进入体内后产生特异性的IgE,IgE与肥大细胞表面受体结合使机体呈致敏状态,当过敏原再次进入机体时,肥大细胞脱颗粒,释放并合成多种化学介质(如组胺、白三烯),进而诱发病理改变和一系列过敏症状。

抗过敏药通常分为三大类:抗组胺药、抗白三烯及其他介质药、肥大细胞膜稳定剂。兽医临床上常用的抗过敏药物主要为抗组胺药,但此类药物不能完全消除所有的过敏症状,如牛、兔等动物在过敏期间组胺释放量少,使用抗组胺药无效或低效。

一、组胺

组胺是由组氨酸经特异性的组胺酸脱羧酶脱羧产生的自体活性物质,广泛分布于哺乳动物的组织中,在不同种属动物中其浓度差异较大(山羊和兔体内含量较高,马、犬、猫和人体内含量较低)。天然组胺以无活性形式(结合型)存在组织肥大细胞和血液嗜碱性粒细胞颗粒中,在组织损伤、炎症、神经刺激、某些药物或一些抗原—抗体反应条件下,以活性形式(游离型)释放。组胺从肥大细胞中的释放见图9-1。组胺在体内的最终代谢物是N-甲基咪唑乙酸和咪唑乙酸核苷。组胺本身无治疗用途,但其拮抗剂广泛用于临床。

影响组胺从储存颗粒释放的因素主要包括：①乙酰胆碱、α受体激动剂、β受体拮抗剂等促使肥大细胞的cAMP抑制和cGMP浓度增加的因子。②直接损伤肥大细胞细胞膜的带正电荷（碱性）的物质，如外源性物质（吗啡、多黏菌素类、多肽类）、内源性物质（缓激肽、胰激肽、其他碱性多肽）及一些毒物和毒素（如蛇毒）。③免疫介导的Ⅰ型过敏反应。

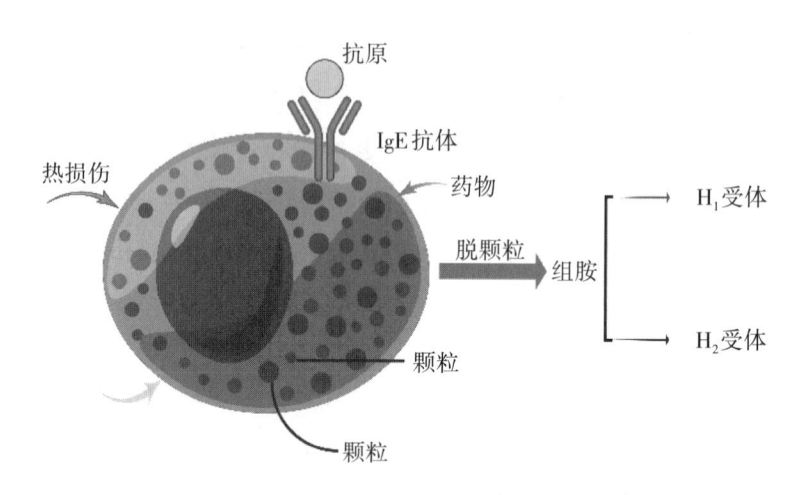

图9-1 组胺从肥大细胞中的释放（本图由Figdraw绘制）

组胺释放常常与肥大细胞内钙离子浓度增加相伴，储存在颗粒中的其他物质往往随组胺一起释放的同时引起明显的生物学反应。此外，肥大细胞细胞膜损伤还能促进其他自体活性物质（如前列腺素）的生成。因此，组胺释放仅仅是肥大细胞脱粒化所致过敏反应的一部分。一般而言，用于治疗或预防Ⅰ型过敏反应的药物指的是能够直接减少肥大细胞脱粒的药物。

组胺通过靶细胞上的受体产生生物学作用。外周组织存在两种组胺受体，分别为组胺Ⅰ型（H_1）和组胺Ⅱ型（H_2）受体。H_1受体分布于皮肤、眼睛、血管和肺脏等组织器官，主要介导炎症反应、过敏反应、变态反应及其他几种药物反应；H_2受体主要分布于胃黏膜，能调节胃酸的分泌。中枢神经系统还存在着组胺Ⅲ型（H_3）受体，H_3受体调节神经递质的释放，H_3受体可通过结合$G_{i/o}$蛋白从而抑制腺苷酸环化酶而降低cAMP含量发挥作用，H_3受体在兽医临床上的意义尚待研究。H_4是近年来新发现的组胺受体，与嗜酸性细胞等炎症细胞有关。

二、抗组胺药

预防或治疗组胺引起的不良反应有多种方法，如防止或减缓组胺从细胞释放，阻断组胺与受体结合，拮抗组胺的生物效应等。本章主要介绍阻断组胺与其受体结合的药物。

1. H_1受体阻断药

H_1受体阻断药具有乙基胺的共同结构（图9-2），乙基胺与组胺的侧链相似，与H_1受体有较强的亲和力但无内在活性，能够产生竞争性阻断作用。

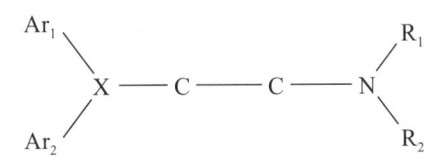

图 9-2 H₁受体阻断药的基本结构图
Ar₁,Ar₂:苯环或杂环,X:氮、氧或碳

H₁受体阻断药能够选择性地对抗H₁受体兴奋所致血管扩张及平滑肌痉挛等,主要用于治疗皮肤、黏膜的变态反应性疾病,如荨麻疹和接触性皮炎,也可以用于可能与组胺有关的非变态性疾病如湿疹、营养性或妊娠性蹄叶炎、肺气肿等,还可用作麻醉的辅助用药等。H₁受体阻断药吸收良好、分布广泛,但能进入中枢神经系统,具有抑制中枢的副作用。给药后30 min显效,几乎在肝内完全代谢,代谢物由尿排泄,作用持续3~12 h。常用药物有苯海拉明、异丙嗪、氯苯那敏等。抗过敏作用的强度和持续时间依次为氯苯那敏＞异丙嗪＞苯海拉明,对中枢的抑制作用为异丙嗪＞苯海拉明＞氯苯那敏。

苯海拉明(diphenhydramine,benadryl)

人工合成品。

【理化性质】其盐酸盐为白色结晶性粉末。无臭,味苦,随后有麻痹感。在水中极易溶解。

【药动学】显效快,持续时间短。单胃动物内服后30 min即显效(肌内注射更快),作用维持4 h。反刍动物内服不易吸收,宜注射给药。

【药理作用】可完全对抗组胺引起的胃、肠、气管、支气管平滑肌的收缩作用,对组胺所致毛细血管通透性增加及水肿也有明显的抑制作用。

【临床应用】适用于治疗皮肤黏膜的过敏性疾病,如荨麻疹、血清病、湿疹等;小动物运输晕动、止吐;也可用于因组织损伤而伴发组胺释放的疾病,如烧伤;还可用于过敏性休克,饲料过敏引起的腹泻和蹄叶炎,有机磷中毒的辅助治疗。对过敏性胃肠痉挛和腹泻也有一定疗效,但对过敏性支气管痉挛的效果差。

【不良反应】其有较强的中枢抑制作用,用药期间可出现镇静、止吐、嗜睡等中枢抑制作用和轻度局麻、抗胆碱作用。大剂量注射时常出现以中枢神经系统过度兴奋为主的中毒症状,可静脉注射短效巴比妥类(如硫喷妥钠)急救,不可使用长效或中效巴比妥。

【注意事项】对严重的急性过敏性病例,一般先给予肾上腺素,然后再注射本品。

【用法与用量】肌内注射:一次量,马、牛100~500 mg,羊、猪40~60 mg,犬每1 kg体重0.5~1 mg。

内服:一次量,牛600~1 200 mg,马200~1 000 mg,羊、猪80~120 mg,犬30~60 mg,猫4 mg。

【制剂与休药期】盐酸苯海拉明注射液(diphenhydramine hydrochloride injection)。猪、牛、羊28 d,弃乳期为7 d。

氯苯那敏(chlorphenamine,chlortrimeton)

又称扑尔敏或氯屈米通,人工合成品,常用其马来酸盐。

【理化性质】本品为白色结晶性粉末,无臭、味苦,易溶于水、乙醇或三氯甲烷,微溶于乙醚。

【药动学】在犬体内吸收良好,达峰时间短,半衰期约24 h。

【药理作用】抗组胺作用较苯海拉明强而持久,不影响组胺的代谢,也不阻止体内组胺的释放。对胃肠道有一定的刺激作用,具有加强麻醉药和镇静药的作用。

【临床应用】应用同苯海拉明。

【不良反应】轻度中枢抑制作用和胃肠道反应。

【注意事项】严重的急性过敏性病例,一般先给予肾上腺素再注射本品。

【用法与用量】肌内注射:一次量,马、牛 60~100 mg,猪、羊 10~20 mg。内服:一次量,马、牛 80~100 mg,猪、羊 12~16 mg。

【制剂与休药期】马来酸氯苯那敏注射液(chlorphenamine maleate injection),马来酸氯苯那敏片(chlorphenamine maleate tablets)。无需制定休药期。

异丙嗪(promethazine, phenergan)

又称非那根,人工合成品,多用其盐酸盐。

【理化性质】白色或类白色的粉末或颗粒,几乎无臭、味苦。在水中极易溶解,在乙醇或三氯甲烷中易溶。

【药理作用】其为氯丙嗪的衍生物,有较强的中枢抑制作用,但比氯丙嗪弱。抗组胺作用较苯海拉明强,作用持续 24 h 以上。还有降体温、止吐作用。可加强麻醉药、镇静药和镇痛药的作用。

【临床应用】应用同苯海拉明。

【不良反应】有刺激性,不宜皮下注射,有较强的中枢抑制作用。

【注意事项】小动物在饲喂后或饲喂时内服,可避免胃肠道刺激作用,亦可延长吸收时间。

【用法与用量】以异丙嗪计,肌内注射:一次量,马、牛 250~500 mg,羊、猪 50~100 mg,犬 25~100 mg。内服:一次量,马、牛 250~1 000 mg,羊、猪 100~500 mg,犬 50~200 mg。

【制剂与休药期】盐酸异丙嗪注射液(promethazine hydrochloride injection),盐酸异丙嗪片(promethazine hydrochloride tablets)。猪、牛、羊 28 d,弃乳期为 7 d。

2.H_2受体阻断药

H_2受体阻断药在结构上保留了组胺的咪唑环,侧链上变化大。对 H_2 受体有高度的选择性,能有效竞争胃壁腺细胞的 H_2 受体,阻断组胺与之结合,抑制胃酸分泌并抑制引起胃酸分泌的各种因素如胃泌素、胰岛素和毒蕈碱类药物的作用,具有内服吸收迅速、完全(马除外),不受食物影响的优点。主要用于治疗胃炎、胃、皱胃及十二指肠溃疡、应激或药物引起的糜烂性胃炎等。

由于脂溶性比 H_1 受体阻断药差,不能透过血脑屏障,因此 H_2 受体阻断药没有中枢抑制的副作用。医学临床常用的新型 H_2 受体阻断药如西咪替丁、雷尼替丁、法莫替丁、尼扎替丁等尚未发现任何血液毒性。兽医临床上常用西咪替丁、雷尼替丁和法莫替丁对治疗动物的胃、十二指肠溃疡、胃糜烂、食管逆流病和胃炎。本节仅简单介绍西咪替丁和雷尼替丁。

西咪替丁(cimetidine)

又称甲氰咪胍、甲氰咪胺,多用人工合成品。

【理化性质】白色结晶性粉末,易溶于甲醇或稀盐酸,溶于乙醇,微溶于异丙醇和水。

【药动学】犬内服生物利用度约为95%，半衰期1.3 h，马内服生物利用度仅14%，半衰期约1.5 h；能进入乳汁和穿过胎盘。药物在肝代谢或以原形从肾排泄。

【药理作用】其能够降低胃液的分泌量和胃液中H^+的浓度，还能抑制胃蛋白酶的分泌，无抗胆碱作用。

【临床应用】主要用于治疗胃肠的溃疡、胃炎、胰腺炎和急性胃肠（消化道前段）出血。

【不良反应】能抑制肝氧化酶的活性，故可能减缓其他药物的清除速率，在雷尼替丁较少见。

【用法与用量】以西咪替丁计，内服：一次量，猪300 mg；每1 kg体重，牛8~16 mg，犬、猫5~10 mg，每日2次；马每1 kg体重40~60 mg，每日3次。

【制剂】西咪替丁片（cimetidine tablets）。

雷尼替丁（ranitidine）

又称甲硝呋呱、呋喃硝胺，人工合成品。

【理化性质】类白色至淡黄色结晶性粉末，有异臭，味微苦带涩，极易潮解。在水或甲醇中易溶，在乙醇中略溶，在丙酮中几乎不溶。

【药动学】犬内服的生物利用度约为81%，半衰期2.2 h，成年马内服生物利用度约为27%，驹为38%，在肝中代谢为无活性代谢物，从尿液排泄，在肾脏可与其他药物竞争肾小管分泌。

【药理作用】抑制胃酸分泌的作用比西咪替丁强约5倍，且毒副作用较轻，作用维持时间较长。雷尼替丁在犬中的半衰期更长，给药频率可低于西咪替丁。

【临床应用】同西咪替丁。

【不良反应】与西咪替丁相比，损伤肾功能、性腺功能和中枢神经的不良作用较轻。

【用法与用量】以雷尼替丁计，内服：一次量，驹150 mg；每1 kg体重，马、犬0.5 mg；猫1~2 mg，每日2次。

【制剂】雷尼替丁片（ranitidine tablets）。

3. H_3受体阻断剂（选择性5-HT再摄取抑制剂，SSRI）

抑制5-羟色胺重吸收的药物称为选择性5-羟色胺抑制剂，其作用机理为选择性阻断5-HT再摄取，从而保持突触中较高的5-HT含量而维持神经元的活性和中枢神经系统的活动。在兽医临床，由于其没有被批准且多属于标签外用药，国外多使用SSRI来治疗小动物的各种行为障碍如犬的分离性焦虑症、强迫行为和剧烈的或冲动性的攻击行为；还可用于治疗猫的尿喷洒、攻击行为和强迫行为如精神性脱毛和咀嚼纤维等。由于其具有胃肠道副作用，猫服用SSRI时应密切注意其摄食、饮水和排粪、排尿情况以及体重。常用的H_3受体阻断剂有氟西汀、帕罗西汀、舍曲林，只有氟西汀被FDA批准用于犬的治疗（具体有关氟西汀的介绍见拓展阅读部分）。

第二节 前列腺素

前列腺素(Prostaglandin,PG)属二十烷类化合物,是前列烷酸(prostanoic acid)的衍生物,是二十烷类(eicosanoids)是一系列磷脂类衍生物的总称,包括前列腺素和白三烯(leukotrienes,LTs)及其类似物。PG具有扩张血管、增加血管通透性、抑制胃酸分泌、促进胃肠蠕动、溶解黄体等功能。PG最早在人精液中被发现,在羊精囊中证实。每种前列腺素的命名,是在PG后加英文字母(表示型)和下标数字(表示侧链的双键数目),有的在数字后还有希腊字符(指示侧链的方向),如$PGF_{2\alpha}$、PGG_2、PGH_2等,其中$PGF_{2\alpha}$与动物生殖密切相关,作为兽医临床药物备受关注。

一、生物合成与降解

二十烷酸通常不储存在细胞内,在物理或化学损伤、激素、免疫、缺氧等因素刺激下即时形成。例如,细菌内毒素脂多糖(Lipopolysaccharide,LPS)激活磷脂酶A_2(Phospholipase,PLA_2),使膜磷脂转化为花生四烯酸,从膜磷脂的酰基位释放,同时生成溶血磷脂(Lysophospholipid,LPL),后者再转化成血小板激活因子(Platelet activating factor,PAF)(图9-3)。

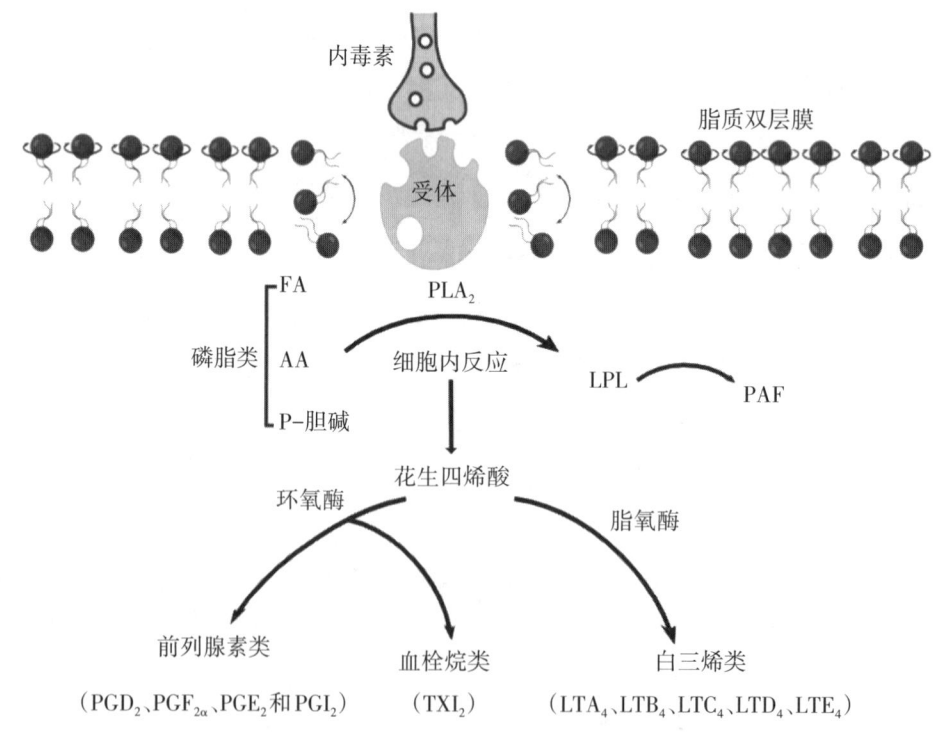

图9-3 内毒素诱导二十烷酸类合成示意图(本图由Figdraw绘制)
FA:脂肪酸;AA:花生四烯酸;P-胆碱:磷脂酰胆碱

花生四烯酸(Archidonic acid,AA)又转化为不稳定的中间体——环内过氧化物(Cyclic endoperoxides),包括PGG_2、PGH_2及对组织有害的氧自由基。环内过氧化物再在环氧合酶(Cyclooxygenase)催化下转变为前列腺素类和血栓烷类,也可在脂氧酶(Lipooxygenase)催化下转变为白三烯类。环氧合酶存在于体内的所有细胞,脂氧酶主要存在于血小板、白细胞和肺细胞中。

不同组织所生成的前列腺素也有所不同,肺、肾、精囊、子宫等生成$PGF_{2\alpha}$。前列腺素的分解代谢十分迅速,前列腺素的半衰期非常短,如TXA_2仅为30 s,其他前列腺素也不超过5 min。人工合成前列腺素类化合物作用时间长于天然产物,在临床上可作药用。

二、常用药物

甲基前列腺素$F_{2\alpha}$(carboproste $F_{2\alpha}$)

【理化性质】棕色油状或块状物,有异臭。在乙醇、丙酮或乙醚中易溶,在水中微溶。

【药理作用】具有溶解黄体,增强子宫平滑肌张力和收缩力等作用。

【临床应用】用于同期发情、同期分娩,也用于治疗持久性黄体、诱导分娩和排除死胎以及治疗子宫内膜炎等。

【不良反应】大剂量应用可产生腹泻、阵痛等不良反应。

【注意事项】妊娠动物忌用,以免引起流产。

【用法与用量】肌内或宫颈内注射:一次量,每1 kg体重,马、牛2~4 mg,羊、猪1~2 mg。

【制剂与休药期】甲基前列腺素$F_{2\alpha}$(carboproste $F_{2\alpha}$ injection)。牛、猪、羊1 d。

氯前列醇(cloprostenol)

人工合成的前列腺素$F_{2\alpha}$同系物。

【理化性质】淡黄色油状黏稠物质。在三氯甲烷中易溶,在无水乙醇或甲醇中溶解,在水中不溶。在10%碳酸钠溶液中溶解。

【药理作用】人工合成的前列腺素$F_{2\alpha}$同系物,作用同甲基前列腺素$F_{2\alpha}$,具有更强大的溶解黄体作用。对性周期正常的动物,治疗后通常在2~5 d发情。对10~150 d的妊娠牛,通常在注射药物后2~3 d出现流产。

【临床应用】主要用于控制母牛同期发情和怀孕母猪诱导分娩,治疗母牛持久黄体、黄体囊肿和卵泡囊肿等疾病,亦可用于妊娠猪、羊的同期分娩。

【不良反应】妊娠后期应用本品可增加动物难产的风险,且药效下降。

【注意事项】诱导分娩时严禁过早使用。不能与解热镇痛抗炎药同时应用。

【用法与用量】肌内注射:一次量,每1 kg体重,牛500 μg,山羊、绵羊62.5~125.0 μg,猪175 pg。

【制剂】氯前列醇钠注射液(cloprostenol sodium injection)。

氨基丁三醇前列腺素$F_{2\alpha}$(prostaglandin $F_{2\alpha}$ tromethamine)

又名地诺前列腺素,也称为黄体溶解素。

【理化性质】无色澄明液体。

【药理作用】其为前列腺素 $F_{2\alpha}$（prostaglandin $F_{2\alpha}$）的缓血酸胺制剂。对生殖、循环、呼吸等系统具有广泛作用。对生殖系统的作用主要表现在溶解黄体，促进子宫收缩，促进垂体前叶释放黄体生成素，影响精子的发生及移行，干扰输卵管活动及胚胎附植，半衰期极短，用于牛、马、羊的同期发情、排卵、人工授精或胚胎移植等，对后备母猪提早发情和配种也有良好效果。

【临床应用】用于同期发情：马、牛、羊注射后出现正常的性周期，注射2次，同期发情更准确。治疗持久性黄体和卵巢黄体囊肿：对持久性黄体，牛间情期肌内注射本品30 mg，第3天开始发情，第4~5天排卵；对卵巢黄体囊肿，注射后第6~7天排卵。用于雄性动物，可增加精液射出量和提高人工授精效果。用于催产、引产、排出死胎，或治疗子宫蓄脓、慢性子宫内膜炎。

【不良反应】不良反应相对较轻，常见的有恶心、呕吐和腹泻。

【注意事项】患急性或亚急性血管系统、胃肠道系统、呼吸系统疾病的动物禁用。禁止静脉给药。

【用法与用量】肌内注射：一次量，牛25 mg，猪5~10 mg；每1 kg体重，马0.02 mg，犬0.05 mg。

【制剂与休药期】氨基丁三醇前列腺素 $F_{2\alpha}$ 注射液（prostaglandin $F_{2\alpha}$ tromethamine injection）。牛1 d，猪1 d。

第三节 解热镇痛抗炎药

一、简介

解热镇痛抗炎药（antipyretic-analgesic and anti-inflammatory drugs）又名非甾体类抗炎药（non-steroids anti-inflammatory drugs，NSAIDs），是一类能够通过作用于环氧合酶（cyclooxygenase，COX）而抑制前列腺素的合成和释放的药物，可视为前列腺素拮抗剂。

解热镇痛抗炎药除具有退高热、外周性镇痛、抗炎作用外，部分药物尚有抑制血小板聚集功能。此类药物化学结构上多样，但都具有抑制COX的作用，从而抑制花生四烯酸转化成为前列腺素。COX有两型同工酶：COX-1为正常生理酶，通常存在血管、胃及肾中，其活力正常对维护胃液分泌、保护胃和十二指肠黏膜以及肾功能正常十分必要；COX-2为诱生型酶，受炎症刺激时诱导细胞产生，在炎症发生、发展和转归中发挥重要作用。大多数解热镇痛药对COX-1和COX-2均有抑制作用，并对COX-1的抑制作用较强。近年来新型COX-2抑制药对COX-2较强的选择性抑制作用，是新型抗炎药的发展方向。

PG与中枢镇痛药的单纯镇痛作用机制有差异。在兽医临床上使用的解热镇痛抗炎药有近20种，以下是其共同作用及机制。

1. 解热作用

根据体温调定点学说，动物下丘脑体温调节中枢存在冷敏神经元和热敏神经元，当其受细菌毒素等外源性致热原和白细胞释放的内源性致热原（如白介素1）影响时，合成和释放大量PGE，PGE使体温调节中枢的调定点上移，启动冷反射，使体温升高。解热镇痛抗炎药抑制COX活性，减少前列腺素的合成，使升高的调定点下移，启动热反射使体温恢复正常。其只能使升高的体温降至正常，而不影响正常体温下降（与氯丙嗪可使正常体温下降不同）。

发热是疾病的重要症状和诊断依据，是机体的一种重要的防御反应，过急使用解热药会影响疾病的诊断和降低机体抗病能力。发热症状应以对因治疗为主；在过度或持久高热，或病情危重甚至危及生命的情况下，可先使用解热药降低体温，缓解高热引起的并发症。

2. 镇痛作用

该类药物的镇痛作用主要在外周。当组织损伤或发炎时，局部产生和释放某些致痛化学物质（或称致痛物质）如缓激肽、组胺、5-羟色胺等直接作用于痛觉感受器而引起疼痛；同时局部诱导产生COX，合成PG，提高痛觉感受器对缓激肽等致痛物质的敏感性，对炎性疼痛起放大作用；有些PG，如PGE_1、E_2和$F_{2\alpha}$，本身也具有直接的致痛作用。解热镇痛抗炎药通过抑制COX，使PG的合成减少，阻断炎症的恶性循环，降低局部致痛物质含量，起到外周性镇痛作用。本类药物对炎症引起的持续性钝痛如神经痛、关节痛、肌肉痛等有良好的镇痛效果，而对于直接刺激感觉神经末梢引起的尖锐性刺痛和内脏平滑肌绞痛无效。

3. 抗炎作用

当组织损伤或发炎时，局部诱导产生COX，合成和释放PG，炎症部位前列环素（PGI_2）的血管扩张作用促使局部组织充血肿胀，PG又增强该处受损组织痛觉阈的敏感度，使炎症部位产生红、肿、热、痛症状。非甾体类抗炎药是抑制局部COX活性，减少局部各类PE的合成，从而改善炎症症状，发挥抗炎作用。解热镇痛抗炎药对COX的作用方式有三种：①竞争性地抑制酶，如卡洛芬等。②不可逆地抑制酶，如阿司匹林。此作用方式的药效更好，在酶的活性部位阿司匹林还可以促使丝氨酸残基乙酰化。③捕获氧自由基。

应注意的是使用解热镇痛抗炎药后，花生四烯酸不转变成PG，导致白三烯生成增加，使白三烯所致炎症更加难以控制。可以通过干扰嗜中性粒细胞功能，抑制白三烯的生成。有些解热镇痛抗炎药能抑制某些特定的PG（如水杨酸类和芬那酸类）和肾素（如水杨酸类）的形成，其抗炎效果好。

本类药物也能控制风湿性及类风湿性关节炎，但不能阻止疾病的发展和并发症的产生。

大多数解热镇痛抗炎药为弱酸性化合物，通常在胃肠道前部即被迅速吸收，但动物种属、胃肠蠕动、胃内pH和食糜等因素均会影响其吸收。解热镇痛抗炎药主要分布于细胞外液，能够渗入损伤或发炎组织的酸性环境，血浆蛋白结合率高（有的甚至大于99%），与蛋白结合率高的同类或其他类药物合用，可因血浆蛋白结合率降低而引起中毒。本类药物的消除与肝脏细胞色素P_{450}酶的活性有关，代谢物还可以经Ⅱ相代谢结合反应,种属差异很大。代谢物的消除主要是肾脏的滤过和主动分泌,肾脏排泄速度取决于尿液pH,酸性尿增加排泄。由肾小管主动分泌的药物,存在着竞争抑制现象。部分药物以葡萄糖醛酸结合物形式由胆汁排泄,存在明显的肝肠循环,如萘洛芬用于犬。由于这类药物的消除和组织蓄积存在较大的种属差异,种属间套用剂量危险性极大,有时甚至是致死性的。例如,阿司匹林在马、犬、猫的半衰期分别是1 h、8 h、38 h,犬的用药剂量对马可能无效,但对猫则产生严重后果。

经典的非甾体抗炎药根据其化学结构分为两大类:羧酸和烯醇酸,并根据化学结构进一步分为不同亚组类(表9-1)。

表9-1 经典非甾体抗炎药的化学分类

羧酸(R-COOH)		烯醇酸(R-COH)	
水杨酸盐类	水杨酸钠[b]	昔康类	美洛昔康[a]
	乙酰水杨酸[a]		吡罗昔康
吲哚乙酸类	依托度酸[a]		替诺昔康
吲哚啉类	吲哚美辛	吡唑啉酮类	保泰松[a]
噻吩乙酸类	双氯芬酸		奥昔芬丁松[c]
	依尔替酸[a]		异吡啉(拉米萘宗)[a]
2-芳基丙酸类	卡洛芬[a]	邻氨基苯甲酸类	安乃近[a]
	酮洛芬[a]		氟尼辛[a]
	维达洛芬[a]		甲氯芬那酸[a]
	伊布洛芬		托芬那酸[a]
喹啉类	辛可酚[a]		

注:[a] 目前或以前在某些国家/地区获准用于兽医的药物。
[b] 也是乙酰水杨酸的代谢物。
[c] 也是保泰松的活性代谢物。

二、常用药物

阿司匹林(aspirin)

又称乙酰水杨酸。

【理化性质】白色结晶或结晶性粉末。无臭或微带醋酸臭,味微酸。在乙醇中易溶,在氯仿中溶解,在水或无水乙醚中微溶。

【药动学】内服后在胃肠道前部吸收,犬、猫、马等单胃动物内服后迅速吸收,牛、羊慢。在牛中约有70%被吸收,血药浓度达峰时间为2~4 h,消除半衰期3.7 h。呈全身性分布,在肝、心、肺、肾皮质和血浆浓度最高,血浆蛋白结合率为70%~90%,能进入关节腔、脑脊液和乳汁(浓度很低),能透过胎盘屏障。

主要在肝内,也可在血浆、红细胞及组织中代谢,水解为水杨酸和醋酸。水杨酸主要经肝脏中葡萄糖苷酸转移酶作用后生成溶解度高的水杨酸葡萄糖酯后经肾排泄,碱化尿液能加速其排泄,也可在乳中排泄。阿司匹林的半衰期有明显种属差异,如马不足1 h,犬7.5 h,猫37.6 h。猫因缺乏葡萄糖苷酸转移酶,故半衰期较长,且对本品的蓄积敏感。

【药理作用】其能抑制COX,还能抑制血栓烷合成酶以及肾素的生成。解热、镇痛效果较好,消炎和抗风湿作用强。可抑制抗体产生和抗原抗体的结合反应,抑制炎性渗出,对急性风湿病有特效。较大剂量可抑制肾小管对尿酸的重吸收而促进其排泄。对血小板的作用见第四章。

【临床应用】用于发热性疾患、肌肉痛、关节痛。

【不良反应】其能抑制凝血酶原合成,连续使用有出血倾向,可用维生素K治疗。剂量较大可引起食欲不振、恶心、呕吐乃至消化道出血,故不宜空腹给药,长期使用可引发胃肠溃疡。胃炎、胃溃疡、出血、肾功能不全患病动物慎用,与碳酸钙同服可减少对胃的刺激性。治疗痛风时,可同服等量碳酸氢钠,以防尿酸在肾小管沉积。阿司匹林对猫毒性大。

【注意事项】①与其他水杨酸类解热镇痛药、双香豆素类抗凝血药、巴比妥类等合用时,作用增强,毒性亦增加。②糖皮质激素能刺激胃酸分泌、降低胃及十二指肠黏膜对胃酸的抵抗力,与阿司匹林合用加剧胃肠出血。③阿司匹林不宜与氨基糖苷类抗生素合用,可增加后者的肾毒性。④与碱性药物(如碳酸氢钠)合用,能加速阿司匹林的排泄而使疗效降低。但在治疗痛风时,同服等量的碳酸氢钠可以防止尿酸在肾小管内沉积。

【用法与用量】内服。以阿司匹林计,一次量,马、牛15~30 g,羊、猪1~3 g,犬0.2~1 g,猫不以次计每1 kg体重10~20 mg。

【最高残留限量】允许用于牛、猪、鸡、马、羊,但泌乳期和产蛋期禁用,不需要制定最高残留限量。

【制剂】阿司匹林片(aspirin tablets)。

水杨酸钠(sodium salicylate)

【理化性质】白色或微显淡红色的细微鳞片,或白色粉末及球状颗粒。无臭或微带特臭,遇光易变质。在水中易溶,在乙醇中溶解。

【药动学】内服后容易被胃和小肠吸收,血药浓度达峰时间1~2 h。生物利用度种属间差异较大,猪和犬吸收较好,马较差,山羊极少吸收。血浆半衰期为马1 h,猪5.9 h,犬8.6 h,山羊0.78 h。血浆蛋白结合率:马52%~57%,猪64%~72%,山羊58%~63%,犬53%~70%,猫54%~64%。水杨酸钠能分布到各组织中,并透入关节腔、脑脊液及乳汁中,也易通过胎盘屏障。主要经肝代谢,代谢物水杨尿酸葡萄糖酯等与部分原药一起由尿排出。排泄速度受尿液酸碱度影响,碱性尿液排泄加快,酸性尿液则相反。

【药理作用】镇痛作用较阿司匹林弱。

【临床应用】主要用作抗风湿药,风湿性关节炎用药数小时后关节疼痛显著减轻,肿胀消退,风湿热消退。

【不良反应】长期大剂量使用,可引起肾炎。其能抑制凝血酶原合成,使血液中凝血酶原的活性降低,产生出血倾向,故不可与抗凝血药合用。与碳酸氢钠同时内服可减少本品吸收,加速本品排泄。

【注意事项】仅供静脉注射,不可漏于血管外。猪中毒时出现呕吐、腹痛等症状,可用碳酸氢钠解救。

【用法与用量】水杨酸钠注射液:静脉注射(以含量计),一次量,马、牛 10~30 g,羊、猪 2~5 g,犬 0.1~0.5 g 或遵医嘱;复方水杨酸钠注射液:静脉注射,一次量,马、牛 100~200 mL,羊、猪 20~50 mL。

【最高残留限量】允许用于鱼外所有食品动物,但仅作外用,泌乳期禁用,不需要制定残留限量。

【制剂与休药期】水杨酸钠注射液(sodium salicylate injection),复方水杨酸钠注射液(compound sodium salicylate injection)。休药期:牛 0 d,弃乳期 48 h。

对乙酰氨基酚(acetaminophen,paracetamol)

又称扑热息痛、醋氨酚,其为非那西汀在体内的代谢物。

【理化性质】白色结晶或结晶性粉末,无臭,味微苦。在热水或乙醇中易溶,在丙酮中溶解,在水中略溶。

【药动学】内服吸收快,30 min 后血药浓度达峰。主要在肝脏代谢,大部分与葡萄糖醛酸或硫酸结合后经肾排出。在肝内,部分药物去乙酰基而生成对氨基酚,后者氧化成亚氨基醌。亚氨基醌在体内能氧化血红蛋白使之失去携氧能力,可造成组织缺氧、发绀。亦可造成红细胞溶解、黄疸和肝脏损害等不良反应。

【药理作用】解热作用类似阿司匹林,但镇痛和抗炎作用较弱。这是其抑制丘脑前列腺素合成与释放的作用较强,抑制外周前列腺素合成与释放的作用较弱引起的,对血小板及凝血机制无影响。

【临床应用】其主要作为中小动物的解热镇痛药,用于治疗发热、肌肉痛、关节痛和风湿病。

【不良反应】偶见厌食、呕吐、缺氧、发绀,红细胞溶解、黄疸和肝脏损害等症。

【注意事项】猫禁用,因给药后可引起严重的毒性反应。大剂量可引起肝、肾损害,在给药后 12 h 内使用乙酰半胱氨酸或蛋氨酸可以预防肝损害。

【用法与用量】以对乙酰氨基酚计,内服:一次量,马、牛 10~20 g,羊 1~4 g,猪 1~2 g,犬 0.1~1 g。肌内注射:一次量,马、牛 5~10 g,羊 0.5~2 g,猪 0.5~1 g,犬 0.1~0.5 g。便后将栓置于直肠:犬,体重 10 kg 以内,一次 1 粒;体重大于 10 kg,一次 2 粒,一日 2 次。

【最高残留限量】允许用于食品动物猪,但仅作口服用,不需要制定残留限量。

【制剂】对乙酰氨基酚片(paracetamol tablets),对乙酰氨基酚注射液(paracetamol injection),对乙酰氨基酚栓(paracetamol suppositories)。

氟尼辛葡甲胺(flunixin meglumine)

【理化性质】白色或类白色结晶性粉末,无臭,有引湿性。在水、甲醇和乙醇中溶解,在乙酸乙酯中几乎不溶。

【药动学】马内服后吸收迅速,30 min 血药达到峰浓度,平均生物利用度为 80%。给药后 2 h 内起效,12~16 h 达到最佳效果,作用可持续 30 h。牛、猪、犬等动物血管外给药也能迅速吸收。马、牛和犬的血浆蛋白结合率分别为 87%、99% 和 92%,表观分布容积约为马 0.65 L/kg,牛 0.78 L/kg。半衰期分别为马 3.4~4.2 h、牛 3.1~8.1 h 和犬 3.7 h。猪单次肌内注射给药后(2.2 mg/kg),血浆消除半衰期为 3~4 h,达峰浓度为 2.94 pg/mL,达峰时间为 0.4 h,给药 18 h 后仍可在血液中检测到药物。表观分布容积为 2.0 L/kg,单次颈部注射的生物利用度为87%。

【药理作用】氟尼辛葡甲胺是一种强效COX抑制剂,具有镇痛、解热、抗炎和抗风湿作用。

【临床应用】用于家畜及小动物的发热性、炎性疾患,以及肌肉痛和软组织痛等。

【不良反应】肌内注射对局部有刺激作用。长期大剂量使用本品可能导致动物胃溃疡及肾功能损伤。

【注意事项】因血浆蛋白结合率高,与其他药物联合应用时能置换与血浆蛋白结合的其他药物或者自身被其他药物所置换,以致被置换药物的作用增强甚至产生毒性。犬对其相当敏感,建议在犬只用一次或连用不超过3 d。

【用法与用量】以氟尼辛葡甲胺计。内服:一次量,每1 kg体重,犬、猫2 mg。每日1~2次,连用不超过5 d。肌内、静脉注射:一次量,每1 kg体重,牛、猪2 mg,犬、猫1~2 mg。每日1~2次,连用不超过5 d。

【制剂与休药期】氟尼辛葡甲胺颗粒(flunixin meglumine granules),氟尼辛葡甲胺注射液(flunixin meglumine injection)。氟尼辛葡甲胺颗粒暂无休药期规定。氟尼辛葡甲胺注射液:牛、猪28 d。

美洛昔康(meloxicam)

【理化性质】淡黄色固体。易溶于二甲基亚砜,略溶于氯仿,微溶于稀盐酸、稀氢氧化钠溶液,几乎不溶于水。易被氧化。

【药动学】犬内服吸收完全,血药浓度达峰时间约4.5 h,其血浆蛋白结合率为97%,表观分布容积为0.3 L/kg,吸收后分布到动物的所有组织中。代谢物为无药理活性的醇、酸衍生物和数种极性化合物,消除半衰期为24 h,主要通过胆汁排泄,约75%药物经粪便排出,其余部分经由尿液排出。

猫内服美洛昔康吸收迅速,血药浓度达峰时间约3 h。主要经胆汁排泄,约79%药物经粪便排出(49%为原形,30%为代谢物),21%经尿液排出(2%为原形,19%为代谢物)。

【药理作用】其具有抗炎、镇痛和解热作用。选择性抑制COX-2,对COX-1的抑制作用弱,因此消化系统等不良反应少。

【临床应用】用于减缓犬、猫急性和慢性肌肉骨骼疾病引起的炎症和疼痛。其能抑制大肠杆菌内毒素诱导的犊牛、泌乳牛、猪血栓素B_2的生成,具有抗内毒素作用。辅助治疗急性呼吸道感染以缓解牛的临床症状和急性乳腺炎。与适宜的抗菌药物合用,辅助治疗猪产后败血症与毒血症。

【不良反应】主要是食欲不振、呕吐、腹泻,通常是暂时性的,随治疗结束而消失,极少数引起死亡。皮下注射后偶见轻微的一过性肿胀,极少数出现过敏反应。

【注意事项】不能与其他非甾体类抗炎药、利尿药、抗凝药、氨基糖苷类抗生素、糖皮质激素和高度蛋白结合率的药物合用,可竞争结合从而导致潜在的肾脏毒性,同时使用可能通过协同作用而增加胃肠道溃疡及出血的可能性。能增加氨甲蝶呤的血液毒性、环孢素的肾毒性,具有潜在的肾脏毒性风险。本品可能会刺激眼睛。

【用法与用量】内服:每1 kg体重,犬首次量0.2 mg,维持量0.1 mg,一日1次,连用7 d;猫,每1 kg体重0.3 mg,维持量0.05 mg,一日1次,连用4 d。大动物:与适宜的抗生素或口服补液合用,皮下或静脉注射一次量,每1 kg体重,牛0.5 mg;肌内注射一次量,每1 kg体重,猪0.4 mg。

【制剂与休药期】美洛昔康注射液（meloxicam injection），美洛昔康内服混悬液（犬猫用）meloxicam oral suspension（for dogs and cats）。休药期：牛15 d，弃奶期5 d。

卡洛芬（carprofen）

【理化性质】白色结晶性粉末。在甲醇、丙酮或乙酸乙酯中易溶，在氢氧化钠或碳酸钠中易溶，在水中几乎不溶。

【药动学】犬内服卡洛芬后吸收迅速且完全，绝对生物利用度大于90%。与血浆蛋白的结合率超过99%，表观分布容积极低，存在肝肠循环，其代谢物（卡洛芬葡萄糖醛酸酯、7-羟基卡洛芬和8-羟基卡洛芬）经粪便（70%~80%）和尿液（10%~20%）排泄。

【药理作用】可选择性地抑制COX-2，从而抑制PG合成。对体液免疫和细胞免疫反应有调节作用。对破骨细胞激活因子、PGE_1和PGE_2生成具有抑制作用。

【临床应用】用于缓解犬骨关节炎引起的疼痛和炎症，也可用于软组织和骨外科手术的术后镇痛。

【不良反应】不同器官、系统均可能出现不良反应，如胃肠道反应、肝功能异常、共济失调、过敏反应等，通常停药或经处理后可自行恢复，死亡的十分罕见。

【注意事项】仅用于犬，不能用于猫。禁止与其他抗炎药（如其他非甾体类抗炎药或皮质类固醇药）合用。

【用法与用量】内服：每1 kg体重，犬4.4 mg，一日1次；或每1 kg体重，犬2.2 mg，一日2次。

【制剂】卡洛芬咀嚼片（犬用）（carprofen chewable tablets for dogs）。

托芬那酸（tolfenamic acid）

又称痛立定。

【药理作用】通过抑制COX来阻断PG的合成而发挥抗炎作用，特别是抗渗出和止痛效果，同时具有抗高热作用。

【临床应用】用于治疗猫发热综合征及犬炎症急性期和慢性运动系统疾病的疼痛。

【不良反应】会有少数动物出现腹泻和呕吐，以及短暂的多饮或多尿。大多数的这种病例在停药后症状会自动消失。

【注意事项】心脏、肝脏、肾脏功能不全的犬禁用。不能同时或在24 h内再给予甾体类药物，不能与糖皮质激素类药物联合用药。

【用法与用量】以托芬那酸计，内服：每1 kg体重，犬、猫4 mg，一日1次，连用3日。

【制剂】托芬那酸片（tolfenamic acid tablets）。

安乃近（metamizole）

【理化性质】白色（供注射用）或略带微黄色（供内服用）的结晶或结晶性粉末，无臭，味苦。易溶于水，略溶于乙醇，几不溶于乙醚。

【药理作用】解热作用较显著，镇痛作用亦较强，并有一定的消炎和抗风湿作用。对胃肠蠕动无明显影响。

【临床应用】主要用于肌肉痛、风湿症、发热性疾患和疝痛等。

【不良反应】长期应用可引起粒细胞减少。

【注意事项】可抑制凝血酶原的合成,加重出血倾向。不能与氯丙嗪合用,以免体温剧降。不能与巴比妥类及保泰松合用,会影响肝微粒体酶活性。

【用法与用量】内服:一次量,马、牛 16~48 片,羊、猪 8~20 片,犬 2~4 片。肌内注射:一次量,马、牛 12~40 mL,羊 4~8 mL,猪 4~12 mL,犬 1.2~2.4 mL。

【最高残留限量】残留标志物:4-氨甲基-安替比林。最高残留限量:奶 50 μg/kg,马、猪、牛的肌肉、脂肪、肾脏 100 μg/kg。

【制剂与休药期】安乃近片(metamizole sodium tablets),安乃近注射液(metamizole sodiuminjection)。休药期:牛、羊、猪 28 日,弃奶期 7 d。

复习与思考

1. 用于抗过敏的药物有哪些?各有什么特点?有什么主要副作用?
2. 动物胃酸过多可引起哪些不良反应?抑制胃酸分泌的药物有哪些适应证?
3. 试述解热、镇痛、抗炎药的作用机制及药物作用特点。哪类药物只有解热作用而无抗炎作用?
4. 试述氟尼辛葡甲胺的作用特点和应用注意事项。

拓展阅读

扫码获取本章的复习与思考题、案例分析、相关阅读资料等数字资源。

第十章

体液和电解质平衡调节药理

本章导读

本章药物是兽医临床常用对症治疗药物,主要是用来维持内环境稳态,保证机体正常的生命活动。在治疗的同时,可能带来新的电解质紊乱,所以使用时要注意合理选药、严格按照剂量和疗程,避免引起严重的不良反应,同时要注意治疗原发疾病。

学习目标

1. 掌握酸碱平衡调节药、利尿药和脱水药的基本概念、药理作用、临床应用及注意事项;了解利尿药的分类、作用机制、临床应用及注意事项。

2. 根据临床症状合理使用各类体液和电解质平衡调节药;学会辩证地看待问题,趋利避害、审时度势,制定最为有利的解决策略。

3. 通过学习,提高独立思考、分析问题、解决临床实际问题能力,养成良好的职业素养和实事求是的态度。

知识网络图

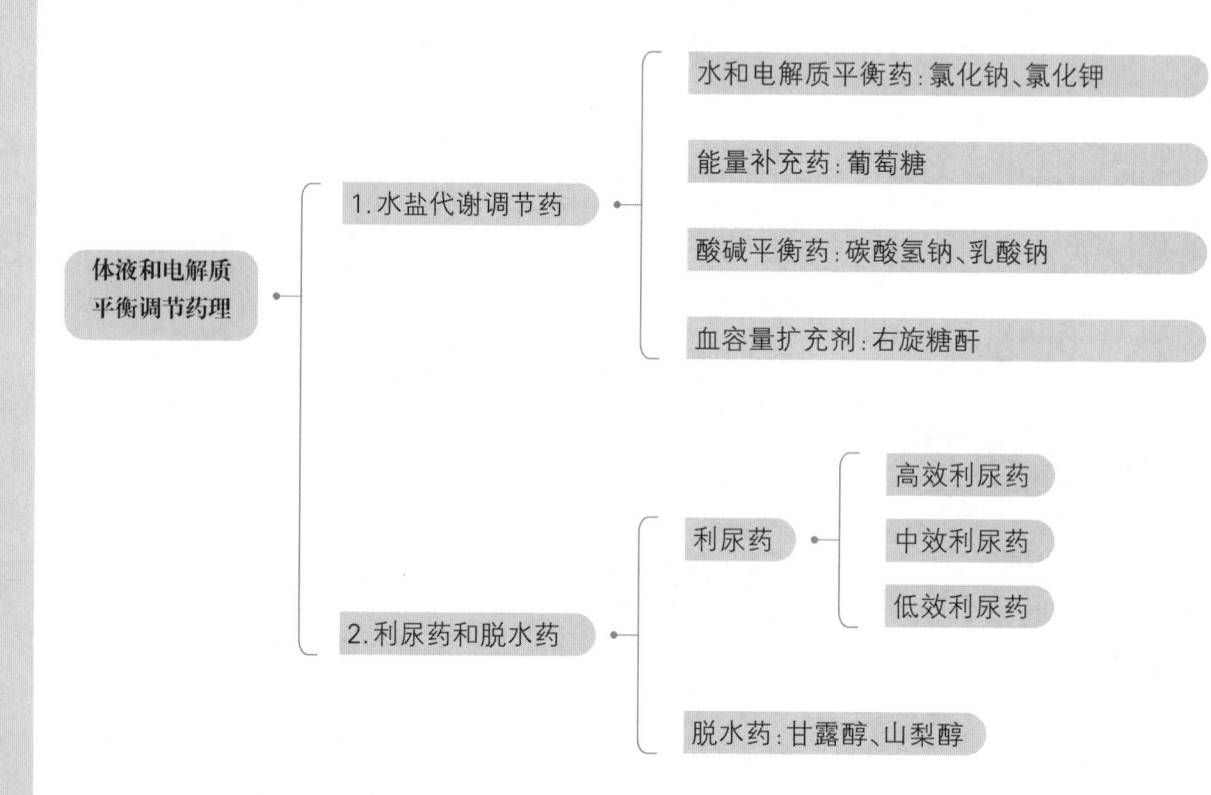

- 体液和电解质平衡调节药理
  - 1. 水盐代谢调节药
    - 水和电解质平衡药：氯化钠、氯化钾
    - 能量补充药：葡萄糖
    - 酸碱平衡药：碳酸氢钠、乳酸钠
    - 血容量扩充剂：右旋糖酐
  - 2. 利尿药和脱水药
    - 利尿药
      - 高效利尿药
      - 中效利尿药
      - 低效利尿药
    - 脱水药：甘露醇、山梨醇

体液指动物体内所含的液体,是机体的重要组成部分,占成年动物体重的60%~70%。以细胞膜为界,体液可分为细胞内液和细胞外液。细胞内液是指存在于细胞内的液体,其总量约占体液的2/3;细胞外液则指存在于细胞外的液体,约占体液的1/3。细胞获取营养物质或排出代谢物,都要通过细胞外液这个环境来完成,所以细胞外液是细胞直接生活的内环境。由于外界环境的变化以及细胞代谢活动的影响,动物机体内环境的成分和理化性质变化较大。正常情况下,机体可通过自身的调节活动,把内环境的变化控制在一定范围内,即内环境的成分和理化性质保持相对稳定,称为内环境稳态。内环境稳态是细胞维持正常功能的必要条件,也是机体维持正常生命活动的基本条件。体液及渗透压的稳定由神经—内分泌系统调节。若调节失常,或在病理条件下,如呕吐、腹泻、高热、创伤、疼痛等,可引起水盐代谢障碍和酸碱平衡紊乱,不仅损伤细胞功能,严重时会危及生命。此时就需要应用水和电解质平衡药、酸碱平衡药、能量补充药、血容量扩充剂等进行调节。

第一节 水盐代谢调节药

一、水和电解质平衡药

水是体液的主要成分,约占成年动物体重的70%,不仅是吸收营养、输送营养物质的介质,也是排泄废物的载体,机体通过水在体内的循环完成新陈代谢过程。此外,水还具有散热、调节体温、润滑关节和各内脏器官等作用,是维持生命的重要物质,如果失水率达10%~20%,就会危及生命。水和电解质的关系极为密切,在体液中总是以比较恒定的比例存在。体液中主要的电解质有 Na^+、K^+、Ca^{2+}、Mg^{2+}、Cl^-、HCO_3^-、HPO_4^{2-} 和 SO_4^{2-},以及一些有机酸和蛋白质等,主要参与维持渗透压,调节酸碱平衡和控制水的代谢。呕吐、腹泻、大面积烧伤、过度出汗、失血等,往往引起机体大量丢失水和电解质。水和电解质平衡药,是用于补充水和电解质丧失,纠正其紊乱,调节其失衡的药物。

氯化钠(sodium chloride)

【理化性质】本品为无色、透明的立方形结晶或白色结晶性粉末,无臭。在水中易溶,在乙醇中几乎不溶。

【药理作用】Na$^+$是细胞外液的主要阳离子,占细胞外液阳离子的92%。参与水的代谢,保证体内水的平衡;对保持细胞外液的渗透压和容量,调节酸碱度,维持生物膜电位,促进水和其他物质的跨膜运动,保障细胞正常功能等都十分重要。Cl$^-$是细胞外液的主要阴离子,许多细胞中都有氯离子通道,它主要负责控制静止期细胞的膜电位以及细胞体积。在膜系统中,特殊神经元里的Cl$^-$可以调控甘氨酸和γ-氨基丁酸的作用。Cl$^-$还与维持血液中的酸碱平衡有关。

【临床应用】氯化钠主要用于防治低钠血症、缺钠性脱水。生理盐水(0.9% NaCl)也常外用作为皮肤、黏膜消毒防腐药,如冲洗眼、鼻黏膜和伤口等。浓氯化钠溶液(10% NaCl)静脉注射,能使血中Na$^+$和Cl$^-$瞬时增加,刺激血管壁的化学感受器,反射性兴奋迷走神经,促进胃肠蠕动和分泌,增强复胃动物的反刍机能。临床上可用于治疗反刍动物前胃弛缓和马属动物便秘症。

小剂量氯化钠内服,属于盐类健胃药,能促进胃肠蠕动,激活唾液淀粉酶,提高消化机能。内服大剂量氯化钠,可发挥盐类泻药的作用,增强肠管的蠕动,促进排便,但效果不如硫酸钠和硫酸镁。

【不良反应】注射过多、过快,可致水钠潴留,引起水肿,血压升高,心率加快。

【注意事项】脑、肾、心脏功能不全及血浆蛋白过低患畜慎用。本品所含有的氯离子比血浆氯离子浓度高,易发生酸中毒动物,如大量使用,可引起高氯性酸中毒。

【用法与用量】氯化钠注射液、复方氯化钠注射液:静脉注射,一次量,马、牛1000~3000 mL,猪、羊250~500 mL,犬100~500 mL。

浓氯化钠注射液:静脉注射,一次量,每1 kg体重,家畜0.1 g。

【最高残留限量】允许用于食品动物,无需制定残留限量。

【制剂】氯化钠注射液(sodium chloride injection)。

氯化钾(potassium chloride)

【理化性质】为无色长棱形、立方形结晶或白色结晶性粉末,无臭。在水中易溶,在乙醇或乙醚中不溶。

【药理作用】K$^+$是细胞内液的主要阳离子,体内98%的钾存在于细胞内。对维持生物膜电位(静息和动作电位),保持细胞内渗透压及内环境的酸碱平衡,维持心肌、骨骼肌和神经系统的正常功能,保障糖、蛋白质和能量代谢等起重要作用。血钾过高时,对心肌有抑制作用,可使心跳在舒张期停止;血钾过低能使心肌兴奋,可使心跳在收缩期停止。血钾对神经肌肉的作用与心肌相反。

【临床应用】主要用于低钾血症,还可用于强心苷中毒引起的阵发性心动过速等。

【不良反应】应用过量或滴注过快易引起高钾血症。

【注意事项】无尿或血钾过高时禁用,肾功能严重减退或尿少时慎用。高浓度溶液或快速静脉注射可能会导致心脏骤停。

【用法与用量】静脉注射:一次量,马、牛2~5 g,猪、羊0.5~1 g。使用时必须用0.5%葡萄糖注射液稀释成0.3%以下溶液。

【最高残留限量】允许用于食品动物,无需制定残留限量。

【制剂】氯化钾注射液(potassium chloride injection)。

二、能量补充药

生物体进行各项生命活动都需要能量的参与,能量是生命活动的动力,物质是能量的载体,物质的合成和分解伴随着能量的储存和释放。生物体内的直接能源是ATP,ATP水解时释放的能量直接用于各项生命活动。糖类、脂肪和蛋白质等有机物中都含有大量的能量,这些有机物氧化分解后释放的能量转移到ATP中,其中,生命活动所利用的能量约70%由糖类提供,糖类是生命活动的主要能源物质。

葡萄糖(glucose)

【理化性质】为无色结晶或白色结晶性或颗粒性粉末,无臭。在水中易溶,在乙醇中微溶。

【药动学】葡萄糖口服吸收很快,静脉注射葡萄糖可直接进入血液循环。葡萄糖在体内完全氧化生成CO_2和水,经肺和肾排出体外,同时产生能量,也可转化成糖原和脂肪贮存。

【药理作用】葡萄糖是机体新陈代谢不可缺少的营养物质,主要作用是给机体提供能量。特别是肝内葡萄糖含量高,能量供应充足,肝细胞的各种生理功能(包括解毒功能)就能得到充分发挥,并提供葡萄糖醛酸和乙酰基等肝脏代谢解毒的原料,增强肝脏解毒能力。葡萄糖供给心肌能量,能增强心肌的收缩功能,使心输出量增加,肾血流量随之增加,尿量也增加,间接起到利尿作用。高渗葡萄糖还可通过提高血液的晶体渗透压,使组织脱水,扩充血容量,可暂时利尿。

【临床应用】5%等渗溶液用于补充营养和水分;10%及以上高渗溶液用于提高血液渗透压和利尿。

【不良反应】长期单纯补给葡萄糖可出现低钾、低钠血症等电解质紊乱状态。

【注意事项】高渗注射液应缓慢注射,以免加重心脏负担,切勿漏出血管外。

【用法与用量】静脉输注:一次量,马、牛 50~250 g,羊、猪 10~50 g,犬 5~25 g。

【最高残留限量】允许用于食品动物,无需制定残留限量。

【制剂】葡萄糖注射液(glucose injection),葡萄糖氯化钠注射液(glucose and sodium chloride injection)。

三、酸碱平衡药

机体正常生理机能和生化反应都是在稳定的体液pH条件下进行的,如蛋白质合成、能量交换、信息处理、酶的活性等。动物从饲料中摄取各种碱性或酸性物质,同时也会在正常代谢过程中不断产生酸性物质。酸性物质和碱性物质在机体内不断变化,这种变化必须依靠机体的调节功能来保持相对平衡,即酸碱平衡,机体主要通过血液缓冲系统、肺和肾的共同作用来调节体液的酸碱平衡。但很多疾病会导致酸碱平衡紊乱。此时,给予酸平衡调节药(碳酸氢钠、乳酸钠等)或碱平衡调节药(氯化铵等),可有效缓解病症。

碳酸氢钠(sodium bicarbonate)

又称重碳酸钠、小苏打。

【理化性质】白色结晶性粉末,无臭。在水中溶解,在乙醇中不溶。

【药动学】起效快,但维持时间短。

【药理作用】内服或静脉注射,可直接增加机体的碱储,迅速纠正酸中毒,是治疗酸中毒的首选药物。经尿排泄时,可碱化尿液,能增加弱酸性药物如磺胺类等在泌尿道的溶解度而随尿排出,防止结晶析出或沉淀;还能提高某些弱碱性药物如庆大霉素对泌尿道感染的疗效。

【临床应用】用于酸血症、胃肠卡他、碱化尿液。

【不良反应】剂量过大或肾功能不全会导致水肿、肌肉疼痛等症状。内服时可在胃内产生大量 CO_2,引起胃肠臌气。

【注意事项】充血性心力衰竭、肾功能不全、水肿、缺钾等患畜慎用。

【用法与用量】内服:一次量,马 15~60 g,牛 30~100 g,羊 5~10 g,猪 2~5 g,犬 0.5~2 g。静脉注射:一次量,马、牛 15~30 g,羊、猪 2~6 g,犬 0.5~1.5 g。

【最高残留限量】允许用于食品动物,无需制定残留限量。

【制剂】碳酸氢钠片(sodium bicarbonate tablets),碳酸氢钠注射液(sodium bicarbonate injection)。

乳酸钠(sodium lactate)

【理化性质】为无色或几乎无色的澄明黏稠液体。能与水、乙醇或甘油任意混合。

【药理作用】在体内经乳酸脱氢酶催化转化为丙酮酸,再经三羧酸循环氧化脱羧生成二氧化碳,继而转化为碳酸根离子,起到纠正酸中毒的作用。

【临床应用】主要用于治疗酸血症。

【注意事项】患有肝功能障碍、休克、缺氧、心功能不全的动物慎用。不宜用生理盐水或其他含氯化钠溶液稀释本品,以免成为高渗溶液。

【用法与用量】静脉注射:一次量,马、牛 20~400 mL,羊、猪 40~60 mL。用时稀释 5 倍。

【最高残留限量】允许用于动物种类:马、牛、羊、猪,无需制定残留限量。

【制剂】乳酸钠注射液(sodium lactate injection)。

四、血容量扩充剂

大量失血或失血浆(如烧伤、大面积烫伤、剧烈呕吐等)可引起血容量降低,严重的会导致休克。此时迅速补足全血或血浆或应用人工合成的药物以扩充血容量,改善微循环是对症治疗的基本疗法。血容量扩充剂的特点是有一定的胶体渗透压、排泄较慢、安全性高、无抗原性。目前兽医临床最常用的是右旋糖酐。

右旋糖酐(dextran)

其为高分子葡萄糖聚合物。按聚合的葡萄糖分子数目不同,分为不同分子量的产品。临床上常用的有右旋糖酐 70(中分子,平均分子量约 70 kDa)、右旋糖酐 40(低分子,平均分子量约 40 kDa)和右旋糖酐 10(小分子,平均分子量约 10 kDa)。

【理化性质】白色粉末,无臭。在热水中易溶,在乙醇中不溶。

【药理作用】右旋糖酐分子量较大,能提高血浆胶体渗透压,从而扩充血容量,维持血压,作用强度与维持时间随分子量变小而逐渐降低。中分子右旋糖酐在血管内维持血浆胶体渗透压，吸引组织水分而发挥扩容作用。因分子质量大，不易透过血管，扩容作用较持久，约12 h。低、小分子右旋糖酐从肾脏排泄较快，在体内停留时间较短，扩容作用仅维持3 h左右。低、小分子右旋糖酐能阻止红细胞和血小板聚集及纤维蛋白聚合，降低血液的黏滞性，并对凝血因子Ⅱ有抑制作用，具有抗血栓和改善微循环的作用。此外，因其分子质量小，易经肾小球滤过而不被肾小管重吸收，还有渗透性利尿的作用。

【临床应用】主要用于补充和维持血容量，治疗失血、创伤、烧伤及中毒性休克。

【不良反应】偶见发热、荨麻疹等过敏反应。增加出血倾向。

【注意事项】充血性心力衰竭、肾功能不全或有出血性疾病的患畜禁用。静脉注射宜缓慢，用量过大可致出血。失血量如超过35%时使用本类药物可继发严重贫血，需采用输血疗法。

【用法与用量】静脉注射：一次量，马、牛500~1 000 mL，羊、猪250~500 mL；每1 kg体重，犬20 mg/d，猫10 mg/d。

【制剂】右旋糖酐40葡萄糖注射液（dextran40 glucose injection），右旋糖酐40氯化钠注射液（dextran40 sodium chloride injection），右旋糖酐70葡萄糖注射液（dextran70 glucose injection），右旋糖酐70氯化钠注射液（dextran70 sodium chloride injection）。

第二节 利尿药和脱水药

利尿药（diuretics）是作用于肾脏，促进电解质及水排泄，使尿量增加的药物。兽医临床主要用于水肿、结石和高钙血症等的对症治疗。脱水药（dehydrants）又称为渗透性利尿药（osmotic diuretics），静脉注射后，能增加血浆的渗透压，产生组织脱水作用。脱水药经过肾脏时，可增加水和部分离子的排出，产生利尿作用，但其利尿作用不强，故仅用于局部组织水肿如脑水肿、肺水肿等的脱水。

一、利尿药

（一）分类

利尿药种类较多，按其作用强度和部位分为以下三类。

1. 高效利尿药

高效利尿药包括呋塞米（速尿）、依他尼酸（利尿酸）、布美他尼（bumetanide）、吡咯他尼（piretanide）等。此类药主要作用于髓袢升支粗段髓质部和皮质部，能使Na^+重吸收减少15%~25%，是目前最强效的利尿药。

2. 中效利尿药

中效利尿药包括氢氯噻嗪、氯噻酮(chlorthalidone)、苄氟噻嗪(bendrofluazide)等。主要作用于远曲小管近端，能使Na^+重吸收减少5%~10%。

3. 低效利尿药

低效利尿药主要有两类，一类是螺内酯(安体舒通)、氨苯蝶啶、阿米洛利(amiloride)等，主要作用于远曲小管和集合管；另一类是乙酰唑胺(醋唑磺胺)等，作用于近曲小管的碳酸酐酶抑制药，能使Na^+重吸收减少1%~3%。作用弱，一般和其他利尿药合用。

(二)泌尿生理及利尿药的作用机制

尿液的生成是通过肾小球滤过、肾小管的重吸收与分泌而实现的，利尿药通过作用于肾单位的不同部位(图10-1)而产生利尿作用。

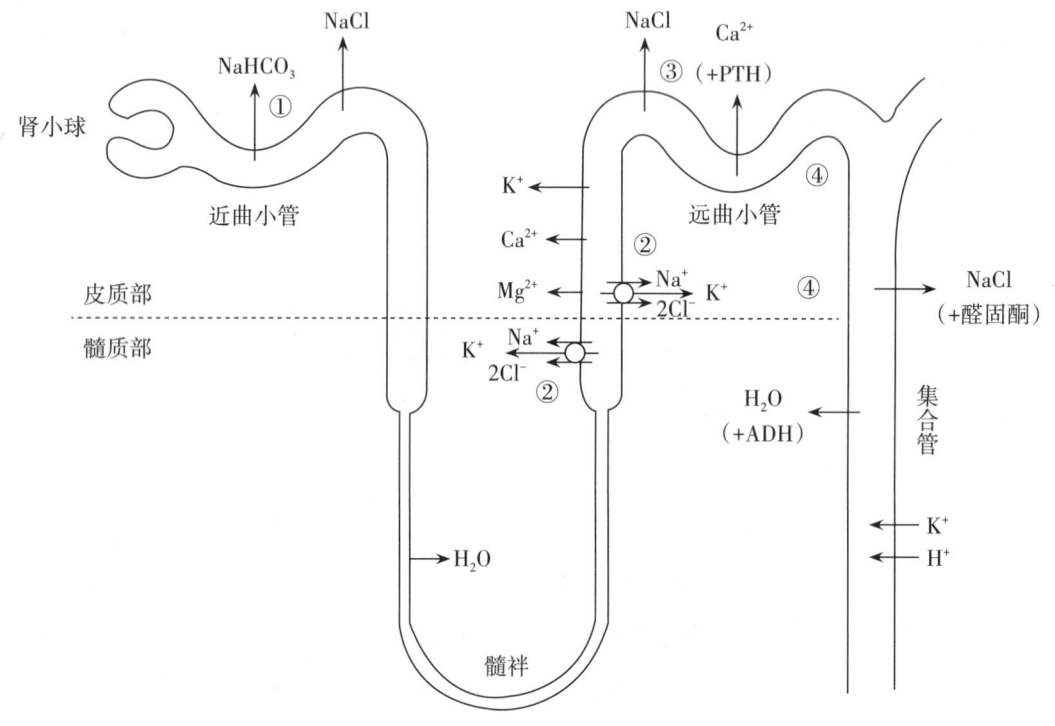

图10-1 利尿药的作用部位
①碳酸酐酶抑制药；②高效利尿药；③噻嗪类中效利尿药；④醛固酮拮抗剂

1. 肾小球滤过

血液流经肾小球，除蛋白质和血细胞外，其他分子质量小于70 kDa的成分均可通过肾小球毛细血管滤过而形成原尿，原尿量的多少取决于肾血流量及有效滤过压。有些药物如咖啡因、氨茶碱、强心苷等通过增强心肌的收缩力，导致肾脏血流量和肾小球滤过压增加，原尿生成增多。但由于肾脏存在球—管平衡调节机制，上述药物并不能使终尿量明显增多，利尿作用极弱，一般不作为利尿药。

2. 肾小管重吸收与分泌

(1) 近曲小管

此段是Na^+重吸收的主要部位，原尿中约60%~65%的Na^+被重吸收，以维持近曲小管液体渗透压的稳定。Na^+的重吸收主要通过Na^+-H^+交换进行，这种交换在近曲小管和远曲小管都有，但以近曲小管为主。H^+来自CO_2与H_2O所产生的H_2CO_3，这一反应需要细胞内碳酸酐酶催化，形成的H_2CO_3再解离成H^+和HCO_3^-，H^+将Na^+交换入细胞内。

若H^+生成减少，则Na^+-H^+交换减少，Na^+重吸收减少，产生利尿作用。碳酸酐酶抑制剂乙酰唑胺（醋唑磺胺）就是通过抑制H_2CO_3的生成而产生利尿作用的，但其作用弱，且生成的HCO_3^-可引起代谢性酸中毒，故现已少用。

(2) 髓袢升支粗段髓质和皮质部

此段重吸收原尿中30%~35%的Na^+，而不重吸收水。当原尿流经髓袢升支时，Cl^-呈主动重吸收，依赖于管腔膜上的Na^+-K^+-$2Cl^-$共转运子，Na^+被动重吸收。小管液由肾乳头部流向肾皮质时，由于髓袢升支粗段对水不通透，逐渐由高渗变为低渗，进而形成无溶质的净水(free water)，这就是肾对尿液的稀释功能。同时，NaCl被重吸收到髓质间液后，由于髓袢的逆流倍增作用，并在尿素的参与下，髓袢所在的髓质组织间液的渗透压逐渐提高，最后形成髓质高渗区。

当尿液流经开口于髓质乳头的集合管时，由于管腔内液体与高渗髓质间液存在渗透压差，并受抗利尿素的影响，水被重吸收，即水由管内扩散出集合管，大量的水被重吸收回间液，称净水的重吸收，这就是肾对尿液的浓缩功能。综上所述，当升支粗段髓质部和皮质部对Cl^-和Na^+的重吸收被抑制时，一方面肾的稀释功能降低（净水生成减少），另一方面肾的浓缩功能也降低（净水重吸收减少），结果排出大量较正常的尿为低渗的尿液，因此导致强大的利尿作用。高效利尿药呋塞米、依他尼酸等就起着上述作用，通过抑制髓袢升支粗段髓质和皮质部NaCl的重吸收而表现强大的利尿作用，故也称袢利尿药。

(3) 远曲小管

此段重吸收原尿中约10%的Na^+，主要通过Na^+-Cl^-共同转运完成。与髓袢升支粗段一样，远曲小管相对不通透水，NaCl的重吸收进一步稀释了小管液。中效利尿药噻嗪类通过阻断Na^+-Cl^-共同转运子而产生作用，使肾的稀释功能降低，而对肾的浓缩功能无影响。

(4) 集合管

此段重吸收原尿中2%~5%的Na^+。吸收方式包括Na^+-H^+交换及Na^+-K^+交换机制。Na^+-K^+交换机制是部分依赖醛固酮调节的，称为依赖醛固酮交换机制，盐皮质激素受体拮抗剂如螺内酯等可对其产生竞争性抑制；也有非醛固酮依赖机制，如氨苯蝶啶和阿米洛利等能抑制Na^+-K^+交换，产生排钠保钾的利尿作用。因此，螺内酯、氨苯蝶啶等又称为保钾利尿药。

除保钾利尿药外，现有的各种利尿药都是排钾利尿药，用药后Na^+和Cl^-的排泄都是增加的，同时钾的排泄也增加。因为它们一方面在远曲小管以前各段减少了Na^+的重吸收，使流经远曲小管的尿液中含有较多的Na^+，因而Na^+-K^+交换有所增加；另一方面它们能促进肾素的释放，这是由于利尿降低了血浆容量而激活肾压力感受器及肾交感神经，可使醛固酮增加，从而使Na^+-K^+交换增加，使K^+排泄增多。因此，使用这些利尿药时应注意补钾。

(三)常用利尿药

呋塞米(furosemide)

又称呋喃苯胺酸、利尿磺胺,是具有邻氯磺胺结构的化合物。

【理化性质】白色或类白色结晶性粉末,无臭。在水中不溶,乙醇中略溶,丙酮中溶解。

【药动学】吸收迅速,口服30 min内,静注5 min后起效,维持时间2~3 h。主要通过肾脏近曲小管有机酸分泌机制或肾小球滤过,随尿液以原形排出。

【药理作用】主要作用于髓袢升支的髓质部与皮质部,抑制Cl^-的主动重吸收和Na^+的被动重吸收,降低肾对尿液的稀释和浓缩功能,排出大量接近于等渗的尿液。由于Na^+排泄增加,使远曲小管的K^+-Na^+交换加强,K^+排泄增加。本品对近曲小管的电解质转运也有直接作用。

【临床应用】主要用于充血性心力衰竭、肺水肿、水肿、腹水、胸膜积水、尿毒症、高血钾症和其他非炎性病理积液等疾病的辅助治疗。此外,还用于治疗牛产后乳房水肿,预防和减少马鼻出血和蹄叶炎。在苯巴比妥、水杨酸盐等药物中毒时可加速毒物的排出。

【不良反应】可诱发低钠、低钾、低镁、低钙血症,脱水动物易出现氮质血症。引起胃肠道功能紊乱,贫血、白细胞减少和衰弱等症状。大剂量静脉注射可能使犬听觉丧失。

【注意事项】无尿患畜禁用,电解质紊乱或肝损害的患畜慎用。避免与具有耳毒性的氨基糖苷类抗生素或糖皮质激素合用。

【用法与用量】肌内、静脉注射:一次量,每1 kg体重,马、牛、羊、猪0.5~1 mg,犬、猫1~5 mg。内服:一次量,每1 kg体重,马、牛、羊、猪2 mg,犬、猫2.5~5 mg。

【制剂】呋塞米片(furosemide tablets),呋塞米注射液(furosemide injection)。

噻嗪类(thiazides)

氢氯噻嗪　　　　　氯噻嗪　　　　　苄氟噻嗪

噻嗪类是临床广泛应用的一类利尿药,基本结构是由杂环苯并噻二嗪和一个磺酰胺基组成。本类药物作用相似,氢氯噻嗪(又名双氢克尿噻)是此类药物的原形药。按等效剂量相比,本类药物利尿的效价强度可相差近千倍,从弱到强的顺序依次为:氯噻嗪<氢氯噻嗪<氢氟噻嗪<苄氟噻嗪<环戊氯噻嗪。

【理化性质】氢氯噻嗪为白色结晶性粉末,无臭。在丙酮中溶解,在乙醇中微溶,在水或乙醚中不溶,在稀无机酸或氢氧化钠溶液中溶解。

【药动学】本类药物脂溶性较高,口服吸收快而不完全。均以有机酸的形式从肾小管分泌,可使尿酸分泌速率降低。

【药理作用】噻嗪类能增强NaCl和水的排出,主要作用于髓袢升支皮质部(远曲小管开始部位),抑制NaCl的重吸收,产生温和持久的利尿作用。还能增加钾、镁、磷、碘和溴的排泄。H^+-Na^+交换减少,Na^+-K^+交换增多,故可使K^+、HCO_3^-排出增加,大量或长期用药可引起低钾血症。本类药物对近曲小管的碳酸酐酶有抑制作用,使尿中排出HCO_3^-略有增多。另外,本药还能引起或促进糖尿病患病动物的高血糖症。

【临床应用】可用于各种类型水肿,对轻、中度心性水肿效果较好;对肾性水肿的效果与肾功能有关,轻者效果好,严重肾功能不全者效果差;治疗肝性水肿时要注意防止低血钾诱发肝性昏迷。还用于治疗牛的产后乳房水肿。

【不良反应】大剂量或长期使用可引起体液和电解质平衡紊乱,导致低钾血症和低氯血症。

【注意事项】严重肝、肾功能障碍,电解质平衡紊乱及高尿酸血症等患畜慎用。

【用法与用量】以氢氯噻嗪计。内服:一次量,每1 kg体重,马、牛1~2 mg,羊、猪2~3 mg,犬、猫3~4 mg。

【最高残留限量】允许用于牛,不需要制定残留限量。

【制剂】氢氯噻嗪片(hydrochlorothiazide tablets)。

螺内酯(spironolactone)

又称安体舒通。化学结构式与醛固酮相似,是人工合成的甾体化合物。

【药理作用】其是醛固酮的竞争性拮抗剂。螺内酯与醛固酮的结构相似,能竞争性结合胞质内受体,产生拮抗醛固酮的作用。该药还能干扰细胞内醛固酮活性代谢物的形成,影响醛固酮作用的发挥,表现出排Na^+保K^+的作用。

【临床应用】螺内酯利尿作用不强,起效慢而作用持久。一般与噻嗪类或强效利尿药合用,作为保钾利尿药,避免过分失钾,并产生最大的利尿效果。

【不良反应】不良反应较轻,久用可引起高血钾。

【用法与用量】内服:一次量,每1 kg体重,犬、猫2~4 mg。

【制剂】螺内酯片(spironolactone tablets)。

二、脱水药

本类药物包括甘露醇、山梨醇、尿素和高渗葡萄糖等。尿素不良反应多,高渗葡萄糖可被代谢并有部分转运到组织,持续时间短,疗效较差,此两药现已少用。

甘露醇(mannitol)

【理化性质】其为白色结晶或结晶性粉末,无臭,味甜。在水中易溶。

【药理作用】静脉注射后,使血浆渗透压迅速升高,一方面促使组织间液的水分向血液扩散,产生脱水作用。另一方面使血容量增加,经肾小球滤过后,不易被重吸收,产生利尿作用。甘露醇使水排出增加的同时,也使电解质、尿酸和尿素的排出增加。甘露醇能防止肾毒素在小管液的蓄积,从而对肾起保护作用。甘露醇不能进入眼和中枢神经系统,但通过渗透压作用能降低眼内压和脑脊液压,不过在停药后脑脊液压可能发生反跳性升高。

【临床应用】主要用于脑水肿、脑炎的辅助治疗。也可用于治疗急性少尿症、肾衰竭、青光眼急性发作,降低眼内压以及加快某些毒物(如阿司匹林、巴比妥类和溴化物等)的排泄。

【不良反应】大剂量或长期注射可引起水和电解质紊乱。静脉注射时药物漏出血管可使注射部位水肿、皮肤坏死。

【注意事项】严重脱水、肺充血或肺水肿、充血性心力衰竭以及进行性肾功能衰竭的患畜禁用。局部刺激较大,静脉注射时勿漏出血管外。

【用法与用量】静脉注射:一次量,马、牛1000~2000 mL,羊、猪100~250 mL。

【最高残留限量】允许用于所有食品动物,无需制定残留限量。

【制剂】20%甘露醇注射液(mannitol injection)。

山梨醇(sorbitol)

其为甘露醇的同分异构体。

【理化性质】白色结晶,无臭,易溶于水。

【药动学】进入体内后,部分在肝转化为果糖,故作用减弱,效果稍差。

【药理作用】同甘露醇。

【用法与用量】静脉注射:一次量,马、牛1000~2000 mL,羊、猪100~250 mL。

【最高残留限量】允许用于食品动物马、牛、羊、猪,无需制定残留限量。

【制剂】25%山梨醇注射液(sorbitol injection)。

复习与思考

1. 试述输液补充葡萄糖的意义。
2. 比较各类利尿药作用有何不同。
3. 试述甘露醇治疗脑水肿的作用机制。

拓展阅读

扫码获取本章的复习与思考题、案例分析、相关阅读资料等数字资源。

第十一章

营养药理

本章导读

矿物元素、维生素和部分类维生素的缺乏可导致明显缺乏症甚至死亡，需要相应营养物质补充剂以恢复生理机能，那么它们是如何影响动物生理机能的？兽医应当如何应对相应缺乏症？本章将一一解答这些问题。

学习目标

1. 掌握钙、磷及其常用制剂；了解微量元素铜、锌、锰、硒、碘、钴，以及维生素、类维生素的药理作用、用途。

2. 学会使用钙、磷、维生素制剂解决生产实际问题。

3. 了解营养药参与机体功能和/或构成，营养药用量虽小，却可以发挥重要药理作用。内化"均衡兼顾"的营养药理观和"寸辖制轮"的人生大局观。

知识网络图

- 营养药理
  - 1. 矿物元素
    - 常量元素药：磷酸氢钙、布他磷、硫酸镁等
    - 微量元素药：硫酸铜、硫酸锌、硫酸锰等
  - 2. 维生素
    - 脂溶性维生素
      - 维生素A：VA乙酸酯和VA棕榈酸酯等
      - 维生素D：维生素D_2等
      - 维生素E：DL-α生育酚乙酸酯等
    - 水溶性维生素
      - B族维生素
      - 维生素C：L-抗坏血酸等
  - 3. 类维生素

> 营养药是参与机体新陈代谢和结构组成的物质。兽医药理学中,营养药特指日粮中含量少、缺乏可引发特定缺乏症甚至死亡的矿物元素、维生素和类维生素。

第一节 矿物元素

动物体内约有55种矿物元素,占体重约4%,按体重占比分为常量元素(>0.01%)和微量元素(<0.01%)。本节将重点介绍缺乏可导致缺乏症的常量元素和微量元素及其营养药理作用。

一、钙磷和其他常量元素

常量元素包括钙、磷、钠、钾、氯、镁、硫7种,与机体结构组成、生理功能息息相关,下面主要介绍钙、磷、镁和硫。

(一)钙和磷

通常,动物通过日粮摄入足够钙磷,但某些体内因素,诸如生理(哺乳和产蛋)、病理(胃肠疾病)、胃肠道环境(偏碱引起不溶性钙盐生成)和激素调节钙磷平衡体系(图11-1)失衡。或体外因素,如日粮钙磷质量比例不当(正常为1~2:1)和日粮中干扰物质(如,植酸或草酸与钙形成不溶性盐,铁、铝或镁与磷酸根形成不溶性盐),可降低钙磷吸收,甚至引起钙磷缺乏症。

【缺乏症】急性钙磷缺乏症常呈低血钙,可引起临产麻痹、产后瘫痪、肌强直和惊厥等症状。慢性钙磷缺乏症多由日粮钙磷配比不当引起,可导致幼龄动物佝偻病,成年动物骨软症。此外,禽类会出现羽毛褶皱、产软壳蛋和孵化率低等情况,泌乳牛泌乳量减少、质量差。

【钙的药理作用】其构成骨骼和牙齿,参与肌肉和心肌收缩的信号传导,增加传出神经突触前膜神经递质的释放量,是重要凝血因子。拮抗镁离子,起到肌肉松弛和神经抑制作用。致密毛细血管内皮细胞,起抗过敏和抗炎作用。

【磷的药理作用】其构成骨骼和牙齿。拮抗血钙升高,帮助钙离子沉积于骨组织。构成磷酸盐缓冲体系,维持酸碱平衡。组成高能物质,参与体内能量生成。参与形成和维持细胞膜结构、功能,促进物质转运。参与核酸和蛋白质合成,促进发育和繁殖。

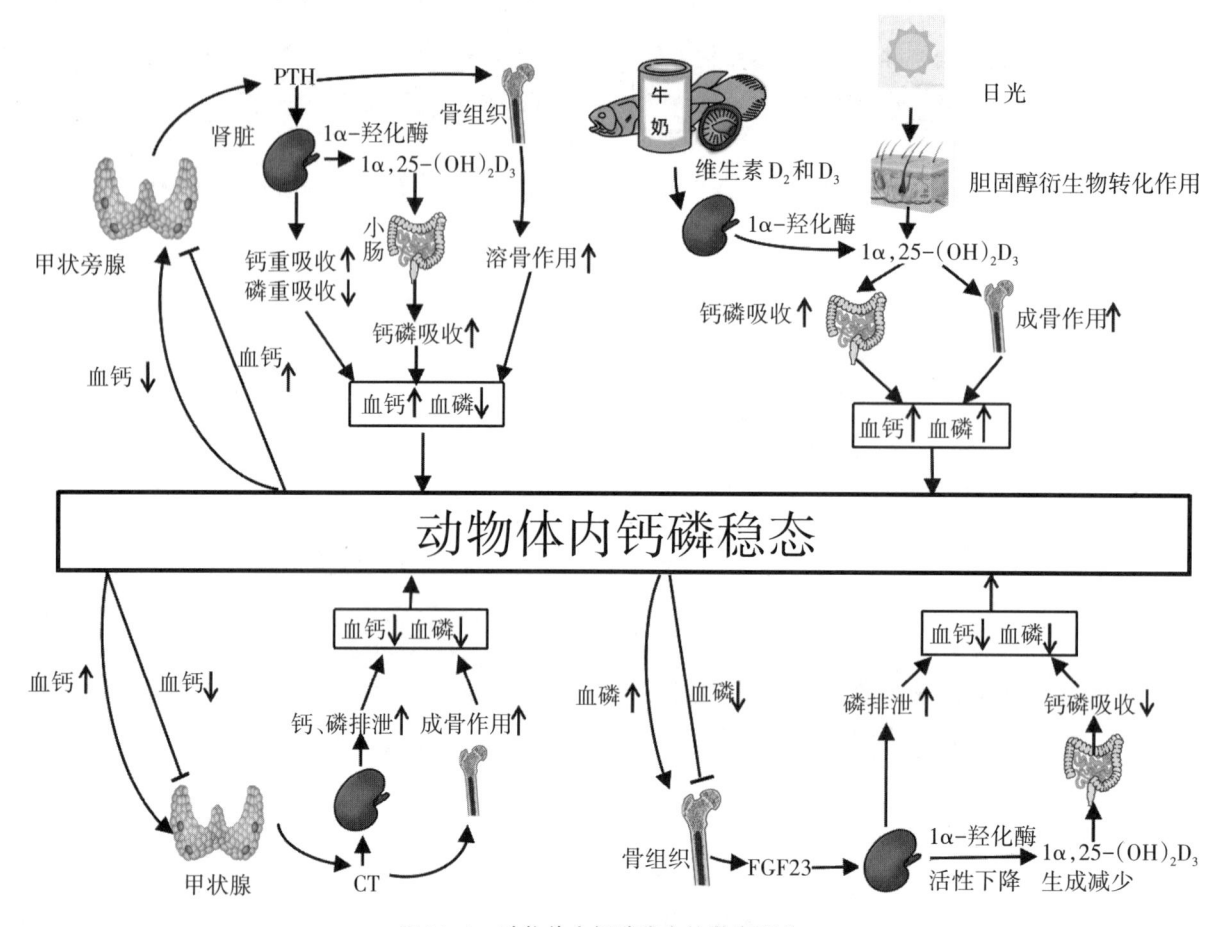

图 11-1 动物体内钙磷稳态的激素调节

注:图中"→"代表"作用于";"↑"代表"增加"或"促进";"↓"代表"减少"或"抑制";PTH(parathormone)代表甲状旁腺素,由甲状旁腺主细胞分泌;CT(calcitonin)代表降钙素,由甲状腺C细胞分泌;FGF23(成纤维细胞生长因子23,fibroblast growth factor 23)为骨细胞分泌的一种蛋白质激素。

磷酸氢钙(calcium hydrogen phosphate)

【理化性质】白色结晶性粉末,易溶于稀盐酸、稀硝酸、醋酸,微溶于水,不溶于乙醇。

【药动学】钙、磷分别以Ca^{2+}和磷酸盐/HPO_4^{2-}的形式存在,分别通过被动扩散和易化扩散吸收;瘤胃也吸收少量磷。血液中钙和磷主要沉积于骨组织,大部分以离子形式随肾脏排泄。

【用途】钙磷补充药物,用于家畜钙、磷缺乏症。

【用法用量】以磷酸氢钙计,内服:马、牛12 g,羊、猪2 g,犬、猫0.6 g。

【注意事项】可减少四环素类、氟喹诺酮类药物在胃肠道的吸收;与维生素D类同用可促进钙吸收,但大量可诱导高钙血症。

【制剂】磷酸氢钙片(calcium hydrogen phosphate tablets)。

布他磷(butaphosphan)

【理化性质】白色至灰白色结晶粉末,微溶于水和乙醇,具有引湿性。

【药动学】静脉或肌内注射给药后,快速入血,体内分布广泛,经肝脏代谢,以原形和代谢物形式随尿液排泄。

【用途】有机磷补充药物,促进新陈代谢,促进平滑肌功能及健全骨骼肌系统,帮助肌肉运动及消除疲劳,降低应激反应。

【用法用量】肌内或皮下注射:马、牛10~25 mL,羊2.5~8 mL,猪2.5~10 mL,犬、猫1~5 mL。

【注意事项】严格控制用量,以免中毒,不可冷冻。

【制剂】布他磷/维生素B_{12}复方注射液(butaphosphan/vitamin B_{12} compound injection)。

(二)镁

患肠道疾病,或瘤胃、网胃疾病,或长期镁摄入不足,可引起镁缺乏症,且反刍兽易发。

【缺乏症】镁缺乏动物常见肌无力、痉挛、兴奋好斗、心律失常、共济失调和昏迷,严重者猝死。反刍动物主要为"草痉挛",猪多表现为抽搐、乏力和趴卧不起,蛋禽产蛋量下降、畸形蛋增多,肉禽主要为抽搐和肌无力。

【药理作用】体内300余种酶的辅助因子。帮助维持正常肌肉、神经功能。维持骨强度,以磷酸盐(约1/3)和碳酸盐(约2/3)吸附于羟基磷灰石表面,低血钙时,替代部分钙入血。大剂量镁盐可导泻,主要因结、直肠对镁的吸收能力弱。

硫酸镁(magnesium sulfate)

【药动学】拌料给药后,镁以Mg^{2+}与转运白蛋白结合后通过主动运输进入机体,其中约50%~60%分布于骨组织,其余主要分布于神经和肌肉,多余或未吸收的镁随尿液和粪便排出体外。

【用途】用于镁缺乏所致的食欲下降、生长受阻、抽搐和惊厥等症状。

【用法用量】拌料给药(以饲喂日粮计):牛羊0.5%,猪、家禽0.3%(以镁元素含量计)。

【注意事项】饲料中镁含量过高时会使畜禽采食量降低,大剂量使用会导致腹泻及呼吸麻痹等中毒现象。例如:母鸡日粮中镁含量超过0.7%时生长出现停滞,超过1%时母鸡生产性能受到显著损害。

【制剂】一水硫酸镁(magnesium sulfate monohydrate)、七水硫酸镁(magnesium sulfate heptahydrate)。

(三)硫

对于反刍动物,无机硫(多为SO_4^{2-})可经瘤胃微生物转化为含硫氨基酸或维生素;而单胃动物因肠道微生物转化无机硫能力弱,因此,高度依赖有机硫摄入。

【缺乏症】反刍动物常因日粮氮、硫比不当(推荐范围10~15:1),单胃动物则主要因有机硫摄入不足引起硫缺乏症。主要表现为食欲减退,毛、甲和角生长缓慢,流涎、迟钝和动作迟缓,产奶、产蛋量下降。

【药理作用】形成二硫键稳定蛋白质高级结构。参与合成硫酸软骨素维持软骨健康。参与合成谷胱甘肽抗氧化损伤。帮助维持硫依赖微生物的种群数量,从而提升瘤胃中纤维消化水平。参与脂类、碳水化合物和能量代谢过程。体液中SO_4^{2-}可影响体内酸碱平衡。

硫酸钠(sodium sulfate)

【理化性质】无色、透明的结晶或颗粒性粉末,无臭,有风化性。

【药动学】无机硫SO_4^{2-}形式随唾液分泌至瘤胃,瘤胃微生物把无机硫转化为含硫氨基酸或维生素供机体利用。硫主要被肠道厌氧菌代谢为硫化氢随粪便排出体外；此外，有机硫还可被代谢为硫化氢、硫代硫酸盐或酯化硫酸盐随尿液排出体外，少部分由肝脏代谢为牛磺酸经排遗作用排出。

【用途】改善反刍动物毛的产量和品质，防治家禽啄羽癖。

【用法用量】绵羊，每吨饲料3 g；家禽，每吨饲料3~5 g。

【注意事项】对眼睛和皮肤有刺激作用，低毒。

【制剂】硫酸钠预混料（sodium sulfate premix）。

二、微量元素

目前已知微量元素约有70种，严格依赖环境和食物摄入，其中药理作用明确的必需微量元素包括铁、铜、锌、锰、硒、碘、钴、钼、铬、氟、镍、钒、砷、硅、锡共计15种，其余微量元素作用仍不明确，甚至部分有害，如镉、汞、铅等。微量元素对于动物免疫、繁殖和生长发育等生理过程十分重要，甚至还可作为体内多种酶的辅助因子，参与控制自由基生成，减少机体氧化损伤。

（一）铜

【缺乏症】主要表现为贫血、嗜中性粒细胞减少、色素减退和生长受阻。

【药理作用】铜蓝蛋白氧化Fe^{2+}为Fe^{3+}，仅Fe^{3+}能与转铁蛋白结合并被转运至造血细胞参与合成血红蛋白。作为酶辅助因子，帮助实现电子转移和提高底物亲和力。参与色素沉着，毛和羽的角化，促进骨和胶原形成，维持先天免疫。

硫酸铜（copper sulfate）

【理化性质】深蓝色结晶或蓝色结晶型颗粒或粉末，无臭，有风化性。

【药动学】Cu^{2+}还原为Cu^+后在十二指肠吸收。大部分Cu^+入血，与白蛋白结合后转运至肝细胞，参与合成铜蓝蛋白。Cu^+主要随胆汁经排遗作用排出体外，但反刍动物此作用弱，易铜中毒。

【用途】用于防治动物铜缺乏引起的生长缓慢、被毛脱落或粗乱、骨骼生长不良等症状。

【用法用量】内服：按硫酸铜计，一次量，犊、羊1.5~2 mg/kg。

【注意事项】过量使用对胃肠道有刺激作用。严重者可造成严重肾损害和溶血。长期接触可发生接触性皮炎和鼻、眼黏膜刺激。

【制剂】1%硫酸铜溶液（1% copper sulfate solution）。

（二）锌

【缺乏症】锌缺乏最初表现为食欲减退和食性变化；长期缺乏，可表现为皮肤角化不全、褶皱粗糙、伤口难愈合，伴随生长发育不良、食欲减退、骨骼发育异常，幼龄动物敏感。成年兽可表现为产仔数减少、质量下降，精子活力降低，家禽产蛋率下降。

【药理作用】其参与酶形成或作为辅助因子，是胰岛素组成成分。参与胸腺素组成，调节细胞免疫。维持皮肤细胞和皮毛的正常形态、生长和健康。形成锌指结构，参与基因转录。促进性器官正常发育，保持卵子、精子质量。作为基质金属蛋白酶主要成分，负责裂解和重组机体结缔组织。

硫酸锌（zinc sulfate）

【理化性质】无色棱柱状或细针状结晶或颗粒状的结晶性粉末，无臭，有风化性。

【药动学】Zn^{2+}经主动转运进入肠上皮细胞，多数Zn^{2+}参与合成碳酸酐酶和Zn超氧化物歧化酶，其余释放入血，与清蛋白结合后转运至肝脏，肝细胞中部分Zn^{2+}被胞内金属酶结合，其余Zn^{2+}再次释放入血。锌以多种金属酶形式通过排遗作用排出体外，少部分随尿液排出。

【用途】防治动物缺锌时引起的食欲和生产性能下降、生长缓慢，伤口、溃疡和骨折不易愈合，雌雄动物繁殖性能降低。

【注意事项】对胃肠道有刺激作用，过量使用会引起呕吐、腹泻、腹痛和急性肠胃炎。

【用法用量】内服：一天量，牛 0.05~0.1 g，驹 0.2~0.5 g，羊、猪 0.2~0.5 g，禽 0.05~0.1 g。

【制剂】硫酸锌片（zinc sulfate tablets）。

（三）锰

【缺乏症】锰缺乏表现为生长受阻、骨骼畸形、繁殖机能下降、脂质/碳水化合物代谢障碍。产蛋禽可表现出产蛋率下降、蛋壳粗糙。

【药理作用】促进软骨形成，是胰岛素合成过程的关键因子，也是参与性激素合成过程的关键调节因子。

硫酸锰（manganese sulfate）

【理化性质】白色至粉红色结晶性粉末。

【药动学】以Mn^{2+}吸收后入血，与α_2-巨球蛋白和白蛋白结合后转运，分布于毛囊、胰脏、肝脏、肾脏和骨组织。主要随胆汁经排遗作用排出。

【用途】防治锰缺乏症，提高动物采食量和生产性能。

【用法用量】混饲：每 1 000 kg 饲料，猪 50~500 g，鸡 100~200 g。

【注意事项】大量摄入可引起慢性锰中毒，早期以神经衰弱综合征和神经功能障碍为主，晚期出现震颤麻痹综合征。

【制剂】硫酸锰预混料（manganese sulfate premix）。

（四）硒

【缺乏症】幼龄动物常见白肌病，甚至猝死；在家禽则表现为渗出性素质，皮下积聚大量液体。成年家畜流产、胎衣不下、不易受孕，反刍动物胎衣不下多与缺硒相关。

【药理作用】其是谷胱甘肽过氧化物酶、硒蛋白P和硒蛋白W的组成成分，可保护细胞膜磷脂免受自由基氧化损伤。Ⅰ型甲酰胺酸-5'-脱碘酶的组成成分，该酶催化四碘甲状腺原氨酸（T_4）为具有更高活性的三碘甲状腺原氨酸（T_3）。硒代氨基酸参与形成生物膜，是辅酶A和辅酶Q组成成分，预防白肌病和肌肉营养不良症；减少牛胎盘滞留，维持公猪曲细精管正常发育；与重金属（如铅、镉、汞等）发生络合反应，降低重金属对机体的损害。

亚硒酸钠（sodium selenite）

【理化性质】无色或白色结晶，可溶于水，溶解度随温度的升高而增加，也可溶于醇类和酸类溶液。

【药动学】硒主要在十二指肠吸收，入血后结合于α球蛋白和β球蛋白，主要分布于肝脏、肾脏，主要以排遗方式排出。

【用途】防治动物硒缺乏所致的白肌病及雏鸡渗出性素质等。

【用法用量】以亚硒酸钠计，肌内注射：每千克体重一次量，牛、羊、马 0.2~0.5 mg，猪 0.1~0.3 mg，羔羊、仔猪 0.1~0.2 mg。混饲：每 1 000 kg 饲料，畜禽 0.2~0.4 g。

【注意事项】过量使用可引起血压下降，应立即停止给药，可用亚甲蓝解救。马属动物慎用。

【制剂】亚硒酸钠注射液（sodium selenite injection）、亚硒酸钠维生素 E 注射液（sodium selenite and vitamin E injection）、亚硒酸钠维生素 E 预混剂（sodium selenite and vitamin E premix）。

（五）碘

【缺乏症】甲状腺合成能力不足，外观呈甲状腺肿。孕畜缺碘可导致胎儿神经组织和骨骼异常发育，产死胎或弱胎。幼畜或禽发育迟缓、骨畸形和出现神经症状。禽产蛋率降低、种蛋孵化率降低，公畜精液品质下降。

【药理作用】碘是甲状腺素不可或缺的成分，碘的药理作用与甲状腺素的生理作用一致。

碘化钾（potassium iodide）或碘化钠（sodium iodide）

【理化性质】两者均为无色或白色结晶固体，在水中溶解，也溶于甲醇和乙醇。

【药动学】碘以 I⁻ 形式在胃壁和小肠全段，反刍兽则主要在瘤胃、网胃和瓣胃吸收。血液中 I⁻ 主要被甲状腺细胞摄取。主要通过尿液排出。

【用途】用于碘缺乏症，如甲状腺肿大，生长发育不良，繁殖力下降，产死胎或弱胎，精液品质降低等。

【用法用量】以碘化钾或碘化钠计，内服一次量，马、牛 5~10 g，羊、猪 1~3 g，犬 0.2~1 g。

【注意事项】肝、肾功能低下患畜慎用。

【制剂】碘化钾预混剂（potassium iodide premix），碘化钠预混剂（sodium iodide premix）。

（六）钴

钴可被瘤胃微生物用于合成 VB_{12}（钴胺素）供机体利用，而单胃动物合成量极少，因此，钴仅对反刍动物具有营养药理意义。

【缺乏症】反刍动物 VB_{12} 合成不足，呈巨幼细胞贫血症状，食欲减退或丧失、消瘦、肝脏脂肪变性，繁殖力降低，产仔数减少、存活率降低。

【药理作用】保证瘤胃内菌体数量、活性，维持消化纤维能力。

氯化钴（cobalt chloride）

【理化性质】淡蓝色、浅紫色或红紫色片状结晶，可溶于水、乙醇和丙酮。

【药动学】约 8%~18% 无机钴（Co^{2+}）可由瘤胃微生物转化为 VB_{12}。在真胃 VB_{12} 与胃壁分泌内因子（Internal Factor, IF）结合，以免受肠道微生物和酶的破坏，随后在小肠吸收。VB_{12} 以甲基钴胺素结合至 VB_{12}

结合蛋白,随血液运输至肝脏(约占60%)、骨髓(约占30%)及其他组织。主要随胆汁经排遗作用排出。

【用途】主要用于钴缺乏所致VB$_{12}$合成不足、血红蛋白和红细胞生产受阻。

【用法用量】以氯化钴计。内服:一次量,牛25~500 mg,犊10~200 mg,羊5~100 mg,羔羊2.5~50 mg。

【注意事项】不良反应少见。

【制剂】氯化钴片(cobalt chloride tablets)或氯化钴溶液(cobalt chloride solution)。

第二节 维生素和维生素类似物

维生素(vitamin)是新陈代谢所必需的一类化学结构多样的有机化合物,仅为微克或毫克级存在于动物体,对维持动物健康、生长发育和繁殖性能至关重要。由于动物机体无法自身合成或后肠微生物合成极微量,因此,高度依赖日粮摄入。当前公认的维生素共计13种,按溶解性分为脂溶性维生素(维生素A、D、E、K)和水溶性维生素(维生素B族8种、维生素C)。

维生素类似物(vitamin-like substances)又称假维生素(pseudovitamin),在化学结构或生物学功能与维生素相似,通常为非机体必需、机体可合成自足的一类物质,总计约71种。例如,甜菜碱、肌醇、乳清酸(维生素B$_{13}$)等,其中,目前已知胆碱缺乏会引起明显缺乏症。

一、脂溶性维生素

脂溶性维生素A、D、E、K的吸收可因胆汁减少而降低,日粮中脂肪成分可促进其吸收,长期摄入不足引起缺乏症。

(一)维生素A

维生素A主要指视黄醇,还包括其衍生物视黄醛、视黄酸等,它们的反式结构生物活性高。植物性日粮中单个β-胡萝卜素分子(又称VA原)可转化为2分子视黄醇。常用VA补充药物为VA棕榈酸酯或乙酸酯,1国际单位(IU)VA活性等同于0.550 μg VA棕榈酸酯,或0.340 μg VA乙酸酯。

【缺乏症】表现为干眼症和夜盲症,牛、马过度流泪。此外,各类动物均有被毛粗糙、繁殖障碍(死胎、产蛋率下降等)、生长迟缓和共济失调等。

【药理作用】其可维持眼睛对光变化的适应能力和弱光(夜间)的视觉,对维持皮肤、黏膜、腺体、气管和支气管表面湿润和柔软性具有重要作用,参与破骨细胞和成骨细胞分裂过程和膜结构维持,促进公畜精子发生、维持母畜正常妊娠、蛋鸡产蛋和孵化,增强细胞和体液免疫,促进早期胚胎血管发育和血细胞发生。

VA乙酸酯(vitamin A acetate)和VA棕榈酸酯(vitamin A palmitate)

【理化性质】淡黄色油溶液,或结晶与油混合物。对氧气、光照和热敏感。不溶于水,微溶于乙醇。

【药动学】其在肠道形成脂微团后被吸收,主要被转移至肝脏贮存,当机体需要,VA棕榈酸酯和VA乙酸酯水解为VA,与视黄醇结合蛋白或甲状腺素运载蛋白结合,运输至靶部位释放。VA主要以原形随尿液排出。

【用途】维生素A缺乏症;局部应用促进创伤、溃疡愈合。

【用法用量】内服,1次量,马、牛20~60 mL,羊、猪10~15 mL,犬5~10 mL,禽1~2 mL。

【注意事项】摄入过量可引起呕吐、嗜睡、腹泻,应立即停药。

【制剂】维生素AD油。

(二)维生素D

维生素D是具有胆钙化醇生物活性的所有类固醇,其中胆钙化醇(D_3)和钙化醇(D_2)为主要活性形式。1 IU 维生素D为0.025 μg维生素D_3的活性。

【缺乏症】维生素D缺乏多因摄入不足或日光照射不足引起,在幼龄动物更易发生,主要表现为佝偻病。成年动物缺乏主要表现为骨软症、奶牛乳热病、禽产蛋量下降。

【药理作用】增强钙磷吸收和成骨作用,促进免疫细胞分化增殖,抑制癌细胞增殖、促进癌细胞分化和抑制血管生成。

维生素D_2(vitamin D_2)

【理化性质】白色针状结晶或无色晶粉,不溶于水,略溶于植物油,易溶于乙醇。

【药动学】吸收入血后与VD结合蛋白结合运输至肝脏、脂肪组织、肾脏、肺和皮肤。在肝脏和肾脏分别经过25位羟基化和1位羟基化变为高活性形式,甲状旁腺素(PTH)可促进此过程。VD及其分解代谢物主要经排遗作用排出体外。

【用途】适用各种VD缺乏引起的钙质代谢障碍,如软骨病与佝偻病等。

【用法用量】皮下、肌内注射:一次量,马、牛5~20 mL,羊、猪2~4 mL,犬0.5~1 mL。

【注意事项】过量会减少骨的钙化作用,软组织出现异位钙化,且易出现心律失常和神经功能紊乱等症状。注意补充钙剂。

【制剂】维生素D_2胶性钙注射液(vitamin D_2 and calcium colloidal injection)。

(三)维生素E

维生素E是生育酚和生育三烯醇的统称,包括4种生育酚(α、β、γ和δ)和4种生育三烯醇(α、β、γ和δ),其中α-生育酚(仅占天然VE的2%)是动物可以利用的最主要形式。

【缺乏症】维生素E缺乏与硒缺乏临床表现相近(参考本章"第一节 矿物元素")。日粮中硒缺乏会增加动物对维生素E的需求,补硒可防治或减轻大多数维生素E缺乏症状,但两者不能完全替代。

【药理作用】其具有广泛抗氧化损伤作用,减少光过氧化作用从而维护视力。帮助减慢主动脉平滑肌细胞增殖避免动脉硬化,促进性激素分泌,改善缺硒症状,促进抗体生成和增强巨噬细胞吞噬作用。

DL-α生育酚乙酸酯（DL-α-tocopheryl acetate）

【理化性质】微黄色或黄色透明黏稠液体，不溶于水，易溶于乙醇。

【药动学】在胃肠酶作用下释出DL-α生育酚，形成脂微团后吸收。在肠上皮细胞内变成脂滴并结合至乳糜微粒，出胞入血，运输至肝脏和脂肪组织贮存。体内多余的VE主要以原形随胆汁经排遗作用排出。

【用途】治疗VE缺乏所引起的不孕症与白肌病。

【用法用量】以VE计。皮下、肌内注射：一次量，驹、犊0.5~1.5 g，羔羊、仔猪0.5~1.5 g，犬0.03~0.1 g。

【注意事项】偶尔可引起流产或早产等过敏反应，可立即注射肾上腺素或抗组胺药物治疗。注射体积超过5 mL时应分点注射。

【制剂】维生素E注射液（vitamin E injection）。

二、水溶性维生素

水溶性维生素包括B族维生素和维生素C。B族维生素包括B_1（硫胺素）、B_2（核黄素）、B_3（或称烟酸、维生素PP）、B_5（泛酸）、B_6（吡哆素）、B_7（或称生物素、维生素H）、B_9（或称叶酸、维生素M）、B_{12}（钴胺素）共计8种，作为辅酶或构成辅酶，参与机体特异性代谢反应。维生素C作为抗氧化剂存在于体内。

（一）维生素B_1

【理化性质】白色结晶性粉末，有特征性的硫臭味和微苦味，极易溶于水，微溶于乙醇，不溶于脂肪溶剂。

【缺乏症】临床可见心动过缓、心脏肥大和水肿、食欲不振（厌食症）、肌肉无力、易疲劳和易怒。

【药理作用】VB_1以焦磷酸硫胺素（TPP）形式发挥辅酶作用。维持糖代谢正常进行，参与糖代谢和脂肪代谢，减少氧化应激对细胞的损害，维持神经系统功能。

维生素B_1（vitamin B_1）

【药动学】在小肠吸收，马属动物盲肠、反刍动物瘤胃也可吸收。入血后，硫胺与载体血浆蛋白、硫胺结合蛋白结合运输到肝脏、脑、肌肉，经磷酸激酶作用，生成硫胺素一磷酸（TMP）、焦磷酸硫胺素（TPP）、硫胺素三磷酸（TTP），其中80%为TPP。VB_1主要以游离TMP形态经尿液排出。

【用途】用于VB_1缺乏症，如多发性神经炎，也用于胃肠迟缓等。

【用法用量】以VB_1计，片剂内服、注射液采取肌内或皮下注射：马、牛100~500 mg，羊、猪25~50 mg，犬10~50 mg，猫5~30 mg。

【注意事项】饲料中吡啶硫胺素、氨丙啉添加过多，会阻碍维生素B_1吸收。使用注射液偶见过敏反应，甚至休克。

【制剂】维生素B_1片（vitamin B_1 tablets）和维生素B_1注射液（vitamin B_1 injection）。

（二）维生素B_2

维生素B_2又称核黄素，在体内以黄素单核苷酸（FMN）和黄素腺嘌呤二核苷酸（FAD）两种存在形式。

【理化性质】无臭、苦涩的橙黄色结晶性粉末,微溶于水,易溶于稀的碱性或强酸性溶液。其水溶液遇光不稳定。

【缺乏症】临床可见炎症性皮肤疾病,脑神经失调、神经障碍,生长迟缓,饲料转化效率低和腹泻;家禽孵化率降低,妊娠母猪流产、早产和产死胎。

【药理作用】维生素B_2主要通过FMN和FAD发挥作用,帮助催化多种氧化还原反应。可提高机体对蛋白质的利用率,促进生长发育,维护皮肤和细胞膜的完整性。

【药动学】游离维生素B_2在小肠吸收,磷酸化为FMN后入血,与血浆蛋白结合转运到肝脏,在黄素腺嘌呤二核苷酸合成酶作用下转化成FAD。主要分布贮存于肝脏。随尿液排出。

【用法用量】以维生素B_2计,片剂内服,注射液采用皮下或肌内注射。一次量,马、牛100~150 mg,羊、猪20~30 mg,犬10~20 mg,猫5~10 mg。

【注意事项】动物内服本品后,尿液呈黄色。宜在饲喂动物后服用维生素B_2片。同用吩噻嗪类药、丙磺舒等药时,维生素B_2用量须增加。不宜与甲氧氯普胺合用。维生素B_2注射液,药物相互作用尚不明确,推荐剂量未见不良反应。

【制剂】维生素B_2片(vitamin B_2 tablets)和维生素B_2注射液(vitamin B_2 injection)。

(三)维生素B_3

其包括烟酸(niacin)、烟酰胺(niacinamide)和烟酰胺核糖(nicotinamide riboside)3个等效异构体,广泛分布于植物和动物来源的食物。

【理化性质】白色结晶粉末,无臭或有微臭,味微酸,水溶液显酸性,沸水或沸乙醇中溶解、水中略溶、乙醇中微溶。

【缺乏症】犊牛表现为厌食、严重腹泻、无法站立和脱水,猪表现为食欲不振、口炎、贫血和腹泻,犬出现典型的糙皮病和"黑舌病"。禽类表现为胫骨跗骨关节增大,腿部弯曲,羽化不良,脚和头部皮炎,小鸡出现食欲减退。蛋鸡则表现为产蛋量和孵化能力都降低。

【药理作用】作为辅酶Ⅰ(NAD)和辅酶Ⅱ(NADP)组成成分参与体内能量代谢过程,与自由基发生反应并减轻氧化应激。促进中枢神经系统的发育和功能维持,降低皮肤对阳光的敏感性。

【药动学】烟酸主要在小肠吸收,烟酰胺需水解为烟酸再被吸收。肠上皮细胞内烟酸转化为烟酰胺,随后入血转运到各组织。在组织中生成烟酰胺腺嘌呤二核苷酸(辅酶Ⅰ)或烟酰胺腺嘌呤二核苷酸磷酸(辅酶Ⅱ)。多经肾脏排泄。

【用途】治疗维生素B_3、烟酰胺或烟酸缺乏症。

【用法用量】以烟酸或烟酰胺计,内服,1次量,每1 kg体重,家畜3~5 mg;肌内注射,1次量,每1 kg体重,家畜0.2~0.6 mg,幼畜不得超过0.3 mg。

【注意事项】肌内注射烟酰胺可引起肌肉部位疼痛,短时间内可能出现血管扩张的"潮红"反应,不久消退。

【制剂】烟酰胺片(niacinamide tablets)、烟酰胺注射液(niacinamide injection)、烟酸片(niacin tablets)。

(四)维生素 B_5

维生素 B_5，又称泛酸。

泛酸钙(calcium pantothenate)

【理化性质】白色粉末，无臭，有引湿性，水溶液呈中性或弱碱性。

【缺乏症】牛、猪、犬表现为厌食症、生长减慢、皮毛粗糙、皮炎、腹泻，严重者猝死。犊牛眼睛和口吻周围的鳞片性皮炎。猫为肝脂肪化。

【药理作用】作为 CoA 组成成分，参与多种生物化学反应。对机体免疫应答中抗体的产生有重要的作用。

【药动学】其以游离泛酸形式在小肠中被吸收。随血液运输到各组织中，被大多数细胞摄取。机体只能储存少量维生素 B_5，主要集中在肝脏、肾上腺、肾脏、大脑、心脏和睾丸，其中肝脏和内脏含量最高。主要以游离酸形式通过尿液排出。

【用途】水溶性维生素，主要用于泛酸缺乏症。

【用法用量】以泛酸钙计，混饲：每 1 000 kg 饲料，猪 10~13 g，禽 6~15 g。

【制剂】泛酸钙饲料添加剂(calcium pantothenate feed additive)。

(五)维生素 B_6

维生素 B_6 包括三种取代吡啶衍生物：吡哆醇、吡哆醛和吡哆胺。

【理化性质】白色或类似白色结晶粉末，可溶于水，也可溶于乙醇和其他一些有机溶剂。

【缺乏症】表现神经症状、皮炎和贫血。动物出现生长迟缓、心脏与肝脏受损。产蛋期家禽孵化率急剧降低。

【药理作用】参与抗体形成，预防神经、皮肤疾病及过敏症的发生。促进核酸的合成，防止组织器官老化。改善氨基酸、色氨酸代谢，减少对催吐化学感受区的刺激，减轻恶心、呕吐等症状。参与脂肪代谢，能辅助降低血中胆固醇。

【药动学】以游离吡哆醇吸收，随血液到达肝脏。吡哆醇又与磷酸反应重新形成磷酸吡哆醛(PLP)和磷酸吡哆胺，两者以较少的量储存和分布到心、肝、肾与肌肉等组织中。血液中吡哆醛和吡哆胺主要在氧化酶的作用下生成 4-吡哆酸以尿液形式排出体外。

【用法用量】以维生素 B_6 计，片剂内服，注射液肌内或皮下注射：一次量，马、牛 3~5 g，羊、猪 0.5~1 g，犬 0.02~0.08 g。

【注意事项】长期、过量应用本品可致动物出现周围神经炎、神经感觉异常、步态不稳。

【制剂】维生素 B_6 片(vitamin B_6 tablets)和维生素 B_6 注射液(vitamin B_6 injection)。

(六)维生素 B_7

维生素 B_7 又称维生素 H 或生物素(更常用)，有多种同分异构体，其中 D-生物素具有生物活性。

【理化性质】白色结晶针状物质，易溶于稀碱与热水，微溶于常温水，难溶于脂肪和有机溶剂。

【缺乏症】表现出发育迟缓和生育障碍，皮肤疾病，家禽羽毛不良，鸟喙、腿和脚趾发炎病变，脂肪肝和肾综合征；猪脱毛、蹄炎和蹄底病变，牛、羊和马角、蹄槽脆弱和裂纹。

【药理作用】促进营养物质（如葡萄糖、脂肪和氨基酸）的代谢和能量释放，帮助维持正常的蛋白质合成和细胞生长，促进细胞的繁殖。对于脂肪酸的合成和调节具有重要的作用，促进正常生长发育，维持皮肤和毛发的健康。

【药动学】游离 D-生物素在小肠吸收。主要分布在心、肝、肾、肌肉和脑等组织中，大部分在线粒体中通过β氧化生成双降生物素后，主要随尿液排出体外。

【用途】主要用于防治动物生物素缺乏症，成年反刍动物和马很少出现生物素缺乏症，禽和猪较易发生，火鸡最易发生。

【用法用量】混于饲料，猪 0.2~0.5 mg/kg，蛋鸡 0.15~0.25 mg/kg，肉鸡 0.2~0.3 mg/kg。

【注意事项】敏感个体，使用稍过量生物素可能导致消化不良、恶心、胃不适或腹泻等胃肠道问题，应停止使用。

【制剂】2%D-生物素饲料添加剂（2%D-biotin feed additive）。

（七）维生素 B_9

其又称叶酸（更常用），凡是具有蝶酰谷氨酸结构且表现出相关生物活性的化合物被统称为叶酸。

【缺乏症】VB_{12} 与叶酸的中间代谢密切相关，因此 VB_{12} 缺乏也会影响机体对叶酸的吸收及利用。家禽对叶酸的利用率低，其叶酸缺乏的典型症状为巨幼细胞性贫血、生长缓慢、羽毛生长不良甚至脱落、产蛋率下降及强直性颈瘫。

【药理作用】足量叶酸可纠正巨幼细胞性贫血。可协同 VB_{12} 及 VC 共同参与红细胞及血红蛋白生成，促进免疫球蛋白合成。妊娠期补充叶酸，对胎儿大脑的发育、细胞分裂、蛋白质合成及免疫系统的维持具有重要作用。

叶酸（folic acid）

【理化性质】黄色或橙黄色结晶性粉末，无臭。在水、乙醇、丙酮、三氯甲烷或乙醚中不溶。

【体内过程】主要在空肠吸收。入血后与叶酸结合蛋白、红细胞叶酸结合蛋白等结合，运输至肝脏后代谢为五甲基四氢叶酸，再次入血分布到身体各组织。叶酸及其代谢物主要以原形随尿液排出。

【用途】主要用于因叶酸缺乏引起的贫血。

【用法用量】以叶酸计，内服：一次量，犬、猫 2.0~2.5 mg。

【注意事项】对甲氧苄啶等所引起的巨幼红细胞性贫血无效。对维生素 B_{12} 缺乏所致的"恶性贫血"，大剂量叶酸治疗可纠正血象，但不能改善神经症状。

【制剂】叶酸片（folic acid tablets）。

（八）维生素 B_{12}

维生素 B_{12}，又称钴胺素，反刍动物瘤胃微生物可合成足量，而单胃动物依赖外源摄入。

【缺乏症】动物主要表现为巨幼细胞性贫血及神经退行性病变，也可表现出生长受阻、饲料转化率降低、贫血、皮肤粗糙及皮肤炎症等。家禽表现为产蛋率及蛋的孵化率降低，羽毛生长不良及脱落。

【药理作用】在奇数碳原子脂肪酸的代谢中起重要作用；促进叶酸吸收和作用发挥，促进红细胞生成；维持神经组织的正常结构与功能。

维生素 B_{12}（vitamin B_{12}）

【理化性质】深红色结晶性粉末，易溶于水、酒精和丙酮，不溶于氯仿或醚。

【药动学】在胃中解离并与内因子结合，在回肠末端吸收。血液中钴胺素与转钴胺蛋白（TC）和血浆载脂蛋白（HC）结合后运输到各组织器官，主要分布于肝脏和肌肉。维生素 B_{12} 的排泄过程相对较慢，存在着"肝—肠"循环。维生素 B_{12} 及其代谢物主要通过胆汁和粪便排出体外。

【用途】用于维生素 B_{12} 缺乏所致的贫血、幼畜生长迟缓等。

【用法用量】以维生素 B_{12} 计，肌内注射：一次量，马、牛 1~2 mg，猪、羊 0.3~0.4 mg，犬、猫 0.1 mg。

【注意事项】肌内注射偶可引起皮疹、瘙痒、腹泻以及过敏性哮喘。防治巨幼红细胞性贫血症时，与叶酸配合应用可取得更好的效果。

【制剂】维生素 B_{12} 注射液（vitamin B_{12} injection）。

（九）维生素C

其是具有抗坏血酸活性的所有化合物的统称，包括抗坏血酸、半脱氢抗坏血酸和脱氢抗坏血酸。

【缺乏症】主要症状为坏血病，毛细血管脆性增加，皮下自发性、广泛性出血，伤口愈合缓慢。

【药理作用】促进铅、镉、砷和某些毒素（如苯、细菌毒素）随尿液排出体外，实现解毒；作为体内10余种酶电子传递过程的共底物，参与胶原、去甲肾上腺素、肽激素、肉碱的合成，以及酪氨酸、类固醇和脂肪酸的代谢；维持免疫机能。

L-抗坏血酸（L-ascorbic acid）

【理化性质】白色粉末或针状的单斜晶体。无臭，味酸，易溶于水，微溶于乙醇，不溶于乙醚、氯仿、石油醚等有机溶剂。遇热和氧不稳定。

【体内过程】80%~90%在小肠吸收。在肠上皮细胞内转变为抗坏血酸盐后入血，分布于肾上腺、脑、眼、免疫细胞。主要以脱氢抗坏血酸、2,3-二酮古洛糖酸和微量草酸形式经尿液排出。

【用途】用于维生素C缺乏症、发热、慢性消耗性疾病等。

【用法用量】以维生素C计，片剂内服，注射液采取肌内或静脉注射：一次量，马 1~3 g，猪 0.2~0.5 g，犬 0.1~0.5 g。

【注意事项】大剂量应用时可酸化尿液，使某些有机碱类药物排泄增加；尿酸盐、草酸盐和胱氨酸结晶形成的风险增加。

【制剂】维生素C片（vitamin C tablets）和维生素C注射液（vitamin C injection）。

三、类维生素

目前，类维生素胆碱的缺乏被证实可引起畜禽相应缺乏症，具有重要营养药理意义。

氯化胆碱(choline chloride)

【理化性质】氯化胆碱为吸湿性很强的白色结晶物,易溶于水和乙醇。重酒石酸胆碱为引湿性的白色结晶状粉末,无臭或微有鱼腥臭,味酸。易溶于水,微溶于酒精。

【缺乏症】动物常表现为生长迟缓、脂肪肝、出血性素质(肾脏和关节)、低血压、产蛋量下降,其中13周龄以下禽类,由于体内缺少磷脂酰乙醇胺-N-甲基转移酶,需要完全依赖日粮胆碱添加。仔猪胆碱缺乏还可表现出特异的"后腿外张坐姿"。

【药理作用】胆碱及其衍生物(如磷脂酰胆碱、神经鞘磷脂、甜菜碱等),对机体具有重要营养药理作用,是重要的"抗脂肪肝因子"。胆碱的氧化代谢物甜菜碱是不稳定甲基的重要供体。代谢物神经鞘磷脂是构成髓鞘的重要成分、乙酰胆碱是重要神经递质,促进尿液浓缩过程,促进细胞分裂、膜形成、信号跨膜转导中发挥作用,激活瘤胃自我调节机能、降低奶牛氧化应激反应和热应激损伤。

【药动学】氯化胆碱在胃酸性环境下游离出胆碱后在小肠吸收,以游离形式运输到肝脏后经过代谢形成磷脂酰胆碱,释放入血后与低密度脂蛋白或高密度脂蛋白结合,运输至脑、肝脏和肾脏供机体利用。胆碱及其代谢物主要经尿液排出。

【用途】主要用于防治胆碱缺乏症及脂肪肝、骨短粗症等。还可用于治疗家禽的急、慢性肝炎,马的妊娠毒血症。

【用法用量】混饲:每1 000 kg饲料,猪250~300 g,禽500~800 g。

【注意事项】摄入过量可能引起酸碱失衡、腹泻和呕吐,应停止使用。

【制剂】氯化胆碱(choline chloride)。

复习与思考

1. 钙稳态受到哪些激素的调节?分别有何作用?
2. 硒与维生素E有何关系?两者之间的关系在临床上有何意义?
3. 试述维生素D的代谢过程及其在钙、磷代谢调节上的作用。
4. 试述维生素在体内的活性形式,举例说明。
5. 举例说明营养药物对动物机体作用的两重性。

拓展阅读

扫码获取本章的复习与思考题、案例分析、相关阅读资料等数字资源。

第十二章

抗微生物药理

本章导读

抗微生物药物是兽医临床使用量最大的一类药物。本章系统介绍了兽医临床常用的抗细菌和抗真菌药物,并论述了如何合理使用抗微生物药物。在使用这类药物时,不但要考虑药物的抗菌谱、抗菌活性、药动学特征等,还需要注意兽药残留、细菌耐药性发展以及我国的相关药物使用政策。

学习目标

1. 了解抗微生物药物基本理论和概念,掌握不同类型抗菌药的代表药物及其药动学特征、药理作用、不良反应,临床应用等知识。

2. 通过辨认临床动物感染性疾病病原类型,正确选择抗微生物药、合理使用抗微生物药、提高药效、减少不良反应;减少或避免兽药残留和细菌耐药性,保障动物源性食品安全。

3. 通过"产教融合"充分认识"抗微生物药物"对于保障人类及动物健康的重要作用,明确专业使命,树立服务"三农"意识。充分认识细菌耐药性问题的危害,深刻理解"one health"理念,并在生产生活中形成合理使用抗微生物药物的意识。了解兽药残留超标对人类健康的危害,深刻认识严格遵守休药期等的意义,具备较强的工作责任心、良好的职业道德与社会责任感。

知识网络图

- 抗微生物药理
  - 1. 抗生素
    - β-内酰胺类
      - 青霉素类
      - 头孢菌素类
      - β-内酰胺酶抑制剂
    - 氨基糖苷类：链霉素、卡那霉素、庆大霉素等
    - 四环素类：土霉素、四环素、金霉素等
    - 酰胺醇类：甲砜霉素、氟苯尼考等
    - 大环内酯类：红霉素、吉他霉素、泰乐菌素等
    - 林可胺类：林可霉素、克林霉素等
    - 截短侧耳素类：泰妙菌素、沃尼妙林等
    - 多肽类：黏菌素、杆菌肽、那西肽等
  - 2. 化学合成抗菌药
    - 磺胺类：磺胺嘧啶、磺胺二甲嘧啶、磺胺间甲氧嘧啶等
    - 抗菌增效剂：甲氧苄啶(TMP)、二甲氧苄啶(DVD)等
    - 喹诺酮类：恩诺沙星、二氟沙星、马波沙星等
    - 喹噁啉类：乙酰甲喹等
    - 硝基咪唑类：甲硝唑、地美硝唑等
  - 3. 抗真菌药
    - 抗生素类：制霉菌素等
    - 咪唑类：酮康唑、克霉唑等

抗微生物药物(antimicrobial drugs)是指对细菌、真菌、支原体、立克次体、衣原体、螺旋体和病毒等微生物具有选择性抑制或杀灭作用的化学物质,能有效防治这一系列微生物所致的感染性疾病。抗微生物药物对感染性疾病,以及寄生虫、恶性肿瘤所致疾病的治疗统称为化学治疗(chemotherapy)(简称化疗)。化学治疗药物(chemotherapeutic drugs)(简称化疗药)对病原体具有高度的选择性作用,但对机体或宿主没有或略微有轻度毒性作用。按作用对象分类,抗微生物药可分为抗菌药、抗病毒药、抗真菌药等,其中抗菌药可进一步分为抗生素和合成抗菌药。早期发现的抗菌药,例如青霉素、阿莫西林、头孢氨苄、红霉素、吉他霉素、链霉素、庆大霉素、林可霉素、土霉素、多西环素和磺胺类药物等,国内外都批准可用于人和动物。也有一些抗菌药,原先被批准用于人和动物,但在药物使用期间出现了耐药性等问题,被禁止用于动物,如黏菌素。2015年,我国科学家发现质粒介导黏菌素耐药基因在动物源细菌中流行,中国政府从2017年4月30日起禁止将黏菌素作为动物促生长剂使用。为了减少或避免耐药性的产生和传播,在近20年来新上市的兽用抗菌药中,动物用与人用的药物大多都是分开的。动物专用的抗菌药有:头孢噻呋、头孢喹肟、泰乐菌素、替米考星、氟苯尼考、泰妙菌素、沃尼妙林、恩诺沙星、马波沙星、乙酰甲喹和喹烯酮等。

细菌、寄生虫和病毒等病原体引起的疾病是兽医临床的多发病和常见病。由于这些疾病会给养殖业造成巨大损失,而且抗微生物药应用于动物产生的耐药性可能向人传播,从而直接或间接地对人类的健康和公共卫生安全产生威胁。因此,研究化疗和化疗药便成了科学发展现代化养殖业的一个重要课题。

使用化疗药防治畜禽疾病的过程中,化疗药物、病原体、机体三者之间存在复杂的相互作用关系,即"化疗三角"(图12-1)。例如,在使用抗菌药物充分发挥其抗菌作用的同时,也要关注动物机体的防御能力;药物在作用于病原体的同时,也会对机体带来不良作用,因此应尽可能避免或减少药物对机体的不良反应,否则会对动物的康复产生不利影响;病原体与化疗药多次接触后可能产生耐药性,降低化疗药的作用效果。在化学治疗时要充分遵循以下原则:针对性地选药,根据药物的药动学特征,给予适当的剂量和疗程,防止或减少病原体耐药性和机体不良反应的产生;同时,充分利用动物机体的防御机能。

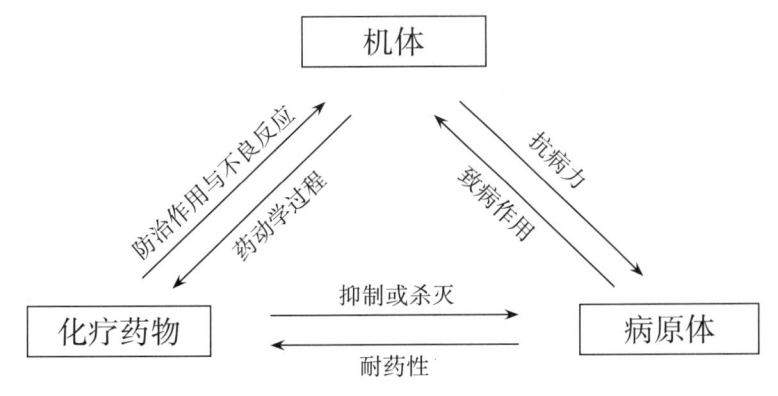

图12-1 化疗药物、机体和病原体的相互作用关系

一、抗菌谱

抗菌谱(antibacterial spectrum)是指抗菌药物抑制或杀灭细菌的范围。凡仅对革兰氏阳性细菌或革

兰氏阴性细菌具有抑制或灭杀作用的药物称为窄谱(narrow spectrum)抗菌药,例如青霉素、链霉素、红霉素等。除能抑制或杀灭细菌之外,同时也能抑制支原体、立克次体和衣原体等,抗菌作用范围广泛的药物,称为广谱(broad spectrum)抗菌药,如四环素类、氟苯尼考、氟喹诺酮类等。大多数半合成抗生素和人工合成抗菌药为广谱抗菌药。在临床上,兽医师一般依据抗菌谱合理选用抗菌药物。

二、抗菌活性

抗菌活性(antibacterial activity)是指抗菌药物抑制或杀灭细菌的能力。体外抑菌试验或体内试验治疗可用于测定抗菌活性。药物的抗菌活性或病原菌的敏感性一般通过体外的方法进行测定,包括稀释法(如常量法、微量法、平板法)和扩散法(如纸片法)等,体外抑菌试验对临床用药选择具有重要指导意义。稀释法可以用于测定抗菌药的最小抑菌浓度(minimal inhibitory concentration,MIC)和最小杀菌浓度(minimal bactericidal concentration,MBC)。最小抑菌浓度是指能够抑制培养基内细菌生长的药物最低浓度;最小杀菌浓度是指以杀灭细菌为判定标准时,使活菌数量减少99%或99.5%以上时的药物浓度。在一批试验中(药物对多个病原菌的抗菌活性测定),能抑制50%或90%受试菌所需的MIC,被分别定义为MIC_{50}和MIC_{90}。纸片法是通过测定抑菌圈的直径来判定病原菌对药物的敏感性,该方法在临床上应用比较广泛,但缺点是只能定性或半定量测定。为了能科学合理地选择抗菌药,兽医师应进行药敏试验,以筛选出对病原菌最敏感的药物。

临床上所指的抑菌药(bacteriostatic drugs)是指仅能抑制细菌的生长繁殖,而对细菌无杀灭作用的药物,如磺胺类、四环素类、酰胺醇类等药物。杀菌药(bactericidal drugs)是指兼具抑制细菌生长繁殖和杀灭细菌能力的药物,如β-内酰胺类、氨基糖苷类、氟喹诺酮类等药物。但是,需要注意的是,抗菌药的抑菌作用和杀菌作用是相对的,有些药物在低浓度时呈现抑菌作用,而在高浓度时呈现杀菌作用。

三、抗菌药后效应

抗菌药后效应(postantibiotic effect,PAE)是指抗菌药在撤药后其浓度低于最小抑菌浓度时,细菌生长仍受到抑制的效应。PAE几乎是所有抗菌药的一种性质,以时间的长短来表示,已经成为评价抗菌药药效学的一个重要指标。由于起初只对抗生素进行研究,因此被称为抗生素后效应。之后发现人工合成的抗菌药也能产生PAE,故更准确的说法应为抗菌药后效应。正处于PAE期的细菌再次与亚抑菌浓度的抗菌药接触后,可进一步被抑制,这种作用被称为抗菌药后效应期亚抑菌浓度作用。多种抗菌药已被证明能产生PAE,主要包括β-内酰胺类、氨基糖苷类、大环内酯类、林可胺类、四环素类、酰胺醇类和氟喹诺酮类。目前,抗菌药产生PAE的机制尚不清楚,可能的机制包括:①细菌胞壁可逆的非致死性损伤的恢复需要一定时间。②抗菌药物持续停留于结合位点或胞质周围间隙中,完全清除需要一定时间。③细菌需合成新的酶类才能生长繁殖。

四、化疗指数

化疗指数(chemotherapeutic index,CI)是评价化疗药安全性的指标,一般以动物半数致死量(LD_{50})与治疗感染动物的半数有效量(ED_{50})的比值表示,即$CI=LD_{50}/ED_{50}$;此外,也可以动物的5%致死量(LD_5)与治疗感染动物的95%有效量(ED_{95})来衡量。化疗指数愈大,表明药物毒性愈小且疗效愈高,但并非绝对安全,例如青霉素的化疗指数高于1 000,但可致过敏性休克。一般认为,抗菌药的化疗指数大于3,才具有实际应用价值。但有些化疗药如抗血液原虫药的CI很难达到3,因此,对抗不同病原的药物应有不同的标准。

五、耐药性

细菌对抗菌药物的耐药性(resistance)又称为抗药性,可分为固有耐药性(intrinsic resistance)和获得耐药性(acquired resistance)两种。固有耐药性是指由细菌染色体决定且与生俱来、世代相传的耐药性,不同细菌的种属具有特定的耐药性,例如铜绿假单胞菌对多种抗生素不敏感、变形杆菌对多黏菌素/黏菌素耐药。获得耐药性是指细菌在多次接触抗菌药后,发生结构、生理及生化功能的改变,从而形成具有抗药性的变异菌株,使其能避免被药物抑制或杀灭。获得耐药性的产生主要是由于敏感菌发生基因突变或获得外源性耐药基因,多由可水平转移的质粒所介导。某种病原菌对一种药物产生耐药性后,往往对同一类的药物也具有耐药性,这种现象称为交叉耐药性。

交叉耐药性进一步可分为完全交叉耐药性及部分交叉耐药性两类。完全耐药性是双向的,如多杀性巴氏杆菌对磺胺嘧啶产生耐药性后,对其他磺胺类药物均会产生耐药性;而部分交叉耐药性是单向的,如细菌对氨基糖苷类药物的耐药性表现为:细菌对链霉素产生耐药性,但对庆大霉素、卡那霉素、新霉素仍然敏感;对庆大霉素、卡那霉素、新霉素耐药的细菌,对链霉素耐药。除了交叉耐药性,近年来还发现细菌可能出现交互敏感性,即细菌对一种抗菌药耐药后,对另一种原来耐药的药物敏感,例如细菌对替加环素(四环素类)、美西林(β-内酰胺类)和鱼精蛋白(抗菌肽类)耐药后,常常伴随着对呋喃妥因的敏感性增加。鉴于此,兽医临床在抗菌药轮换使用过程中,应注意避免使用同一类型的药物。由于兽医临床与人类联系紧密,因此来自动物源的细菌对抗菌药产生耐药性严重威胁人类健康,应重点关注兽医临床中不合理使用和滥用抗菌药、抗菌药残留等问题。

(一)耐药性的传播

临床上最为常见的耐药性是平行地从另一种耐药菌转移而来,即通过质粒(plasmid)水平转移介导的耐药性,但也有部分可由染色体介导。质粒介导的耐药性传播效率高,在临床上更受重视。耐药质粒可通过下列几种方式在微生物间进行转移:

1.转化(transformation)

即耐药菌溶解后释放DNA,导致耐药基因被敏感菌获取,耐药基因与敏感菌中的同种基因重新组合,促使敏感菌变为耐药菌。该方式在革兰氏阳性菌及嗜血杆菌中最为常见。

2. 转导(transduction)

即噬菌体将耐药基因转移给敏感菌，是金黄色葡萄球菌耐药性转移的唯一方式。

3. 接合(conjugation)

耐药菌通过和敏感菌直接接触，将耐药基因从耐药菌转移入敏感菌。耐药基因的接合转移不仅可在同一种属细菌间转移，而且还可在不同种属细菌间相互传递。此种方式主要见于革兰氏阴性菌，特别是肠道菌。值得注意的是，在人和动物的肠道内，这种耐药性的接合转移已经被证实。动物的肠道细菌有广泛的耐药质粒转移现象，并且这种耐药菌还可传递给人。

4. 易位(translocation)或转座(transposition)

即耐药基因可从一个质粒转座到另一个质粒，从质粒到染色体或从染色体到噬菌体等。这种方式可促进耐药基因在不同菌种之间传播，扩大了耐药基因的宿主范围的同时，还可使耐药因子增多。除质粒转移耐药性外，近年来还发现整合子基因盒、整合性接合元件等多种新机制也是造成多重耐药性的重要原因。

(二)细菌产生耐药性的机制

1. 细菌产生灭活酶使药物失活

灭活酶主要有水解酶和合成酶两种。水解酶中，最重要的是β-内酰胺酶类，它们的作用机制是使青霉素或头孢菌素的β-内酰胺环断裂而使药物失效。此外，红霉素酯化酶也是水解酶，可以通过水解红霉素结构中的内酯环而使之失去抗菌活性。合成酶又称为钝化酶，位于细胞质膜外间隙，其功能是把相应的化学基团结合到药物分子上，钝化后的药物不能进入膜内与核糖体结合而丧失其抑制蛋白质合成的作用，从而引起耐药性。常见的合成酶包括乙酰化酶、磷酸酶、腺苷化酶及核苷化酶等。乙酰化酶作用于氨基糖苷类及酰胺醇类抗生素，磷酸化酶、腺苷化酶及核苷化酶可作用于氨基糖苷类，使其失去抗菌活性。

2. 改变膜的通透性

一些革兰氏阴性菌对四环素类及氨基糖苷类产生耐药性是由于耐药菌在所携带的质粒诱导下产生新的膜孔蛋白，阻塞了外膜亲水性通道，使药物不能进入菌体而形成耐药性。铜绿假单胞菌和革兰氏阴性菌细胞外膜亲水通道功能的改变也会使细菌对某些广谱青霉素和第三代头孢菌素的敏感性降低。此外，我国科学家发现的mcr-1基因，具有磷酸乙醇胺转移酶活性，可催化磷酸乙醇胺与脂多糖表面类酯A结合，改变外膜通透性，从而介导对黏菌素耐药。

3. 作用靶位结构的改变

耐药菌药物作用靶点的结构或位置发生变化，使药物不能与靶点结合而失去抗菌活性。目前，甲氧西林耐药金黄色葡萄球菌(methicillin resistance *Stapyhlococcus aureus*, MRSA)对β-内酰胺类抗生素产生耐药性的主要机制是该菌的胞质膜诱导产生了一种特殊的青霉素结合蛋白(penicillin-binding protein 2a, PBP2a)，这种蛋白具有PBP(青霉素结合蛋白)的生理功能，但对所有的β-内酰胺类抗生素的亲和力都极低，使得β-内酰胺类抗生素无法与靶点结合，细菌仍然可以继续合成细胞壁，成为耐β-内酰胺类抗生素细菌。

4. 主动外排系统

膜的主动外排机制是由各种外排蛋白系统介导的抗菌药从细菌细胞内泵出的主动外排过程,故称为主动外排系统(active efflux system),是细菌获得性耐药的重要机制之一。能被细菌主动外排机制泵出体外引起耐药的抗菌药物主要有四环素类、喹诺酮类、大环内酯类以及β-内酰胺类等。

5. 改变代谢途径

磺胺药通过氨基苯甲酸(p-aminobenzoic acid,PABA)竞争二氢叶酸合成酶而产生抑菌作用。当金黄色葡萄球菌多次接触磺胺药后,其自身的PABA合成量为敏感菌的20~100倍,进而与磺胺类药竞争二氢叶酸合成酶,使磺胺类的抗菌作用下降甚至丧失。

6. 细菌生物被膜的形成

细菌的生物被膜(biofilm)是指细菌黏附于接触表面,形成微菌落,并分泌细胞外多糖复合物、纤维蛋白、脂质蛋白等将细菌包裹起来而形成的膜状物。当细菌以生物被膜形式存在时耐药性明显增强,此外,由于生物被膜中的大量胞外多糖形成分子屏障和电荷屏障,可阻止或延缓抗生素的渗入,而且被膜中分泌的水解酶浓度较高,可促使进入膜内的抗生素失去抗菌活性。

第一节 抗生素

抗生素(antibiotics)曾称为抗菌素,是细菌、真菌、放线菌等微生物在生长繁殖过程中产生的代谢物,在极低浓度下即可抑制或杀灭其他微生物。根据来源不同,抗生素分为天然抗生素和半合成抗生素两类。天然抗生素主要采用微生物发酵的方法进行生产,如青霉素、土霉素等;半合成抗生素是在天然抗生素结构的基础上改造而成的或以微生物发酵产物为前体合成的抗生素,如氨苄西林、阿莫西林、头孢菌素类、甲砜霉素、氟苯尼考、泰万菌素、替米考星、多西环素等。半合成抗生素,改善了抗菌性能,而且扩大了临床应用范围。有些抗生素具有抗病毒、抗肿瘤或抗寄生虫的作用。

抗生素一般以游离碱的质量作为效价单位,如红霉素、链霉素、卡那霉素、庆大霉素、四环素等,以1 μg为一个效价单位,即1 g为100万单位。对少数抗生素的效价与质量之间做了特别的规定,例如青霉素钠,0.6 μg为1个国际单位(IU);青霉素钾,0.625 μg为1个国际单位(IU);硫酸黏菌素,1 μg为30单位(U);制霉菌素1 μg为3.7单位(U)。兽医临床上使用的抗生素制剂,考虑到医师开处方的习惯,在其标签上除以效价单位表示外,还注明了质量单位,如mg或g。

一、分类与作用机制

(一)分类

根据抗生素的化学结构,可将其分为下列几类。

1. β-内酰胺类

青霉素类、头孢菌素类等。前者有青霉素、氨苄西林、阿莫西林、氯唑西林、苯唑西林等;后者有头孢氨苄、头孢噻呋、头孢维星、头孢喹肟等。此外,还有非典型β-内酰胺类,如碳青霉烯类(亚胺培南)、单环β-内酰胺类(氨曲南)、β-内酰胺酶抑制剂(克拉维酸、舒巴坦)及氧头孢烯类(拉氧头孢)等。除β-内酰胺酶抑制剂(克拉维酸)被批准用于动物外,其他非典型β-内酰胺类药物仅限用于人医临床。

2. 氨基糖苷类

链霉素、卡那霉素、庆大霉素、新霉素、大观霉素、安普霉素、潮霉素、越霉素A等。

3. 四环素类

土霉素、四环素、金霉素、多西环素等。

4. 酰胺醇类

甲砜霉素、氟苯尼考等。

5. 大环内酯类

红霉素、吉他霉素、泰乐菌素、泰万菌素、替米考星、泰拉霉素、泰地罗新等。

6. 林可胺类

林可霉素、克林霉素等。

7. 截短侧耳素类

泰妙菌素、沃尼妙林等。

8. 多肽类

杆菌肽、黏菌素、那西肽等。

9. 多烯类

制霉菌素、两性霉素B等。

10. 多糖类

阿维拉霉素、黄霉素等,曾用作饲料添加剂。

11. 其他

如赛地卡霉素等。

此外,还有属于大环内酯类的阿维菌素类抗生素和聚醚类(离子载体类)抗生素的莫能菌素等,均属抗寄生虫药(详见第十四章)。

(二)作用机制

抗生素主要通过干扰细菌的生理生化系统,影响其结构和功能,使其失去生长繁殖能力而达到抑制或杀灭病原菌的作用。根据主要作用靶位的不同,抗生素的作用机制可分为以下几类(图12-2)。

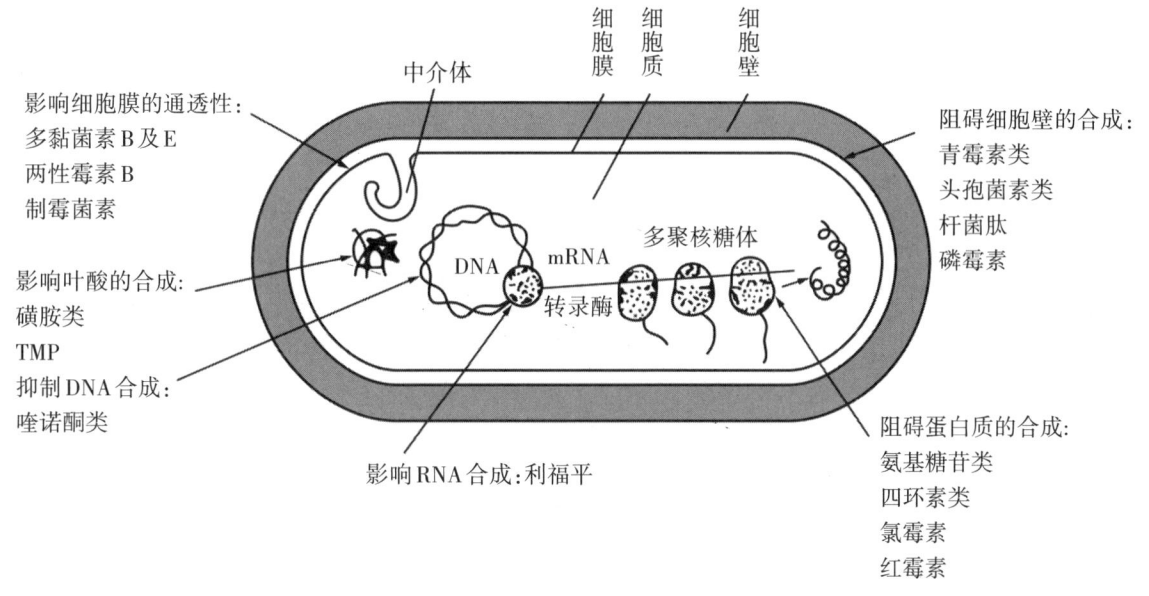

图12-2　细菌的基本结构及抗菌药物作用原理示意图

1.抑制细菌细胞壁的合成

细菌的细胞壁位于细菌的最外层,它能抵御菌体内强大的渗透压,维持细菌的正常形态和功能。其主要成分是肽聚糖,一种由糖类、蛋白质和类脂质组成的聚合物,它们相互镶嵌排列形成了细胞壁的基础成分黏肽。革兰氏阳性菌细胞壁黏肽层厚而致密,占细胞壁质量的65%~95%,有50~100个分子厚;革兰氏阴性菌细胞壁黏肽层则薄而疏松,占细胞壁质量不足10%,仅有1~2个分子厚。细胞壁黏肽的合成分胞质内、胞质膜及胞质外等3个步骤。β-内酰胺类、杆菌肽及磷霉素等能分别抑制黏肽合成过程中的不同环节。磷霉素主要在胞质内抑制黏肽前体物质核苷形成。杆菌肽主要在胞质膜上抑制线形多糖肽链的形成。细菌胞质膜上存在青霉素结合蛋白(PBP),各种PBP的功能并不相同,分别起转肽酶、羧肽酶及内肽酶等作用,β-内酰胺类抗生素与PBP结合后活性丧失,造成敏感菌内黏肽的交叉联结受到阻碍,细胞壁缺损,菌体内的高渗透压使胞外的水分不断地渗入菌体内,引起菌体膨胀变形。

此外,青霉素还可以激活细菌的自溶酶(autolysins),进一步裂解细菌,达到快速杀菌的作用。不同种类的细菌有不同的PBP,与青霉素的亲和力也有差异,这就是青霉素对不同细菌的敏感性不同的原因。大多数革兰氏阴性杆菌对青霉素不敏感,原因除了革兰氏阴性杆菌PBP不同,与青霉素亲和力较差外,另一个重要的原因是其外膜结构特殊,使青霉素难以进入,即使有少量的药物进入,也可被存在于外膜间隙的青霉素酶破坏,使得青霉素无法到达作用部位。处于繁殖期的细菌需要大量合成细胞壁,所以β-内酰胺类抗生素主要影响正在繁殖的细菌,故这类抗生素称为繁殖期杀菌剂。

2.增加细菌细胞膜的通透性

位于细胞壁内侧的细胞膜主要是由类脂质与蛋白质分子构成的半透膜,它的功能是维持渗透屏障、运输营养物质和排泄菌体内的废物,并参与细胞壁的合成等。当细胞膜损伤时,通透性将增加,导致菌体内的重要营养物质(如核苷酸、氨基酸、嘌呤、嘧啶、磷脂、无机盐等)外漏,引起菌体死亡,产生杀菌作用。多肽类(如多黏菌素B和黏菌素)、多烯类(如两性霉素B、制霉菌素等)及咪唑类(如酮康唑)就是通过这种作用方式而发挥作用。多肽类的分子有两极性,能与细胞膜的蛋白质及膜内磷脂结合,使细胞膜受损。两性霉素B及制霉菌素等可与真菌细胞膜上的类固醇结合,使细胞膜通透性增加;而细菌细胞膜不含类固醇,故这类药物对细菌无效。动物细胞的细胞膜上含有少量类固醇,故动物长期或大剂量使用两性霉素B可出现溶血性贫血。酮康唑抑制真菌细胞膜中类固醇的生物合成,导致细胞膜受损从而通透性增加。

3.抑制细菌蛋白质的合成

蛋白质的合成过程分3个阶段,即起始阶段、延长阶段和终止阶段。不同抗生素对3个阶段的作用不完全相同,有的可作用于3个阶段,如氨基糖苷类;有的仅作用于延长阶段,如林可胺类。细菌蛋白质合成场所在细胞质内的核糖体上,细菌细胞与哺乳动物细胞合成蛋白质的过程基本相同,两者最大的区别在于核糖体的结构及蛋白质、RNA的组成不同。细菌核糖体的沉降系数为70S,由30S和50S亚基组成。哺乳动物细胞核糖体的沉降系数为80S,由40S和60S亚基组成。二者的生理、生化功能均不同。抗生素对细菌核糖体有高度的选择性作用,故对宿主核糖体的功能和蛋白质合成影响较小。许多抗生素均可影响细菌蛋白质的合成,但作用部位及作用阶段并不完全相同。四环素类主要作用于30S亚基。酰胺醇类、大环内酯类、林可胺类主要作用于50S亚基,由于这些药物在核糖体50S亚基上的结合点相同或相连,故合用时可能发生拮抗作用。

4.抑制细菌核酸的合成

核酸具有调控蛋白质合成的功能。新生霉素、灰黄霉素和抗肿瘤的抗生素(如丝裂霉素C、放线菌素等)、利福平等可抑制或阻碍细菌DNA或RNA的合成。例如,新生霉素主要影响DNA聚合酶的作用,从而影响DNA合成;灰黄霉素可阻止鸟嘌呤进入DNA分子而阻碍DNA的合成;放线菌素可插入鸟嘌呤残基与DNA形成复合物并削弱DNA的模板活性来抑制DNA依赖的RNA合成;利福平可与DNA依赖的RNA多聚酶(转录酶)的β亚单位结合,抑制其活性,使转录过程受阻从而阻碍mRNA的合成。由于抑制了细菌细胞的核酸合成,从而引起细菌死亡。

随着科学的发展,科学家不断发现新的抗菌机制,如对细菌代谢的干扰,对抗细菌毒力因子,使得细菌致病性丧失等。

二、β-内酰胺类抗生素

β-内酰胺类抗生素(β-lactam antibiotics)是指化学结构中含有β-内酰胺环的一类抗生素,青霉素类和头孢菌素类为兽医临床常用的β-内酰胺类药物。该类药物具有抗菌活性强、毒性低、品种多及适应证广等特点,它们的抗菌作用机制均为抑制细菌细胞壁的合成。

(一)青霉素类

青霉素类(penicillins)包括天然青霉素和半合成青霉素。天然青霉素的优点是杀菌力强、毒性低、价格低廉,但其抗菌谱较窄,易被胃酸和β-内酰胺酶(青霉素酶)水解破坏,且金黄色葡萄球菌易对其产生耐药性。半合成青霉素具有耐酸或/和耐酶、抗菌谱广等特点。兽医临床上最常用的青霉素类药物为青霉素。

1. 天然青霉素

1928年,英国细菌学家弗莱明(Fleming)首次发现了青霉素。此后,钱恩(Chain)、弗洛里(Florey)从青霉菌(*Penicillium notatum*)的培养液中获得了大量的青霉素并首次成功地将其应用于临床。青霉素的培养液中包含青霉素F、青霉素G、青霉素X、青霉素K和双氢F等5种组分。它们的基本化学结构相似,由母核6-氨基青霉烷酸(6 amino penicillanicacid,6-APA)和侧链(R—CO)组成(图12-3)。其中青霉素G的作用最强,且性质相对稳定,产量较高。

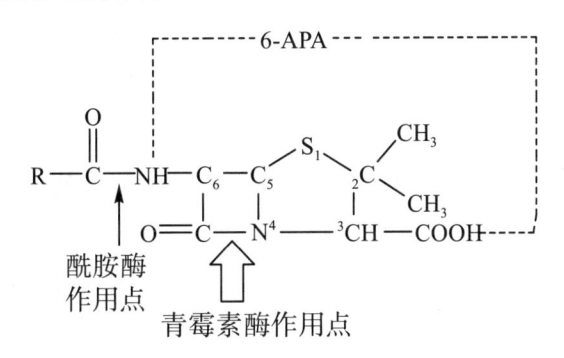

图12-3 青霉素类的化学结构及特点

青霉素(pennicillin G, benzylpenicillin)

青霉素又称苄青霉素、青霉素G。

【理化性质】青霉素是一种有机酸,青霉素游离酸的pK_a为2.8,性质稳定,难溶于水。其钾盐或钠盐为白色结晶性粉末,无臭或微有特异性臭味,有引湿性,在水中极易溶解,在乙醇中溶解,在脂肪油或液状石蜡中不溶。遇酸、碱或氧化剂等迅速失效,水溶液在室温条件下放置易失效。20万IU/mL青霉素溶液于30 ℃放置24 h,效价下降56%,青霉烯酸含量增加200倍,临床应用时应新鲜配制。

【药动学】胃酸和消化酶易破坏青霉素,内服吸收很少。青霉素空腹内服的生物利用度为15%~30%,如果与食物同服,则吸收速率和程度均下降。青霉素钠(钾)肌内注射或皮下注射后吸收较快,一般20 min内达到血药峰浓度,常用剂量维持有效血药浓度(0.5 μg/mL)的时间为6~7 h。吸收后在体内分布广泛,能分布到全身各组织,以肾、肝、肺、肌肉、小肠和脾等的浓度较高,骨骼、唾液和乳汁浓度较低。青霉素与大多数动物的血清蛋白结合率约为50%。当中枢神经系统或其他组织发生炎症时,青霉素较易透入。例如患脑膜炎时,血脑屏障的通透性增加,青霉素进入量增加,可快速达到有效药物浓度。青霉素在动物体内的半衰期较短,且不同种属间的差异较小。给药途径为肌肉注射时,青霉素在马、水牛、犊牛、猪、兔体内的半衰期分别是2.60 h、1.02 h、1.63 h、2.56 h、0.52 h;给药途径为静脉注射时,青霉素在马、牛、骆驼、猪、羊、犬及火鸡体内的半衰期分别是0.9 h、0.7~1.2 h、0.8 h、0.3~0.7 h、0.7 h、0.5 h和0.5 h。

青霉素的表观分布容积较小,一般为0.2~0.3 L/kg,故其血浆浓度较高,组织浓度较低。青霉素经吸收进入血液循环后,不易代谢,主要以原形通过尿液排出,肌内注射治疗剂量的青霉素钠或青霉素钾的水溶液后通常在尿中可回收到给药剂量的60%~90%,给药后1 h内在尿中排出绝大部分药物,但与丙磺舒联用可减慢排泄速率。在尿中约80%的青霉素由肾小管分泌排出,约20%通过肾小球滤过。此外,青霉素可通过乳液排泄,在牛奶中的浓度较小,约为血浆浓度的0.2%,因此给药奶牛的乳汁应严格遵守弃乳期。

【药理作用】青霉素属窄谱的杀菌性抗生素。青霉素对革兰氏阳性球菌、革兰氏阳性杆菌、部分革兰氏阴性球菌、放线菌和螺旋体等具有较强的杀菌作用,常作为首选药。对青霉素敏感的病原菌主要有:链球菌、葡萄球菌、肺炎链球菌、脑膜炎球菌、丹毒杆菌、化脓放线菌、炭疽杆菌、破伤风梭菌、李氏杆菌、产气荚膜梭菌、牛放线杆菌和钩端螺旋体等。大多数革兰氏阴性杆菌对青霉素不敏感。青霉素对处于繁殖期正大量合成细胞壁的细菌作用较强,而对已合成细胞壁且处于静止期的细菌作用较弱,故称繁殖期杀菌剂。哺乳动物的细胞无细胞壁结构,因此青霉素对动物毒性小。

【耐药性】除金黄色葡萄球菌外,一般细菌对青霉素不易产生耐药性。由于青霉素广泛用于兽医临床,杀灭了金黄色葡萄球菌中的大部分敏感菌株,使原来的极少数耐药菌株大量生长繁殖和传播;同时耐药菌株能通过细菌间遗传物质的交换将自身产β-内酰胺酶的能力转移到敏感菌上,使敏感菌株变成了耐药菌株。青霉素耐药金黄色葡萄球菌能编码大量的β-内酰胺酶,使青霉素的β-内酰胺环水解成为青霉噻唑酸,失去抗菌活性。

【临床应用】青霉素适用于敏感菌所致的各种疾病,如猪丹毒、气肿疽、恶性水肿、放线菌病、马腺疫、坏死杆菌病、钩端螺旋体病及乳腺炎、皮肤软组织感染、关节炎、子宫炎、肾盂肾炎、肺炎、败血症和破伤风等。使用青霉素治疗破伤风时,应与破伤风抗毒素合用。对耐青霉素的金黄色葡萄球菌造成的感染,可采用苯唑西林、氯唑西林、红霉素等进行治疗。

【不良反应】青霉素的不良反应主要表现为局部刺激,毒性反应很小,但容易出现过敏反应;在兽医临床上,马、骡、牛、猪、犬对青霉素过敏已有报道,主要临床表现为流汗、兴奋、不安、肌肉震颤、呼吸困难、心率加快、站立不稳,有时见荨麻疹、眼睑和头面部水肿,阴门、直肠肿胀和无菌性蜂窝织炎等,严重时发生休克,抢救不及时,可导致迅速死亡。因此,在用药后应注意观察,若出现过敏反应,要立即进行对症治疗,严重过敏反应者可静脉或肌内注射肾上腺素(马、牛2~5 mg/次,羊、猪0.2~1.0 mg/次,犬0.1~0.5 mg/次,猫0.1~0.2 mg/次),必要时可加用糖皮质激素和抗组胺药,增强或稳定疗效。

青霉素的降解产物和聚合物是引起过敏反应的基本成分。青霉素的性质不稳定,可降解为青霉噻唑酸和青霉烯酸。前者可聚合成青霉噻唑酸聚合物,该聚合物极易与多肽或蛋白质结合成青霉噻唑酸蛋白,这是一种速发型的致敏原,是引发青霉素过敏反应最主要的原因。

【注意事项】青霉素钠易溶于水,水溶液不稳定,很易水解,水解速度随温度升高而加快,因此注射液应现配现用。由于青霉素一般与钠或钾成盐,大剂量注射可能出现高钠血症,对肾功能减退或心功能不全的患病动物会产生不良后果。

【用法与用量】肌内注射:一次量,每1 kg体重,马、牛1万~2万IU,羊、猪、驹、犊2万~3万IU,犬、猫3万~4万IU,禽5万IU。每日2~3次,连用2~3 d。

【最高残留限量】残留标志物：青霉素。牛、猪、家禽，肌肉、肝、肾 50 μg/kg，奶、蛋 4 μg/kg。

【制剂与休药期】注射用青霉素钠(benzylpenicilin sodium for injection)，注射用青霉素钾(benzylpenicillin potassium for injection)。休药期：牛、羊、猪、禽 0 d，弃乳期 72 h。

普鲁卡因青霉素(procaine benzylpenicillin)

【理化性状】白色结晶性粉末，遇酸、碱或氧化剂等会迅速失效。在甲醇中易溶，在乙醇或三氯甲烷中略溶，在水中微溶。

【药理作用】用于对青霉素高度敏感的病原菌引起的轻中度感染，如化脓性扁桃体炎、喉炎、金黄色葡萄球菌皮肤软组织感染、早期梅毒、淋病等。亦用于风湿性或先天性心脏病患者预防感染。

【临床应用】肌内注射后，在局部水解释放出青霉素，缓慢吸收。达峰时间较长，血液中浓度低，但维持时间较长。仅用于治疗高度敏感菌引起的慢性感染，或作为维持剂量用。为能在较短时间内升高血药浓度，可与青霉素钠(钾)混合配制成注射剂，以兼顾长效和速效。普鲁卡因青霉素大量注射可引起普鲁卡因中毒。

【用法与用量】肌内注射：一次量，每 1 kg 体重，马、牛 1 万~2 万 IU，羊、猪、驹、犊 2 万~3 万 IU，犬、猫 3 万~4 万 IU。每日 1 次，连用 2~3 d。

【最高残留限量】同青霉素。

【制剂与休药期】普鲁卡因青霉素注射液(procaine benzylpenicillin injection)。休药期：牛 10 d，羊 9 d，猪 7 d，弃乳期 48 h。

苄星青霉素(benzathine benzylpenicillin)

【理化性质】为白色结晶性粉末。在二甲基甲酰胺或甲酰胺中易溶，在乙醇中微溶，在水中极微溶解。

【药动学】吸收和排泄缓慢，血药浓度较低，但维持时间长，为长效青霉素。

【药理作用】苄星青霉素为青霉素 G 长效制剂，通过抑制细菌细胞壁合成而发挥杀菌作用。苄星青霉素对溶血性链球菌、不产青霉素酶的金黄色葡萄球菌、敏感的肺炎链球菌等革兰阳性球菌以及脑膜炎奈瑟菌、淋病奈瑟菌等革兰阴性球菌具有较强的抗菌活性。

【临床应用】适用于对青霉素高度敏感的细菌所致的轻度或慢性感染，例如家畜在长途运输中产生的呼吸道感染、肺炎，以及牛的肾盂肾炎、子宫蓄脓等疾病。

【用法与用量】肌内注射：一次量，每 1 kg 体重，马、牛 2 万~3 万 IU，羊、猪 3 万~4 万 IU，犬、猫 4 万~5 万 IU。必要时 3~4 d 后重复使用一次。

【最高残留限量】同青霉素。

【制剂与休药期】注射用苄星青霉素(benzathine benzylpenicillin for injection)。休药期：牛、羊 4 d，猪 5 d，弃乳期 72 h。

2. 半合成青霉素

以青霉素结构中的母核(6-APA)为原料，在 R 处连接不同结构的侧链，从而合成的一系列衍生物(表 12-1)。它们具有耐酸(胃酸)或耐酶(β-内酰胺酶)、广谱、抗铜绿假单胞菌等特点。

表12-1　青霉素类抗生素的化学结构的侧链及特点

侧链	名称	特点
(苄基)	青霉素(benzylpenicillin,苄青霉素,青霉素G)	不耐酸,不耐酶
(苯基异恶唑甲基)	苯唑西林(oxacillin,苯唑青霉素,新青霉素Ⅱ)	耐酸,耐酶
(邻氯苯基异恶唑甲基)	氯唑西林(cloxacillin,邻氯青霉素)	耐酸,耐酶
(α-氨基苄基)	氨苄西林(ampicillin,氨苄青霉素)	耐酸,广谱
(对羟基-α-氨基苄基)	阿莫西林(amoxycillin,羟氨苄青霉素)	耐酸,广谱

氨苄西林(ampicillin)

氨苄西林又称氨苄青霉素。

【理化性质】氨苄西林游离酸含3分子结晶水,为白色结晶性粉末,味微苦,可内服。可溶于稀盐酸或氢氧化钠溶液,在水中微溶,在三氯甲烷、乙醇、乙醚和不挥发油中不溶。其钠盐在水中易溶、在乙醇中略溶、在乙醚中不溶,注射常用氨苄西林的钠盐。10%氨苄西林水溶液的pH为8~10。

【药动学】耐酸、不耐酶,肌内注射或内服均容易吸收。单胃动物内服给药的生物利用度为30%~55%,但反刍动物吸收较差,例如,绵羊内服的生物利用度仅为2.1%。肌内注射吸收好,生物利用度超过80%。吸收后可分布到各组织,其中以肺、胆汁、肾、子宫等的浓度较高。亦可穿过血脑屏障进入中枢神经系统,特别是发生炎症时,如用氨苄西林治疗脑膜炎时,其在血清中的浓度可达到10%~60%。也可穿过胎盘,但对妊娠动物是安全的,在乳汁中浓度低,约为血清的0.3%。主要通过肾排泄,给药后24 h大部分已通过尿液排出,此外还可通过胆汁排泄。血浆蛋白结合率较青霉素低,为20%,特别是与马血浆蛋白结合的能力只有青霉素的10%。静脉注射,在马、牛、羊、犬的半衰期分别为0.62 h、1.20 h、1.58 h及1.25 h。肌内注射,在马、水牛、黄牛、猪、奶山羊和犬猫体内的半衰期分别为1.21~2.23 h、1.26 h、0.98 h、0.57~1.06 h、0.92 h及45~80 min。表观分布容积,犬为0.3 L/kg,猫为0.167 L/kg,牛在0.16~0.5 L/kg之间。

【药理作用】抗菌谱较广。对革兰氏阴性菌,如大肠杆菌、变形杆菌、沙门菌、嗜血杆菌、布鲁菌和巴氏杆菌等均有较强的作用。对大多数革兰氏阳性菌的效力不及青霉素,且本品对耐青霉素的金黄色葡萄球菌、铜绿假单胞菌无效。

【临床应用】可用于敏感菌所致的肺部、尿道感染和革兰氏阴性杆菌引起的某些感染等，例如驹、犊肺炎，牛巴氏杆菌病、肺炎、乳腺炎，猪传染性胸膜肺炎，鸡白痢、禽伤寒等。治疗严重感染时，氨苄西林可与氨基糖苷类抗生素合用以增强疗效。不良反应与青霉素相似。

【用法与用量】肌内、静脉注射：一次量，每 1 kg 体重，家畜 10~20 mg，每日 2~3 次（高剂量用于幼龄动物和急性感染），连用 2~3 d。皮下或肌内注射（混悬注射液）：一次量，每 1 kg 体重，家畜 5~7 mg，每日一次，连用 2~3 d。

【最高残留限量】残留标志物：氨苄西林。所有食品动物，肌肉、脂肪、肝、肾 50 μg/kg；奶、蛋 4 μg/kg。

【制剂与休药期】注射用氨苄西林钠（ampicillin sodium for injection）。休药期：牛 6 d，弃乳期 48 h，猪 15 d。

阿莫西林（amoxicilin）

又称羟氨苄青霉素。

【理化性质】白色或类白色结晶性粉末，味微苦。在水中微溶，在乙醇中几乎不溶。0.5% 阿莫西林水溶液的 pH 为 3.5~5.5。耐酸性较氨苄西林强。

【药动学】在胃酸中较稳定，单胃动物内服后吸收率为 74%~92%，胃肠道内容物可影响吸收速率，但不影响吸收程度。内服相同剂量后，阿莫西林的血清浓度一般比氨苄西林高 1.5~3 倍。可分布于脑脊液，用阿莫西林治疗脑膜炎时，其在脑脊液中的浓度为血清浓度的 10%~60%。也可穿过胎盘，但对妊娠动物安全。阿莫西林与犬的血浆蛋白结合率约 13%，基本不通过乳汁排泄，在乳中的药物浓度极低。

【药理作用】阿莫西林为青霉素类抗生素，对肺炎链球菌、溶血性链球菌等链球菌属，不产青霉素酶葡萄球菌、粪肠球菌等需氧革兰阳性球菌，大肠埃希菌、奇异变形杆菌、沙门菌属、流感嗜血杆菌、淋病奈瑟菌等需氧革兰阴性菌的不产 β-内酰胺酶菌株及幽门螺杆菌具有良好的抗菌活性。阿莫西林通过抑制细菌细胞壁合成而发挥杀菌作用，可使细菌迅速成为球状体而溶解、破裂。

【临床应用】阿莫西林适用于敏感菌（不产 β-内酰胺酶菌株）所致的感染。细菌对本品及氨苄西林有完全的交叉耐药性。

【用法与用量】内服：一次量，每 1 kg 体重，家畜 10~15 mg，鸡 20~30 mg，每日 2 次，连用 2~3 d。混饮：每 1 L 水，鸡 60 mg（以阿莫西林计），连用 3~5 d。皮下或肌内注射：普通注射液，一次量，每 1 kg 体重，家畜 5~10 mg，每日 2 次，连用 2~3 d。

【最高残留限量】残留标志物：阿莫西林。所有食品动物，肌肉、脂肪、肝、肾 50 μg/kg；奶、蛋 4 μg/kg。

【制剂与休药期】阿莫西林可溶性粉（amoxicillin soluble powder）。休药期：鸡 7 d，蛋鸡产蛋期不得使用。

注射用阿莫西林钠（amoxicillin sodium for injection）。休药期：家畜 14 d，弃乳期 120 h。

苯唑西林（oxacillin）

又称苯唑青霉素、新青霉素Ⅱ。

【理化性质】其钠盐为白色粉末或结晶性粉末，无臭或微臭。在水中易溶，在丙酮中极微溶解，在乙酸乙酯中几乎不溶。

【药动学】肌内注射后吸收迅速,在30 min内达峰浓度,部分代谢物有活性,主要从肾经尿液迅速排泄。在体内广泛分布,可进入肺、肾、骨、胆汁、胸水、关节液和腹水,马、犬的表观分布容积分别为0.6 L/kg和0.3 L/kg。

【药理作用】合成的耐酸、耐酶青霉素。对青霉素敏感菌株的杀菌活性不如青霉素,但对青霉素耐药的金黄色葡萄球菌有效。

【临床应用】主要用于对青霉素耐药的金黄色葡萄球菌引起的感染,如败血症、肺炎、乳腺炎、烧伤创面感染等。

【用法与用量】肌内注射:一次量,每1 kg体重,马、牛、羊、猪10~15 mg,犬、猫15~20 mg,每日2~3次,连用2~3 d。

【最高残留限量】残留标志物:苯唑西林。所有食品动物,肌肉、脂肪、肝、肾300 μg/kg,奶30 μg/kg,蛋4 μg/kg(产蛋期禁用)。

【制剂与休药期】注射用苯唑西林钠(oxacillin sodium for injection)。休药期:牛、羊14 d,猪5 d,弃乳期72 h。

氯唑西林(cloxacillin)

氯唑西林又称邻氯青霉素。

【理化性状】氯唑西林的钠盐为白色粉末或结晶性粉末;微臭,味苦;有引湿性。在水中易溶,在乙醇中溶解,在乙酸乙酯中几乎不溶。

【药理作用】本品为半合成的耐酸、耐酶青霉素。对耐青霉素的菌株有效,尤其对耐青霉素的金黄色葡萄球菌有很强的杀菌作用,故被称为"抗葡萄球菌青霉素",但对青霉素敏感菌的作用不如青霉素。内服可以抗酸,但生物利用度较低,仅为37%~60%,受食物影响还会降低。

【临床应用】常用于治疗动物的骨、皮肤和软组织的葡萄球菌感染,以及耐青霉素葡萄球菌感染,如奶牛乳腺炎。

【用法与用量】肌内注射:一次量,每1kg体重,马、牛、羊、猪5~10 mg,犬、猫20~40 mg,每日3次,连用2~3 d。乳管注入:奶牛每乳室200 mg,每日1次,连用2~3 d。

【最高残留限量】残留标志物:氯唑西林。所有食品动物,肌肉、脂肪、肝、肾300 μg/kg,奶30 μg/kg,蛋4 μg/kg。

【制剂与休药期】注射用氯唑西林钠(cloxacillin sodium for injection)。休药期:牛10 d,弃乳期48 h。注射用氨苄西林钠氯唑西林钠:休药期28 d,弃乳期7 d。

苄星氯唑西林(benzathine cloxacillin)

【理化性状】白色或类白色结晶性粉末。在甲醇中易溶,在水或乙醇中不溶。

【药理作用】参见氯唑西林。

【临床应用】本品具有长效作用,主要用于治疗乳腺炎。

【用法与用量】以氯唑西林计,乳管注入,干乳期奶牛,每个乳室0.5 g。产前42 d内不得使用。

【最高残留限量】残留标志物:氯唑西林。所有食品动物,肌肉、脂肪、肝、肾300 μg/kg,乳30 μg/L。

【制剂与休药期】苄星氯唑西林乳房注入剂(干乳期)[cloxacillin benzathine intramammary infusion (dry cow)]。休药期：牛28 d，弃乳期为产犊后96 h。

(二)头孢菌素类

头孢菌素类又称先锋霉素类(cephalosporins, cefalosporins)，是一类广谱半合成抗生素，与青霉素类一样，都具有β-内酰胺环，共称为β-内酰胺类抗生素。不同的是青霉素类为6-APA衍生物，而头孢菌素类是7-氨基头孢烷酸(7-aminocefalosporanic acid, 7-ACA)的衍生物，其基本结构如图12-4所示。最初是从冠头孢菌(*cephalosporium acremonium*)的培养液中提取获得头孢菌素C(cephalosporin C)，其抗菌活性低、毒性大，不能用于临床。以头孢菌素C为原料，经催化水解后可获得母核7-ACA，并在其侧链R_1及R_2处引入不同的基团，形成一系列的半合成头孢菌素(表12-2)。根据发现时间的先后，可分为一、二、三、四代头孢菌素。

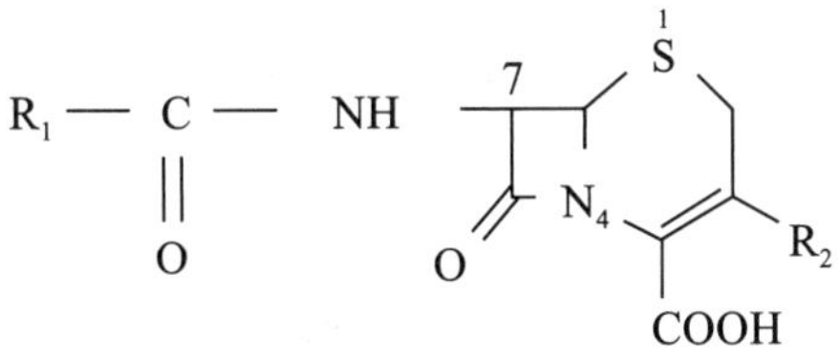

图12-4 头孢菌素的基本结构

表12-2 头孢菌素类药物的化学结构、分类及给药途径

	药名	R_1	R_2	途径
第一代	头孢噻吩 (cefalothin，先锋霉素Ⅰ)	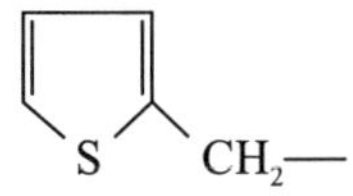	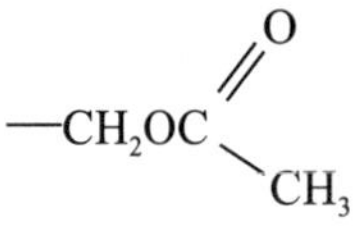	注射
	头孢氨苄 (cefalexin，先锋霉素Ⅳ)	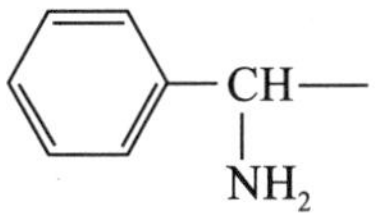	—CH_3	内服
	头孢唑啉 (cefazolin，先锋霉素Ⅴ)	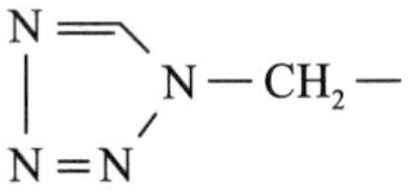	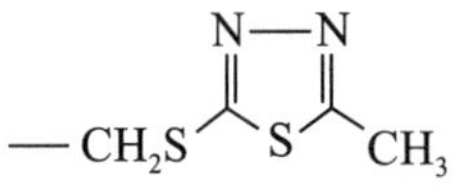	注射
	头孢羟氨苄 (cefadroxil)	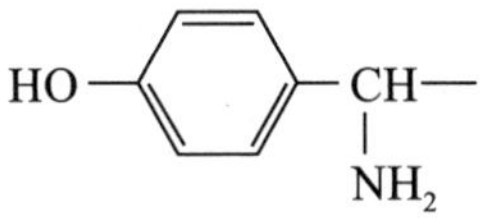	—CH_3	内服
第二代	头孢孟多 (cefamandole)	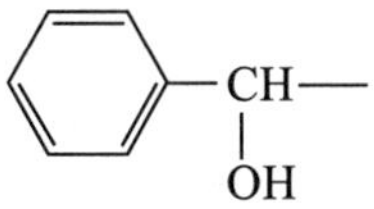	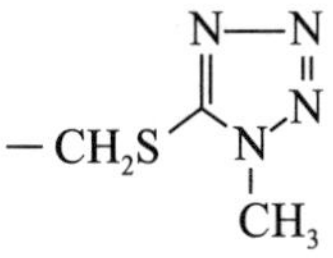	注射
	头孢西丁 (cefoxitin)(7位上有—OCH_3)	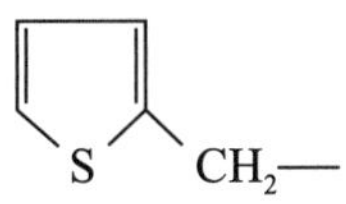	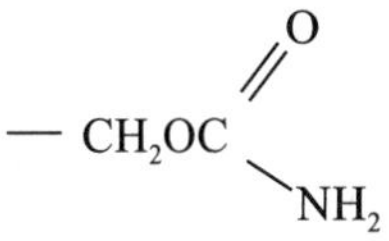	注射

续表

	药名	R₁	R₂	途径
	头孢克洛（cefaclor）	苯基-CH(NH₂)-	—Cl	内服
	头孢呋辛（cefuroxime）	呋喃环-C(=NOCH₃)-	—CH₂OC(=O)NH₂	注射
	头孢噻肟（cefotaxime）	2-氨基噻唑-C(=NOCH₃)-	—CH₂OC(=O)CH₃	注射
	头孢唑肟（ceftizoxime）	2-氨基噻唑-C(=NOCH₃)-	—H	注射
第三代	头孢曲松（ceftriaxone）	2-氨基噻唑-C(=NOCH₃)-	—CH₂S-三嗪二酮-N-CH₃	注射
	头孢哌酮（cefoperazone）	对羟苯基-CH(NHCO-哌嗪二酮-N-C₂H₅)-	—CH₂S-四唑-N-CH₃	注射
	头孢他啶（ceftazidime）	2-氨基噻唑-C(=NOC(CH₃)₂COOH)-	—CH₂N⁺（吡啶）	注射
	头孢噻呋（ceftiofur）	2-氨基噻唑-C(=NOCH₃)-	—CH₂S-C(=O)-呋喃	注射
第四代	头孢吡肟（cefepime）	2-氨基噻唑-C(=NOCH₃)-	—CH₂N⁺(CH₃)（吡咯烷）	注射

续表

药名	R₁	R₂	途径
头孢喹肟（cefquinome）			注射

第一代头孢菌素对革兰氏阳性菌（包括耐药金黄色葡萄球菌）的作用比第二、三、四代强，对β-内酰胺酶部分稳定，但对革兰氏阴性菌的作用则较差，对铜绿假单胞菌无效。并且不能像青霉素那样有效地对抗厌氧菌，还具有一定的肾毒性。第二代头孢菌素对革兰氏阳性菌的作用与第一代相似或有所减弱，但对革兰氏阴性菌的作用则比第一代强，比较能耐受β-内酰胺酶；部分药物对厌氧菌有效，但对铜绿假单胞菌无效。第三代、第四代头孢菌素的特点是对β-内酰胺酶有很高的耐受力，对革兰氏阴性菌的作用比第二代更强，尤其对铜绿假单胞菌、肠杆菌属、厌氧菌有很好的作用，但对革兰氏阳性菌的作用比第一、第二代弱。第四代头孢菌素血浆半衰期较长，对β-内酰胺酶高度稳定，无肾毒性。

头孢菌素类具有抗菌谱广（尤其是第三、四代产品）、杀菌活性强、过敏反应较少、毒性小、对胃酸和β-内酰胺酶比青霉素类更稳定等优点。头孢菌素的抗菌谱与广谱青霉素相似，对革兰氏阳性菌、阴性菌及螺旋体有效。抗菌作用机制与青霉素相似，也是与细菌细胞壁上的青霉素结合蛋白结合，从而抑制细菌细胞壁合成，导致细菌死亡。对多数耐青霉素的细菌仍然敏感，但与青霉素之间存在部分交叉耐药现象。

头孢菌素广泛分布于大多数体液和组织中，包括肾脏、肺、关节、骨、软组织和胆囊。第三代头孢菌素还具有较好的穿透脑脊液的能力。头孢菌素主要经肾小球过滤和肾小管分泌排泄，丙磺舒可与头孢菌素竞争分泌排泄，延缓头孢菌素从机体的排出。肾功能障碍时，半衰期显著延长。

目前在人医和兽医临床均批准使用的头孢菌素类药物有头孢氨苄等。动物专用的头孢菌素类药物主要有头孢噻呋、头孢喹肟等。

头孢氨苄（cephalexin）

【理化性状】白色或微黄色结晶性粉末，微臭。在水中微溶，在乙醇、三氯甲烷或乙醚中不溶。

【药动学】头孢氨苄经内服途径给药时，犬猫对其吸收迅速且完全，生物利用度为75%~90%，但马的生物利用度仅约5%。经肌内注射途径给药时，能很快被机体吸收约0.5 h血药浓度达峰值，犊牛的生物利用度为74%。主要以原形通过尿液排出，在动物体内的半衰期表现为：奶牛、绵羊分别为0.58 h及1.2 h，犬、猫为1~2 h，犊牛约为1.5 h。

【药理作用】本品为第一代头孢菌素，对革兰氏阳性菌的抗菌活性较强，但肠球菌除外。对部分大肠杆菌、奇异变形杆菌、克雷伯菌、沙门菌、志贺菌有抗菌作用，但对铜绿假单胞菌无效。

【临床应用】主要用于耐药金黄色葡萄球菌及某些革兰氏阴性杆菌，如大肠杆菌、沙门菌、克雷伯菌等敏感菌引起的消化道、呼吸道、泌尿生殖道感染，牛乳腺炎等。

【不良反应】过敏反应：通过肌内注射向犬给药时，可能会出现严重的过敏反应，甚至引起死亡。胃肠道反应：犬、猫较为多见，表现为厌食、呕吐或腹泻。潜在的肾毒性：由于本品主要经过肾脏排泄，因此应注重调整肾功能不全的动物用药剂量。

【用法与用量】内服：一次量，每 1 kg 体重犬 15 mg。一日 2 次，治疗尿路感染连用 14 d；浅表脓皮病连用 7~14 d；深层脓皮病连用 28 d。肌内注射：一次量，每 1 kg 体重，猪 0.01 g，每日 1 次。

【最高残留限量】残留标志物：头孢氨苄。牛，肌肉、脂肪、肝 200 μg/kg，肾 1000 μg/kg，奶 100 μg/kg。

【制剂与休药期】头孢氨苄片(cefalexin tablets)，无需休药期；头孢氨苄注射液(cefalexin injection)，休药期：猪 28 d；头孢氨苄单硫酸卡那霉素乳房注入剂(泌乳期)(cefalexin and kanamycin monosulfate intramammary infusion for lactating cow)，休药期：牛 10 d，弃乳期 5 d。

头孢噻呋(ceftiofur)

【理化性状】头孢噻呋为类白色至淡黄色粉末，在丙酮中极微溶解，在水或乙醇中几乎不溶。其钠盐有引湿性，在水中易溶。其盐酸盐为白色或类白色结晶性粉末，在 N,N-二甲基乙酰胺中易溶，在水中不溶，在甲醇中微溶。

【药动学】内服给药，机体不吸收；但肌内和皮下注射给药，机体可吸收迅速。注射给药后，在组织和血液中的药物浓度较高，有效血药浓度维持时间长，体内分布广泛，但不能通过血脑屏障。在牛和猪体内可迅速生成具有活性的代谢物——脱氧呋喃甲酰头孢噻呋(desfuroylceftiofur)，并进一步代谢为无活性的产物，最终通过尿和粪排泄。头孢噻呋的钠盐与盐酸盐半衰期相似。在马、牛、羊、猪、犬、鸡和火鸡体内的半衰期分别为 3.2 h、7.1 h、2.2~3.9 h、14.5 h、4.1 h、6.8 h 及 7.5 h。

【药理作用】头孢噻呋为动物专用的第三代头孢菌素，具有广谱杀菌作用。对革兰氏阳性菌(包括产 β-内酰胺酶的菌)、革兰氏阴性菌的抗菌作用较强，如多杀性巴氏杆菌、溶血性巴氏杆菌、胸膜肺炎放线杆菌、沙门菌、大肠杆菌、链球菌、葡萄球菌等。其抗菌活性比氨苄西林强，对链球菌的抗菌作用强于氟喹诺酮类药物。某些铜绿假单胞菌、肠球菌耐药。

【临床应用】主要用于治疗牛的急性呼吸系统感染，尤其是溶血性巴氏杆菌或多杀性巴氏杆菌引起的支气管肺炎、牛乳腺炎，雏鸡的大肠杆菌、沙门菌感染，猪放线杆菌性胸膜肺炎等。

【不良反应】①由于抗菌谱广，长时间应用可能引发胃肠道菌群紊乱或二重感染。②有一定的肾毒性。③可引起牛发生特征性的脱毛和瘙痒。

【用法与用量】肌内注射：一次量，每 1 kg 体重，牛 1.1~2.2 mg，猪 3 mg，每日 1 次，连用 3 d。皮下注射：1 d 龄雏鸡，每羽 0.1 mg。乳管注入：干乳期奶牛，每乳室 500 mg。

【最高残留限量】残留标志物：去呋喃头孢噻呋。牛、猪，肌肉、脂肪、肝、肾 1000~6000 μg/kg；奶 100 μg/kg。

【制剂与休药期】注射用头孢噻呋(ceftiofur for injection)，休药期：猪 1 d；盐酸头孢噻呋注射液(ceftiofur hydrochloride injection)，休药期：猪 7 d；注射用头孢噻呋钠(ceftiofur sodium for injection)，休药期：猪 4 d；盐酸头孢噻呋乳房注入剂(干乳期)(ceftiofur hydrochloride intramammary infusion for dry cow)，休药期：产犊前 60 d 给药，弃乳期 0 d，牛 16 d。

头孢噻呋注射液：猪 5 d。

头孢维星（cefovecin）

【理化性状】头孢维星为可溶性粉末，遇光易变质。

【药动学】与其他头孢类抗菌素相比，头孢维星的显著特点是极高的生物利用度和血浆蛋白结合率，最终产生长效作用。犬以每 1 kg 体重 8 mg 皮下注射给药，峰浓度为 121 μg/mL，达峰时间为 6.2 h，生物利用度为 100%，消除半衰期为 133 h。猫以每千克体重 8 mg 皮下注射给药，吸收快，注射 2 h 后可达到峰浓度 141 μg/mL，生物利用度为 99%，半衰期为 166 h。

【药理作用】为动物专用的第三代头孢菌素。对革兰氏阳性及阴性菌均有杀菌作用。对引起犬、猫皮肤感染的中间葡萄球菌，引起犬脓肿的拟杆菌，引起犬、猫泌尿道感染的大肠杆菌、多杀巴氏杆菌、梭菌、单胞菌、中间普氏菌等均敏感。

【临床应用】主要用于犬、猫的皮肤和软组织感染治疗，如治疗犬的脓皮病和中间葡萄球菌、β-溶血性链球菌、大肠杆菌或巴氏杆菌引起的脓肿；治疗猫的皮肤及软组织脓肿和多杀性巴氏杆菌、梭杆菌属引起的伤口感染。

【不良反应】目前还没有副作用报道，但不能应用于对头孢菌素类过敏的犬、猫。

【注意事项】不得用于 8 月龄以下和哺乳期的犬、猫；不得用于有严重肾功能障碍的犬、猫；配种后 12 周内不得使用本品；不得用于豚鼠和兔等动物。

【用法与用量】皮下注射或静脉注射：每 1 kg 体重，犬、猫 8 mg。单次给药药效可以持续 14 d，根据感染情况可以重复给药（最多不超过 3 次）。

【制剂与休药期】注射用头孢维星钠（cefovecin for injection），宠物用，无需休药期。

头孢喹肟（cefquinome）

又称头孢喹诺。

【药动学】内服很少吸收，肌内和皮下注射时吸收迅速，达峰时间为 0.5~2 h，生物利用度较高，一般大于 93%。体内分布不广泛，表观分布容积约 0.2 L/kg。头孢喹肟与血浆蛋白的结合率较低，为 5%~15%。奶牛泌乳期乳房灌注给药后，可以快速分布于整个乳房组织，并维持较高的组织浓度。头孢喹肟在动物体内代谢迅速，半衰期为 1~3 h，主要经肾随尿排出，有 5%~7% 的药物通过肝脏分泌到胆汁中，后随胆汁排入肠道内。泌乳期奶牛乳房灌注给药时，药物主要随乳汁排出体外。

【药理作用】是动物专用的第四代头孢菌素类抗生素。具有广谱杀菌作用。对革兰氏阳性菌（包括产 β-内酰胺酶的菌）、阴性菌的抗菌活性较强。敏感菌主要有金黄色葡萄球菌、链球菌、肠球菌、大肠杆菌、沙门菌、多杀性巴氏杆菌、溶血性巴氏杆菌、胸膜肺炎放线杆菌、克雷伯菌、铜绿假单胞菌等。其抗菌活性比头孢噻呋强。

【临床应用】主要用于敏感菌引起的牛、猪呼吸系统感染及奶牛乳腺炎的治疗，例如牛、猪溶血性巴氏杆菌或多杀性巴氏杆菌引起的支气管肺炎，猪放线杆菌性胸膜肺炎、渗出性皮炎等。

【用法与用量】肌内注射：一次量，每 1 kg 体重，牛 1 mg，猪 2~3 mg，每日 1 次，连用 3 d。乳管注入：泌乳期奶牛，每乳室 75 mg，每日 2 次，连用 3 次；干乳期奶牛，每乳室 75 mg。

【最高残留限量】残留标志物：头孢喹肟。牛、猪，肌肉、脂肪、肝、肾 50～200 μg/kg，奶 20 μg/kg。

【制剂与休药期】硫酸头孢喹肟注射液（cefquinome sulfate injection），休药期：猪 72 h。

注射用硫酸头孢喹肟（cefquinome sulfate for injection），休药期：猪 72 h。

硫酸头孢喹肟乳房注入剂（泌乳期）（cefquinome sulfate intramammary infusion for lactating cow），休药期：弃乳期 96 h。

硫酸头孢喹肟乳房注入剂（干乳期）（cefquinome sulfate intramammary infusion for dry cow），休药期：对于干乳期超过 5 周的奶牛，弃乳期为产犊后 1 d；对干乳期不足 5 周，弃乳期为给药后 36 d。

(三) β-内酰胺酶抑制剂

克拉维酸（clavulanic acid）

克拉维酸又称棒酸，是由棒状链霉菌（*Streptomyces clavuligerus*）产生的抗生素。其钾盐为无色针状结晶，易溶于水，但水溶液极不稳定。

【药理作用】克拉维酸仅有微弱的抗菌活性，但可与革兰氏阳性和阴性细菌所产生的 β-内酰胺酶不可逆结合，故称为 β-内酰胺酶抑制剂（β-lactamase inhibitors），又称为"自杀"抑制剂。内服吸收好。不单独用于抗菌治疗，通常与其他 β-内酰胺抗生素联合使用以克服细菌的耐药性。如将克拉维酸与氨苄西林合用，使后者对产生 β-内酰胺酶的金黄色葡萄球菌的最小抑菌浓度，由大于 1000 μg/mL 降低至 0.1 μg/mL。

【临床应用】现已有阿莫西林与克拉维酸钾组成的复方制剂用于兽医临床，如阿莫西林+克拉维酸钾（4:1），主要用于对阿莫西林敏感的畜禽细菌性感染和产 β-内酰胺酶的耐药金黄色葡萄球菌感染。

【用法与用量】内服：按阿莫西林-克拉维酸钾计，一次量，每 1 kg 体重，犬 12.5 mg。每日 2 次，连用 7 d。混饮：每 1 L 水，鸡 50 mg（以阿莫西林计）。连用 3～7 d。

【最高残留限量】残留标志物：克拉维酸。牛、猪，肌肉、脂肪、肝、肾 100～400 μg/kg；奶 200 μg/kg。

【制剂与休药期】复方阿莫西林粉（compound amoxicillin powder），休药期：鸡 7 d，蛋鸡产蛋期不得使用。阿莫西林克拉维酸钾片（amoxicillin and clavulanate potassium tablets），宠物用。

三、氨基糖苷类抗生素

本类抗生素的化学结构含有氨基糖分子和非糖部分的糖原结合而成的苷，故称为氨基糖苷类抗生素（aminoglycosides），由链霉菌或小单孢菌产生或经半合成制得。其中链霉素、新霉素、卡那霉素等是由链霉菌（*Streptomyces*）产生，而庆大霉素、小诺霉素等则由小单孢菌（*Micromonosporae*）产生，阿米卡星为半合成氨基糖苷类抗生素。单个氨基糖苷可能有几种类型，例如，庆大霉素是庆大霉素 C_1 和 C_2 的复合物，而新霉素是新霉素 B、新霉素 C 和硫酸新霉素的混合物。该类抗生素呈碱性，解离常数一般在 8～10 之间，因此在生理条件下，特别是在酸性环境中易被离子化，从而限制药物的转运。我国批准用于兽医临床的氨基糖苷类抗生素有链霉素、双氢链霉素、卡那霉素、庆大霉素、新霉素、大观霉素及安普霉素等。

氨基糖苷类抗生素通常拥有以下特征：①都属于有机碱，能与酸形成盐。常用制剂为硫酸盐，易溶于水，性质稳定。在偏碱性的环境中抗菌作用得到增强。②内服时吸收较少，几乎完全从粪便排出，这一特性利于作为肠道感染用药。注射给药吸收迅速而完全，主要分布于细胞外液，表观分布容积较小（小于0.35 L/kg）。大部分以原形从尿中排出，家畜的半衰期较短（1~2 h）。③属杀菌性抗生素，对需氧革兰氏阴性杆菌的作用强，庆大霉素、妥布霉素、阿米卡星对铜绿假单胞菌也有较强活性。④不良反应主要包括耳毒性、肾毒性、神经肌肉阻滞作用以及变态反应，其中最常见的是肾毒性。有报道显示，下次给药前，血药浓度降低到1~2 μg/mL以下可减少肾毒性的风险。可通过延长给药间隔，或停药一段时间来减少肾毒性的发生。

氨基糖苷类药物通过干扰细菌蛋白质合成而发挥杀菌作用。药物必须进入菌体才能发挥抗菌活性，由于该类药物主要以离子形式存在，所以主要依赖主动转运方式进入胞内，带阳离子的氨基糖苷与细胞膜内的阴离子成分结合，在跨膜电位的驱动下，进入胞内，并与负责合成蛋白质的核糖体结合。该类药物能与细菌的核糖体30S亚基以及信使RNA起始密码子结合，形成无法移动的复合物，这种复合物是链霉素单体。而链霉素单体的形成使蛋白质的合成停止在起始阶段，从而抑制蛋白质的合成，起到杀菌作用。

氨基糖苷类药物还能解构正在进行蛋白质合成的核糖体，从而提前终止蛋白质的合成；或者干扰正在进行的蛋白质合成，提供错误的氨基酸，使得合成出的蛋白无法发挥应有的功能，有些异常的蛋白还会插入细胞膜，影响细胞膜的通透性，从而加速氨基糖苷类物质进入细菌体内的进程。

质粒介导的16S rRNA甲基化酶是近年来新发现的一种耐药决定因子，可导致4,6-二取代基-脱氧链霉胺类氨基糖苷类高水平耐药。该类甲基化酶编码基因常位于细菌特异性重组系统中（如转座子），使得其可在细菌不同种属间广泛传播。

跨膜转运受损是一种非质粒介导的内在耐药机制，发生在厌氧菌（如脆弱拟杆菌和产气荚膜梭菌）中，因为药物转动过程是主动的耗氧过程。在厌氧环境中，兼性厌氧菌（如肠杆菌和金黄色葡萄球菌）对氨基糖苷类的耐药性更强。核糖体结构改变可能影响氨基糖苷类药物与靶点结合，最终产生耐药性。此外某些革兰氏阴性菌会产生多种钝化酶，这种酶可以催化氨基糖苷类药物特定位置的氨基或者羟基乙酰化、磷酰化或者链接上核酸，几种药物也能被同一种氨基糖苷钝化酶所钝化，这种变化会使氨基糖苷类药物失活。

链霉素（streptomycin）

链霉素是第一个被发现的氨基糖苷类抗生素，从灰链霉菌（*Streptomyces griseus*）培养液中提取获得。

【理化性质】常与硫酸成盐，为白色或微黄色粉末或结晶。无臭或几乎无臭，味微苦，有引湿性。易溶于水，在乙醇或三氯甲烷中不溶，强酸、强碱条件下不稳定。

【药动学】内服较难吸收，大部分以原形从粪便中排出。肌内注射吸收迅速且完全，0.5~2 h达血药峰浓度，有效药物浓度可维持6~12 h。主要分布于细胞外液，并可分布在除脑组织之外的所有器官、组织，其中以肾中浓度最高，肺及肌肉中浓度较低，易透入胸腔、腹腔中，在发生炎症时会导致渗入增多。链霉素可透过胎盘进入胎儿体内，胎血浓度约为母畜血浓度的一半，因此妊娠动物注射链霉素，应警惕该药物对胎儿的毒性。其主要通过肾小球滤过而排出，24 h内排出给药剂量的50%~60%。由于在尿中浓度很高,因此其可被用作治疗泌尿道感染。在偏碱性的环境中抗菌作用得到增强,如在pH 8时比在pH 5.8时强20~80倍,故可同时服用碳酸氢钠碱化尿液,增强治疗效果。当动物出现肾功能障碍时半衰期显著延长,排泄减慢,宜延长给药间隔。

【药理作用】链霉素主要对需氧革兰氏阴性杆菌活性强,其中对分枝杆菌的作用是该类化合物中最强的。对绝大多数的革兰氏阴性杆菌有效。例如,对大肠杆菌、沙门菌、布鲁菌、巴氏杆菌、变形杆菌、痢疾志贺菌、鼠疫耶尔森菌、产气荚膜梭菌、鼻疽伯氏菌等均有较强的抗菌作用,对钩端螺旋体、放线菌也有效,对金黄色葡萄球菌等多数革兰氏阳性球菌抗菌活性差。厌氧菌、铜绿假单胞菌和链球菌对链霉素固有耐药。

【临床应用】用于治疗各种链霉素敏感细菌引起的急性感染,如家畜的呼吸道感染(支气管炎、咽喉炎、肺炎)、泌尿道感染、钩端螺旋体病、牛放线菌病、细菌性胃肠炎、乳腺炎及家禽的呼吸系统病(传染性鼻炎等)和细菌性肠炎等。

链霉素单独反复使用,极易产生耐药性,这种速度比青霉素更快,且一旦产生,即使停药后也不易恢复。因此,临床上常采用链霉素与其他抗生素联合用药,从而减少或延缓耐药性的产生,如与青霉素合用治疗各种细菌性感染。

【不良反应】①耳毒性:链霉素最常损害前庭和耳蜗神经,且呈剂量依赖性。前庭损伤可致眼球震颤、共济失调和翻正反射消失,发生率较高的症状为听力减退、耳鸣或耳部胀满感。②猫对链霉素较敏感,常量即可造成恶心、呕吐、流涎及共济失调等。③神经肌肉阻滞:链霉素剂量过大时导致该现象发生。犬、猫外科手术全身麻醉后,与青霉素合用预防感染时,常出现意外死亡,这是由于全身麻醉剂和肌肉松弛剂对神经肌肉阻断有增强作用。严重者肌内注射新斯的明或静脉注射氯化钙可缓解。④长期使用链霉素会导致肾脏损害,表现为肾小球滤过率下降、血清肌酐和尿素氮上升。

【用法与用量】肌内注射:一次量,每1 kg体重,家畜10~15 mg。每日2次,连用2~3 d。

【最高残留限量】残留标志物:链霉素与双氢链霉素总量。牛、羊、猪、鸡,肌肉、脂肪、肝、肾600~1000 μg/kg;奶200 μg/kg。

【制剂与休药期】注射用硫酸链霉素(streptomycin sulfate for injection),休药期:牛、羊、猪18 d;弃乳期72 h。

双氢链霉素(dihydrostreptomycin)

【理化性状】本品的硫酸盐为白色或类白色粉末;无臭或几乎无臭,味微苦;有引湿性。双氢链霉素在水中易溶,在乙醇中溶解,但在三氯甲烷中不溶。

【药动学】牛和马按每1 kg体重5.5 mg肌内注射后,体内最大血药浓度范围在5.1~17.0 μg/mL之间。在马和牛体内的半衰期分别为1.5~9.3 h和2.35~4.50 h。

【药理作用】抗菌作用与链霉素相似。

【临床应用】主要用于治疗由革兰氏阴性菌以及结核杆菌所引起的感染。

【不良反应】双氢链霉素耳毒性比链霉素强。其他参见链霉素。

【用法与用量】肌内注射:一次量,每1 kg体重,家畜10 mg。每日2次,连用2~3 d。

【最高残留限量】同链霉素。

【制剂与休药期】注射用硫酸双氢链霉素(dihydrostreptomycin sulfate for injection)，休药期：牛、羊、猪18 d，弃乳期72 h。

卡那霉素(kanamycin)

从卡那链霉菌(Streptomyces kanamyceticus)的培养液中提取获得，有A、B、C等3种成分。其中卡那霉素A为主要成分，约占95%，亦含少量的卡那霉素B，约5%。

【理化性质】常用其硫酸盐，为白色或类白色粉末。无臭，有引湿性。在水中易溶，在乙醇、丙酮、三氯甲烷或乙醚中几乎不溶。水溶液稳定，于100℃、30 min灭菌不降低活性。

【药动学】内服吸收差，大部分以原形由粪便排出。肌内注射吸收迅速且完全，0.5~1 h达血药峰浓度，生物利用度高。在体内主要分布于各组织和体液中，以胸、腹腔中的药物浓度较高，但很少渗入唾液、支气管分泌物和正常脑脊液中，在胆汁和粪便中浓度很低。在动物体内的半衰期：马1.8~2.3 h，水牛2.3 h，黄牛2.8 h，奶山羊2.2 h，绵羊1.8 h，猪2.1 h，犬0.9~1.2 h，火鸡2.6 h。主要通过肾小球滤过排泄，注射剂量40%~80%以原形从尿中排出，因此有利于治疗尿道感染，乳汁中可排出少量药物。

【药理作用】抗菌谱与链霉素相似，但抗菌活性稍强。对大多数革兰氏阴性菌如大肠杆菌、变形杆菌、沙门菌和多杀性巴氏杆菌等有强大抗菌作用，但大肠埃希菌及其他革兰氏阴性菌易产生获得性耐药。对金黄色葡萄球菌和结核杆菌较敏感，对铜绿假单胞菌、革兰氏阳性菌（金黄色葡萄球菌除外）、立克次体、厌氧菌和真菌无效。

【临床应用】主要用于治疗多数革兰氏阴性杆菌和部分耐青霉素金黄色葡萄球菌所引起的感染，如呼吸道、肠道和泌尿道感染，乳腺炎，禽霍乱和雏鸡白痢等。此外，亦可用于治疗猪气喘病、萎缩性鼻炎。

【用法与用量】肌内注射：一次量，每1 kg体重，家畜10 mg~15 mg。每日2次，连用3~5 d。

【最高残留限量】残留标志物：卡那霉素A。所有食品动物，肌肉、皮+脂、肝600 μg/kg；奶150 μg/kg；蛋10 μg/kg。

【制剂与休药期】硫酸卡那霉素注射液(kanamycin sulfate injection)，休药期：牛、羊、猪28 d，弃乳期7 d。

庆大霉素(gentamicin)

提取自小单孢子菌(micromonospora)培养液，包含C_1、C_{1a}、C_2、C_{2a}等4种成分。4种成分的抗菌活性和毒性基本一致。

【理化性质】其硫酸盐为白色或类白色的粉末；无臭；有引湿性；在水中易溶，在乙醇、丙酮、三氯甲烷或乙醚中不溶。其4%的水溶液偏酸性，pH为4.0~6.0。

【药动学】内服难吸收，肠内浓度较高。大多数动物肌内注射后迅速吸收且完全，0.5~1 h血药达峰浓度，有效血药浓度可维持6~8 h，生物利用度较高。吸收后主要分布于细胞外液，可渗入胸腹腔、心包、胆汁及滑膜液中，亦可进入淋巴结及肌肉组织中。成年动物表观分布容积较小，新生动物和幼龄动物由于细胞外液偏多，因而表观分布容积增大。不易透过血脑屏障，但能透过胎盘屏障，在胎畜中的浓度为母体中的15%~50%。在动物体内的半衰期：马1.82~3.25 h，水牛2.3~5.69 h，黄牛3.2 h，犊牛2.2~2.7 h，奶山羊 2.3 h,绵羊 1.33~2.4 h,猪 2.1 h,犬和猫 0.5~1.5 h,兔 1.0 h,鸡 3.38 h,火鸡 2.57 h。主要通过肾小球滤过排泄(40%~80%)。新生仔畜及肾功能障碍动物半衰期显著延长,给药剂量及间隔应进行适当调整。

【药理作用】抗菌谱较广,对革兰氏阴性菌和阳性菌均有作用。对多种革兰氏阴性菌(如大肠杆菌、克雷伯菌、变形杆菌、铜绿假单胞菌、巴氏杆菌、沙门菌等)和金黄色葡萄球菌(包括产β-内酰胺酶菌株)均有抗菌作用。此外,对支原体亦有一定作用。多数链球菌(化脓链球菌、肺炎链球菌、粪链球菌等)、厌氧菌(类杆菌属或梭状芽胞杆菌属)、分枝杆菌、立克次体和真菌对本品耐药。本品抗菌活性在天然氨基糖苷类中最强。

【临床应用】主要用于耐药金黄色葡萄球菌、铜绿假单胞菌、变形杆菌和大肠杆菌等所引起的疾病,例如呼吸道、肠道、泌尿道感染和败血症及鸡传染性鼻炎。内服还可用于细菌性腹泻。

由于本品已广泛应用于兽医临床,耐药菌株逐渐增加,但不如链霉素、卡那霉素耐药菌株普遍,且耐药性维持时间较短,停药一段时间后易恢复其敏感性。

【不良反应】与链霉素相似。其可在肾皮质部蓄积,对肾脏有严重的损害作用。

【用法与用量】肌内注射:一次量,每 1 kg 体重,家畜 2~4 mg,犬、猫 3~5 mg,每日 2 次,连用 2~3 d。混饮:鸡,每 1 L 水 2 g,连用 3~5 d,产蛋期不得使用。

【最高残留限量】残留标志物:庆大霉素。牛、猪、鸡、肌肉、脂肪 100 μg/kg;奶 200 μg/kg。

【制剂与休药期】硫酸庆大霉素注射液(gentamicin sulfate injection),休药期:猪、牛、羊 40 d。硫酸庆大霉素可溶性粉(gentamicin sulfate soluble powder),休药期:鸡 28 d。

新霉素(neomycin)

【理化性状】其硫酸盐为白色或类白色的粉末,无臭,极易引湿。在水中极易溶解,在乙醇中几乎不溶。

【药理作用】抗菌谱与链霉素相似。新霉素毒性是氨基糖苷类药物中最大的,一般不得用于注射给药。人医已淘汰。内服给药后由于很少吸收,很少出现毒性反应,可用于肠道细菌感染。

【临床应用】内服用于治疗畜禽的肠道大肠杆菌感染;子宫或乳管内注入,治疗奶牛、母猪的子宫内膜炎或乳腺炎;局部外用(0.5%的溶液或软膏),治疗葡萄球菌和革兰氏阴性杆菌引起的皮肤、眼、耳感染。

【用法与用量】内服:一次量,每 1 kg 体重,家畜 10~15 mg,犬、猫 10~20 mg。每日 2 次,连用 3~5 d。混饮:每 1 L 水,禽 50~70 mg。连用 3~5 d。

【最高残留限量】残留标志物:新霉素B。所有食品动物,肌肉、脂肪 500 μg/kg;奶 1 500 μg/kg,蛋 500 μg/kg。

【制剂与休药期】硫酸新霉素可溶性粉(neomycin sulfate soluble powder),休药期:鸡 5 d,火鸡 14 d,蛋鸡产蛋期不得使用。

大观霉素(spectinomycin)

又称壮观霉素。

【理化性质】可与盐酸或硫酸成盐,为白色或类白色结晶性粉末。在水中易溶,在乙醇中几乎不溶。

【药动学】内服难吸收,仅吸收7%左右,在胃肠道内保持较高浓度。皮下或肌内注射吸收良好,约1 h后血药浓度达高峰。与血浆蛋白结合率不高,分布不广泛,组织药物浓度低于血清浓度,不易进入脑脊液或眼内。药物大多以原形经肾小球滤过排出。牛的消除半衰期约2 h。

【药理作用】对多种革兰氏阴性杆菌,如大肠杆菌、沙门菌、志贺菌、变形杆菌等有中度抑制作用。对A群链球菌、肺炎链球菌、表皮葡萄球菌和某些支原体(如鸡毒支原体、火鸡支原体、滑液支原体、猪鼻支原体、猪滑膜支原体等)较敏感。对草绿色链球菌和金黄色葡萄球菌一般不敏感。通常对铜绿假单胞菌和短螺旋体耐药。

【临床应用】主要用于防治仔猪大肠杆菌病(白痢)、鸡慢性呼吸道综合征和传染性滑液囊炎。对1~3日龄雏火鸡和刚出壳的雏鸡皮下注射可防治火鸡气囊炎(火鸡支原体感染)和鸡慢性呼吸道病(鸡毒支原体与大肠杆菌并发感染)。也可用于控制滑液支原体、鼠伤寒沙门菌和大肠杆菌感染的死亡率。

防治仔猪腹泻、猪的支原体性肺炎、败血支原体引起的鸡慢性呼吸道病和火鸡支原体感染时,常将本品与林可霉素联用。

【用法与用量】混饮:每1 L水,鸡1~2 g。连用3~5 d。肌内注射:一次量,每1 kg体重,犬0.1~0.15 g,一天2次,连用三天。

【最高残留限量】残留标志物:大观霉素。牛、羊、猪、鸡,肌肉500 μg/kg;奶200 μg/kg;蛋2 000 μg/kg。

【制剂与休药期】盐酸大观霉素可溶性粉(spectinomycin hydrochloride soluble powder),休药期:鸡5 d,蛋鸡产蛋期不得使用。

安普霉素(apramycin)

【理化性质】其硫酸盐为微黄色或黄褐色粉末,有引湿性。在水中易溶,在甲醇、丙酮或乙醚中几乎不溶。

【药动学】内服给药后吸收较差(<10%),新生仔畜可部分吸收。肌内注射后吸收迅速,在1~2 h可达血药峰浓度,生物利用度50%~100%。仅分布于细胞外液。大部分以原形从尿中排出,在犊牛、绵羊、兔、鸡中的半衰期分别为4.4 h、1.5 h、0.8 h、1.7 h。

【药理作用】抗菌谱较广,对多种革兰氏阴性菌(如大肠杆菌、假单胞菌、沙门菌、克雷伯菌、变形杆菌、巴氏杆菌、支气管炎败血波氏菌)及葡萄球菌、猪痢疾短螺旋体和某些支原体均具杀菌活性。

安普霉素的化学结构与典型氨基糖苷类药物不同,可以抵抗由多种质粒编码钝化酶的灭活作用,因此革兰氏阴性菌对其较少耐药,分离自动物的许多病原性大肠杆菌及沙门菌对本品敏感。安普霉素与其他的氨基糖苷类药物不存在染色体突变引起的交叉耐药性。

【临床应用】主要用于治疗畜禽大肠杆菌、沙门菌和其他敏感菌感染。对猪的短螺旋体性痢疾、畜禽的支原体病亦有效。猫较敏感,易出现毒性反应。

【用法与用量】混饮:每1 L水,鸡250~500 mg(效价),连用5 d。混饲:每1 000 kg饲料,猪80~100 g(效价),连用7 d。

【最高残留限量】残留标志物:安普霉素。猪,肾100 μg/kg;蛋10 μg/kg。

【制剂与休药期】硫酸安普霉素可溶性粉(apramycin sulfate soluble powder),硫酸安普霉素预混剂

(apramycin sulfate premix)。休药期:猪 21 d。

四、四环素类抗生素

四环素类(tetracyclines)抗生素是一类以多环并四苯羧基酰胺母核的衍生物,不同药物在5、6、7位取代基有所差异(表12-3)。它们是对需氧和厌氧的革兰氏阳性菌和阴性菌、螺旋体、立克次体、支原体、衣原体、原虫(球虫、阿米巴虫)等均可产生抑制作用的广谱抗生素。但铜绿假单胞菌、变形杆菌、沙雷氏菌、克雷伯菌和隐秘杆菌菌株通常对四环素类耐药。

表12-3 四环素类的化学结构

药名	R	R_1	R_2
金霉素	CL	OH	H
四环素	H	OH	H
土霉素	H	OH	OH
多西环素	H	H	OH

天然四环素类药物是从不同链霉菌的培养液中提取获得,包括四环素、土霉素、金霉素和地美环素(去甲金霉素);而多西环素、美他环素(甲烯土霉素,metacycline)和米诺环素(二甲胺四环素,minocycline)等则为半合成衍生物。半合成的四环素类药物抗菌活性普遍比天然四环素类药物强。按其抗菌活性从强到弱依次为米诺环素、多西环素、美他环素、金霉素、四环素、土霉素。按照消除时间可进一步分为短效四环素(如四环素、土霉素和金霉素)、中效四环素(如去甲金霉素和美他环素)和长效四环素(如多西环素和米诺环素)。甘氨酰环素类是最新一类四环素相关的抗菌药,含有较大侧链如替加环素,目前未批准用于兽医临床。

四环素类药物属快效抑菌剂,作用机制是干扰细菌蛋白质的合成。药物进入菌体后,与细菌核糖体的30S亚基可逆结合,特别是能与mRNA-核糖体复合物上的氨酰-tRNA 接受部位("A")特异性结合,阻止肽链延长而抑制蛋白质合成,从而使细菌的生长繁殖迅速受到抑制。但高浓度(如在尿液中)时可使细菌丧失胞浆膜功能的完整性而发挥杀菌作用。四环素类对繁殖期细菌的作用较强,在pH为6.0~6.5时的抗菌活性更强,抗菌作用具有时间依赖性。

细菌对四环素类药物耐药的最常见机制是减少药物在细菌体内的累积,主要是通过质粒或转座子介导的主动外排泵获得,这些耐药基因可通过转导(如在金黄色葡萄球菌内)或接合(如在许多肠杆菌内)进行转移。第二种耐药机制是产生一种"保护性"蛋白质,此蛋白通过阻止药物结合、移除结合的药物或改变药物结合,对核糖体功能产生负面影响来发挥作用。此外,四环素类药物也可被酶修饰而破坏。目前四环素的耐药性已比较普遍。天然的四环素类之间存在交叉耐药性,但天然的与半合成的四环素类药物之间交叉耐药性不明显。我国批准用于兽医临床的本类药物有四环素、土霉素、金霉素和多西环素。

土霉素(oxytetracycline)

又名氧四环素,从土壤链霉菌(*Streptomyces rimosus*)的培养液中提取获得。

【理化性质】常用其盐酸盐,为黄色结晶性粉末,有引湿性。易溶于水,微溶于甲醇或乙醇,不溶于三氯甲烷或乙醚。水溶液不稳定,宜现用现配。其10%水溶液呈酸性,pH为2.3~2.9。在碱溶液中易破坏失效。

【药动学】土霉素空腹吸收较好,主要由小肠的上段被吸收,2~4 h血药浓度达峰值,生物利用度为60%~80%。胃内容物可使吸收减少50%甚至更多,这是因为胃肠道内的镁、钙、铝、铁、锌、锰等多价金属离子,能与本品形成难溶的螯合物,从而使药物吸收减少。在反刍动物中,由于吸收差,血药浓度难以达到有效治疗浓度,并且能抑制胃内敏感微生物的活性,不宜内服给药。猪肌内注射土霉素后,2 h内血药浓度达峰值。吸收后在体内分布广泛,可渗入胸、腹腔和乳汁,也能通过胎盘屏障进入胎儿循环,但在脑脊液的浓度低。在小动物、马、牛体内的表观分布容积约为2.1 L/kg、1.4 L/kg、0.8 L/kg。可在肝内浓缩,并经胆汁分泌,胆汁的药物浓度为血中浓度的10~20倍。有相当一部分药物可由胆汁排入肠道,并被再次吸收入血,形成肝肠循环,延长药物在体内的存续时间。体内易沉积于骨骼和牙齿。土霉素的蛋白结合率为10%~40%。本品主要以原形由肾小球滤过消除,土霉素在马、驴、牛、犊牛、绵羊、猪、犬猫、兔、火鸡的半衰期为10.5~14.9 h、6.5 h、4.3~9.7 h、8.8~13.5 h、3.6 h、6.7 h、4~6 h、1.32 h、0.73 h。在胆汁和尿中浓度高,因此有利于胆道及泌尿道感染的治疗。但当有肾功能障碍时,排泄减慢,半衰期延长,对肝脏的毒性增强,应考虑减少药量或延长给药间隔。

【药理作用】为广谱抗生素,起抑菌作用。对革兰氏阳性菌和阴性菌、立克次体、衣原体、支原体、螺旋体、放线菌和某些原虫均有抑制作用。在革兰氏阳性菌中,对葡萄球菌、溶血性链球菌、炭疽杆菌等的作用较强,但不如青霉素类和头孢菌素类;在革兰氏阴性菌中,对大肠杆菌、布鲁菌和巴氏杆菌等较敏感,但不如氨基糖苷类和酰胺醇类。

【临床应用】可用于治疗以下疾病:大肠杆菌或沙门菌引起的下痢,例如犊牛白痢、羔羊痢疾、仔猪黄痢和白痢、雏鸡白痢等。多杀性巴氏杆菌引起的牛出血性败血症、猪肺疫、禽霍乱等。支原体引起的牛肺炎、猪气喘病、鸡慢性呼吸道病等。局部用于坏死杆菌所致的坏死、子宫蓄脓、子宫内膜炎等。泰勒虫病、放线菌病、钩端螺旋体病等。

【不良反应】局部刺激:本品盐酸盐水溶液酸性强,刺激性大,肌内注射给药会引起注射部位疼痛、炎症和坏死。二重感染:由于土霉素抗菌谱广,成年草食动物内服后,剂量过大或疗程过长时,易引起肠道菌群紊乱,导致消化机能失常,造成肠炎和腹泻,并造成二重感染。

【注意事项】静脉注射时勿漏出血管外,注射速度应缓慢。成年反刍动物、马属动物和兔不宜内服给药。避免与含多价金属离子的药品或饲料、乳制品共服。

【用法与用量】内服：一次量，每1 kg体重，猪、驹、犊、羔10~25 mg，犬15~50 mg，禽25~50 mg，每日2~3次，连用3~5 d。混饲：每1000 kg饲料，猪300~500 g（治疗用），连用3~5 d。混饮：每1 L水，猪1.33~2.67 g，禽2~3.3 g。连用3~5 d。肌内注射：一次量，每1 kg体重，家畜10~20 mg。每日1~2次，连用2~3 d。静脉注射：一次量，每1 kg体重，家畜5~10 mg，每日2次，连用2~3 d。

【最高残留限量】残留标志物：土霉素。牛、羊、猪、家禽，肌肉200 μg/kg；奶100 μg/kg；蛋400 μg/kg。

【制剂与休药期】土霉素片（oxytetracycline tablets），休药期：牛、羊、猪7 d，禽5 d；弃蛋期2 d，弃乳期72 h。

土霉素注射液（oxytetracycline injection），休药期：牛、羊、猪28 d，弃乳期7 d。

盐酸土霉素可溶性粉（oxytetracycline hydrochloride soluble powder），休药期：猪7 d，鸡5 d，弃蛋期2 d。

四环素（tetracycline）

从金色链霉菌（streptomyces aureofaciens）培养液中提取获得。

【理化性质】常与盐酸成盐，盐酸四环素为黄色结晶性粉末，味苦；稍有引湿性；遇光色渐变深。可溶于水，略溶于乙醇，不溶于三氯甲烷或乙醚。其1%水溶液的pH为1.8~2.8，在碱性溶液中易破坏失效。水溶液易降解，宜现配现用。

【药动学】内服吸收好，相同剂量下，血药浓度较土霉素或金霉素高。对组织的渗透性较好，易透入胸腹腔、胎畜循环及乳汁中，小动物的表观分布容积为1.2~1.3 L/kg，蛋白结合率为20%~67%。四环素静脉注射在动物体内的半衰期：马5.8 h，水牛4.0 h，黄牛5.4 h，羊5.7 h，猪3.6 h，犬和猫5~6 h。

【药理作用】与土霉素类似，但对革兰氏阴性杆菌的作用较好，对革兰氏阳性球菌如葡萄球菌的效力则不如金霉素。

【临床应用】用于治疗某些革兰氏阳性菌和阴性菌、立克次体、支原体等引起的感染性疾病。例如，大肠杆菌或沙门氏菌引起的犊牛白痢、羔羊痢疾、猪霍乱、仔猪黄痢和白痢等；多杀性巴氏杆菌引起的牛出血性败血症、猪肺疫等；支原体引起的牛肺炎、猪气喘病等。对血孢子虫感染的泰勒焦虫病、放线菌病、钩端螺旋体病等也有一定疗效。

【用法与用量】内服：一次量，每1 kg体重，家畜10~20 mg，犬15~50 mg，禽25~50 mg。每日2~3次，连用3~5 d。静脉注射：一次量，每1 kg体重，家畜5~10 mg。每日2次，连用2~3 d。

【最高残留限量】残留标志物：四环素。牛、羊、猪、家禽，肌肉200 μg/kg；奶100 μg/kg；蛋400 μg/kg。

【制剂与休药期】四环素片（tetracycline tablets），休药期：牛12 d，猪10 d，鸡4 d。

注射用盐酸四环素（tetracycline hydrochloride for injection），休药期：牛、羊、猪8 d，弃乳期48 h。

金霉素（chlortetracycline）

从金色链霉菌（streptomyces aureofaciens）的培养液中提取获得。

【理化性质】常用其盐酸盐，为金黄色或黄色结晶，无臭，味苦。遇光色渐变暗。微溶于水或乙醇，几乎不溶于丙酮、乙醚或三氯甲烷。其水溶液不稳定，宜现配现用。

【药动学】在火鸡、肉鸡、犊牛的半衰期分别是0.88 h、5.8 h、8.3~8.9 h。

【药理作用】抗菌谱与土霉素相似。对耐青霉素的金黄色葡萄球菌感染的疗效优于土霉素和四环素。

【临床应用】可抑制各种细菌、立克次体和衣原体，抗菌谱极广，应用于治疗。

【用法与用量】混饮：每1 L水，鸡0.2~0.4 g。混饲：每1 000 kg饲料，猪300~500 g，家禽200~600 g。一般连用不超过5 d。

【最高残留限量】残留标志物：金霉素。牛、羊、猪、禽，肌肉200 μg/kg；牛奶100 μg/kg；蛋400 μg/kg。

【制剂与休药期】盐酸金霉素可溶性粉(chlortetracycline hydrochloride soluble powder)，盐酸金霉素预混剂(chlortetracycline hydrochloride premix)。休药期：猪、鸡7 d。

多西环素(doxycycline)

又称脱氧土霉素、强力霉素。

【理化性质】其盐酸盐为淡黄色至黄色结晶性粉末，无臭，味苦。易溶于水或甲醇，微溶于乙醇或丙酮，几乎不溶于三氯甲烷。1%水溶液的pH为2~3。

【药动学】与土霉素不同，本品内服后受食物影响较小，吸收迅速，生物利用度高，犊牛以牛奶代替品同时内服的生物利用度为70%。蛋白结合率高，犬75%~86%，牛和猪为93%。对组织渗透力强，易进入细胞内，分布广泛。在犬的稳态表观分布容积约为1.5 L/kg。原形药物大部分经胆汁排入肠道，并被再次吸收入血，具有显著的肝肠循环效应。在肝内大部分以结合或络合方式灭活，再经胆汁分泌入肠道，随粪便排出，因而对胃肠道菌群及动物的消化机能影响小，不易引起二重感染。由于其具有较强的脂溶性，在肾脏排出时，易被肾小管重吸收，因而有效药物浓度维持时间较长，半衰期较长。在动物体内的半衰期：奶牛9.2 h，犊牛9.5~14.9 h，山羊16.6 h，猪4.04 h，犬10~12 h，猫4.6 h。

【药理作用】抗菌谱与土霉素相似，体内、外抗菌活性较土霉素、四环素强，为四环素的2~8倍。

【临床应用】主要用于治疗畜禽的支原体病、大肠杆菌病、沙门菌病、巴氏杆菌病和鹦鹉热等。

【不良反应】毒性在四环素类中最小，但犬、猫内服可出现恶心、呕吐反应，与食物同服可使反应减轻。有报道显示，马属动物静脉注射可出现心律不齐、虚脱和死亡的不良反应，应尽量避免使用。泌乳期奶牛不得使用。

【用法与用量】内服：一次量，每1 kg体重，猪、驹、犊、羔3~5 mg，犬、猫5~10 mg，禽15~25 mg，每日1次，连用3~5 d。混饲：每1 000 kg饲料，猪150~250 g，禽100~200 g，连用3~5 d。混饮：每1 L水，猪100~150 mg，禽50~100 mg，连用3~5 d。肌内注射：一次量，每1 kg体重，猪5~10 mg，一天1次，连用2~3 d。

【最高残留限量】残留标志物：多西环素。牛、猪、家禽，肌肉100 μg/kg；蛋10 μg/kg。

【制剂与休药期】盐酸多西环素片(doxycycline hyclate tablets)，休药期：牛、禽28 d，羊4 d，猪7 d，奶牛泌乳期不得使用，蛋鸡产蛋期不得使用。

盐酸多西环素可溶性粉(doxycycline hyclate soluble powder)，休药期：28 d，奶牛泌乳期及蛋鸡产蛋期不得使用。

盐酸多西环素注射液(doxycycline hyclate injection)，休药期：猪28 d。

五、酰胺醇类抗生素

酰胺醇类(amphenicols)抗生素包括氯霉素、甲砜霉素、氟苯尼考等。该类抗生素的抗菌活性较强，抗菌谱广。氯霉素是从委内瑞拉链霉菌(Streptomyces venezuelae)培养液中提取获得的，是第一个可用人工全合成的抗生素。氯霉素能严重干扰动物造血功能，引起粒细胞及血小板生成减少，导致不可逆性再生障碍性贫血等。世界各国几乎都禁止氯霉素用于所有食品动物。甲砜霉素、氟苯尼考是在氯霉素的基础上进行结构改造而成，甲砜霉素的抗菌活性不如氯霉素，但安全性提高。氟苯尼考是甲砜霉素的衍生物，对许多致病菌的体外抗菌活性显著高于甲砜霉素。

本类药物的作用机制是与70S核蛋白体的50S亚基上的A位紧密结合，阻碍了肽酰基转移酶的转肽反应以及肽链的延长，从而抑制细菌蛋白质的合成，表现为抑菌作用，但高浓度氯霉素类对某些细菌具有杀菌活性，也可能抑制原核和真核(如线粒体)核糖体上的蛋白质合成。本类药物属广谱抑菌剂，对革兰氏阴性菌的作用较阳性菌强，对肠杆菌尤其是伤寒杆菌以及副伤寒杆菌高度敏感。

细菌对本类药物的耐药机制主要有三种：①由特异性或非特异性外排泵介导的主动外排作用，如floR；②靶位结构的改变，如cfr基因编码23S rRNA甲基转移酶，作用于核糖体肽转移中心(peptidyl transferase center, PTC)的A2503和C2498位点，使A2503发生腺嘌呤残基甲基化的同时，抑制C2498甲基化，进而抑制了本类药物与核糖体结合；③通过质粒编码介导的乙酰转移酶使酰胺醇类钝化而失活；某些细菌也能改变细菌细胞膜的通透性，使药物难以进入菌体。甲砜霉素、氟苯尼考之间存在完全交叉耐药性。

甲砜霉素(thiamphenicol)

又称甲砜氯霉素。

【理化性质】为白色结晶性粉末，无臭。易溶于二甲基甲酰胺，略溶于无水乙醇，微溶于水。

【药动学】猪内服本品，吸收迅速而完全；肌内注射吸收快，达峰时间为1 h，生物利用度为76%，体内分布较广泛，消除半衰期为4.2 h；静脉注射给药的半衰期为1 h。在肝内代谢少，大多数药物(70%~90%)以原形从尿中排泄。

【药理作用】属广谱抑菌性抗生素。对革兰氏阴性菌的作用强于阳性菌。对其敏感的革兰氏阴性菌主要有大肠杆菌、沙门菌、产气荚膜梭菌、布鲁菌及巴氏杆菌等；革兰氏阳性菌有炭疽杆菌、链球菌、棒状杆菌、葡萄球菌等。对衣原体、钩端螺旋体及立克次体亦有一定的作用，但对铜绿假单胞菌无效。

【临床应用】主要用于肠道、呼吸道等部位的细菌性感染，特别是沙门菌、大肠杆菌感染，如仔猪副伤寒、幼驹副伤寒、禽副伤寒、雏鸡白痢、仔猪黄痢、白痢等。也可用于防治鱼类由嗜水气单胞菌、肠炎菌引起的败血症、肠炎和赤皮病等，以及用于河蟹、鳖、虾和蛙等水生生物的细菌性疾病。

【不良反应】可抑制红细胞、白细胞和血小板生成，程度比氯霉素轻。有较强的免疫抑制作用。长期内服可引起消化机能紊乱，出现维生素缺乏或二重感染。有胚胎毒性，妊娠期及哺乳期动物慎用。

【用法与用量】内服：一次量，每1 kg体重，畜、禽5~10 mg。每日2次，连用2~3 d。

【最高残留限量】残留标志物：甲砜霉素。牛、羊、猪、家禽、鱼等，可食性组织50 μg/kg；乳50 μg/kg；

蛋 10 μg/kg。

【制剂与休药期】甲砜霉素片(thiamphenicol tablets),甲砜霉素粉(thiamphenicol powder)。休药期:28 d,弃乳期 7 d。

氟苯尼考(florfenicol)

又称氟甲砜霉素,是甲砜霉素的单氟衍生物。

【理化性质】为白色或类白色结晶性粉末,无臭。极易溶于二甲基甲酰胺,可溶于甲醇,略溶于冰醋酸,微溶于三氯甲烷,几乎不溶于水。

【药动学】内服和肌内注射均吸收快,生物利用度高,体内分布较广,半衰期长,有效血药浓度维持时间较长。牛静脉注射及肌内注射的半衰期分别为 2.6 h、18.3 h;猪静脉注射及肌内注射的半衰期分别为 6.7 h、17.2 h;犬皮下注射半衰期小于 5 h。猫内服、肌内注射均吸收良好,半衰期小于 5 h;鸡静脉注射的半衰期为 5.36 h。一半以上药物以原形(50%~65%)从尿中排出。

【药理作用】为动物专用的广谱抗生素,抗菌谱与甲砜霉素相似,但抗菌活性优于甲砜霉素。溶血性巴氏杆菌、多杀巴氏杆菌、猪胸膜肺炎放线杆菌对本品高度敏感,对链球菌、耐甲砜霉素的伤寒沙门菌、克雷伯菌、大肠杆菌抗菌活性也较强。细菌能对氟苯尼考产生获得性耐药,并与甲砜霉素表现交叉耐药。

【临床应用】可用于牛、猪、鸡和鱼类的细菌感染性疾病,如巴氏杆菌引起的牛呼吸道感染、乳腺炎;猪传染性胸膜肺炎、黄痢、白痢;鸡大肠杆菌病、禽霍乱;鱼疖病等。

【不良反应】不引起骨髓抑制或再生障碍性贫血,但有胚胎毒性,故妊娠动物不得使用。

【注意事项】肾功能不全患病动物要减量或延长给药间隔时间。疫苗接种期或免疫功能严重缺损的动物不得使用。

【用法与用量】内服:一次量,每 1 kg 体重,猪、鸡 20~30 mg,每日 2 次,连用 3~5 d;鱼,10~15 mg,每日 1 次,连用 3~5 d。混饲:每 1000 kg 饲料,猪 20~40 g(效价),连用 7 d。混饮:每 1 L 水,鸡 100~150 mg,连用 5 d。肌内注射:一次量,每 1 kg 体重,猪 15~20 mg,鸡 20 mg,每隔 48 h 用 1 次,连用 2 次;鱼 0.5~1 mg,每日 1 次,连用 3~5 d。

【最高残留限量】残留标志物:氟苯尼考与氟苯尼考胺之和。牛、羊、猪、家禽,肌肉 100~300 μg/kg;蛋 10 μg/kg。

【制剂与休药期】氟苯尼考粉(florfenicol powder),休药期:猪 20 d,鸡 5 d,蛋鸡产蛋期不得使用。

氟苯尼考注射液(florfenicol injection),休药期:猪 14 d,鸡 28 d,蛋鸡产蛋期不得使用。

氟苯尼考子宫注入剂(florfenicol intrauterine infusion),休药期:牛 28 d,弃乳期 7 d,妊娠母牛不得使用。

氟苯尼考甲硝唑滴耳液(florfenicol and metronidazole ear drops),休药期:无需制定休药期。

六、大环内酯类抗生素

大环内酯类(macrolides)是一类由链霉菌产生或半合成的弱碱性抗生素。我国农业农村部批准兽医临床应用的本类抗生素有红霉素、吉他霉素、泰乐菌素、替米考星、泰万菌素以及泰拉霉素(tulathromy-cin)、加米霉素(gamithromgein)和泰地罗新(tildipirosin)等。除了红霉素、吉他霉素也用于人外,泰乐菌素、替米考星、泰万菌素、泰拉霉素、加米霉素和泰地罗新均是动物专用的大环内酯类抗生素。该类化合物具有14~16元环内酯基本化学结构。红霉素及其相关的竹桃霉素和三乙酰竹桃霉素属于14元环类;加米霉素为15元环类,又称氮杂内酯亚类;16元环类主要有螺旋霉素、交沙霉素、泰乐菌素和替米考星;泰拉霉素结构差异较大,含有3个胺环,将其归为三胺类。

大环内酯类抗生素实际上是多种密切相关抗生素的复杂混合物。其抗菌谱和抗菌活性基本相似,对大多数革兰氏阳性菌、少数革兰氏阴性菌以及支原体等具有良好的作用。本类药物的作用机制均为与敏感菌的核蛋白体50S亚基结合,通过对转肽作用和/或mRNA位移的阻断,而抑制肽链的合成和延长,影响细菌蛋白质的合成。大环内酯类抗生素的这种作用基本上被限于快速分裂的细菌和支原体。尽管大环内酯类被认为是抑菌性抗生素,但高浓度已被证明有杀菌活性。大环内酯类的活性在较高pH(7.8~8.0)范围内显著增强,大环内酯类抗生素属于时间依赖性药物。

一些细菌可合成甲基化酶,将位于核糖体50S亚基上的23S rRNA上的腺嘌呤甲基化,导致大环内酯类抗生素不能与其结合,此为细菌对大环内酯类抗生素耐药的主要机制。大环内酯类抗生素之间有不完全的交叉耐药性。大环内酯类和林可胺类抗生素的作用部位相同,所以耐药菌常同时对上述两类抗生素耐药。此外由外排泵及膜通透性改变介导的大环内酯类抗生素耐药也常见。

红霉素(erythromycin)

由红链霉菌(*Streptomyces erythreus*)的培养液中提取获得。

【理化性质】本品为白色或类白色的结晶或粉末,无臭,味苦,微有引湿性。易溶于甲醇、乙醇和丙酮,极微溶于水。常与乳糖酸或硫氰酸成盐。

其乳糖酸盐供注射用,为白色或类白色的结晶或粉末,无臭,味苦。易溶于水和乙醇,微溶于丙酮或三氯甲烷,不溶于乙醚。

硫氰酸红霉素为白色或类白色的结晶或结晶性粉末,无臭,味苦,微有引湿性。易溶于甲醇和乙醇,微溶于水或三氯甲烷。

【药动学】红霉素内服易被胃酸降解,红霉素盐的种类、剂型、胃肠道的酸度和胃中内容物均影响其生物利用度,只有肠溶制剂才能较好吸收。牛肌内或皮下注射吸收均很慢,皮下注射生物利用度为40%,肌内注射后吸收迅速,肌内注射生物利用度为65%,但注射部位会发生疼痛和肿胀。吸收后广泛分布于全身各组织和体液中,在胆汁中的浓度最高,可透过胎盘屏障,进入关节腔。患脑膜炎时脑脊液中可达较高浓度。在乳中的浓度可达血清浓度的50%。血浆蛋白结合率为73%~81%。红霉素主要以原形经胆汁排泄,部分在肠道重吸收,此外在肝内代谢为无活性的N-甲基红霉素,2%~5%可由肾脏排出。

【药理作用】红霉素在碱性溶液中的抗菌效能得到增强,当pH从5.5上升到8.5时,抗菌效能逐渐增加。当pH小于4时,作用很弱。其抗菌谱与青霉素相似,但略广于青霉素,对革兰氏阳性菌如金黄色葡萄球菌(包括耐青霉素的金黄色葡萄球菌)、链球菌、猪丹毒杆菌、梭状芽胞杆菌、炭疽杆菌、棒状杆菌等有较强的抗菌作用;对弯曲杆菌、某些支原体、立克次体和螺旋体亦有效;对部分革兰氏阴性菌如巴氏杆菌、布鲁菌有较弱的作用,但对大肠杆菌、克雷伯菌、沙门菌等肠杆菌属无效。

细菌易通过染色体突变对红霉素产生耐药,由细菌质粒介导红霉素耐药也较普遍,主要通过核糖体结构的改变(靶位甲基化或突变)和大环内酯亲和力的丧失所致。红霉素与其他大环内酯类及林可霉素的交叉耐药性也较常见。

【临床应用】主要用于对青霉素耐药的金黄色葡萄球菌所致的轻、中度感染和对青霉素过敏的病例,如肺炎、败血症、子宫内膜炎、乳腺炎和猪丹毒等。对鸡慢性呼吸道病、鸡传染性鼻炎以及猪支原体性肺炎也有较好的疗效。红霉素虽有强大的抗革兰氏阳性菌的作用,但疗效不如青霉素,因此若病原菌对青霉素敏感时,首选青霉素。

【不良反应】毒性低,但刺激性强。肌内注射可发生局部炎症,宜采用深部肌内注射。静脉注射速度要缓慢,同时应避免漏出血管外。犬、猫内服可引起肝毒性和胆汁淤积,剂量大时可引起呕吐、腹痛、腹泻等症状,因此应慎用。

【用法与用量】内服:一次量,每1 kg体重,犬、猫10~20 mg。每日2次,连用3~5 d。混饮:每1 L水,鸡125 mg(效价),连用3~5 d。静脉注射:一次量,每1 kg体重,马、牛、羊、猪3~5 mg,犬、猫5~10 mg,每日2次,连用2~3 d。

【最高残留限量】残留标志物:红霉素A。食品动物,肌肉、脂肪、肝、肾200 μg/kg;奶40 μg/kg;蛋150 μg/kg。

【制剂与休药期】硫氰酸红霉素可溶性粉(erythromycin thiocyanate soluble powder),休药期:鸡3 d,产蛋期禁用。

注射用乳糖酸红霉素(erythromycin lactobionate for injection),休药期:牛14 d,羊3 d,猪7 d,弃乳期72 h。

吉他霉素(kitasamycin)

又称北里霉素、柱晶白霉素(leucomycin)。

【理化性状】本品为白色或类白色粉末,无臭,味苦。极易溶于甲醇、乙醇、丙酮、三氯甲烷或乙醚,极微溶于水。

【药动学】内服吸收良好,2 h左右达血药峰浓度。在体内分布广泛,其中以肝、肺、肾、肌肉中浓度较高,常超过血药浓度。主要经肝胆系统排泄,在胆汁和粪中浓度高。少量经肾排泄。

【药理作用】抗菌谱与红霉素相似。其对革兰氏阳性菌有较强的抗菌作用,但较红霉素弱;对耐药金黄色葡萄球菌的效力强于红霉素;对支原体的抗菌作用近似泰乐菌素。对某些革兰氏阴性菌、立克次体、螺旋体亦有效。

葡萄球菌对本品产生耐药性的速度比红霉素慢。对大多数耐青霉素和红霉素的金黄色葡萄球菌仍然有效是本品的特点。

【临床应用】主要用于革兰氏阳性菌(包括耐青霉素金黄色葡萄球菌)所致的感染、支原体病及猪的弧菌性痢疾等。

【用法与用量】内服：一次量，每1 kg体重，猪20~30 mg，禽20~50 mg。每日2次，连用3~5 d。混饮：每1 L水，鸡250~500 mg(效价)，连用3~5 d。混饲：每1 000 kg饲料，猪80~300 g，鸡100~300 g，连用5~7 d。

【最高残留限量】残留标志物：吉他霉素。猪、家禽，肌肉、肝、肾200 μg/kg。

【制剂与休药期】吉他霉素片(kitasamycin tablets)，吉他霉素预混剂(kitasamycin premix)。休药期：猪、鸡7 d，产蛋期禁用。

泰乐菌素(tylosin)

本品从弗氏链霉菌(*Streptomyces fradiae*)的培养液中提取获得，为畜禽专用抗生素。

【理化性质】本品为白色至浅黄色粉末，易溶于甲醇，可溶于乙醇、丙酮、三氯甲烷，微溶于水。水溶液在pH 5.5~7.5时稳定。若水中含铁、铜、铝等金属离子时，本品可与之形成络合物而失效。兽医临床常用泰乐菌素酒石酸盐和磷酸盐。

【药动学】酒石酸泰乐菌素内服吸收良好，而磷酸泰乐菌素则吸收较差。猪内服后1 h达血药峰浓度，但有效血药浓度维持时间比肌内注射给药短。肌内注射吸收迅速，且在全身广泛分布，组织中的药物浓度比内服高2~3倍，有效浓度持续时间亦较长。小动物和牛的表观分布容积分别为1.7 L/kg和1~2.3 L/kg。在乳汁中的浓度约为血清浓度的20%。在奶牛、犊牛、山羊、犬中的半衰期分别为1.62 h、0.95~2.32 h、3.04 h、0.9 h。主要通过肾脏和胆汁排泄。

【药理作用】抗菌谱与红霉素相似。其对革兰氏阳性菌、支原体、螺旋体等均有抑制作用；对革兰氏阳性菌的作用较红霉素弱，但对支原体作用强；对大多数革兰氏阴性菌作用较差。

细菌容易对本品产生耐药性，金黄色葡萄球菌对本品和红霉素存在部分交叉耐药现象。

【临床应用】主要用于防治猪、禽革兰氏阳性菌感染及支原体感染，如鸡的慢性呼吸道病、产气荚膜梭菌引起的鸡坏死性肠炎，猪的支原体肺炎、支原体关节炎、弧菌性痢疾等。此外，亦可用于浸泡种蛋以预防鸡支原体传播，曾作为猪禽的促生长剂使用，我国从2020年开始不得使用泰乐菌素作为促生长添加药物。

【不良反应】牛静脉注射可引起震颤、呼吸困难及精神沉郁等，不可用于静脉注射；马属动物注射本品可致死，不得使用。肌内注射时可产生较强局部刺激。可引起兽医接触性皮炎。因可导致聚醚离子类抗生素的毒性增强，本品不能与之合用。

【用法与用量】混饮：每1 L水，禽500 mg(治疗革兰氏阳性菌及支原体感染)，连用3~5 d。禽50~150 mg(治疗产气荚膜梭菌引起的鸡坏死性肠炎)，连用7 d。猪200~500 mg(治疗弧菌性痢疾)，连用3~5 d。混饲：每1 000 kg饲料，治疗产气荚膜梭菌引起的鸡坏死性肠炎，50~100 g。肌内或皮下注射：一次量，每1 kg体重，牛10~20 mg，猪、禽5~13 mg，每日1~2次，连用5~7 d。

【最高残留限量】残留标志物：泰乐菌素A。牛、猪、鸡，可食性组织100 μg/kg；奶100 μg/kg；蛋300 μg/kg。

【制剂与休药期】酒石酸泰乐菌素可溶性粉（tylosin tartrate soluble powder），休药期：鸡1 d，蛋鸡产蛋期不得使用。

注射用酒石酸泰乐菌素（tylosin tartrate for injection），休药期：猪21 d，禽28 d。

磷酸泰乐菌素预混剂（tylosin phosphate premix），休药期：猪、鸡5 d。

泰万菌素（tylvalosin）

泰万菌素是对泰乐菌素第3位进行乙酰化和对第4位进行异戊酰化而形成的化合物，可通过生物转化法生产，是动物专用抗生素。

【药动学】猪、鸡内服泰万菌素后，吸收迅速，能够快速地分布到主要器官，其中胆汁、脾脏、肺脏、肾脏和肝脏中的浓度最高；泰万菌素在猪体内排泄较快，主要经粪便排出。

【药理作用】抗菌谱与泰乐菌素类似，如对金黄色葡萄球菌（包括耐青霉素菌株）、链球菌、炭疽杆菌、猪丹毒杆菌、李斯特菌、腐败梭菌、气肿疽梭菌等均有较强的抗菌作用。对其他抗生素耐药的革兰氏阳性菌有效，但对革兰氏阴性菌几乎不起作用，对败血支原体和滑液支原体有很强的抗菌活性。

【临床应用】主要用于防治猪、鸡革兰氏阳性菌感染及支原体感染，如鸡的慢性呼吸道病，猪的支原体肺炎、短螺旋体性痢疾等。

【用法与用量】混饮：每1 L水，猪50~85 mg（效价），连用5 d；鸡200 mg（效价），连用3~5 d。混饲：每1 000 kg饲料，猪50~75 g（效价），鸡100~300 g，连用7 d。

【最高残留限量】残留标志物：蛋，泰万菌素；其他组织，泰万菌素和3-O-乙酰泰乐菌素的总和。猪、鸡，肌肉、可食性组织50 μg/kg；蛋200 μg/kg。

【制剂与休药期】酒石酸泰万菌素可溶性粉（tylvalosin tartrate soluble powder），休药期：鸡5 d，产蛋期禁用。

替米考星（tilmicosin）

替米考星是在泰乐菌素水解产物基础上，通过半合成制得的畜禽专用抗生素。

【理化性质】白色粉末。易溶于甲醇、乙腈、丙酮，可溶于乙醇、丙二醇，难溶于水。

【药动学】内服和皮下注射均吸收迅速但不完全，生物利用度较低，奶牛及奶山羊皮下注射的生物利用度分别为22%及8.9%，表观分布容积大（大于2 L/kg）。具有良好的组织穿透力，能迅速而较完全地从血液进入乳腺及肺脏，本品在肺组织中的药物浓度高，注射后3 d，肺中药物浓度约为血清药物浓度的60倍。乳中药物浓度是血清的10~30倍，维持时间长，乳中半衰期长达1~2 d。皮下注射后，奶牛及奶山羊的血清半衰期分别为4.2 h及29.3 h。这种药动学特征使得替米考星尤其适合肺炎和乳腺炎等感染性疾病的治疗。

【药理作用】抗菌作用与泰乐菌素相似，对革兰氏阳性菌、少数革兰氏阴性菌、支原体、螺旋体等有效；对胸膜肺炎放线杆菌、巴氏杆菌及支原体的活性比泰乐菌素强。95%的溶血性巴氏杆菌菌株对本品敏感。

【临床应用】主要用于防治家畜肺炎（由胸膜肺炎放线杆菌、巴氏杆菌、支原体等感染引起）、禽支原体病及泌乳动物的乳腺炎。

【不良反应】肌内注射时可产生局部刺激。替米考星具有心脏毒性(心动过速和收缩力减弱)。牛皮下注射,每1 kg体重50 mg可引起心肌毒性,150 mg可致死。猪肌内注射,每1 kg体重10 mg引起呼吸加快、呕吐和惊厥,20 mg可使大部分试验猪死亡。牛一次静脉注射,每1 kg体重5 mg即致死。对猪、灵长类和马也有致死性危险。故除批准牛皮下注射外,其他仅供内服使用。

【用法与用量】混饮:每1 L水,鸡75 mg。连用3 d。混饲:每1000 kg饲料,猪200~400 g(效价)。连用15 d。皮下注射:一次量,每1 kg体重,牛10 mg,仅注射1次。

【最高残留限量】残留标志物:替米考星。牛、羊、鸡、猪,肌肉、脂肪、肝、肾100~2400 μg/kg,奶50 μg/kg。

【制剂与休药期】替米考星预混剂(tilmicosin premix),休药期:猪14 d。

替米考星注射液(tilmicosin injection),休药期:牛35 d,泌乳期奶牛和肉牛犊不得使用。

泰拉霉素(tulathromycin)

【理化性状】本品为白色或类白色粉末。易溶于甲醇、丙酮和乙酸乙酯,在乙醇中溶解。

【药动学】对肺具有特别的亲和力,从注射部位吸收后,可在肺巨噬细胞和中性粒细胞中迅速集聚而缓慢释放,因此在各组织中,肺中药物浓度最高而且持久。按每1 kg体重2.5 mg的剂量,给犊牛颈部皮下注射,几乎能迅速完全吸收,生物利用度大于90%,15 min达血药峰浓度,表观分布容积11 L/kg。血浆消除半衰期2.75 d,肺组织的半衰期8.75 d。猪肌内注射,每1 kg体重2.5 mg,迅速吸收,15 min达血药峰浓度,生物利用度88%,吸收后迅速分布到全身组织,表观分布容积13~15 L/kg,血浆半衰期60~90 h,肺组织半衰期为5.9 d。本品主要以原形经粪和尿排出。

【药理作用】抗菌谱与泰乐菌素相似,除对革兰氏阳性菌、支原体等抗菌活性强外,对少数革兰氏阴性菌也有效。对胸膜肺炎放线杆菌、巴氏杆菌及支原体的活性比泰乐菌素强。95%的溶血性巴氏杆菌菌株对本品敏感。

【临床应用】主要用于由溶血性巴氏杆菌、多杀性巴氏杆菌、睡眠嗜血杆菌和支原体等引起的牛呼吸道疾病;胸膜肺炎放线杆菌、多杀性巴氏杆菌和肺炎支原体等引起的猪呼吸道疾病。

【不良反应】正常使用剂量对牛、猪的不良反应很少。有报道显示,犊牛有暂时性唾液分泌增多和呼吸困难,牛食欲下降,注射部位出现短暂性的疼痛反应和局部肿胀,最长可持续30 d。

【用法与用量】皮下注射:一次量,每1 kg体重,牛2.5 mg。一个注射部位的给药不超过7.5 mL。

【最高残留限量】残留标志物:泰拉霉素等效物,以(2R,3S,4R,5R,8R,10R,11R,12S,13S,14R)-2-乙基-3,4,10,13-四羟基-3,5,8,10,12,14-六甲基-11-{[3,4,6-三脱氧-3-(二甲胺基)-β-D-木吡喃型己糖基]氧}-1-氧杂-6-氮杂环十五烷-15-酮计。牛,肌肉300 μg/kg;猪,肌肉800 μg/kg。

【制剂与休药期】泰拉霉素注射液(tulathromycin injection),休药期:牛49 d,猪33 d。

泰地罗新(tildipirosin)

新型动物专用十六元环大环内酯类半合成抗生素,为泰乐菌素的衍生物。

【理化性状】本品为白色至淡黄色粉末,以多晶型物存在,微溶于水,可溶于极性有机溶剂,如甲醇、丙酮等。

【药动学】具有特殊的三氮结构,可以延长泰地罗新在肺组织和支气管液中有效浓度时间。在猪体内吸收快,消除半衰期长,一次给药可长时间维持较高的血药浓度。小剂量连续饮水给药,可以短时间内达到稳态浓度。皮下注射吸收快,体内分布广泛,牛每 1 kg 体重皮下注射泰地罗新 4 mg,达峰时间为 23 min,峰浓度为 0.711 μg/mL,绝对生物利用度为 78.9%。在肺部和支气管液中,浓度持续较高并远超过血浆浓度,平均终末半衰期约为 216 h。与牛血浆蛋白和支气管液蛋白的体外结合率约为 30%。给药 14 d 内,尿液和粪便中的平均总排泄率分别占总剂量的 24% 和 40%。

【药理作用】广谱抗菌药,对一些革兰氏阳性菌和阴性菌均具有抗菌活性,如胸膜肺炎放线杆菌、多杀性巴氏杆菌、支气管败血波氏杆菌、副猪嗜血杆菌以及溶血性曼海姆菌、睡眠嗜组织菌等。作用机理同其他大环内酯类药物一样,能与敏感菌的核糖体 50S 亚基结合,通过对转肽作用和/或 mRNA 位移的阻断而抑制肽链的合成和延长,影响细菌蛋白质的合成,进而起到抑菌和杀菌作用。

【临床应用】主要用于溶血性曼氏杆菌、多杀性巴氏杆菌和睡眠嗜组织菌等引起的猪和牛细菌感染性呼吸道疾病。

【不良反应】正常使用剂量不良反应很少,偶见注射部位轻度瘙痒。

【用法与用量】皮下注射:以泰地罗新计,一次量,每 1 kg 体重,牛、猪 4 mg。仅用一次。

【注意事项】不得与其他大环内酯类或林可酰胺类抗生素联合使用。严格按照给药途径给药,不得静脉注射。单个注射部位给药不得过 10 mL,猪的给药上限为 5 mL;若牛体重超过 450 kg,则采用皮下多点注射。

【制剂与休药期】泰地罗新注射液(tildipirosin injection),休药期:牛 47 d。

加米霉素(gamithromycin)

新型半合成大环内酯类(marolides)兽用抗生素。

【药动学】皮下或肌内注射给药后,吸收快、分布广,对肺组织有特别的亲和力,生物利用度近 100%,有效药物浓度维持时间久,且消除缓慢。血浆蛋白结合率较低;不同动物体内代谢物不尽相同,但大鼠、犬和牛体内代谢途径相似,主要以原形药物经粪便排泄,其次为尿液。在牛肺上皮细胞衬液(pulmonary epithelial lining fluid, PELF),支气管肺泡灌洗(branchoalreolar lavage, BAL)细胞和肺组织中有效浓度可维持 7(PELF)~15 d(BAL 细胞和肺组织)。给药后 1 d、5 d、10 d 和 15 d,牛肺组织与血浆中浓度的比值分别为 265、410、329 和 247,肺中 AUC 比血浆中 AUC 高 194 倍,肺组织中半衰期长达 90.4 h。

【药理作用】主要作用于溶血性曼氏杆菌、多杀性巴氏杆菌、睡眠嗜组织菌等引起牛呼吸道疾病的病原菌。此外,对牛传染性胸膜肺炎的病原体——丝状支原体丝状亚种、马链球菌兽疫亚种和对大环内酯类耐药和敏感的马红球菌,以及猪肺炎支原体和胸膜肺炎放线杆菌均具有较好的体外抗菌活性。与其他大环内酯类抗生素一样,加米霉素通过与敏感菌的核蛋白体 50S 亚基结合,阻止肽链延伸,影响细菌蛋白质的合成,从而起到抑菌和杀菌作用。

【临床应用】用于治疗敏感菌引起的牛呼吸系统疾病,控制绵羊的腐蹄病及治疗由链杆菌素引起的绵羊跛脚突发病。

七、林可胺类抗生素

林可胺类(lincosamides)是从林可链霉菌(*Streptomyces lincolnensis*)发酵液中提取的一类抗生素。林可胺类可抑制许多革兰氏阳性球菌(肠球菌除外)和支原体,多数革兰氏阴性菌表现为耐药。随着浓度的增加,抑菌作用增强甚至呈杀菌作用,碱性pH可增强其活性,为时间依赖性抗菌药。

虽然与大环内酯类和截短侧耳素类在结构上有很大差别,但它们有许多共同的特性:都属于高脂溶性的碱性化合物,能够从肠道很好吸收,在畜禽体内分布广泛,对细胞屏障穿透力强,药动学特征相似。它们的作用机制相似,作用靶位都是细菌核糖体上的50S亚基,由于存在相同作用位点的竞争,可能出现交叉耐药现象。本类抗生素主要有林可霉素和克林霉素。

林可霉素(lincomycin)

又称洁霉素。

【理化性质】其盐酸盐为白色结晶性粉末,微臭,味苦。易溶于水、甲醇,略溶于乙醇。20%水溶液的pH为3.0~5.5。

【药动学】内服吸收不完全,胃肠道内容物可影响其吸收,猪内服的生物利用度为20%~50%,大约1 h可达血药峰浓度。肌内注射吸收良好,0.5~2 h达血药峰浓度。有较大的表观分布容积,不同动物的范围在1~1.3 L/kg之间。广泛分布于体液和组织中。肝、肾中的组织药物浓度最高,在脑膜炎症时,脑脊液药物浓度约为血清浓度的40%。可穿过胎盘和进入乳汁,在乳中浓度与血清相似。蛋白结合率为57%~72%。约50%的林可霉素在肝脏中代谢,代谢物仍具有活性。原药及代谢物在胆汁、尿与乳汁中排出,在粪中可持续排出数日,以致敏感微生物仍然受到抑制。肌内注射给药的半衰期分别为:马8.1 h,黄牛4.1 h,水牛9.3 h,猪6.8 h,小动物3~4 h。

【药理作用】抗菌谱与大环内酯类相似。对革兰氏阳性菌如葡萄球菌、溶血性链球菌和肺炎链球菌等有较强的抗菌作用,对支原体的作用与红霉素相似,但比其他大环内酯类稍弱;对破伤风梭菌、产气荚膜梭菌、猪痢疾短螺旋体也有抑制作用;对革兰氏阴性菌无效。

【临床应用】用于治疗敏感革兰氏阳性菌(特别是链球菌和葡萄球菌)和厌氧病原菌引起的感染,以及猪、鸡的支原体病。与大观霉素合用,可以起到协同作用。

【不良反应】可以诱发胃肠道紊乱,能引起兔和其他草食动物严重的腹泻,甚至致死;马内服或注射可引起出血性结膜炎、腹泻,可能致死,所以不得用于马;牛内服可引起厌食、腹泻、酮血症、产乳量减少。高浓度时可能发生骨骼肌麻痹。过敏反应偶尔也可见。肌内注射给药有疼痛刺激,或吸收不良。

【用法与用量】内服:一次量,每1 kg体重,猪10~15 mg,犬、猫15~25 mg。每日1~2次,连用3~5 d。混饮:每1 L水,猪40~70 mg(效价),连用7 d;鸡20~40 mg,连用5~10 d。肌内注射:一次量,每1 kg体重,猪10 mg,每日1次;犬、猫10 mg,每日2次,连用3~5 d。乳管内注射:每个乳区0.35 g,一天2次,连用2~3 d。

【最高残留限量】残留标志物:林可霉素。牛、羊,肌肉100 μg/kg;奶150 μg/kg;猪和家禽,肌肉200 μg/kg。

【制剂与休药期】盐酸林可霉素片(lincomycin hydrochloride tablets),休药期:猪6 d。

盐酸林可霉素可溶性粉(lincomycin hydrochloride soluble powder),休药期:猪、鸡5 d,蛋鸡产蛋期不得使用。

盐酸林可霉素注射液(lincomycin hydrochloride injection),休药期:猪2 d。

八、截短侧耳素类抗生素

本类抗生素主要包括泰妙菌素和沃尼妙林,均为畜禽专用的抗生素。

泰妙菌素(tiamulin)

泰妙菌素又称泰妙灵、支原净。属截短侧耳素(pleuromutilin)的衍生物。由伞菌科的北风菌(Pleurotusmutilis)培养液中提取获得。

【理化性质】其延胡索酸盐为白色或类白色结晶性粉末;无臭,无味;易溶于甲醇、乙醇,可溶于水,略溶于丙酮。

【药动学】猪内服给药吸收良好,在2~4 h达血药峰浓度,单剂量给药后生物利用度约为85%。组织穿透力强,在体内分布广泛,组织和乳中的药物浓度是血清中的数倍,以肺组织中浓度最高。在体内被代谢成20多种代谢物,部分代谢物具有抗菌活性。代谢物主要经胆汁从粪中排泄,约30%从尿中排出。犬肌内注射的半衰期为4.7 h。

【药理作用】抗菌谱与大环内酯类抗生素相似。对革兰氏阳性菌(如金黄色葡萄球菌、链球菌)、支原体(鸡败血支原体、猪肺炎支原体)、猪胸膜肺炎放线杆菌及猪痢疾短螺旋体等有较强的抗菌作用。对支原体的作用强于大环内酯类抗生素。对大多数革兰氏阴性菌尤其是肠道菌的作用较弱。

作用机制是与细菌核糖体50S亚基结合而抑制蛋白质合成。

【临床应用】主要用于防治鸡慢性呼吸道病,猪的支原体性肺炎、传染性胸膜肺炎、短螺旋体性痢疾等。

本品与金霉素以1∶4配伍,可用于治疗猪细菌性肠炎、细菌性肺炎、短螺旋体性猪痢疾,对支原体性肺炎、支气管败血波氏杆菌和多杀性巴氏杆菌混合感染所引起的肺炎疗效显著。

【不良反应】能影响聚醚离子类抗生素如莫能菌素、盐霉素等的代谢,合用时易导致中毒,导致鸡生长迟缓、运动失调、麻痹瘫痪,直至死亡。因此,本品禁止与聚醚离子类抗生素联合使用。猪应用过量,可引起短暂流涎、呕吐和中枢神经抑制。

【用法与用量】混饮:每1 L水,猪45~60 mg,连用5 d;鸡125~250 mg,连用3 d。混饲:每1 000 kg饲料,猪40~100 g,连用5~10 d。

【最高残留限量】残留标志物:可被水解为8-α-羟基妙林的代谢物的总和;鸡蛋:泰妙菌素。猪、鸡、兔,肌肉100 μg/kg;蛋1 000 μg/kg。

【制剂与休药期】延胡索酸泰妙菌素可溶性粉(tiamulin fumarate soluble powder),延胡索酸泰妙菌素预混剂(tiamulin fumarate premix)。休药期:猪7 d。

沃尼妙林（valnemulin）

【性状】为白色结晶粉末；极微溶于水，溶于甲醇、乙醇、丙酮、氯仿，其盐酸盐溶于水。

【药动学】猪内服吸收迅速，给药后1~4 h达到血药峰浓度，血浆半衰期1.3~2.7 h，生物利用度为57%~90%。有明显的首过效应，在体内分布广泛，但主要分布在肝脏以及肺组织中。重复给药可发生轻微蓄积，但5 h内平稳。在猪体内代谢广泛，代谢物主要经胆汁和粪便排泄。

【药理作用】抗菌谱与泰妙菌素相似，但抗菌活性更强。对革兰氏阳性菌和少数阴性菌有效，对支原体和螺旋体有高效，对肠杆菌科细菌如大肠杆菌、沙门菌的作用很弱。作用机制是在核糖体水平上抑制细菌蛋白质的合成，高浓度时也抑制RNA的合成。主要发挥抑菌作用，但高浓度时也杀菌。

【临床应用】主要用于预防和治疗猪短螺旋体性痢疾、猪支原体性肺炎、猪结肠螺旋体病和细胞内劳森菌感染引起的猪增生性肠炎。

【不良反应】可影响莫能菌素、盐霉素等聚醚离子载体类抗生素的代谢，联合应用时可出现生长缓慢、运动失调、麻痹瘫痪等不良反应。

【用法与用量】以盐酸沃尼妙林计。混饲：每1000 kg饲料，治疗猪痢疾75 g，连用10 d；治疗猪支原体肺炎200 g，连用21 d。

【最高残留限量】残留标志物：沃尼妙林。猪，肌肉、肝、肾50~500 μg/kg。

【制剂与休药期】盐酸沃尼妙林预混剂（valnemulin hydrochloride premix），休药期：猪2 d。

九、多肽类抗生素

多肽类抗生素是一类具有多肽结构的化学物质。目前，我国农业农村部批准在兽医临床和畜禽业生产中使用的本类药物包括黏菌素、杆菌肽，人医中使用的有万古霉素和去甲万古霉素。此类药物中的另外两种药物维吉尼霉素以及恩拉霉素，曾被批准用于促生长添加剂。

黏菌素（colistin）

黏菌素又称多黏菌素E、抗敌素，是从多黏芽孢杆菌变种（*Bacillus polymyxa* var. *colistimus*）的培养液中提取获得。

【理化性质】其硫酸盐为白色或类白色粉末，无臭，有引湿性。易溶于水，微溶于乙醇，难溶于丙酮、三氯甲烷或乙醚。

【药动学】内服几乎不吸收。但非胃肠道给药吸收迅速，2 h后的血浆药物浓度可达峰值，因为黏菌素可与细胞膜、组织碎片和脓性渗出物结合，血浆浓度通常不高。进入体内的药物可迅速分布进入心、肺、肝、肾和骨骼肌，但不易进入脑脊髓、胸腔、关节腔和感染病灶。主要经肾排泄，血浆半衰期为3~6 h。

【药理作用】为窄谱杀菌剂，对革兰氏阴性杆菌的抗菌活性强，革兰氏阳性菌通常不敏感。主要敏感菌有大肠志贺菌、沙门菌、巴氏杆菌、布鲁菌、弧菌、痢疾志贺菌、铜绿假单胞菌等。对铜绿假单胞菌具有较好的杀菌作用。但大多数变形杆菌和奈瑟菌不敏感。杀菌机制是其带阳电荷的游离氨基能与革兰氏阴性杆菌胞质膜磷脂中带负电荷的磷酸根结合，降低胞质膜的表面张力，增加通透性，从而使菌体内物质外漏；还可进入胞质内干扰其正常功能，导致细菌死亡。

近年来，细菌对黏菌素的耐药性产生迅速，沙门菌、大肠杆菌等对黏菌素的耐药主要是染色体介导的脂多糖（lipopolysaccharides, LPS）修饰以及质粒介导的磷酸乙醇胺转移酶，后者介导黏菌素低水平耐药。此外还包括尚未阐明分子机制的主动外排系统等。本类药物与其他抗菌药物间没有交叉耐药性。

【临床应用】可用于防治畜禽革兰氏阴性杆菌引起的肠道感染，外用治疗烧伤和外伤引起的铜绿假单胞菌感染。由于耐药性的风险问题，我国已禁止黏菌素用作饲料药物添加剂。

【不良反应】黏菌素类在内服或局部给药时对动物很少产生不良反应，但其他方式用药时，多黏菌素引起明显的肾脏毒性和神经毒性，较高浓度可引起神经肌肉阻断，应避免将抗菌剂量用于全身治疗。注射部位可能发生剧烈疼痛和过敏反应，一般不采取注射给药。

【用法与用量】混饮：每1 L水，猪40~200 mg，鸡20~60 mg（效价），连用5 d。混饲：每1 kg饲料，猪40~80 mg。

【最高残留限量】残留标志物：黏菌素A与黏菌素B之和。牛、羊、猪、鸡、兔，肌肉、脂肪150 μg/kg；奶50 μg/kg；蛋300 μg/kg。

【制剂与休药期】硫酸黏菌素可溶性粉（colistin sulfate soluble powder），休药期：猪、鸡7 d，蛋鸡产蛋期不得使用。

杆菌肽（bacitracin）

从苔藓样杆菌（*Bacillus licheniformis*）培养液中提取获得。

【理化性质】其锌盐为淡黄色至淡棕黄色粉末；无臭，味苦；易溶于吡啶，几乎不溶于水、甲醇、三氯甲烷或乙醚。

【药动学】内服几乎不吸收，大部分在2 d内随粪便排出。按0.1%的浓度连续混料饲喂蛋鸡5个月、肉鸡8周、火鸡15周，或按0.05%的浓度混料饲喂猪4个月，在肌肉、脂肪、皮肤、血液中几乎无药物残留。

肌内注射易吸收，但对肾脏毒性大，不宜注射给药。

【药理作用】抗菌谱与青霉素相似，对革兰氏阳性菌如金黄色葡萄球菌（包括耐青霉素的金黄色葡萄球菌）、链球菌、肠球菌等作用强大，对螺旋体和放线菌也有效，但对革兰氏阴性杆菌无效。

作用机制是抑制细菌细胞壁合成中的脱磷酸化过程，阻碍线性肽聚糖链的形成，从而导致细胞壁的合成受阻；同时也损伤细胞膜，使胞质内容物外漏，导致细菌死亡。

【临床应用】本品的锌盐曾用作饲料添加剂，促进牛、猪和禽的生长，提高饲料利用率。欧盟从1999年开始禁用杆菌肽锌作为促生长添加剂。我国也于2020年禁用杆菌肽锌作为促生长添加剂。

亚甲基水杨酸杆菌肽可溶性粉可用于治疗耐青霉素金黄色葡萄球菌感染。

【用法与用量】以杆菌肽计，混饮：每1 L水，肉鸡100 mg，连用5~7 d。

【最高残留限量】残留标志物：杆菌肽A、杆菌肽B、杆菌肽C之和。牛、猪、家禽，可食组织500 μg/kg；牛，奶500 μg/kg；家禽，蛋500 μg/kg。

【制剂与休药期】杆菌肽锌预混剂（bacitracin zinc premix），休药期：0 d，蛋鸡产蛋期不得使用，不得用于种畜和种禽。

亚甲基水杨酸杆菌肽可溶性粉(bacitracin methylene disalicylate soluble powder)，休药期：鸡 0 d，蛋鸡产蛋期不得使用，不得用于种禽。

第二节 化学合成抗菌药

一、磺胺类及其增效剂

1935年世界上第一个化学合成抗菌药——磺胺类抗菌药百浪多息(prontosil)被发现，开启了合成药物化学发展的新时代。先后合成的这类药物约有8 500种，而临床上常用的仅有20多种。由于其具有抗菌活性较弱、不良反应较多细菌易产生耐药性、使用剂量较大疗程偏长等缺点，20世纪40年代以后，各类抗生素在临床上逐渐取代了磺胺类药物。但磺胺类药物仍具有其独特的优点：抗菌谱较广，性质稳定，使用方便，价格低廉，生产时不消耗粮食，国内可以大量生产等。同时随着甲氧苄啶和二甲氧苄啶等抗菌增效剂的发现，其与磺胺药联合使用后，抗菌谱扩大、抗菌活性大大增强，有的甚至可从抑菌作用变为杀菌作用。因此，磺胺类药物至今仍为畜禽抗感染治疗中的重要药物之一。

(一)磺胺类药物

【理化性质】本类药物一般为白色或淡黄色结晶性粉末，每种药物都有其自身溶解特性，但总体来说在水中溶解度较差。虽然磺胺类是酸碱两性药物，但一般表现为弱的有机酸，在碱性水溶液中的溶解度比在酸性溶液中更高。制成钠盐后易溶于水，水溶液呈碱性。

【构效关系和分类】磺胺类药物的基本化学结构是对氨基苯磺酰胺(简称磺胺)。

$$\underset{R_2}{H}N-\underset{4}{\bigcirc}-\underset{1}{SO_2}-\underset{R_1}{N}H$$

R代表不同的基团，在其氨基上添加或替换不同功能基团可以产生不同物理、化学、药理学和抗菌特性的磺胺类化合物。它们的抑菌作用与化学结构之间的关系是：①磺酰胺基上的一个氢原子(R_1)如被不同杂环取代，可获得一系列内服易吸收的用于防治全身性感染的磺胺药，例如SD和SMZ等。②磺酰胺基对位的游离氨基是抗菌活性的必需基团，如氨基上的一个氢原子(R_2)被酰胺化，则失去抗菌活性。③对位氨基上的一个氢原子被其他基团取代，则成为内服难吸收的用于肠道感染的磺胺类，例如酞磺胺噻唑等，它们在肠道内水解，氨基游离后发挥抑菌作用。

磺胺类药物，根据内服的吸收情况可分为肠道易吸收、肠道难吸收及外用3类(表12-4)。

表 12-4 常用磺胺类药物的分类和英文缩写

类型	药名	英文缩写
肠道易吸收的磺胺药	氨苯磺胺(sulfaniamide)	SN
	磺胺噻唑(sulfathiazole)	ST
	磺胺嘧啶(sulfadiazine)	SD
	磺胺二甲嘧啶(sulfadimidine、sulfadiazine)	SM$_2$
	磺胺甲噁唑(新诺明、新明磺,sulfamethoxazole)	SMZ
	磺胺对甲氧嘧啶(磺胺-5-甲氧嘧啶、消炎磺,sulfamethoxydiazine)	SMD
	磺胺间甲氧嘧啶(磺胺-6-甲氧嘧啶、制菌磺,sulfamonomethoxine)	SMM、DS36
	磺胺地索辛(磺胺-2,6-二甲氧嘧啶,sulfadimethoxine)	SDM
	磺胺多辛(磺胺-5,6-二甲氧嘧啶、周效磺胺,sulfadoxine、sulladimoxine)	SDM′
	磺胺喹噁啉(sulfaquinoxaline)	SQ
	磺胺氯吡嗪(sulfachlorpyrazine)	SCP
肠道难吸收的磺胺药	磺胺脒(sulfamidine、sulfaguanidine)	SG
	柳氮磺胺吡啶(水杨酰偶氮磺胺吡啶、sulfasalazine、salicylazosulfapyridine)	SASP
	酞磺噻唑(酞酰磺胺噻唑、phthalylsulfathiazole、sulfathalidine)	PST
	酞磺醋胺(phthalylsulfacetamide)	PSA
	琥磺噻唑(琥磺胺噻唑、琥珀酰磺胺噻唑、sulfasuxidine、succinylsulfathiazole)	SST
外用磺胺药	磺胺醋酰钠(sulfacetamide sodium)	SA-Na
	醋酸磺胺米隆(甲磺灭脓、mafenid acetate、sulfamylon)	SML
	磺胺嘧啶银(烧伤宁,sulfadiazine silver)	SD-Ag

【药动学】

1.吸收

各种内服易吸收的磺胺,其生物利用度大小因药物和动物种类不同而存在差异,其顺序分别为:SM$_2$>SDM′>SN>SD;禽>犬>猪>马>羊>牛。一般而言,肉食动物内服后3~4 h血药达峰浓度,草食动物为4~6 h,反刍动物为12~24 h。因为药物可能在瘤胃、网胃中停留,且可能存在生物降解,所以磺胺类药物在反刍动物的吸收较慢,生物利用度也较低,但尚无反刍机能的犊牛和羔羊,其生物利用度与肉食、杂食的单胃动物相似。某些磺胺溶液因碱性太强而不宜注射使用。但少数高水溶性制剂可以通过肌内注射(如磺胺二甲氧嘧啶钠)或腹腔注射而被迅速吸收,如果从子宫内注入,经数小时后90%以上的药物被吸收。

2.分布

磺胺类药物可分布于机体所有组织和体液中。以血液、肾含量较高,可进入乳腺、胎盘、胸膜、腹膜及滑膜腔中,磺胺药在胸膜、腹膜、滑膜和眼睛体液中的浓度为血药浓度的50%~90%,皮肤、肝脏和肺脏内的药物浓度稍低于血浆药物浓度,肌肉与骨的药物浓度约为血药浓度的50%。进入血液的磺胺药,大部分与血浆蛋白结合。磺胺类中以SD与血浆蛋白的结合率最低,易通过血脑屏障进入脑脊液(为血药的50%~80%),故可作为脑部细菌感染的首选药。磺胺药也可被动扩散进入乳汁,尽管药物浓度不足以控制感染,但乳汁中可能检测到药物残留。磺胺类的蛋白结合率因药物和动物种类的不同而存在很大差异,例如SD、SM$_2$和SDM在牛的蛋白结合率分别是14%~24%、61%~71%及67%~90%;各种家畜的蛋白结合率,通常以牛为最高,羊、猪、马等次之。一般来说,血浆蛋白结合率高的磺胺类排泄较为缓慢,血中有效药物浓度维持时间也较长。

3. 代谢

磺胺类药物主要通过几种氧化途径、乙酰化以及与硫酸盐或葡萄糖苷酸偶联在肝脏代谢,引起多种结构上的变化。其中最常见的方式是对位氨基(R_2)的乙酰化。乙酰化、羟基化和偶联药物的抗菌活性很低。乙酰化程度与动物种属有关,例如SM_2的乙酰化,猪(30%)比牛(11%)、绵羊(8%)都高,但在家禽和犬中极少通过乙酰化代谢。其次是羟基化作用,在绵羊较高,牛次之,而在猪中未观察到该类代谢。各种磺胺药及其代谢物与葡萄糖苷酸的结合率是不相同的,例如SMZ、SN、SM_2和SDM在山羊体内与葡萄糖苷酸的结合率分别是5%、7%、30%及16%~31%。杂环断裂的代谢途径在多数动物中并不重要。此外,反刍动物体内的氧化作用是磺胺类药物代谢的重要途径,例如SD在山羊体内被氧化成2-磺胺-4-羟基嘧啶而失去活性。

除SD等R_1位有嘧啶环的磺胺药外,其他磺胺类药物乙酰化后的溶解度普遍下降,增加了对肾脏的毒副作用。肉食及杂食动物,由于尿中酸度比草食动物高,较易引起磺胺及乙酰磺胺的沉淀,导致结晶尿的产生,损害肾功能。可以通过碱化尿液、增加液体摄入量来防止。

磺胺类药物在动物体内的代谢具有多态性,存在代谢快、慢的个体,导致半衰期有较大差异。不同磺胺类药物在同一动物的半衰期不同,同一药物在不同动物的半衰期亦有差异,例如磺胺嘧啶在牛和猪体内的血浆半衰期分别为10.1 h和2.9 h。常用磺胺类药物在动物体内的半衰期见本书第一章。

4. 排泄

内服肠道难吸收的磺胺类药物主要随粪便排出;肠道易吸收的磺胺类药物主要通过肾脏排出。少量由乳汁、胆汁、粪便和汗液排出。经肾排出的部分以原形,部分以乙酰化物和葡萄糖苷酸结合物的形式排出。其中大部分经肾小球滤过,小部分由肾小管分泌。到达肾小管腔内的药物,有一小部分被肾小管重吸收。重吸收的比例受到具体磺胺药的固有脂溶性及其代谢物和尿液pH的影响,凡重吸收少者,排泄快,半衰期短,有效血药浓度维持时间短(如SN、SD);而重吸收多者,排泄慢,半衰期长,有效血药浓度维持时间也较长(如SM_2、SMM、SDM等)。当肾功能损害时,药物的半衰期明显延长,毒性可能增加,临床使用时应注意。治疗泌尿道感染时,应选用乙酰化率低,原形排出多的磺胺药,如SMM、SMD。

【药理作用】磺胺类属广谱慢作用型抑菌药。对大多数革兰氏阳性菌和部分革兰氏阴性菌有效,对衣原体和某些原虫也有效。对磺胺类较敏感的病原菌有链球菌、沙门菌、化脓放线菌、大肠克雷伯菌、副禽嗜血杆菌等;一般敏感的有葡萄球菌、变形杆菌、巴氏杆菌、产气荚膜梭菌、肺炎克雷伯菌、炭疽杆菌、铜绿假单胞菌等。某些磺胺药物对球虫、卡氏住白细胞虫、疟原虫、弓形虫等有效,但对螺旋体、立克次体、分枝杆菌等无作用。在病原微生物快速增殖时,磺胺类药物对急性感染的早期阶段最有效,但对处于静止状态的细菌无活性。

不同磺胺类药物对病原菌的抑制作用亦有差异。一般来说,其抗菌作用强度的顺序为SMM>SMZ>SD>SDM>SMD>SM_2>SDM′>SN。血中最低有效药物浓度为0.5 μg/mL,严重感染时则需1~1.5 μg/mL。

目前,兽医临床上许多病原菌对磺胺药产生了耐药性,MIC呈现大幅升高。

【作用机制】磺胺药是通过干扰敏感菌的叶酸代谢而抑制其生长繁殖的(图12-4)。对磺胺药敏感的细菌在生长繁殖过程中,不能直接从生长环境中利用外源叶酸,而是利用PABA、蝶啶,在二氢叶酸合成酶的催化下合成二氢叶酸,再经二氢叶酸还原酶还原为四氢叶酸。四氢叶酸是一碳基团转移酶的辅酶,参与嘌呤、嘧啶、氨基酸的合成。磺胺类的化学结构与PABA的结构极为相似,能与PABA竞争二氢叶酸合成酶,抑制二氢叶酸的合成,或者形成以磺胺代替PABA的伪叶酸,最终使核酸合成受阻,结果细菌生长繁殖被抑制。高等动植物可以直接利用外源性叶酸,故其代谢不受磺胺类药物干扰。一般来说,在磺胺疗法见效前存在一个滞后期,原因是细菌能利用现存的叶酸、亚叶酸、嘌呤、胸腺嘧啶和氨基酸,一旦这些耗尽便会产生抑菌作用。当PABA浓度升高或磺胺浓度降至抑制浓度以下时,细菌可重新开始生长。鉴于磺胺类药物的抑菌特性,作为单药使用时有效的细胞和体液防御机制是治疗成功的关键。

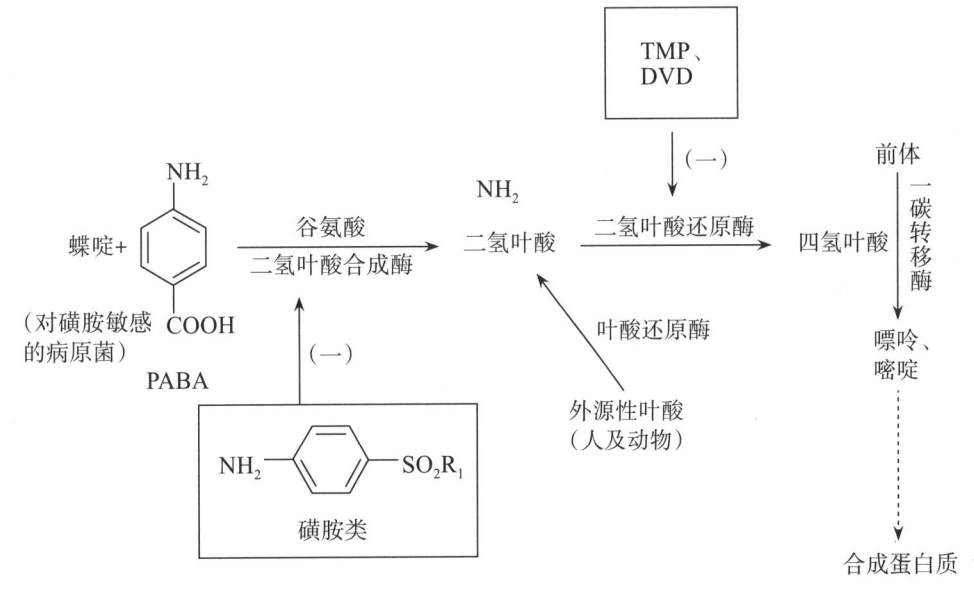

图12-4 磺胺类药物及抗菌增效剂作用机制示意图

【耐药性】细菌对磺胺类药物容易产生耐药性,尤以葡萄球菌最易产生,目前兽医临床细菌对磺胺类耐药严重。产生的原因可能是通过携带耐药基因的质粒转移或酶突变,包括二氢叶酸合成酶与磺胺的亲和力降低,细菌对磺胺的通透性降低,以及细菌改变了代谢途径,如产生了较多的PABA或二氢叶酸合成酶等。各磺胺药之间可产生程度不同的交叉耐药性,但与其他抗菌药之间无交叉耐药现象。

【临床应用】

(1)全身感染:可用于治疗巴氏杆菌病、乳腺炎、子宫内膜炎、腹膜炎、败血症以及呼吸道、消化道和泌尿道感染;对马腺疫、坏死杆菌病,牛传染性腐蹄病、猪萎缩性鼻炎、链球菌病、仔猪水肿病、弓形虫病,羔羊多发性关节炎,兔葡萄球菌病,鸡传染性鼻炎等均有效。常用药有SD、SM$_2$、SMZ、SMD、SMM、SDM′等,一般与甲氧苄啶(TMP)合用,可提高疗效,缩短疗程。对于病情严重病例或首次用药,则可以考虑用钠盐肌内注射或静脉注射给药。

(2)肠道感染:可用于仔猪黄痢及畜禽白痢、大肠杆菌病等的治疗。选用肠道难吸收的磺胺类,如SG、PST、SST等为宜,常与二甲氧苄啶(DVD)合用以提高疗效。

(3)泌尿道感染：选用抗菌作用强，尿中排泄快，乙酰化率低，尿中药物浓度高的磺胺药，如SMM、SMD和SM_2等。与TMP合用，可提高疗效，减少或延缓耐药性的产生。

(4)局部软组织和创面感染：选外用磺胺药，如SN、SD-Ag等。SN可用其结晶性粉末，撒于新鲜伤口处，以发挥其抑菌作用，现已极少使用。SD-Ag对铜绿假单胞菌的作用较强，且有收敛作用，可促进创面干燥结痂，可用于烧伤感染。

(5)原虫感染：选用SQ、磺胺氯吡嗪、SM_2、SMM、SDM等，用于禽、兔球虫病，鸡卡氏住白细胞虫病，猪弓形虫病等的治疗。

(6)其他：治疗脑部细菌性感染时，宜采用在脑脊液中含量较高的SD；治疗乳腺炎时，宜采用在乳汁中含量较多的SM_2。

【不良反应】

(1)急性中毒：静脉注射过快或剂量过大均可引起急性毒性，临床表现包括肌肉无力、共济失调、失明和虚弱。当胃肠道内的磺胺药浓度高到足以扰乱正常菌群平衡和维生素B合成时，可能发生恶心和呕吐等。

(2)慢性中毒：多见于剂量较大或连续用药超过1周以上，主要症状为难溶解的乙酰化物结晶损伤泌尿系统，出现结晶尿、血尿和蛋白尿等；抑制胃肠道菌群，导致消化系统障碍和草食动物的多发性肠炎等；长期治疗还可引发骨髓抑制（如再生障碍性贫血、粒细胞减少症和血小板减少症）、肝炎与黄疸；过敏反应包括荨麻疹、血管水肿、过敏、皮疹、药物热、多关节炎、溶血性贫血、粒细胞缺乏干性角膜炎；幼龄动物免疫系统抑制、免疫器官出血及萎缩，家禽慢性中毒时，可见增重减慢，蛋鸡产蛋率下降，蛋破损率和软蛋率增加；犬大剂量治疗后可见可逆性甲状腺功能减退。

【注意事项】

(1)要有足够的剂量和疗程，首次内服常用加倍量（负荷量），使血药浓度迅速达到有效抑菌浓度，连用3~5 d。如果72 h内可见明显疗效，症状缓解后应继续治疗48 h，以防止复发和耐药性出现。治疗严重感染的初始剂量应静脉注射给药，以缩短剂量与药效之间的滞后期。

(2)动物用药期间应充分饮水，以增加尿量、促进排出；幼龄动物、杂食或肉食动物使用磺胺类药物时，宜与等量的碳酸氢钠同服，以碱化尿液，促进排出；补充维生素B和维生素K。

(3)磺胺钠盐注射液对局部组织具有很强的刺激性，宠物一般应静脉注射，不宜肌内注射。

(4)磺胺类药物一般应与抗菌增效剂联合使用，以增强药效。勿与酸性药物配伍应用。

(5)蛋鸡产蛋期不得使用。

(6)过量的PABA、叶酸、胸腺嘧啶、嘌呤、蛋氨酸、血浆、血液、白蛋白、组织自溶产物和内源性蛋白降解产物均可降低磺胺类药物的药效。

【最高残留限量】残留标志物：磺胺类（磺胺二甲嘧啶除外）的原形药物之和。所有食品动物（产蛋期禁用），肌肉、脂肪、肝、肾100 μg/kg；蛋10 μg/kg；鱼奶100 μg/kg。磺胺二甲嘧啶残留标志物为磺胺二甲嘧啶，在所有食品动物（产蛋期禁用）的肌肉、脂肪、肝、肾中的最高残留限量为100 μg/kg；奶25 μg/kg；蛋10 μg/kg。

【制剂、用法、用量与休药期】

(1)磺胺噻唑片(sulfathiazole tablets)内服,一次量,每1 kg体重,家畜,首次量140~200 mg,维持量70~100 mg。每日2~3次,连用3~5 d。休药期,家畜28 d,弃乳期7 d。

(2)磺胺噻唑钠注射液(sulfathiazole sodium injection)静脉注射,一次量,每1 kg体重,家畜50~100 mg。每日2次,连用2~3 d。休药期,家畜28 d,弃乳期7 d。

(3)磺胺嘧啶片(sulfadiazine tablets)内服,一次量,每1 kg体重,家畜,首次量140~200 mg,维持量70~100 mg。每日2次,连用3~5 d。休药期,猪5 d,牛、羊28 d,弃乳期7 d。

(4)磺胺嘧啶钠注射液(sulfadiazine sodium injection)静脉或肌内注射,一次量,每1 kg体重,家畜50~100 mg。每日1~2次,连用2~3 d。休药期,牛10 d,羊18 d,猪10 d,弃乳期3 d。

(5)磺胺二甲嘧啶片(sulfadimidine tablets)内服,一次量,每1 kg体重,家畜,首次量140~200 mg,维持量70~100 mg。每日1~2次,连用3~5 d。休药期,牛10 d,羊28 d,猪15 d,弃乳期7 d。

(6)磺胺二甲嘧啶钠注射液(sulfadimidine sodium injection)静脉或肌内注射,一次量,每1 kg体重,家畜50~100 mg。每日1~2次,连用2~3 d。休药期,家畜28 d,弃乳期7 d。

(7)磺胺甲噁唑片(sulfamethoxazole tablets)内服,一次量,每1 kg体重,家畜,首次量50~100 mg,维持量25~50 mg。每日2次,连用3~5 d。休药期,家畜28 d,弃乳期7 d。

(8)磺胺对甲氧嘧啶片(sulfamethoxydiazine tablets)内服,一次量,每1 kg体重,家畜,首次量50~100 mg,维持量25~50 mg。每日1~2次,连用3~5 d。休药期,家畜28 d,弃乳期7 d。

(9)磺胺间甲氧嘧啶片(sulfamonomethoxine tablets)内服,一次量,每1 kg体重,畜禽,首次量50~100 mg,维持量25~50 mg。每日2次,连用3~5 d。休药期,家畜28 d,弃乳期7 d。

(10)磺胺间甲氧嘧啶钠注射液(sulfamonomethoxine sodium injection)静脉或肌内注射,一次量,每1 kg体重,家畜50 mg。每日1~2次,连用2~3 d。休药期,家畜28 d,弃乳期7 d。

(11)磺胺氯吡嗪钠可溶性粉(sulfachloropyrazine sodium soluble powder)混饮,每1 L水,肉鸡、火鸡300 mg(以磺胺氯吡嗪钠计);混饲,每1000 kg饲料,肉鸡、火鸡、兔600 g,连用3 d。蛋鸡产蛋期不得使用。火鸡、肉鸡的休药期分别为4 d和1 d,羊、兔28 d。

(12)磺胺喹噁啉钠可溶性粉(sulfaquinoxaline sodium soluble powder)混饮,每1 L水,禽300~500 mg(以磺胺喹噁啉钠计),连续饮用不得超过10 d。蛋鸡产蛋期不得使用。休药期10 d。

(13)磺胺脒片(sulfamidine tablets)内服,一次量,每1 kg体重,家畜100~200 mg。每日2次,连用3~5 d。休药期,家畜28 d,弃乳期7 d。

(14)酞磺胺噻唑片(phthalylsulfathiazole tablets)内服,一次量,每1 kg体重,家畜100~150 mg。每日2次,连用3~5 d。休药期,牛、羊、猪28 d。

(二)抗菌增效剂

本类药物因能增强磺胺药和多种抗生素的疗效,被称为抗菌增效剂,是人工合成的二氨基嘧啶类,国内常用甲氧苄啶和二甲氧苄啶,后者为动物专用抗菌增效剂。国外兽医临床应用的还有奥美普林(ormetoprim,OMP)(二甲氧甲基苄啶)、阿地普林(aditoprim,ADP)及巴喹普林(baquiloprim,BQP)。

甲氧苄啶(trimethoprim,TMP)

甲氧苄啶又称甲氧苄氨嘧啶、三甲氧苄氨嘧啶。

【理化性质】本品为白色或类白色结晶性粉末,无臭,味苦。几乎不溶于水,微溶于乙醇,易溶于冰醋酸。

【药动学】内服吸收迅速且完全,1~2 h血药浓度达高峰。脂溶性较好,广泛分布于各组织和体液中,在肺、肾、肝中浓度较高,乳中浓度为血中浓度的1.3~3.5倍。血浆蛋白结合率为30%~40%。主要从尿中排出,3 d内约可排出80%的剂量,其中6%~15%以原形排出。尚有少量从胆汁、唾液和粪便中排出。在不同动物的消除半衰期分别是:马4.20 h,水牛3.14 h,黄牛1.37 h,奶山羊0.94 h,猪1.43 h,鸡、鸭约2 h。

【药理作用】抗菌谱与磺胺类相似,但活性较强,单独使用易产生耐药性,所以一般不单独作为抗菌药使用。对多种革兰氏阳性菌及阴性菌均有抗菌作用,其中较敏感的有溶血性链球菌、葡萄球菌、大肠杆菌、变形杆菌、巴氏杆菌和沙门菌等。但对铜绿假单胞菌、分枝杆菌、丹毒杆菌、钩端螺旋体无效。

其作用机制是抑制二氢叶酸还原酶,使二氢叶酸不能还原成四氢叶酸,进而妨碍菌体核酸合成。TMP或DVD与磺胺类合用时,可从两个不同环节同时阻断叶酸代谢,发挥双重阻断作用。合用时抗菌作用增强几倍至几十倍,甚至使抑菌作用变为杀菌作用,故称"磺胺增效剂"。两者配伍,在增强抗菌活性的同时,还可减少细菌耐药性的产生,甚至对耐磺胺类药物的大肠杆菌、变形杆菌、链球菌等亦有一定作用。此外,TMP还可增强多种抗生素(如红霉素、四环素、庆大霉素、黏菌素等)的抗菌作用。

【临床应用】常以1:5的比例与SMD、SMM、SMZ、SD、SM_2、SQ等磺胺药合用。

含TMP的复方制剂主要用于治疗链球菌、葡萄球菌和革兰氏阴性杆菌引起的呼吸道、泌尿道感染及蜂窝织炎、腹膜炎、乳腺炎和创伤感染等。亦用于治疗幼龄动物肠道感染、猪萎缩性鼻炎和猪传染性胸膜肺炎。对家禽大肠杆菌病、鸡白痢、鸡传染性鼻炎和禽伤寒及霍乱等均有良好的疗效。

【不良反应】毒性低,副作用小,偶尔引起白细胞、血小板减少等。但妊娠动物和初生动物应用时易引起叶酸摄取障碍,应慎用。

【最高残留限量】残留标志物:甲氧苄啶。牛、猪,肌肉、可食性组织、奶50 μg/kg;蛋10 μg/kg。

【制剂、用法、用量与休药期】

(1)复方磺胺嘧啶混悬液(compound sulfadiazine suspension)混饮,每1 L水,鸡80~160 mg(以磺胺嘧啶计),连用5~7 d。产蛋期不得使用。休药期1 d。

(2)复方磺胺嘧啶钠注射液(compound sulfadiazine sodium injection)肌内注射,一次量,每1 kg体重,家畜20~30 mg(以磺胺嘧啶钠计),每日1~2次,连用2~3 d。休药期,牛、羊12 d,猪20 d。弃乳期48 h。

二甲氧苄啶(diaveridine,DVD)

又称二甲氧苄氨嘧啶。

【理化性质】本品为白色或微黄色结晶性粉末,几乎无臭。不溶于水、乙醇,在盐酸溶液中,随着盐酸浓度的增加,溶解度增加。

【药动学】内服吸收很少,其最高血药浓度约为TMP的1/5,在胃肠道内的浓度较高,主要从粪便中排出,故用作肠道感染抗菌增效剂比TMP优越。

【药理作用】抗菌活性比TMP弱,但作用机制相同。常以1:5的比例与SQ等合用。

【临床应用】含DVD的复方制剂主要用于防治禽、兔球虫病及畜禽肠道感染等。DVD单独应用时也具有防治球虫的作用。

【最高残留限量】暂无规定。

【制剂、用法、用量与休药期】

磺胺喹噁啉、二甲氧苄啶预混剂(sulfaquinoxaline and diaveridine premix)混饲,每1000 kg饲料,禽100 g(以磺胺喹噁啉计),连续饲喂不超过5 d。休药期:鸡10 d,产蛋期禁用。

二、喹诺酮类

喹诺酮类(quinolones)是人工合成的杀菌性抗菌药物。该类药物的共同结构是4-喹诺酮环。1962年,第一代喹诺酮类药物萘啶酸(nalidixic Acid)首先被应用于临床;第二代的代表药物是1974年合成的吡哌酸(pipemidic acid)和动物专用的氟甲喹(flumequine),第一、二代药物主要对革兰氏阴性杆菌敏感,但毒副作用多。1979年首次合成了第三代药物诺氟沙星(norfloxacin),其抗菌活性及抗菌谱均得到增强和扩大,且毒性减少。由于它具有6-氟-7-哌嗪-4-诺酮环结构,且随后的药物含有氟原子,故称为氟喹诺酮类(fluoroquinolones)药物。20世纪90年代后期开发的莫西沙星(moxifloxacin)、加替沙星(gatifloxacin)等,在第三代药物作用的基础上增强了抗厌氧菌的活性,对多数病原菌的疗效达到或超过β-内酰胺类抗生素。

近30年来,氟喹诺酮类药物的研究进展十分迅速,临床常用的已有10多种。这类药物具有下列特点:①抗菌谱广,对革兰氏阳性菌和阴性菌、铜绿假单胞菌、支原体、衣原体等均有作用。②杀菌力强,在体外很低的药物浓度即可显示高度的抗菌活性,临床疗效好。③吸收快、体内分布广泛,可治疗各个系统或组织的感染性疾病。④抗菌机制独特,与其他抗菌药无交叉耐药性。⑤使用方便,不良反应少。

目前,我国批准在兽医临床应用的氟喹诺酮类药物有:恩诺沙星(乙基环丙氟哌酸)、达氟沙星(单诺沙星)、二氟沙星(双氟哌酸)、沙拉沙星、马波沙星等,这5种均为动物专用的氟喹诺酮类药物。国外上市的动物专用药还有奥比沙星(orbifloxacin)、依巴沙星(ibafloxacin)等。目前,由于食品动物大量使用此类药物使耐药性迅速增加,可能使人类治疗的药物资源受到威胁,故国内外趋向于尽量不使用人医临床常用的抗菌药,尤其是极重要的抗菌药。

【构效关系】喹诺酮类的母核为4-喹诺酮环,其3位羧酸基和4位羰基(因此称为4-喹诺酮)是活性DNA螺旋酶的结合部位。在其1、3、6、7、8位引入不同的基团,即形成本类各种药物。其中氟喹诺酮类的结构特征是:6位引入氟,7位引入哌嗪环。常用氟喹诺酮类药的化学结构见表12-5。其构效关系如下:①喹诺酮类抗菌作用必须具有母核基本结构。②在哌嗪环上引入甲基或乙基,可以提高其内服的生物利用度和组织药物浓度。③6位引入氟,抗菌作用明显增强且拓宽对革兰氏阳性菌的抗菌谱。④7位引入哌嗪环可以增强细菌穿透力和药效(包括铜绿假单胞菌),此哌嗪环上的替换(如氧氟沙星及其左旋异构体左氧氟沙星和司帕沙星)可提高革兰氏阳性菌的穿透力。⑤8位引入氟或氯,使内服的生物利用度增加,提高抗革兰氏阳性菌和厌氧菌的活性,若用甲氧基(而不是卤素)替换可以降低药物的光敏毒性。⑥用更大的基团(如环丙沙星及相似药物的环丙基)取代1位上的乙基,可以拓宽对革兰氏阳性菌和阴性菌的抗菌谱(图12-5)。

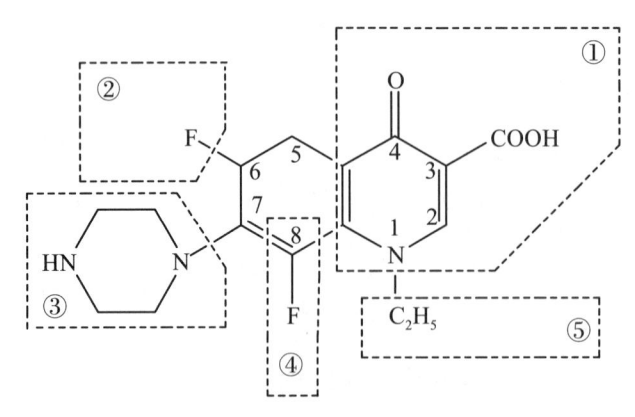

图12-5 喹诺酮类构效关系示意图

表12-5 氟喹诺酮类药的化学结构

名 称	R	R_1	R_2
环丙沙星	H	环丙基	—N(哌嗪)NH
恩诺沙星	H	环丙基	—N(哌嗪)N—C_2H_5
达氟沙星	H	环丙基	—N(双环)N—CH_3
沙拉沙星	H	4-氟苯基	—N(哌嗪)NH
二氟沙星	H	4-氟苯基	—N(哌嗪)N—CH_3
马波沙星	$—OCH_2N(CH_3)_2$		—N(哌嗪)N—CH_3

【药理作用】氟喹诺酮类为广谱杀菌性抗菌药。对多种革兰氏阴性菌和几种革兰氏阳性需氧菌均有活性,包括大肠杆菌、沙门菌、克雷伯菌、巴氏杆菌、变形杆菌和铜绿假单胞菌。氟喹诺酮类药物对布氏杆菌等细胞内病原菌也有活性,对支原体和衣原体有显著活性。对耐甲氧苄青霉素的金黄色葡萄球菌、耐磺胺类+TMP的细菌、耐庆大霉素的铜绿假单胞菌、耐泰乐菌素或泰妙菌素的支原体也有效。氧氟沙星、环丙沙星及马波沙星等对分枝杆菌和其他分枝杆菌有一定抗菌作用。但专性厌氧菌对多数喹诺酮类药物耐药,如多数粪肠球菌和屎肠球菌。近年来还发现有的氟喹诺酮类药具有抗寄生虫作用和抗癌作用。

本类药物属剂量依赖性杀菌药。一般认为血药峰浓度在10~12倍的MIC或24 h的AUC/MIC超过125 h,其抗菌效果最好。此外,氟喹诺酮类对许多细菌(金黄色葡萄球菌、链球菌、大肠杆菌、克雷伯菌、铜绿假单胞菌等)能产生抗菌后效应作用,一般可维持4~8 h。

【作用机制】氟喹诺酮类的抗菌作用机制是抑制细菌脱氧核糖核酸(DNA)回旋酶(gyrase),干扰DNA的正常转录和复制而发挥抗菌作用,同时也抑制拓扑异构酶Ⅱ(topoisomerase),并干扰复制的DNA分配到子代细胞中去,使细菌死亡。大肠杆菌的DNA回旋酶由2个A亚单位和2个B亚单位组成,A亚单位参与酶反应中DNA链的断裂和重接,B亚单位参与该酶反应中能量的转换和ATP的水解,它们共同作用能将DNA正超螺旋的一条单链切开、移位、封闭,形成负超螺旋结构(图12-6)。氟喹诺酮类可与DNA和DNA回旋酶形成复合物,进而抑制A亚单位,只有少数药物还作用于B亚单位,结果不能形成负螺旋结构,阻断DNA复制,导致细菌死亡。由于细菌细胞的DNA呈裸露状态(原核细胞),而畜禽细胞的DNA呈包被状态(真核细胞),故这类药物易进入菌体直接与DNA相接触而呈选择性作用。哺乳动物细胞内有与细菌DNA回旋酶功能相似的酶,称为拓扑异构酶Ⅱ,治疗量的氟喹诺酮类对此酶影响很小,故不良反应低。但应该注意的是,利福平(RNA合成抑制剂)、氯霉素(蛋白质合成抑制剂)均可导致氟喹诺酮类药物作用的降低,例如可使诺氟沙星的作用完全消失及氧氟沙星和环丙沙星的作用部分抵消,原因是这些抑制剂抑制了核酸外切酶的合成。因此,氟喹诺酮类药物不应与利福平、氯霉素等DNA、RNA及蛋白质合成抑制剂联合应用。

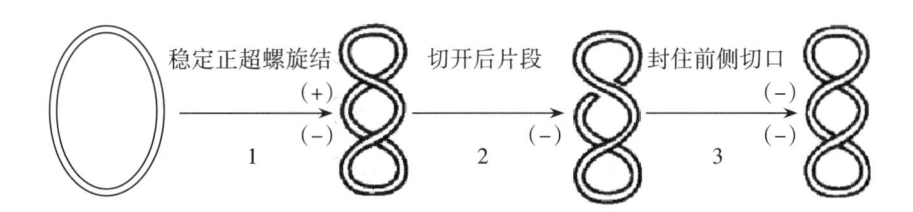

图12-6 通过DNA回旋酶形成负超螺旋的模式图

1. 酶与DNA两个片段结合,形成一个正超螺旋结
2. 酶在DNA中切开一双链切口,通过切口移过前面片段
3. 封住切口,形成一负超螺旋

喹诺酮类抑制回旋酶切口及封口活性

【药动学】氟喹诺酮类药物口服吸收好,一般 1~3 h 后可达峰值,多数药物的生物利用度超过 80%。食物的存在可延迟单胃动物体内的药物吸收进而影响疗效。大多数氟喹诺酮类药物可快速、有效地穿透所有组织,在肾脏、肝脏和胆管等的药物浓度较高,在前列腺液、骨组织、子宫内膜和脑脊液中的浓度也很高。多数氟喹诺酮类药物能穿过胎盘屏障,但不同药物血浆蛋白结合率极不相同,如在犬体内诺氟沙星的血浆蛋白结合率约10%,恩诺沙星为30%,而萘啶酸可超过90%。部分氟喹诺酮类药物以原形排泄(如氧氟沙星),有些被部分代谢(如环丙沙星和恩诺沙星),少数药物则被完全降解。有些代谢物具有抗菌活性,例如,恩诺沙星脱乙基后形成的环丙沙星。典型Ⅰ相反应可产生许多初级代谢物(有些氟喹诺酮类药物可多达6种),并能保持一定的抗菌活性,之后与葡萄糖醛酸偶联后排出体外。大多数氟喹诺酮类药物经肾脏排泄,其次为胆汁排泄,在泌乳动物的奶中可达到较高浓度,并可维持一定的时间。

【耐药性】随着氟喹诺酮类药物的广泛使用,对其耐药的菌株逐渐增多,且该类药物之间存在交叉耐药性。比较常见的耐药菌包括金黄色葡萄球菌、链球菌、大肠杆菌、沙门菌等。细菌对其产生耐药性的机制包括:① 细菌 DNA 回旋酶 A 亚单位发生突变,阻止了药物与回旋酶结合,亲和力下降,这种基因突变造成的氟喹诺酮类作用靶位的改变与细菌高水平耐药有关。② 细菌细胞膜孔通道蛋白的改变或缺失,使膜对药物的通透性降低,阻碍药物进入细菌体内,与其低浓度耐药相关。③ 主动外排机制也是本类药物的耐药机制之一,由于细胞膜排出药物增加,导致细菌体内药物浓度降低而获得耐药性。

【不良反应】①影响软骨发育:对负重关节的软骨组织生长造成不良影响。②损伤尿道:在尿中可形成结晶,尤其是使用剂量过大或动物饮水不足时比较容易发生。③胃肠道反应:使用剂量过大时,动物食欲下降甚至废绝,饮欲增加,呕吐、腹泻等。④中枢神经系统潜在的兴奋作用:犬中毒时兴奋不安,出现抽搐或癫痫样发作;鸡中毒时先兴奋、后呆滞或昏迷死亡。⑤该类药物可引起猫的急性视网膜退行性病变,甚至失明,其中恩诺沙星的风险最大,猫的剂量不应大于 5 mg/kg 体重。⑥可能存在升高肌腱炎和肌腱断裂的风险,但氟喹诺酮类在兽医临床是否会出现该类不良反应尚无报道。

【注意事项】不得用于幼龄动物(尤其是马和小于 8 周龄的犬)、蛋鸡产蛋期和妊娠动物。患癫痫的犬、肉食动物、肝肾功能不良患病动物应慎用。抗酸药或含有多价阳离子的其他药物和硫糖铝会干扰氟喹诺酮类药物的胃肠道吸收。

恩诺沙星(enrofloxacin)

又称乙基环丙沙星、恩氟沙星。

【理化性质】本品为微黄色或淡橙黄色结晶性粉末;无臭,味微苦;遇光渐变为橙红色。微溶于甲醇,极微溶于水,易溶于醋酸、盐酸或氢氧化钠溶液。与盐酸或乳酸成盐后均易溶于水且比较稳定。

【药动学】多数单胃动物内服吸收迅速且较完全,0.5~2 h 达血药峰浓度,复胃动物则吸收较差。肌内注射吸收迅速而完全,在不同动物的生物利用度在82%以上。血浆蛋白结合率为20%~40%。体内分布非常广泛,除了中枢神经系统外(脑脊液浓度仅为血浆浓度的6%~10%),几乎所有组织的药物浓度都高于血浆的药物浓度,在胆汁、肾、肝、肺和生殖系统中浓度较高。在骨、滑液、皮肤、肌肉、胸腔液等均可达到治疗浓度。这有利于全身感染及深部组织感染的治疗。15%~50%的药物可以原形通过尿液排泄(肾小管分泌和肾小球的滤过作用)。肝脏代谢是次要的消除方式,主要是通过脱去 7-位哌嗪环的乙基生成坏丙沙星,其次为氧化及葡萄糖醛酸结合。消除半衰期在不同种属动物和不同给药途径中存在较大差异。

【药理作用】本品为动物专用的广谱杀菌抗菌药,对革兰氏阴性菌(大肠杆菌、克雷伯菌、沙门菌、变形杆菌、嗜血杆菌、多杀性巴氏杆菌、溶血性巴氏杆菌、副溶血性弧菌等)和革兰氏阳性菌(金黄色葡萄球菌、丹毒杆菌等)均有良好的作用,对铜绿假单胞菌、链球菌作用较弱,对厌氧菌作用微弱。对大多数敏感菌株的MIC均低于1 μg/mL,并有明显的抗菌后效应。对支原体有特效,其效力比泰乐菌素和泰妙菌素强。对耐泰乐菌素、泰妙菌素的支原体,本品亦有效。本品的作用具有明显的浓度依赖性,血药浓度大于8倍MIC时可以发挥最佳的治疗效果。

【临床应用】

牛:治疗大肠杆菌引起的犊牛腹泻、败血症,溶血性巴氏杆菌-支原体引起的呼吸道感染,舍饲牛的斑疹伤寒、犊牛鼠伤寒沙门菌感染及急性、隐性乳腺炎等。由于成年牛内服给药的生物利用度低,故必须采用注射给药方式。

猪:治疗仔猪黄痢和白痢、沙门菌病、传染性胸膜肺炎、乳腺炎、子宫炎、无乳综合征、支原体性肺炎等。

家禽:治疗各种支原体感染(败血支原体、滑液囊支原体、火鸡支原体和衣阿华支原体);大肠杆菌、鼠伤寒沙门菌和副鸡嗜血杆菌感染;鸡白痢沙门菌、亚利桑那沙门菌、多杀性巴氏杆菌感染等。

犬、猫:治疗由细菌或支原体引起的皮肤、消化道、呼吸道及泌尿生殖系统等感染,如犬的外耳炎、化脓性皮炎,克雷伯菌引起的创伤性感染和生殖道感染等。

【用法与用量】内服:一次量,每1 kg体重,犬、猫2.5~5 mg,禽5~7.5 mg,每日2次,连用3~5 d。混饮:每1 L水,鸡50~75 mg,连用3~5 d。肌内注射:一次量,每1 kg体重,牛、羊、猪2.5 mg,犬、猫、兔2.5~5 mg。每日1~2次,连用2~3 d。

【最高残留限量】残留标志物:恩诺沙星与环丙沙星之和。猪、兔、牛、羊,肌肉、脂肪100 μg/kg;奶100 μg/kg;蛋10 μg/kg。

【制剂与休药期】恩诺沙星片(enrofloxacin tablets),恩诺沙星可溶性粉(enrofloxacin soluble powder),恩诺沙星溶液(enrofloxacin solution)。休药期:蛋鸡产蛋期不得使用,鸡8 d。

达氟沙星(danofloxacin)

又称单诺沙星,其为动物专用的广谱杀菌抗菌药。

【理化性质】常用其甲磺酸盐,为白色至淡黄色结晶性粉末;无臭,味苦;微溶于甲醇,易溶于水。

【药动学】本品的特点是在肺组织的药物浓度高,可达血浆的5~7倍。内服、肌内注射和皮下注射的吸收较迅速和完全。猪、鸡内服的血药浓度的达峰时间为2~3 h,生物利用度分别是89%及100%;猪、犊牛肌内注射的血药浓度的达峰时间大约为1 h,生物利用度分别为78%~100%及76%。主要通过肾脏排泄,猪及犊牛肌内注射后尿中排泄的原形药物分别为剂量的43%~51%及38%~43%,牛在尿中的排泄物主要为原形。

【药理作用】抗菌谱与恩诺沙星相似,敏感菌包括:牛,溶血性巴氏杆菌、多杀性巴氏杆菌、支原体;

猪,胸膜肺炎放线杆菌、猪肺炎支原体;鸡,大肠杆菌、多杀性巴氏杆菌、败血支原体等。

【临床应用】由于在肺组织的药物浓度高,尤其适用于由敏感菌引起的畜禽呼吸道感染。主要用于治疗牛巴氏杆菌病、肺炎;猪传染性胸膜肺炎、支原体性肺炎;禽大肠杆菌病、禽霍乱、慢性呼吸道病等。

【用法与用量】内服:一次量,每 1 kg 体重,鸡 2.5~5 mg,每日 1 次,连用 3 d。混饮:每 1 L 水,鸡 25~50 mg,每日 1 次,连用 3 d。肌内注射:一次量,每 1 kg 体重,牛、猪 1.25~2.5 mg,每日 1 次,连用 3 d。

【最高残留限量】残留标志物:达氟沙星。牛、羊、猪、家禽,肌肉 200 μg/kg;奶 30 μg/kg;蛋 10 μg/kg。

【制剂与休药期】甲磺酸达氟沙星可溶性粉(danofloxacin mesylate soluble powder),甲磺酸达氟沙星溶液(danofloxacin mesylate solution),休药期:鸡 5 d,蛋鸡产蛋期不得使用。甲磺酸达氟沙星注射液(danofloxacin mesylate injection),休药期:猪 25 d。

二氟沙星(difloxacin)

【理化性质】常与盐酸成盐,为类白色或淡黄色结晶性粉末;无臭,味微苦;遇光色渐变深;有引湿性;微溶于水和冰醋酸,极微溶于乙醇。

【药动学】内服及肌内注射吸收均较迅速,1~3 h 达血药峰浓度,吸收良好。犬内服后主要经胆汁从粪便排泄(>80% 剂量),经尿液途径排出仅有 5%,但尿中浓度可高于敏感菌的 MIC 并维持 24 h。半衰期为本类药物中较长的,有效血药浓度维持时间较长。

【药理作用】本品为动物专用的广谱杀菌药,抗菌谱与恩诺沙星相似,但抗菌活性略低。对畜禽呼吸道致病菌有良好的抗菌活性,尤其对葡萄球菌有较强的作用。

【临床应用】用于治疗敏感菌引起的畜禽呼吸系统、消化系统、泌尿道感染和支原体病等,如猪传染性胸膜肺炎、猪肺疫、猪气喘病,犬的脓皮病,鸡的慢性呼吸道病等。

【用法与用量】内服:一次量,每 1 kg 体重,鸡 5~10 mg,每日 2 次,连用 3~5 d。肌内注射:一次量,每 1 kg 体重,猪 5 mg,每日 2 次,连用 3 d。

【最高残留限量】残留标志物:二氟沙星。牛、羊,肌肉 400 μg/kg,猪,肌肉 400 μg/kg;家禽,肌肉 300 μg/kg;蛋 10 μg/kg。

【制剂与休药期】盐酸二氟沙星片(difloxacin hydrochloride tablets),盐酸二氟沙星粉(difloxacin hydrochloride powder),盐酸二氟沙星溶液(difloxacin hydrochloride solution),休药期:鸡 1 d,蛋鸡产蛋期不得使用。盐酸二氟沙星注射液(difloxacin hydrochloride injection),休药期:猪 45 d。

沙拉沙星(sarafloxacin)

【理化性质】常与盐酸成盐,为类白色至淡黄色结晶性粉末,无臭,味微苦;有引湿性;遇光、热色渐变深;几乎不溶于水或乙醇,可溶于氢氧化钠溶液。

【药动学】畜禽内服及肌内注射吸收均较迅速,1~3 h 达血药峰浓度。在动物体内分布广泛。经肾排泄,尿中浓度高。

【药理作用】本品为动物专用的广谱杀菌药,抗菌谱与二氟沙星相似,对支原体的效果略差于二氟沙星。

【临床应用】用于治疗敏感菌引起的畜禽的各种感染性疾病,如猪、鸡的大肠杆菌病、沙门菌病、支原体病和葡萄球菌感染等。也用于治疗鱼的敏感菌感染疾病。

【用法与用量】内服：一次量，每1 kg体重，鸡5~10 mg。每日1~2次，连用3~5 d。混饮：每1 L水，鸡50 mg，连用3~5 d。肌内注射：一次量，每1 kg体重，猪、鸡2.5~5 mg。每日2次，连用3~5 d。

【最高残留限量】残留标志物：沙拉沙星。鸡、火鸡，肌肉10 μg/kg；蛋5 μg/kg。

【制剂与休药期】盐酸沙拉沙星片（sarafloxacin hydrochloride tablets），盐酸沙拉沙星可溶性粉（sarafloxacin hydrochloride soluble powder），盐酸沙拉沙星溶液（sarafloxacin hydrochloride solution），休药期：鸡0 d，蛋鸡产蛋期不得使用。

盐酸沙拉沙星注射液（sarafloxacin hydrochloride injection），休药期：猪、鸡0 d，蛋鸡产蛋期不得使用。

马波沙星（marbofloxacin）

又名麻保沙星。

【理化性质】本品为淡黄色结晶性粉末，易溶于水，微溶于甲醇。

【药动学】多数动物内服吸收迅速，0.5~2.5 h达峰浓度，内服生物利用度较高，但在马中低于65%。肌内注射吸收迅速而完全，体内分布广泛，除中枢神经系统外，所有组织的药物浓度均高于血浆。表观分布容积为1.2~1.9 L/kg。药物部分在肝脏转化为两种无活性代谢物：N-脱甲基马波沙星和N-氧马波沙星，主要以原形从尿液排出（40%）。消除半衰期在不同种属动物和不同给药途径存在较大差异。

【药理作用】本品为动物专用的广谱杀菌性抗菌药，对革兰氏阳性菌、阴性菌均有较强作用，对厌氧菌作用弱。对需氧菌的活性与氧氟沙星相似或略强，对溶血性巴氏杆菌、多杀性巴氏杆菌及昏睡嗜血杆菌也有较高活性。

【临床应用】临床主要用于治疗犬和猫的急性上呼吸道感染、尿道感染、深部及浅表皮肤感染和软组织感染；猪的呼吸系统感染、乳腺炎、子宫炎、无乳综合征。

【用法与用量】皮下注射：犬，一次量，每1 kg体重，2 mg。每日1次，连用3~5 d。内服：犬，一次量，每1 kg体重，2 mg。肌内注射：猪，一次量，每1 kg体重，2 mg。每日1次，连用3 d。

【最高残留限量】残留标志物：马波沙星。牛、猪，肌肉150 μg/kg；奶75 μg/kg。

【制剂与休药期】马波沙星片（marbofloxacin tablets），注射用马波沙星（marbofloxacin for injection），无需制定休药期。

马波沙星注射液（marbofloxacin injection），休药期：猪7 d。

三、喹噁啉类

本类药物为人工合成抗菌药，均为喹噁啉-N-1,4-二氧化物的衍生物，主要有卡巴多司（carbadox，卡巴氧）、喹乙醇、乙酰甲喹和喹烯酮。乙酰甲喹和喹烯酮是我国合成的一类药物。卡巴多司曾用作促生长剂，之后研究证实其有致突变和致癌作用。目前，中国、美国、日本等已禁止用于食品动物。喹乙醇曾用于体重35 kg的猪，之后研究证实其有一定的蓄积毒性，对大多数动物有明显的致畸作用，对人也有潜在的"三致"毒性，2017年我国禁止其用于食品动物。本类药物的化学结构式如下：

卡巴多司　　　　　　　　　　乙酰甲喹

喹乙醇　　　　　　　　　　　喹烯酮

乙酰甲喹(maquindox)

又称痢菌净，是我国合成的卡巴多司类似物。

【理化性质】本品为鲜黄色结晶或黄色粉末；无臭，味微苦；遇光色渐变深；微溶于水、甲醇。

【药动学】内服和肌内注射给药均吸收快，猪肌内注射后约 10 min 即可分布于全身组织，在体内代谢可生成多种代谢物，体内消除快，半衰期约 2 h，给药后 8 h 血液中已检测不到药物。约 75% 以原形从尿液中排出。

【药理作用】本品为广谱抗菌剂，对猪痢疾短螺旋体有特效，对革兰氏阴性菌的作用强于阳性菌，对大肠杆菌、巴氏杆菌、猪霍乱沙门菌、鼠伤寒沙门菌、变形杆菌的作用较强。对某些革兰氏阳性菌亦有抑制作用，如金黄色葡萄球菌、链球菌。其抗菌原理是抑制菌体 DNA 合成。

【临床应用】乙酰甲喹为猪短螺旋体性痢疾治疗的首选药。此外，对仔猪黄痢、白痢、犊牛副伤寒、鸡白痢、禽大肠杆菌病等亦有较好的疗效。

【不良反应】治疗量内鸡、猪未观察到不良反应。但用药剂量高于治疗量 3~5 倍或长时间应用时，可导致中毒或死亡，家禽尤为敏感。

【用法与用量】内服：一次量，每 1 kg 体重，牛、猪 5~10 mg。肌内注射：一次量，每 1 kg 体重，猪 2~5 mg。

【最高残留限量】暂无规定。

【制剂与休药期】乙酰甲喹片(maquindox tablets)，乙酰甲喹注射液(maquindox injection)。休药期：猪 35 d。

四、硝基咪唑类

5-硝基咪唑类(5-nitroimidazoles)是指一类具有抗菌和抗原虫活性的药物，同时亦具有很强的抗厌氧菌作用，包括甲硝唑(metronidazole)、地美硝唑(dimetridazole)、替硝唑(tinidazole)、氯甲硝唑(ronidazole)、硝唑吗啉(nimorazole)和氟硝唑(flunidazole)等。在兽医临床上常用的药物为甲硝唑和地美硝唑。本类药物的抗滴虫作用见第十四章。

甲硝唑(metronidazole)

又名甲硝咪唑、灭滴灵。

【理化性质】白色或微黄色的结晶或结晶性粉末,略溶于乙醇,微溶于水,pK_a为2.6。

【药动学】内服吸收迅速且较完全,马服用后,1 h达血药峰浓度。犬的生物利用度高,但个体差异非常大,介于50%到100%。马的生物利用度平均约80%(57%~100%)。能广泛分布于全身组织,进入血脑屏障,在脓肿及脓胸部位可达到有效浓度。血浆蛋白结合率低于20%。在体内主要在肝脏经生物转化后,其代谢物与原形主要从尿液与粪便排出。犬、马的半衰期为4~5 h及2.9~4.3 h。

【药理作用】本品的硝基,在无氧环境中还原成氨基而显示抗厌氧菌作用,对大多数专性厌氧菌具有较强的作用,包括拟杆菌、梭状芽胞杆菌、产气荚膜梭菌、粪链球菌等。对需氧菌或兼性厌氧菌则无效。

【临床应用】主要用于治疗肠道和全身的厌氧菌感染,外科手术后厌氧菌感染。由于易进入中枢神经系统,故为防治脑部厌氧菌感染的首选药。

【不良反应】剂量过大时,可出现以震颤、抽搐、共济失调、惊厥等为特征的神经系统紊乱症状。对细胞有致突变作用,可能对啮齿类动物有致癌作用,不可用于妊娠动物。

【用法与用量】内服:一次量,每1 kg体重,牛60 mg,犬15~25 mg。

【最高残留限量】残留标志物:甲硝唑。所有可食性组织不得检出。

【制剂与休药期】甲硝唑片(metronidazole tablets),休药期:牛28 d。

氟苯尼考甲硝唑滴耳液(florfenicol and metronidazole ear drops),宠物用,无需制定休药期。

地美硝唑(dimetridazole)

又名二甲硝唑、二甲硝咪唑。

【理化性质】本品为类白色或微黄色粉末,遇光渐变黑,无臭或基本无臭。浅黄色针状体结晶或结晶性粉末。溶于氯仿、乙醇、稀碱和稀酸,不溶于水、乙醚。无味。

【药理作用】具有广谱抗菌和抗原虫作用。主要能抗螺旋体、厌氧菌、大肠弧菌、链球菌、葡萄球菌。

【临床应用】主要用于猪短螺旋体痢疾,畜禽肠道和全身的厌氧菌感染的治疗。

【不良反应】鸡较为敏感,大剂量使用可导致平衡失调,肝肾功能损害。

【用法与用量】混饲:每1 000 kg饲料,猪200~500 g,禽80~500 g(以地美硝唑计)。连续用药,鸡不得超过10 d。

【最高残留限量】残留标志物:地美硝唑。所有可食性组织不得检出。

【制剂与休药期】地美硝唑预混剂(dimetridazole premix),休药期:猪、禽,28 d,产蛋期禁用。

第三节 抗真菌药

真菌是真核类微生物,种类众多,分布广泛,动物感染后可引起不同的症状。根据感染部位不同可分为两类:第一类是由各种癣菌引起的浅表真菌感染,常侵犯皮肤、羽毛、趾甲、鸡冠、肉髯等,有的能在人和动物之间相互传播。第二类是深部真菌感染,主要侵犯机体的深部组织和内脏器官,如念珠菌病、牛真菌性子宫炎、犊牛真菌性胃肠炎和雏鸡曲霉菌性肺炎等。兽医临床常用的抗真菌药包括两性霉素B、制霉菌素、酮康唑及克霉唑等,但国内外批准的兽用制剂很少。

一、抗生素类

制霉菌素(nystatin)

【理化性质】淡黄色或浅褐色粉末,性质不稳定,有引湿性,极微溶于水,略溶于乙醇、甲醇。

【药理作用】多烯类广谱抗真菌药物。作用及作用机制可能是选择性地与真菌细胞膜上的麦角固醇相结合,从而增加细胞膜的通透性,导致细胞质内电解质、氨基酸、核酸等物质外漏,使真菌死亡。由于细菌的细胞膜不含类固醇,故本品对其无效。而哺乳动物的肾上腺细胞、肾小管上皮细胞、红细胞等细胞膜含固醇,故本品对这些细胞具有毒性作用。由于其毒性,不宜用于全身感染。不能很好地从胃肠道吸收,可用于口腔和肠道念珠菌病的局部治疗。

【临床应用】内服给药治疗胃肠道真菌感染,如犊牛真菌性胃炎、禽曲霉菌病、禽念珠菌病;局部应用治疗皮肤、黏膜的真菌感染,如念珠菌病和曲霉菌所致的乳腺炎、子宫炎等。

【用法与用量】内服:一次量,马、牛250万~500万U,羊、猪50万~100万U,犬5万~15万U,每日2次。混饲:家禽鹅口疮(白色念珠菌病),每1kg体重50万~100万U,连用1~3周;雏鸡曲霉菌病,每100羽50万U,每日2次,连用2~4 d。乳管内注入:一次量,牛每个乳室10万U。子宫内灌注:马、牛150万~200万U。

二、咪唑类

酮康唑(ketoconazole)

【理化性质】类白色结晶性粉末,无臭,无味。在水中几乎不溶,微溶于乙醇,在甲醇中溶解。

【药动学】内服易吸收,个体间差异较大,犬内服(剂量每1 kg体重19.5~25.2 mg)的生物利用度是4%~89%,达峰时间为1.00~4.25 h,80%从胆汁排泄,半衰期平均为2.7 h(1~6 h)。吸收后分布于唾液、尿、滑液囊、胆汁和脑脊液,但脑脊液的浓度不到血液浓度的1/10,血浆蛋白结合率为84%~99%。马内服极少吸收,以剂量每1 kg体重30 mg内服,血中不能检出。

【药理作用】广谱抗真菌药,对浅表及全身真菌均有抗菌活性。一般浓度对真菌起抑制作用,高浓度时对敏感真菌(皮真菌、酵母菌、双相真菌和真菌纲)具有杀灭作用。白色念珠菌、曲霉菌、孢子丝菌对本品不敏感。

作用机制是通过选择性地抑制真菌微粒体细胞色素P-450依赖的14-α-去甲基酶,导致真菌不能合成细胞膜的麦角固醇,从而使14-α-甲基固醇累积。大量的甲基固醇干扰磷脂酰化偶联,损害某些膜结合的酶系统功能,进而抑制真菌生长。

【临床应用】用于治疗犬、猫癣菌、厌氧菌等引起的皮肤病。

【不良反应】易引发肝脏毒性和胚胎毒性。

【注意事项】犬妊娠期不得使用;肝功能不全动物慎用;请勿直接接触眼睛。

【制剂】复方酮康唑软膏(compound ketoconazole ointment)。

克霉唑(clotrimazole)

【药理作用】抗真菌药物,抑制真菌的分裂和生长。

【临床应用】用于治疗犬真菌感染引起的体表病,如急性和慢性中耳炎。

【用法和用量】内服:一次量,马、牛5~10g,驹、犊、猪、羊1~1.5g,每日2次。

混饲:每100只雏鸡1g。

外用:1%或3%软膏。

【制剂】复方克霉唑软膏(compound clotrimazole ointment)。

第四节 抗菌药的合理使用

为了充分发挥抗微生物药的治疗效果,降低对畜禽的不良反应,减少细菌耐药性的产生,必须采取相关措施,切实合理使用抗菌药。

(一)明确诊断、合理选药

在使用抗菌药物之前需确认是否有细菌感染,其次是感染细菌的种类、感染部位、感染严重程度、细菌耐药水平和动物生理病理状态,从而选择最合适的抗菌药物。如果单一用药能达到治疗目的,则禁止联合用药。当病原菌菌属确定为革兰氏阳性菌时,可选用窄谱抗菌药,如β-内酰胺类、红霉素、林可霉素等;当病原菌菌属确定为革兰氏阴性菌时,优先选用氨基糖苷类抗生素等;而当病原菌不明或出现合并感染时,通常选用广谱抗菌药。对耐青霉素金黄色葡萄球菌所致的感染可选用苯唑西林、氯唑西林、红霉素等;对铜绿假单胞菌引起的感染可选用庆大霉素等;对支原体引起的猪喘气病和鸡慢性呼吸道病应首选泰乐菌素、泰妙菌素、替米考星、林可霉素、沃尼妙林等。

对于同类药的选择,原则不能优先使用一类抗菌药物中的最新药物,只有在使用第一代药物无效后,才能使用下一代新的药物。

(二)掌握药代动力学特征,制定合理的给药方案

在制定合理的给药方案(包括抗菌药的品种、给药途径、给药剂量、间隔时间以及疗程等)时,需要综合考虑抗菌药物的药代动力学、药效动力学、动物的病情等。

1. 药代动力学方面因素

例如,对动物细菌性或支原体性肺炎的治疗,除选择对致病菌敏感的药物外,还应该考虑选择能在肺组织中达到较高浓度的药物,如大环内酯类、泰妙菌素、达氟沙星等;细菌性脑部感染应选用磺胺类药物,因为该药物在脑脊液中的浓度较高。

2. 给药途径方面

一般来说,危重病例应以静脉注射和肌内注射为主,消化道感染以内服为主;严重消化道感染与并发败血症、菌血症者,可采用内服与注射联合给药的方式。如果患病动物出现食欲下降时,内服给药可能无法达到有效的血药浓度,影响治疗效果,此时可选择注射给药。禽类饮水给药方便,效果较好。

3. 剂量方面

使用剂量过大,不仅会造成药物的浪费、成本增加,还会增加药物残留,严重时还可引起动物严重的不良反应。但是,给药剂量较低,不仅达不到治疗效果,反而还容易引起细菌的耐药性。

4. 给药间隔方面

给药间隔要根据半衰期确定,例如头孢噻呋比青霉素在猪体内有更长的消除半衰期,药物有效浓度作用时间长,所以前者的给药间隔可适当延长,一般一天给药1次。

5. 疗程方面

一般的感染性疾病可连续用药2~3 d;磺胺类药物首次剂量需加倍,疗程4~5 d;支原体病的治疗要求疗程较长,一般需要5~7 d。症状消失后,最好再用药巩固1~2 d或增加一个疗程。

抗菌药可分为浓度依赖性和时间依赖性两类。氨基糖苷类、氟喹诺酮类等浓度依赖性抗生素在给药时应使用较大剂量以达到治疗效果的最大化,如氟喹诺酮类药物,达到最佳效果需AUC/MIC应超过125;而对于β-内酰胺类、大环内酯类等时间依赖性抗生素,需要维持较长时间以达到理想的治疗效果。

(三)避免耐药性的产生

为了减少耐药菌株的产生,应注意以下几点:

(1)严格掌握适应证,不滥用药物。遵循不一定要用的尽量不用原则,禁止将兽医临床治疗用的或人畜共有的抗菌药作为动物生长剂,用单一抗菌药物有效的就不采用联合用药。

(2)严格掌握用药指征。一般按《中华人民共和国兽药典》规定的适应证、剂量和疗程用药,兽医师同时也可根据患病动物实际情况在规定范围内做出必要调整。

(3)尽可能避免局部用药,杜绝不必要的预防给药。

(4)病因不明动物不轻易使用抗菌药。

(5)针对耐药菌感染的疾病治疗,应改用对耐药菌敏感的药物或联合用药策略。

(6)尽量减少长期用药,要有计划地分期、分批交替使用不同类或不同作用机制的抗菌药。

(四)抗菌药物的联合应用

联合应用抗菌药主要是为了扩大抗菌谱、增强药物疗效、减少用量、减少或避免不良反应、减少或延缓耐药菌的产生。联合用药仅适用于少数情况,通常使用两种药物联合即可,尽可能避免同时使用三种及以上抗菌药。

联合应用抗菌药的指征:①用一种药物不能控制的严重感染或混合感染,例如猪肺炎支原体、巴氏杆菌、胸膜肺炎放线杆菌、副猪嗜血杆菌等引起的呼吸道混合感染。②病因不明的严重感染,原则是首先使用联合用药,明确病因后,再适当地调整用药。③长期使用一种药物治疗易引起耐药细菌的感染。④联合用药时,应减少毒性较大的抗生素的使用剂量,降低毒性作用。

联合应用抗菌药,必须以抗菌药的作用特性和机制为依据,防止盲目用药。根据作用性质可将抗菌药分为四大类:Ⅰ类为繁殖期或速效杀菌药,如青霉素类、头孢菌素类;Ⅱ类为静止期或慢效杀菌药,如氨基糖苷类、多黏菌素类、氟喹诺酮类;Ⅲ类为速效抑菌药,如四环素类、酰胺醇类、大环内酯类;Ⅳ类为慢效抑菌药,如磺胺类等。Ⅰ类和Ⅱ类合用一般可以增强疗效,如青霉素与链霉素合用。Ⅰ类与Ⅲ类合用通常会出现拮抗作用,如青霉素和四环素合用,四环素抑制细菌蛋白质合成,从而抑制细菌生长,使青霉素的作用减弱。Ⅰ类与Ⅳ类合用会出现相加或无关的疗效。

(五)避免动物源性食品中的药物残留

在治疗畜禽疾病过程中,其会造成动物源性食品中抗菌药的残留,危及人类健康,应规范使用抗菌药物。

1.做好使用抗菌药的登记工作

严格执行兽药使用登记制度,详细记录相关信息,以便后期核查。

2.严格遵守休药期的规定

严格遵守农业农村部的有关规定,严格执行休药期,以保证动物源性食品的安全。

3.避免标签外用药

禁止标签外用药,避免药物残留超标。特殊情况下需要标签外用药时,必须采取适当的措施避免动物产品的抗菌药残留,应适当延长休药期。

4.严禁非法使用违禁药物

禁止使用食品动物禁用药物品种,例如氯霉素、呋喃唑酮等。

复习与思考

1. 简述"化疗三角"之间的关系。
2. 细菌对抗菌药物产生耐药性的方式有哪些？
3. 根据化学结构，抗生素分为哪几类？每类各列出两种药物。
4. 简述抗生素的作用机制。
5. β-内酰胺类主要包括哪两类药物？简述其作用机制、抗菌谱和应用。
6. 试述头孢菌素类药物的分类。列出兽医专用头孢菌素的药名，并简述其作用特点。
7. β-内酰胺类抗生素耐药性产生的机制是什么？常用的β-内酰胺酶抑制剂有哪些？
8. 半合成青霉素与天然青霉素相比有何优点？分别举例说明。
9. 试述氨基糖苷类抗生素的药动学和不良反应有哪些共同特点。
10. 青霉素和链霉素合用产生协同作用的意义和药理依据是什么？
11. 简述四环素类抗生素的抗菌谱、作用机制及其药动学特征。
12. 简述土霉素的不良反应及其预防措施。
13. 简述酰胺醇类抗生素的抗菌作用机制，氟苯尼考的抗菌谱、应用和不良反应。
14. 简述大环内酯类抗生素的抗菌谱及其抗菌作用机制，红霉素、泰乐菌素的主要应用与不良反应，替米考星的作用特点。
15. 简述黏菌素、杆菌肽、泰妙菌素的主要作用与应用。
16. 简述磺胺类药物的基本结构、作用机制、药动学特征、主要作用与应用。
17. 简述磺胺类药物的不良反应和防治措施。
18. 选择磺胺药与甲氧苄啶或二甲氧苄啶合用的药理依据是什么？
19. 简述恩诺沙星、达氟沙星的药动学特征、主要作用和应用。
20. 简述甲硝唑、地美硝唑的主要作用、应用与不良反应。
21. 简述两性霉素B、酮康唑的主要作用、应用与不良反应。
22. 如何合理联合应用抗菌药物？
23. 与浓度依赖性及时间依赖性抗菌药有关的药动-药效学参数主要有哪些？

拓展阅读

扫码获取本章的复习与思考题、案例分析、相关阅读资料等数字资源。

第十三章

消毒防腐药理

本章导读

动物发生疫病时,消毒是最常用而有效的紧急防控措施,而使用消毒药是一种简单而有效的消毒方法。目前市场上消毒药产品繁多,如何识别和了解消毒药种类、有效成分、消毒效果以及如何合理使用等知识,本章都进行了详细的介绍,旨在为养殖业科学合理地使用消毒药提供理论指导。

学习目标

1. 掌握消毒防腐药概念、消毒原理,常用药物作用与应用。了解其理化性质,不良反应与使用注意事项等。

2. 学会科学合理地使用消毒药,以提升消毒效果,减少不良反应发生,避免造成环境污染。

3. 学生通过学习消毒药在杀灭病原体和阻断疫病流行中的重要作用,加强社会责任感和环保意识,理解科学合理使用消毒药对公共卫生和生态环境保护的重要性,树立守护健康和生态平衡的责任感。

知识网络图

- 消毒防腐药
  - 1. 环境消毒药
    - 酚类：苯酚、甲酚
    - 醛类：甲醛、戊二醛
    - 卤素类：含氯石灰、二氯异氰尿酸钠、溴氯海因
    - 过氧化物类：过氧乙酸、二氧化氯等
    - 碱类：氢氧化钠、氧化钙
    - 酸类：无机酸和有机酸
  - 2. 皮肤黏膜消毒药
    - 醇类：乙醇
    - 表面活性剂：苯扎溴铵、度米芬、癸甲溴铵等
    - 含碘消毒药：碘、聚维酮碘
    - 过氧化物类：过氧化氢、高锰酸钾
    - 染料类：甲紫、乳酸依沙吖啶

消毒药(disinfectants)是指能快速杀灭无生命物体上微生物的药物,主要用于环境、器械、排泄物和污水等消毒。防腐药(antiseptics)可抑制活组织上的微生物,主要用于皮肤、黏膜和创伤等表面感染,也可用于生物制品、食品等防腐。由于二者具有相似作用,只是依据用途不同而划分,故统称为消毒防腐药。不同于抗菌药物,消毒防腐药发挥作用常涉及多个靶点,具有原生质毒性、无明显的抗菌谱和选择性,高浓度可造成机体损害。

按化学成分分为酚类、醛类、卤素类、季铵盐类、过氧化物类、醇类、酸类、碱类、染料类等。按功效分为:①高效消毒药,能杀灭各种细菌(繁殖体、芽孢)、真菌和病毒。主要药物有卤素类、醛类和过氧化物类。②中效消毒药,能杀灭细菌繁殖体,但不能杀灭细菌芽孢,对真菌和病毒有作用。主要药物有卤素类(碘酊、碘液)、醇类和过氧化物类(高锰酸钾)。③低效消毒药,只能杀灭细菌繁殖体、真菌和亲脂病毒,但不能杀灭结核分枝杆菌、细菌芽孢和亲水病毒。消毒药主要药物有酚类(甲酚)、季铵盐类(苯扎溴铵、氯己定),根据用途可分为环境消毒药、皮肤和黏膜消毒防腐药。

其作用机制分为三点:①作用于细胞膜,降低膜表面张力或导致生物膜卤化/氧化反应,破坏细胞膜的结构和功能,使胞内重要物质外渗,造成病原体死亡,如表面活性剂、酚类、卤素类、醇类等;②造成蛋白质、酶等变性、沉淀,如酚类、醛类、卤素类、过氧化物类、醇类等;③破坏核酸的结构和功能,如醛类、过氧化物类、染料类等。

使用注意以下几点:

①正确选择消毒药:根据消毒对象和病原体生物特性选择消毒药。一般而言,G^+菌比G^-菌对消毒药更敏感,肠杆菌科细菌、铜绿假单胞菌和细菌芽孢对多种消毒药抗性较强;结核分枝杆菌对多数消毒药呈中等抗性;病毒对大多数消毒药敏感,尤其亲脂性病毒敏感性更高。

②严格把握使用浓度、时间:在同一条件下,消毒药的消毒效力通常随药物浓度增加,作用时间延长而增加。为达到理想的消毒效果和降低毒副作用,应将消毒药稀释到合适的浓度,按规定的消毒时间消毒。

③正确掌握使用温度:消毒药的消毒效力随环境温度升高而增强。一般认为当环境温度低于16 ℃时,会影响消毒效果。因此在寒冷季节,宜用20~30 ℃温水配制消毒液,或将舍温提高到20 ℃以上使用。

④稀释用水适宜的pH和硬度:稀释用水的酸碱度对消毒效力影响显著。如在碱性条件下,戊二醛、季铵盐类的消毒效果显著增强,而酚类消毒药的消毒效果降低甚至消失,而含氯消毒剂在酸性(pH=5~6)条件下可达到最佳消毒效果。水的硬度也会影响消毒效果,地下水、海水等含较高浓度Mg^{2+}和Ca^{2+},能与碘制剂、季铵盐、氯己定等产生沉淀,减弱消毒效果。

⑤保证消毒药与被消毒物密切接触:消毒前应清洁场地,清除粪、尿、饲料残渣、脓血等。消毒粪便时,应将消毒药与粪便充分搅拌。

⑥联合用药:为增强消毒药消毒效力,提高稳定性和降低毒副作用,可以将不同消毒药或消毒药与辅助剂联合使用。如戊二醛与阳离子表面活性剂,季铵盐和氯己定或醇类,甲酚与肥皂液等联合使用。

第一节 环境消毒药

一、酚类

酚类消毒药是一类古老的消毒药,能杀灭细菌繁殖体、真菌和部分亲脂性病毒,但对细菌芽孢无效。其作用是增加细胞壁、细胞膜渗透性,使胞内物质外溢,也可使蛋白质、酶变性失活。常用品种有苯酚、甲酚、甲酚皂和复合酚等。由于其毒性大,有环境残留,故临床应用逐渐减少。

苯酚(phenol)

又名石炭酸(carbolic acid)。

【理化性质】无色针状结晶或白色结晶块,在空气中易潮解而呈玫瑰红,有特殊气味,易溶于水和有机溶剂。

【药理作用】对多种细菌、真菌和部分亲脂性病毒有抑制或杀灭作用。0.1%~1.0%溶液有抑菌作用,1%~2%溶液能杀灭细菌、真菌、病毒,5%溶液作用48 h能杀灭炭疽芽孢。兽医临床常用产品为复合酚(compound phenol),能杀灭各种细菌、真菌、病毒(口蹄疫、猪水泡病及非洲猪瘟病毒)等。

【不良反应】本品有原生质毒,0.5%~5%溶液会造成皮肤、黏膜局部麻醉;5%以上溶液具有严重刺激性和腐蚀性;若意外吞服或大面积接触,会导致全身中毒,具有致癌性。

【临床应用】适合于厩舍、器具、分泌物、排泄物和车辆等的消毒。

【用法与用量】苯酚:2%~5%苯酚溶液用于环境、污物和排泄物等消毒。复合酚[含苯酚(41.0%~49.0%)、醋酸(22.0%~26.0%)和十二烷基苯磺酸]:0.3%~0.5%复合酚溶液用于环境常规喷洒消毒;0.5%~1.0%复合酚溶液用于发生疫病场地,运输车辆喷洒消毒;1.6%复合酚溶液用于养殖器械浸涤消毒。

【最高残留限量】允许用于食品动物,无需制定残留限量。

【制剂】复合酚溶液(compound phenol solution)。

甲酚(cresol)

又名煤酚、甲苯酚,其是从煤焦油中分馏得到的几种甲酚异构体混合物。

【理化性质】无色或淡棕色液体,有苯酚气味。微溶于水,易溶于乙醇、乙醚、甘油、氢氧化钠溶液等。

【药理作用】对细菌繁殖体杀灭作用强,杀菌力比苯酚强3~10倍,但对细菌芽孢无效,对病毒作用不确定,毒性和腐蚀性较低。常与肥皂溶液复配为甲酚皂溶液,又名煤酚皂溶液(saponated cresol solution)、来苏儿(lysol)。甲酚皂能杀灭细菌繁殖体,对真菌、结核杆菌有一定杀灭作用,但对细菌芽孢无效;能杀灭亲脂性病毒,但对亲水性病毒无效;能灭活肉毒杆菌毒素等。

【不良反应】高浓度溶液对皮肤有刺激性和腐蚀性,误服能导致中毒。

【临床应用】主要用于手、创面、手术器械、环境、排泄物等消毒。

【用法与用量】1%~2%甲酚皂溶液用于手、创面和敷料消毒,3%~5%甲酚皂溶液用于厩舍地面、墙壁、器械消毒,5%~10%甲酚皂溶液用于环境、排泄物和污染物消毒。

【最高残留限量】允许用于食品动物,无需制定残留限量。

【制剂】甲酚皂溶液(saponated cresol solution)。

二、醛类

醛类消毒药是第一代化学消毒药,其杀菌力强、抗菌谱广,能杀灭各种细菌(繁殖体、芽孢)、真菌和病毒。其作用于病原体蛋白质的氨基、羧基、羟基和巯基,使蛋白质发生烷基化反应而起到杀菌作用。该类消毒药性质稳定、腐蚀性小、价格便宜,但刺激性强、毒性大。常用品种有甲醛、戊二醛和邻苯二甲醛。

甲醛(formaldehyde)

又名蚁醛。

【理化性质】高温下为无色气体,有强烈刺激性气味,易溶于水、乙醇。在常温下凝聚为多聚甲醛,呈白色粉末状物。35%~40%甲醛溶液称为福尔马林(formalin),为无色透明液体,为防止其聚合常添加10%~12%甲醇。

【药理作用】对各种微生物均有高效杀灭作用,包括各种细菌、真菌、病毒等,但杀灭细菌芽孢需要较长时间,如4%甲醛溶液对芽孢杆菌需作用需要32 h,对破伤风杆菌、肉毒杆菌芽孢需要4 d才能杀灭。0.05%~5%溶液可灭活各种病毒、外毒素,可用于制备病毒或类毒素疫苗。

【不良反应】对皮肤、黏膜、眼睛和呼吸道有强烈刺激性,损害免疫系统,有致癌性。

【临床应用】主要用于标本、尸体浸泡防腐,厩舍、仓库、孵化室、皮毛、衣物、器具、污染物品等熏蒸消毒,胃肠道制酵。

【注意事项】动物误服甲醛,应灌服稀氨水解救。

【用法与用量】2%甲醛溶液用于器械浸泡消毒,5%~10%用于标本、尸体防腐,熏蒸消毒:福尔马林按20~25 mL/m³,加半量水加热或加等量高锰酸钾熏蒸12~24 h后开窗通风;灌服,一次量,牛8~25 mL,羊1~3 mL,用水稀释20~30倍使用,用于胃肠道制酵。

【最高残留限量】允许用于食品动物,无需制定残留限量。

【制剂】甲醛溶液(formaldehyde solution)。

戊二醛(glutaraldehyde)

【理化性质】无色黏稠液体,味苦,微带醛气味,挥发性较低,易溶于水、乙醇及其他有机溶剂。在低温(4 ℃)和酸性条件下稳定,当温度升高和pH高于9时,可发生聚合反应。

【药理作用】在酸性条件下杀菌活性较低,加入0.3%碳酸氢钠配制成碱性戊二醛溶液(pH为7.5~8.5),杀菌活性显著增强,比甲醛强2~10倍,可杀灭各种细菌(繁殖体、芽孢)、真菌和病毒。但碱性溶液不稳定,有效期一般为14 d。

【不良反应】对皮肤、黏膜有轻度刺激性,对眼睛有较强刺激性,偶引起过敏反应。

【临床应用】主要用于不耐热医疗器械、塑料、橡胶制品等消毒,养殖水体消毒,防治弧菌、嗜水气单胞菌、爱德华菌等引起的细菌性疾病。

【用法与用量】2%戊二醛溶液用于兽医诊疗器械、橡胶、塑料等浸泡消毒。养殖水体消毒时的治疗用量为40 mg/m³水体,全池均匀泼洒,每2~3 d用药1次,连用2~3次,预防用量同治疗量,每15 d用药1次。

【最高残留限量】允许用于食品动物,无需制定残留限量。

【制剂与休药期】浓戊二醛溶液(strong glutaral solution),稀戊二醛溶液(dilute glutaral solution),复方戊二醛溶液(compound glutaral solution)。畜禽暂无休药期规定,水生动物休药期为500度日。

三、卤素类

卤素类消毒药是使用极为广泛的消毒药,具有优良的杀菌效果。其杀菌谱广、作用迅速,能有效杀死各种细菌(繁殖体、芽孢)、真菌、病毒,甚至能减少环境中寄生虫虫卵、藻类数量,且价格低廉,使用方便等。不足之处:对皮肤、黏膜有刺激性,对金属物品有腐蚀性,对棉织物有漂白和损坏作用。主要有无机氯(漂白粉、次氯酸钠),有机氯(氯胺T、二氯异氰尿酸钠、三氯异氰尿酸钠、溴氯海因、四氯甘脲、氯溴异氰尿酸),碘制剂(碘、聚维酮碘、碘伏、碘仿)等。

含氯石灰(chlorinated lime)

又名漂白粉(bleaching powder),其是将氯气通到石灰水中制成的。主要成分是次氯酸钙,此外还含有氯化钙和氢氧化钙等,其有效氯不低于25%。

【理化性质】白色或淡黄色粉末,有氯气味,在水中为白色浑浊状。稳定性差,可吸收空气中水分和二氧化碳而缓慢分解。

【药理作用】在水中可分解产生次氯酸,释出活性氯、初生氧等,其能使蛋白质、酶发生卤化和氧化反应而有效地杀灭各种细菌(繁殖体、芽孢)、真菌、病毒等,还能减少环境中藻类、原虫及寄生虫虫卵数量。1%溶液作用1~5 min可有效杀灭巴氏杆菌、链球菌、炭疽杆菌等,但对结核分枝杆菌、鼻疽杆菌消毒效果不理想。临床使用时,消毒时间至少保持15~20 min,对高度污染物品消毒时间需长达1 h。由于含氯石灰所含的氯能与氨、硫化氢发生反应,故有除臭、去腥作用。

【不良反应】其对棉织物有漂白作用,对金属有腐蚀性;粉尘对眼结膜、呼吸道有刺激性,皮肤接触可造成损伤。

【临床应用】主要用于饮水、厩舍、场地、车辆、排泄物、肉联厂和食品加工厂设备消毒,养殖水体消毒,防治各种细菌性疾病。

【注意事项】不能用于有色织物、金属物品消毒。

【用法与用量】0.03%~0.15%溶液用于饮水消毒;水产养殖上,按1.0~1.5 g/m³水体,全池均匀泼洒,每日1次,连用2次;0.5%混悬液静置后上清液可浸泡消毒无色织物;1%~5%混悬液上清液用于消毒食具、非金属用具;5%~20%混悬液用于厩舍等喷洒消毒;污水、粪便消毒按1:5用量搅拌均匀,消毒2 h。

【最高残留限量】允许用于食品动物,无需制定残留限量。

【制剂与休药期】含氯石灰粉(chlorinated lime powder)。畜禽暂无休药期规定,水生动物休药期≥5 d。

二氯异氰尿酸钠(sodium dichloroisocyanurate)

本品又名优氯净。

【理化性质】白色或类白色结晶粉末,有氯气味。性质稳定,易溶于水,在水中水解为次氯酸。溶液pH越低,产生次氯酸越多。

【药理作用】属于有机氯,有效氯可高达60%~65%。其水解常数较高,水溶液呈弱酸性,杀菌能力比其他氯系消毒药强。消毒效果受有机物影响小,有腐蚀和漂白性。

【不良反应】粉尘对口、鼻、喉有刺激性,高浓度吸入可引起支气管痉挛,呼吸困难,极高浓度吸入可引起肺水肿,甚至死亡。

【临床应用】主要用于饮水、厩舍、排泄物、器具、蚕室等消毒,水体消毒,用于防治鱼、虾等的细菌性疾病。

【用法与用量】4~10 mg/m³水用于饮水消毒;养殖水体消毒,按0.3~0.6 g/m³水体全池泼洒,可用于清塘,预防鱼类细菌性疾病。按0.4 g/m³水体全池泼洒,可防治对虾弧菌性病、育珠蚌烂鳃和斧足溃疡病等,每日1次,连用1~2次;1~2 g/m³水喷雾或喷洒厩舍、地面等;2~3 g/m³水洗涤消毒食槽、用具等,作用30 min;2~4 g/m³水浸泡消毒非腐蚀性用具,作用15~30 min;5~10 g/m³用于粪便、排泄物和污物等消毒,搅匀后静置30~60 min。

【最高残留限量】允许用于食品动物,无需制定残留限量。

【制剂及休药期】二氯异氰尿酸钠粉(sodium dichloroisocyanurate powder)。畜禽暂无休药期规定,水生动物休药期≥7 d。

溴氯海因(1-bromo-3-chloro-5,5-dimethyl hydantoin)

【理化性质】类白色或淡黄色结晶性粉末,有氯气味。微溶于水,溶于乙醇、二氯甲烷、三氯甲烷等有机溶剂。在干燥状态下稳定,易吸潮而失效。

【药理作用】属于有机溴氯复合型消毒药,有效氯含量54.0%~56.0%。本品在水中不断释出溴、氯离子,并形成次溴酸和次氯酸,使细胞膜通透性增加,胞内蛋白质、酶、核酸发生变性,能有效杀灭各种细菌(繁殖体、芽孢)、真菌、病毒和藻类。有效作用时间长,有机物、pH对其杀菌效果影响不大,无环境残留。

【不良反应】按推荐用法与用量使用,未见不良反应。

【临床应用】用于厩舍、环境消毒;养殖水体消毒,防治鱼、虾等的细菌性疾病。

【用法与用量】环境、运输车辆喷洒消毒,口蹄疫按1:400倍稀释,猪水泡病按1:200倍稀释,猪瘟按1:600倍稀释,猪细小病毒按1:60倍稀释,新城疫、法氏囊按1:1 000倍稀释,细菌繁殖体按1:4 000倍稀释使用;养殖水体消毒,用量为0.03~0.04 g/m³水体全池均匀泼洒,每日1次,病情严重时连用2次,预防用量同治疗量,每15日用药1次。

【制剂与休药期】溴氯海因粉(bromochlorodimethylhydantoin powder)。畜禽暂无休药期规定,水生动物休药期500度日。

四、过氧化物类

过氧化物类消毒药有效成分为活性氧，包括超氧阴离子、羟自由基等，能破坏细胞壁、细胞膜完整性，影响蛋白质、核酸的结构和功能，具有高效、广谱、速效的作用特点。毒性较低，对环境污染小，是一类安全、绿色环保型消毒药。其广泛用于水体、空气、土壤、一般物体表面消毒，食品加工厂、肉联厂等设备、用具消毒，皮肤、黏膜、耐腐蚀性医疗器械、种子的消毒处理，主要品种有过氧乙酸、过氧化氢、二氧化氯、臭氧、过硫酸氢钾和氧化电位水等。

过氧乙酸（peracetic acid）

又名过醋酸，本品主要成分为过氧乙酸、过氧化氢、乙酸等。

【理化性质】本品为无色透明液体，带有刺激性酸味，易挥发，溶于水、乙醇等。低浓度稳定性差，易分解。

【药理作用】本品具有酸和氧化剂特性。其强大的氧化作用，使蛋白质、酶变性失活，此外，能使细胞内pH降低而产生强大的杀菌作用。其杀菌谱广、作用强，使用浓度低，消毒时间短，如0.0025%溶液作用2 min可杀灭细菌繁殖体，0.02%~0.04%溶液可杀死细菌芽孢，0.2%~0.4%溶液杀灭结核分枝杆菌，0.01%~0.5%溶液杀灭真菌，0.2%溶液作用4 min可有效地杀灭各种病毒。在低温条件下也能保持消毒效果，但对金属有腐蚀性，对织物有漂白作用。

【不良反应】本品对皮肤、眼睛、呼吸道黏膜有刺激性，导致红肿、咳嗽，甚至肺水肿等。高浓度有强烈刺激性和腐蚀性，接触可致灼伤。

【临床应用】主要用于厩舍、车船、污染物品、外科手术器械等消毒，食品（蛋、肉、水果）、食品加工厂等消毒，动物真菌病治疗。

【用法与用量】0.02%溶液用于黏膜消毒，0.2%溶液用于手、皮肤消毒，0.04%~0.2%溶液可用于玻璃、白色织物、蛋等浸泡消毒，0.5%溶液用于厩舍、饲槽、用具、地面、车船等喷雾消毒，15%溶液，按7 mL/m³加入等量水后加热可熏蒸消毒，2 h后开窗通风即可。

【最高残留限量】允许用于食品动物，无需制定残留限量。

【制剂】过氧乙酸溶液（peracetic acid solution）。

过硫酸氢钾复合盐（potassium peroxymonosulphate）

又名单一过硫酸氢钾，其是过硫酸氢钾、硫酸氢钾和硫酸钾按一定比例组成的一种无机酸性氧化剂。

【理化性质】浅红色颗粒状粉末，有柠檬气味，易溶于水，水溶液为清澈的粉红色溶液，1%水溶液的pH为2.3。

【药理作用】本品在水中经过链式反应，持续产生自由基、次氯酸、新生态氧和活性氧衍生物，产生氧化和卤化作用使菌体蛋白、酶变性凝固，产生的-OH自由基作用于DNA、RNA的磷酸二酯键，干扰病原体核酸的合成。增加细胞膜通透性,造成胞内物质外漏,从而达到杀灭病原微生物作用。过硫酸氢钾复合盐能有效杀灭细菌(繁殖体、芽孢)、真菌和病毒。据研究,1%浓度作用22 s能使金黄色葡萄球菌、大肠杆菌、铜绿假单胞菌杀灭率达100%,作用5 min能使谷草芽孢杆菌孢子,作用30 min能使烟曲霉杀灭率达100%,作用10 min能完全灭活乙肝病毒。此外该品可用于消毒控制大多数OIEA类传染病,包括新城疫、禽流感H5N1、口蹄疫、猪瘟等。

【不良反应】吸入过硫酸氢钾粉,机体出现咽喉部位不适、支气管炎和肺炎等;高浓度溶液,会对眼睛、皮肤和黏膜造成刺激性和腐蚀性,溅入眼内应用大量清水冲洗,并及时就医;本品易引起过敏反应,如皮肤红斑、红疹、小水泡、瘙痒等症状。

【应用】主要用于厩舍、空气和饮水等消毒。

【用法与用量】饮水消毒,1:1 000倍稀释;畜舍环境、孵化场、设备及空气消毒,1:200;对于特定病原体,链球菌为1:800,金黄色葡萄球菌、大肠杆菌为1:400,禽流感病毒为1:1 600,鸡传染性法氏囊病毒为1:400,口蹄疫为1:1 000,猪水泡病为1:400倍稀释。

【最高残留限量】允许用于食品动物,无需制定残留限量。

【制剂】过硫酸氢钾复合粉(compound peroxymonosulphate power)。

二氧化氯(chlorine dioxide)

【理化性质】黄色或红黄色气体,熔点-59.5 ℃,沸点11 ℃,密度为3.01 g/L,易溶于水,水溶液为黄绿色液体。在热、振动等情况下极易分解发生爆炸,通常需低温、避光保存。

【药理作用】本品具有高效、广谱、快速、持久的消毒特点。其高效的消毒效果源自其强氧化性,其氧化力相当于现有氯系产品的3~5倍,2 mg/L作用30 s能杀灭所有微生物。除可杀灭各种细菌(繁殖体、芽孢)、真菌、病毒外,对原虫、藻类也有杀灭作用;还具有去污、去腥、除臭作用,在消毒过程中不与有机物发生卤代反应,无环境残留毒性和"三致"毒性。

【不良反应】高浓度(1 g/L)的二氧化氯有刺激性,在使用时不慎吸入会出现咳嗽,甚至肺水肿等。

【临床应用】广泛用于公共环境、医药行业等消毒,食品防腐、保鲜;饮水消毒、污水处理等。

【用法与用量】0.5 mg/L用于饮水消毒;200 mg/L用于空气、环境、场地及笼具喷洒消毒,500 mg/L用于产房喷雾消毒和预防性消毒,1 000 mg/L用于烈性传染病、疫源地喷洒消毒。

【制剂】稳定性二氧化氯溶液(stabilized chlorine dioxide solution),二氧化氯固体(chlorine dioxide solid)。

五、碱类

碱类消毒药对细菌、病毒有杀灭作用,高浓度能杀死细菌芽孢,有机物可降低其杀菌效力。主要用于厩舍地面、食槽、垫料、粪便和肉联厂等消毒。

氢氧化钠(sodium hydroxide)

又名火碱、烧碱和苛性钠。

【理化性质】白色透明片状或块状，易溶于水，溶解时会发热。吸湿性强，在空气中易潮解，与空气中二氧化碳反应生成碳酸钠失效，应密闭保存。

【药理作用】本品能杀灭细菌、病毒，高浓度也能杀灭细菌芽孢、虫卵。30%溶液作用10 min，或4%溶液作用45 min可杀死细菌芽孢，加入10%食盐能增强其杀灭芽孢效果。

【不良反应】本品对皮肤、眼睛、消化道、呼吸道具有强烈的刺激性和腐蚀性，皮肤局部接触可能会造成坏死、灼伤；误服或吸入高浓度烧碱蒸气，可造成消化道溃疡、咳嗽甚至呼吸困难。

【临床应用】主要用于环境、污物、粪便等消毒，腐蚀动物新生角。

【用法与用量】1%~2%溶液用于常规消毒，2%~4%溶液用于口蹄疫、猪瘟、流感、丹毒、巴氏杆菌病、鸡白痢、布氏杆菌病等污染物消毒，5%溶液用于炭疽污染物、养殖场消毒池、车辆等消毒，和食品加工厂、肉联厂地面、台板等清洗消毒。在使用时习惯将其溶液加热后使用，以增强消毒、去污效果。

【最高残留限量】允许用于食品动物，无需制定残留限量。

【制剂】氢氧化钠固体(sodium hydroxide solid)。

氧化钙(calcium oxide)

又名生石灰。

【理化性质】白色或灰白色块状物，加水生成氢氧化钙，具有强碱性。不溶于水，吸湿性强，易与空气中二氧化碳生成碳酸钙而失效。

【药理作用】石灰乳对细菌繁殖体有较好的消毒效果，对细菌芽孢和结核分枝杆菌无效；清塘使用大量生石灰，可使池水pH迅速提高，可杀灭病原微生物、野杂鱼、螺蛳、水生昆虫和藻类，达到消毒、环境改良和清除敌害生物目的。

【不良反应】石灰粉尘对眼睛、呼吸道有刺激性，大量吸入会出现黏膜损伤、咳嗽等。

【临床应用】石灰乳可涂刷墙壁、舍栏等，可直接将石灰撒在地面、粪池、污水沟，水产养殖上用于清塘、水质改良，可防治白头白嘴病、烂鳃病、赤皮病、肠炎病等细菌性疾病。

【用法与用量】20%石灰乳，可涂刷厩舍墙壁、地面、畜栏；在防疫期间，养殖场门口放置浸透20%石灰乳的湿草垫用于鞋底消毒；1 kg生石灰加水350 mL调和后，用于粪池周围、地面等消毒；清塘消毒，一般水深1 m用量为400~750 g/m²，可清除水生生物和病原菌。在疾病流行季节，用量为15~30 g/m³水体全池均匀泼洒，每月1次，可预防细菌性疾病发生和流行。

【最高残留限量】允许用于食品动物，无需制定残留限量。

【制剂】氧化钙固体(calcium oxide solide)。

六、酸类

酸类主要分为无机酸和有机酸。无机酸，如盐酸、硫酸和硼酸等，可杀灭各种细菌(繁殖体、芽孢)、真菌和病毒，有强烈刺激性和腐蚀性。2%盐酸中加入15%食盐，加温至30 ℃可用于炭疽芽孢污染皮张的浸泡消毒。有机酸包括乳酸、醋酸、水杨酸、柠檬酸和苯甲酸等，可用作粮食、药品、饲料等防腐，也可治疗动物消化不良、瘤胃臌气等；0.5%~2%用于创面、黏膜冲洗，2%~3%可用于口腔冲洗。

第二节 皮肤、黏膜消毒药

一、醇类

醇类化合物具有不同程度的杀菌活性,随分子量增加,其杀菌活性增强,但分子量增加会降低其水溶性,影响使用。醇类消毒药主要通过直接溶解细菌,渗入细菌胞内使蛋白质、酶变性而发挥杀菌作用,包括乙醇、异丙醇、苯甲醇、三氯叔丁醇等,其中乙醇、异丙醇是临床常用品种。

乙醇(alcohol)

又名酒精。

【理化性质】无色、透明液体,易挥发、易燃烧,本品能与任何比例水、甘油、氯仿、醚混溶。

【药理作用】本品能快速杀死各种细菌繁殖体、结核分枝杆菌,但对细菌芽孢无效,对真菌孢子和病毒效果较差,需较长时间才起作用。其杀菌能力与浓度密切相关,一般以75%~80%浓度消毒效果最佳。可与其他消毒药联合使用,如与苯扎溴铵、氯己定联合使用,消毒效果明显增强。

【不良反应】本品对黏膜、创面有刺激性。

【临床应用】主要用于皮肤、器械消毒。

【用法与用量】75%溶液用于皮肤、体表消毒,诊疗器械的擦拭消毒。

【最高残留限量】允许用于食品动物,无需制定残留限量。

【制剂】乙醇溶液(alcohol solution)。

二、表面活性剂

表面活性剂是带有亲水与亲脂基团的化合物,根据表面活性剂所带电荷不同可分为四大类。

①阳离子表面活性剂(又称季铵盐类化合物)。当本品溶于水时,与亲脂基团相连的亲水基是阳离子,在酸性、碱性溶液中较稳定。该类化合物可改变细菌细胞壁、细胞膜渗透性,导致胞内物质外渗使胞浆内蛋白质、酶变性,干扰细胞代谢而呈良好的杀菌活性,但去污能力较差,包括苯扎溴铵、癸甲溴铵、氯己定和度米芬等。

②阴离子表面活性剂。本品溶于水时,与其亲脂基相连的是阴离子,常用作去污剂,只有轻度抑菌作用,无消毒实用价值。

③两性离子表面活性剂。本品同时具有阴离子和阳离子亲水基团,随溶液pH变化而呈不同性质,在中性和碱性介质中呈阴离子表面活性剂性质,具有起泡、去污能力,在酸性介质中呈阳离子表面活性剂性质,具有良好的杀菌活性,如除垢类消毒药等。

④非离子表面活性剂。不受介质pH影响,本品在水中不电离,具有良好去污、去表面粘的微生物能

力,如吐温、司盘等。

苯扎溴铵(benzalkonium bromide)

又名新洁尔灭、溴苄烷胺,其是溴化二甲基苄基烃铵的混合物。

【理化性质】白色或淡黄色胶状液体。易溶于水、乙醇,微溶于丙酮。

【药理作用】其对化脓性病原菌、肠道菌,亲脂性病毒(流感病毒、疱疹病毒)有杀灭作用,对结核分枝杆菌、真菌效果差,对细菌芽孢仅有抑制作用,对亲水性病毒无效。此外,还能湿润和穿透组织表面,具有除垢、溶解角质和乳化作用。

【不良反应】偶见过敏反应。

【临床应用】主要用于空间、皮肤和黏膜消毒;养殖水体消毒,防治细菌感染引起的出血、烂鳃、腹水、肠炎、疥疮和腐皮病等。

【注意事项】禁止与肥皂等阴离子表面活性剂、碘化物和过氧化物混合使用;器械消毒时应加入0.5%亚硝酸钠防锈,不宜用于眼科器械、铝制品和合成橡胶制品消毒。

【用法与用量】0.01%溶液用于创面消毒,0.05%~0.1%溶液用于术前洗手、皮肤和黏膜消毒,0.15%~2.00%溶液用于畜禽舍空间喷雾消毒。养殖水体消毒,治疗用量0.10~0.15 g/m³水体,每隔2~3日用药1次,连用2~3次,预防用量同治疗量,每15日用药1次。

【最高残留限量】允许用于食品动物,无需制定残留限量。

【制剂及休药期】苯扎溴铵溶液(benzalkonium bromide solution)。畜禽暂无休药期规定,水生动物休药期500度日。

度米芬(domiphen bromide)

又名消毒宁、杜灭芬。

【理化性质】白色或微黄色片状结晶或结晶粉末,无臭,味苦。易溶于水、乙醇、三氯甲烷,在丙酮中略溶,不溶于乙醚。振荡易起泡,耐热,可长期保存。

【药理作用】消毒作用比苯扎溴铵强,对细菌繁殖体杀灭作用强,但对结核分枝杆菌、细菌芽孢、亲水性病毒效果不显著。其杀菌活性受介质pH影响较大,在中性或弱碱性条件下消毒效果好。

【不良反应】偶见过敏反应。

【临床应用】主要用于口腔溃疡、咽喉感染的辅助治疗,皮肤、器械消毒。

【用法与用量】0.02%~0.05%溶液用于黏膜、创面消毒,0.05%~0.1%溶液用于皮肤、器械消毒。

【最高残留限量】允许用于食品动物,无需制定残留限量。

【制剂】度米芬片(domiphen bromide tablet)、度米芬溶液(domiphen bromide solution)。

癸甲溴铵(deciquan)

其化学名为双癸基二甲溴铵。

【理化性质】无色或淡黄色黏稠性液体,易溶于水,但用冷水配制时易浑浊或析出。

【药理作用】本品属于双链季铵盐类,能吸附在菌体表面,改变细胞膜通透性,使菌体蛋白质、酶变性。具有广谱、高效的杀菌活性,且表面活性强,对多数细菌、真菌和藻类具有杀灭作用,对亲脂性病毒也有一定作用,但对细菌芽孢、亲水性病毒效果差。毒性低,对金属、塑料无腐蚀性,易被表面吸附而降低其有效浓度,受有机物影响较大,配伍禁忌较多,不宜使用硬水配制。

【临床应用】主要用于畜禽舍及环境、用具和餐具等消毒。

【不良反应】无。

【用法与用量】0.0025%~0.0050%溶液用于饮水消毒,0.015%~0.050%溶液用于厩舍、用具、孵化室和种蛋喷洒或浸泡消毒。

【最高残留限量】允许用于食品动物,无需制定残留限量。

【制剂】癸甲溴铵溶液(deciquan solution)。

醋酸氯己定(chlorhexidine acetate)

又名洗必泰(habitane)。

【理化性质】白色或类白色结晶性粉末,无臭,味苦。易溶于乙醇,微溶于水。

【药理作用】其属于具有阳离子的双胍类化合物。抗菌谱与季铵盐类相似,可杀灭细菌繁殖体,但对细菌芽孢、某些真菌、结核分枝杆菌仅有抑菌作用。抗菌作用较强且持久,毒性低,无刺激性。

【不良反应】偶见过敏反应,皮肤局部刺激反应。

【临床应用】主要用于术前手、皮肤、黏膜、器械等消毒。

【用法与用量】0.02%溶液手术前泡手3 min,0.5%水溶液或醇溶液(70%乙醇配制)用于术野消毒,0.5%醇溶液用于黏膜、创面消毒,0.1%水溶液加0.5%亚硝酸钠用于手术器械浸泡消毒,0.5%霜剂或气雾剂用于烫伤、烧伤创面消毒。

【最高残留限量】允许用于食品动物,无需制定残留限量。

【制剂】醋酸氯己定片(chlorhexidine acetate tablet)。

三、含碘消毒药

含碘消毒药包括碘和以碘为主要成分的制剂,如碘酊、碘甘油、聚维酮碘、碘伏和碘仿等。碘是活泼的元素,杀菌效力比氯消毒药强,对各种细菌(繁殖体、芽孢)、真菌、病毒都有快速的杀灭作用,主要用于皮肤、黏膜、创面和手术器械等消毒。

碘(Iodine)

【理化性质】本品呈蓝黑色磷晶或片晶,有金属光泽,在室温下可升华为气体。在水中几乎不溶,易溶于碘化钾溶液、醇和苯。

【药理作用】本品具有广谱、高效及快速杀灭各种病原微生物的作用,对各种细菌(包括结核分枝杆菌)、真菌和病毒都有效。抗菌活性不受pH影响,在低温下仍能保持良好的杀菌作用,有机物存在也不影响其高浓度溶液的杀菌效果。

【不良反应】低浓度碘毒性很低,偶见过敏反应;高浓度有刺激性和腐蚀性。

【临床应用】本品主要用于皮肤、浅表创面、黏膜、体温计和手术器具等消毒,水产养殖上防治细菌性和病毒性疾病,对水霉病、鳃霉病也有一定效果。

【注意事项】本品禁止与碱性物质、氨溶液、挥发油、龙胆紫等混用,消毒器械时,应及时清除表面粘的碘液,对碘过敏动物不得使用,水产养殖上缺氧水体不得使用,冷水鱼慎用。

【用法与用量】2%~5%碘溶液用于注射部位、术部皮肤、创面和器械消毒,10%~20%碘溶液可做皮肤刺激药,对慢性关节炎和腱鞘炎等有消炎作用,也可用作化脓创消毒。2%碘伏或碘甘油,由于刺激性小,适合口腔、牙龈、舌和阴道等黏膜炎症、溃疡治疗;防治水产养殖动物细菌性和病毒性疾病时,复合碘溶液使用量为水深1 m时,用量66.7 mL/亩水体。

【制剂及休药期】碘酊(idodine tincture),浓碘酊(strong idodine tincture),碘甘油(idodine glycerol),复合碘溶液(complex iodine solution)。畜禽暂无休药期规定,水生动物休药期500度日。

聚维酮碘(povidone iodine)

【理化性质】本品为黄棕色至红棕色无定形粉末,性质稳定。易溶于水和醇,不溶于乙醚和氯仿。

【药理作用】聚乙烯吡咯烷酮(PVP)是一种高分子材料,对碘分子有储存、助溶和缓释作用,与碘络合形成不定型络合碘(PVP-I)。PVP对细胞有较强亲和力,能将络合的碘转运至细胞膜上,缓慢释放的游离碘进入细菌胞浆内,使菌体蛋白质、酶和核酸发生卤化和氧化反应达到杀菌作用。由于其具有表面活性剂作用,穿透力强,故杀菌作用比碘酊强而持久,具有高效、广谱、快速和低毒的特点。对各种细菌包括繁殖体、芽孢和结核分枝杆菌,真菌、病毒、螺旋体、衣原体、滴虫和寄生虫虫卵等具有杀灭作用,还能抑制蚊蝇滋生,同时还具有清洁、去污作用。

【不良反应】偶见过敏反应。

【临床应用】主要用于皮肤、黏膜、乳头等消毒,阴道、子宫及创面、伤口冲洗消毒和清脓,养殖水体消毒,防治由弧菌、嗜水气单胞菌、爱德华氏菌等引起的细菌性疾病。

【用法与用量】0.1%溶液用于黏膜、创面冲洗消毒,0.5%~1%用于奶牛乳头浸泡消毒,5%用于皮肤消毒,皮肤病治疗。养殖水体消毒:治疗量45~75 mg/m³水体,隔日1次,连用2~3次,预防用量同治疗量,每周用药1次。

【最高残留限量】允许用于食品动物,无需制定残留限量。

【制剂与休药期】聚维酮碘溶液(povidone iodine solution),聚维酮碘软膏(povidone iodine ointment)。畜禽暂无休药期规定,水生动物休药期500度日。

四、过氧化物类

过氧化氢(hydrogen peroxide)

又名双氧水。

【理化性质】无色透明液体,无臭或略带臭氧气味,能与水任意比例混合。

【药理作用】过氧化氢与组织、脓汁等中过氧化氢酶接触时,立即释放新生态氧,对各种病原微生物产生杀菌作用。接触创面时产生大量的气泡,可松动血块、脓块、坏死组织,与组织粘连的敷料,有利于创面清洁。此外还有除臭和止血作用,但因作用时间短,有机物能减弱其活性,故其杀灭病原微生物能力不强。

【不良反应】高浓度对皮肤、黏膜有强烈刺激性甚至形成灼伤,注入胸、腹腔等密闭体腔或深部脓疡时,可发生气栓、肠坏疽或扩大感染。

【临床应用】用于清洁创面,用于深部化脓创、瘘管的冲洗,用于厌氧菌感染的治疗。

【注意事项】禁止与有机物、碱性化合物、高锰酸钾或其他强氧化剂混用,应避免接触眼睛、鼻等部位,以防引起损伤,深部脓腔应慎用。

【用法与用量】3%溶液适量用于化脓创面、瘘管清洁消毒和去除痂块。

【最高残留限量】允许用于食品动物,无需制定残留限量。

【制剂】过氧化氢溶液(hydrogen peroxide solution)。

高锰酸钾(potassium permanganate)

又名过锰酸钾、灰锰氧。

【理化性质】本品为黑紫色,具有金属光泽菱形晶体。在干燥状态下性质稳定,水溶液不稳定,与甘油、蔗糖、乙二醇、乙醚等有机物、易燃物混合可发生剧烈燃烧或爆炸。

【药理作用】本品为强氧化剂,能使细菌蛋白质、酶氧化变性而起杀菌作用。具有广谱杀菌活性,能有效杀灭各种细菌包括繁殖体、芽孢、结核分枝杆菌,真菌,部分病毒。此外还有组织收敛作用。

【不良反应】高浓度对皮肤、黏膜有刺激性和腐蚀性,让皮肤着色。

【临床应用】用于皮肤创面、腔道、外阴冲洗消毒,也用于有机毒物中毒时洗胃。

【注意事项】避光、阴凉处存放。禁止与有机物、易燃物、还原剂和金属粉末共同堆放,水溶液不稳定,宜现配现用。高浓度有刺激性和腐蚀性,应严格控制使用浓度。

【用法与用量】0.05%~0.1%溶液用于腔道冲洗及洗胃,0.1%~0.2%溶液用于皮肤、黏膜、创面和临产前母猪乳头、会阴等消毒。

【最高残留限量】允许用于食品动物,无需制定残留限量。

【制剂】高锰酸钾粉(potassium permanganate powder)。

五、染料类

染料类消毒药分为碱性(阳离子)和酸性(阴离子)染料。因携带的离子与菌体蛋白质的羧基、氨基、巯基结合,干扰细菌代谢而发挥抗菌作用。染料类消毒药主要对细菌繁殖体有杀灭作用,其中碱性染料(甲紫、依沙吖啶)抗菌活性较强,对革兰氏阳性菌有选择性抗菌作用。

甲紫(methylrosanilinium chloride)

甲紫又名碱性紫,1%溶液称为紫药水。

【理化性质】本品为深绿紫色带金属光泽粉末或碎片,有臭味,微溶于水,易溶于乙醇、三氯甲烷。

【药理作用】本品对革兰氏阳性菌,尤其是葡萄球菌和白喉杆菌有较强杀菌作用,对铜绿假单胞菌、白色念珠菌等真菌也有较好的作用,但对革兰氏阴性菌和抗酸杆菌无作用。毒性小,无刺激性,与坏死组织结合形成保护膜,有收敛作用。

【不良反应】对黏膜有刺激性,可能引起接触性皮炎。

【临床应用】主要用于浅表创伤、溃疡和皮肤感染的治疗。

【注意事项】大面积破损皮肤不宜使用,不宜长时间使用。

【用法与用量】0.1%~0.2%溶液用于烧伤、烫伤、皮肤真菌感染,1%~2%溶液治疗皮肤、黏膜感染、溃疡。

【制剂及休药期】甲紫溶液(methylrosanilinium chloride solution)。暂无休药期规定。

乳酸依沙吖啶(ethacridine lactate)

又名利凡诺(acrinol)、雷佛奴尔(rivanol)。

【理化性质】淡黄色结晶粉末。略溶于水,易溶于热水,极微溶于乙醇。

【药理作用】本品是碱性染料中最有效的防腐药,对大多数革兰氏阳性菌、少数革兰氏阴性菌有效,对各种化脓性细菌具有较强作用,尤其对产气荚膜梭菌和酿脓链球菌作用强,但发挥作用较慢,其作用不受脓、血液等有机物影响。此外,能兴奋子宫平滑肌,可用于中期妊娠引产。

【不良反应】毒性小,无刺激性,偶见过敏反应。

【临床应用】主要用于皮肤、黏膜创面洗涤和消毒。与土霉素等抗菌药物联合使用,可治疗奶牛子宫内膜炎。

【用法与用量】0.1%~0.2%溶液用于皮肤、黏膜感染创口洗涤,1%软膏用于治疗皮肤化脓性感染。

【制剂】乳酸依沙吖啶外用溶液(ethacridine lactate topical solution),乳酸依沙吖啶注射剂(ethacridine lactate injection),乳酸依沙吖啶软膏(ethacridine lactate ointment)。

复习与思考

1. 简述消毒防腐药的概念及其分类。
2. 简述消毒防腐药作用机制。
3. 消毒防腐药的使用要求有哪些?

拓展阅读

扫码获取本章的复习与思考题、案例分析、相关阅读资料等数字资源。

第十四章

抗寄生虫药理

本章导读

很多寄生虫病属于人畜共患病。畜禽一旦患有寄生虫病,会给养殖业造成巨大的经济损失。而寄生于肌肉、器官或肠道中的虫体(或虫卵)有可能通过动物性食品或污染环境而使人类感染寄生虫,危害人类健康。此外,宠物数量逐年增加,这使人类通过动物感染寄生虫的风险进一步加剧。抗寄生虫药物的合理使用对于寄生虫病的有效防控具有重要作用。本章对抗寄生虫药进行分类讲解,通过本章的学习,可以了解抗寄生虫药在临床中的基本应用。

学习目标

1. 掌握常用抗寄生虫药物及其作用机理,熟悉抗寄生虫药的分类,了解寄生虫对抗寄生虫药产生耐药的原因。

2. 能够根据不同抗寄生虫药物的特点进行合理应用,关注"药物—寄生虫—宿主"之间的关系,确保驱虫药的安全使用。

3. 能够在生产、生活中引导畜禽养殖户和宠物主人正确用药,防止因药物滥用而加剧人畜共患寄生虫病的危害,培养良好的职业意识和职业担当。

知识网络图

抗寄生虫药理
- 1. 抗蠕虫药
  - 驱线虫药
  - 驱绦虫药
  - 驱吸虫药
  - 抗血吸虫药
- 2. 抗原虫药
  - 抗球虫药
  - 抗锥虫药：三氮脒
  - 抗梨形虫药：双脒苯脲、三氮脒、间脒苯脲等
  - 抗滴虫药：甲硝唑和地美硝唑
- 3. 杀虫药
  - 有机磷类：二嗪农、倍硫磷、敌敌畏等
  - 拟菊酯类杀虫药：溴氰菊酯
  - 大环内酯类杀虫药：伊维菌素、阿维菌素、多拉菌素等
  - 氯代烟碱类：吡虫啉
  - 新烟碱类：烯啶虫胺
  - 异噁唑啉类：沙罗拉纳
  - 其他杀虫药：双甲脒

在养殖业中,畜禽寄生虫病会给畜牧业造成巨大的经济损失。此外,很多寄生虫病属人畜共患病,畜禽寄生虫可以通过动物性食品和污染环境等方式传播至人类,危害人类健康。此外,随着人们生活条件的改善,养宠物的家庭越来越多。若宠物患有人畜共患的寄生虫病,其携带的寄生虫更易传染给人。由此可见,积极开展寄生虫病的防治,对于保护人类和动物的健康具有重要意义。药物防治是控制动物寄生虫病的一个重要环节,对发展畜牧业和家庭安全养宠具有不可替代的作用。

应用抗寄生虫药需要掌握好药物、寄生虫与宿主三者之间的关系和相互作用,充分发挥药物的作用,避免不良反应的发生以及药物在动物性食品和环境中的残留。

一、定义

抗寄生虫药是用于驱除和杀灭体内外寄生虫的药物。根据药物抗虫作用和寄生虫分类,可将抗寄生虫药分为以下三类。

①抗蠕虫药(亦称驱虫药)。根据蠕虫的种类,可分为驱线虫药、驱绦虫药、驱吸虫药和抗血吸虫药。

②抗原虫药。根据原虫的种类,可分为抗球虫药、抗锥虫药、抗梨形虫药(抗焦虫药)和抗滴虫药。

③杀虫药。该药主要驱除动物体外寄生虫,又称体外杀虫剂,包括杀昆虫药和杀蜱螨药。

二、理想抗寄生虫药的条件

由于寄生虫寄生于动物的体内或体表,驱虫药往往需要通过动物机体才能到达作用部位。为了达到更好的驱虫效果,减少驱虫药对动物机体的损伤,理想的驱虫药应该具备表14-1中的条件。

表14-1 理想的抗寄生虫药应具备的条件

条件	具体要求
安全	药物对虫体毒性大,对宿主毒性小或无毒性。抗寄生虫药的治疗指数>3时,一般认为才具有临床应用意义。
高效、广谱	高效是指对成虫、幼虫,甚至虫卵都有较高的驱杀效果,常用驱虫率、虫卵减少率和动物转阴率来表示。广谱是指驱杀寄生虫的种类范围广。动物寄生虫病多系混合感染,特别是不同类别寄生虫的混合感染,因此在生产、生活实践中能同时驱杀多种不同类别寄生虫的药物更实用。
便于群体给药	药物适口性好,可混饲、饮水给药,方便群体给药。用于注射给药者,对局部应无刺激性。体外抗寄生虫药应能溶于一定溶媒中,以喷雾、浸浴或涂布等方法杀灭外寄生虫。
价格低廉	药物可在畜牧生产上大规模推广应用。
无残留	药物不残留于动物性食品中,或休药期短。

三、作用机理

抗寄生虫药物种类多,因其化学结构不同,作用机理也各不相同,可归纳如表14-2。

表 14-2 抗寄生虫药物作用机理

作用机理	具体药物举例
抑制虫体内酶的活性,使其代谢过程发生障碍	如左旋咪唑、硫双二氯酚、硝硫氰胺和硝氯酚等能抑制虫体内的琥珀酸脱氢酶(延胡索酸还原酶)的活性,阻碍延胡索酸还原,阻断三磷酸腺苷(ATP)的产生,导致虫体缺乏能量而死;有机磷酸酯类能与胆碱酯酶结合,使酶丧失水解乙酰胆碱的能力,使虫体内乙酰胆碱蓄积,引起虫体兴奋、痉挛,最后麻痹死亡。
干扰虫体的物质代谢过程	如苯并咪唑类药物能抑制虫体微管蛋白的合成,影响酶的分泌,抑制虫体对葡萄糖的利用,引起虫体死亡;三氮脒能抑制动基体DNA的合成而抑制原虫的生长繁殖;氯硝柳胺能干扰虫体氧化磷酸化过程,影响ATP的合成,使绦虫缺乏能量,头节脱离肠壁而排出体外;氨丙啉的化学结构与硫胺相似,故在球虫的代谢过程中可取代硫胺而使虫体代谢不能正常进行;有机氯杀虫剂能干扰虫体内的肌醇代谢。
作用于虫体的神经肌肉系统,影响其运动功能或导致虫体麻痹死亡	如哌嗪有箭毒样作用,使虫体肌细胞膜超极化,引起弛缓性麻痹;阿维菌素类则能促进 γ-氨基丁酸(gama-aminobutyric acid,GABA)的释放,使神经肌肉传递受阻,导致虫体产生弛缓性麻痹,最终可引起虫体死亡或排出体外;噻嘧啶能与虫体的胆碱受体结合,产生与乙酰胆碱相似的作用,引起虫体肌肉强烈收缩,导致痉挛性麻痹。
干扰虫体内离子的平衡或转运	如聚醚类抗球虫药能与钠、钾、钙等金属阳离子形成亲脂性复合物,能自由穿过细胞膜,使子孢子和裂殖子中的阳离子大量蓄积,导致水分过多地进入细胞,使细胞膨胀变形,细胞膜破裂,引起虫体死亡。

四、应用注意

使用抗寄生虫药物的注意事项如下(表14-3)。

表 14-3 抗寄生虫药物应用的注意事项

注意事项	具体要求
正确处理药物、寄生虫和宿主间关系	在选用抗寄生虫药时应了解寄生虫的寄生方式、生活史、流行病学和季节动态感染强度及范围,了解药物对虫体的作用及其在宿主体内的代谢过程和对宿主的毒性;熟悉药物的理化性质、剂型、剂量、疗程和给药方法等。
控制剂量和疗程	使用抗寄生虫药进行大规模驱虫前,应选择少数动物先做驱虫试验,以免发生大批动物中毒事故。
定期更换药物	避免或减少因长期、反复使用药物而导致虫体出现耐药性。
避免药物残留危害消费者的健康和造成公害	应掌握抗寄生虫药物在食品动物体内的分布状况,遵守有关药物在动物组织中的最高残留限量和休药期的规定。

第一节 抗蠕虫药

一、驱线虫药

家畜蠕虫病中一半以上为线虫病,不仅种类多,而且分布广,几乎所有畜禽都存在线虫感染,给畜牧业生产造成巨大的经济损失。

根据驱线虫药的化学结构,其可分为6类(表14-4)。

表14-4 化学结构不同的6类驱线虫药

分类	代表药物
抗生素类	如伊维菌素、阿维菌素、多拉菌素、依立菌素、美贝霉素肟、莫昔克丁(莫西菌素)、越霉素A和潮霉素B等。
苯并咪唑类	如噻苯咪唑、阿苯达唑、甲苯咪唑、芬苯咪唑、康苯咪唑、丁苯咪唑、苯双硫脲、丙氧苯咪唑和三氯苯咪唑等。
咪唑并噻唑类	如左咪唑和四咪唑。
四氢嘧啶类	如噻嘧啶、甲噻嘧啶和羟嘧啶。
有机磷化合物	如敌百虫、敌敌畏、哈罗松和蝇毒磷。
其他驱线虫药	如哌嗪乙胺嗪、硫胂胺钠和碘噻氰胺等。

(一)抗生素类——阿维菌素类

阿维菌素类(avermectins,AVMs)药物是由阿维链霉菌(streptomyces avermitilis)产生的一组新型大环内酯类抗寄生虫药,目前已商品化的有阿维菌素、伊维菌素、多拉菌素和莫昔克丁(莫西菌素)等。因其优异的驱虫活性和较高的安全性,是目前性能最优良、应用广泛、销量较大的一类新型广谱、高效、安全的抗内外寄生虫药。

【理化性质】白色或淡黄色粉末,在乙酸乙酯、丙酮或三氯甲烷中易溶,在甲醇或乙醇中略溶,在正己烷或石油醚中微溶,在水中几乎不溶。

【化学结构】AVMs为二糖苷类化合物(图14-1),基本结构是十六元环的大环内酯,在C_{13}位上有一个双糖,从C_{17}到C_{18}是两个六元环的螺酮缩醇结构。由于R_5、R_{26}、C_{22}和C_{23}位取代基的不同,天然发酵产物中的8种成分被分别称为阿维菌素A_{1a}、A_{1b}、A_{2a}、A_{2b}、B_{1a}、B_{1b}、B_{2a}和B_{2b},其中阿维菌素A_{1a}、A_{2a}、B_{1a}和B_{2a}约占总量的85%,阿维菌素A_{1b}、A_{2b}、B_{1b}和B_{2b}占总量的15%左右。其中阿维菌素B_{1a}和B_{1b}的抗虫活性最强,生物学活性相似,在批量生产时难以将两者完全分离,目前市场上销售的AVMs制剂为二者的混合物。

改造AVMs的结构后可减少该类药物的毒性或极性,可降低药物残留量或增强驱虫作用。以伊维菌素B_1为例,其毒性略低于阿维菌素B_1,是阿维菌素B_1的—C_{22}=C_{23}加氢产物;在阿维菌素B_1的$C_{4''}$位上的OH,经—$NHCOCH_3$取代后的产物为依立菌素,极性比伊维菌素高,在乳和血浆中的分布比例为17:100,远低于伊维菌素的3:4,在乳中的残留也远低于伊维菌素,故泌乳期奶牛可用依立菌素驱虫;当阿维菌素B_1的C_{25}位上的短碳链被环己烷取代后,产物为多拉菌素,极性低于伊维菌素,而生物半衰期又长于伊维菌素,故其抗寄生虫的作用时间较伊维菌素长。

图14-1 AVMs药物基本结构图

【药动学】AVMs药物具有高脂溶性,故具有较大的表观分布容积和较缓慢的消除过程。经口服和注射给药均易被吸收,但皮下注射时其生物利用度较高,体内药物浓度持续时间较长。牛和羊静脉注射的消除半衰期分别为2.8 d和2.7 d,猪皮下注射半衰期为1.5 d,犬内服的半衰期为1.8 d。

【作用机理】本品可增强无脊椎动物神经突触后膜对Cl^-的通透性,阻断神经信号的传递,最终使神经麻痹,并可导致死亡。AVMs一方面可通过增强无脊椎动物外周神经抑制递质GABA的释放,另一方面通过引起由谷氨酸控制的Cl^-通道开放,这两种途径增强神经膜对Cl^-的通透性。由于血脑屏障的影响,AVMs药物进入哺乳动物大脑的数量极少。目前在哺乳动物体内尚未发现由谷氨酸控制的Cl^-通道。AVMs对无脊椎动物有很强的选择性,用于抗哺乳动物的体内外寄生虫,具有较好的安全性。

可能是由于吸虫和绦虫体内缺少GABA神经传导介质和受谷氨酸控制的Cl^-通道,AVMs药物对吸虫和绦虫无效。

【不良反应】伊维菌素对试验动物的毒性略低于阿维菌素。研究表明,伊维菌素和阿维菌素对哺乳动物和禽类的毒性较弱。淡水生物如水蚤和鱼类对AVMs药物高度敏感,但因为药物可与土壤紧密结合、不溶于水以及迅速光解等特性极大地降低了其在自然环境中对水生生物的毒性。AVMs药物对植物无毒,不影响土壤微生物,对环境是相对安全的。

【耐药性】近几年来,耐AVMs药物的虫株在许多国家相继出现,且主要集中于绵羊和山羊。频繁用药和亚剂量用药可能是导致耐药性产生的主要原因。

【最高残留限量】残留标志物:阿维菌素B_{1a}。牛、羊,肌肉20 μg/kg,泌乳期禁用。

伊维菌素（ivermectin）

【理化性质】白色结晶性粉末，微有引湿性。无臭、无味。在水中几乎不溶，在甲醇、乙醇、丙醇、丙酮、乙酸乙酯中易溶。

【药动学】伊维菌素的药动学因动物种属、剂型和给药途径的不同而有明显差异。单胃动物内服后生物利用度可达95%，反刍动物生物利用度仅为25%~33%。皮下注射的生物利用度高，吸收后能很好分布到大部分组织，不易进入脑脊髓液，毒性小。但更多药物可进入柯利犬（Collies）的脑脊液，故对其毒性较强。牛、绵羊、猪的表观分布容积分别为0.45~2.4 L/kg、4.6 L/kg和4 L/kg。在肝进行代谢，牛、绵羊主要进行羟化，猪主要为甲基化。其主要从粪便排出，少于5%以原形或代谢物从尿中排泄。

【药理作用】本品具有广谱、高效、用量小和安全等优点，对线虫、昆虫和螨均具有高效驱杀作用。其作用机理是促进寄生虫的突触前神经元释放GABA，使GABA介导的Cl⁻通道开放，引起突触后细胞静止电位轻微去极化，从而干扰神经肌肉间的信号传递，使虫体松弛麻痹，导致虫体死亡或被排出体外。

【临床应用】本品用于防治羊、猪的线虫病，疥螨病和寄生性昆虫病，对马、牛、羊、猪的消化道和呼吸道线虫，马盘尾丝虫的微丝蚴以及猪肾虫等均有良好驱虫作用，对马胃蝇和羊鼻蝇的各期幼虫以及牛和羊的疥螨、痒螨、毛虱、血虱、腭虱以及猪疥螨、猪血虱等外寄生虫有极好的杀灭作用。

本品对犬、猫的钩口线虫成虫及幼虫、犬恶丝虫的微丝蚴、狐狸鞭虫、犬弓首蛔虫成虫和幼虫、狮弓蛔虫、猫弓首蛔虫以及犬猫耳痒螨和疥螨均有良好的驱杀作用。

本品对兔疥螨、痒螨、家禽羽虱都有高效杀灭作用，对传播疾病的节肢动物如蜱、蚊、库蠓等均有杀灭作用，并干扰其产卵或蜕化。

本品可用于预防犬心丝虫病（又称犬恶丝虫病）。

【注意事项】伊维菌素的安全范围较大，但超剂量可引起中毒，无特效解毒药。肌内注射后会产生严重的局部反应，马尤为显著，应慎用，一般采用皮下注射方法给药或内服。泌乳动物及孕牛临产前1个月禁用。对虾、鱼及水生生物有剧毒，应防止残留药物的包装及容器污染水源。

【用法与用量】皮下注射：一次量，每1 kg体重，牛、羊0.2 mg，猪0.3 mg，牛、羊泌乳期禁用。伊维菌素片内服：一次量，每10 kg体重，羊1片，猪1.5片。伊维菌素溶液内服：一次量，每10 kg体重，羊0.67 mL，猪1.0 mL。若混饲，每日每1 kg体重，猪0.1 mg，连用7 d。

【最高残留限量】残留标志物：23, 23-二氢阿维菌素B_{1a}。牛、猪和羊，肌肉30 μg/kg；奶10 μg/kg。

【制剂与休药期】伊维菌素注射液（ivermectin injection）、伊维菌素口服溶液（ivermectin oral solution）。休药期：牛、羊35 d，猪28 d。

莫西菌素（moxidectin）

本品亦称莫昔克丁，是由一种链霉素（*Streptomyces cyaneogriseus* ssp. *noncyanogenus*）发酵产生的半合成单一成分的大环内酯类抗生素。

【理化性质】白色或类白色无定形粉末，几乎不溶于水，极易溶于乙醇，微溶于己烷。

【药动学】其比伊维菌素更具脂溶性和疏水性，故维持组织的治疗有效药物浓度更持久。药物原形在血浆的残留长达14~15 d。泌乳牛皮下注射后，约有5%剂量可进入哺乳犊牛，在牛体内代谢为C_{29}/C_{30}

及 C_{14} 位的羟甲基化产物,其次还有极少量的羟基化和 O-脱甲基化产物。主要随粪便排泄,随尿排泄的为 3%。

【药理作用】本品可以维持长时间的抗虫活性,具有广谱驱虫活性,对犬、牛、绵羊、马的线虫和节肢动物寄生虫有高度驱杀作用。驱虫机制与伊维菌素相似。

【临床应用】本品主要用于驱除反刍动物和马的大多数胃肠线虫和肺线虫,反刍动物的某些节肢动物寄生虫及犬恶丝虫发育中的幼虫。

【注意事项】本品对动物较安全,且对伊维菌素敏感的柯利犬也安全,但高剂量时,个别犬可能会出现嗜睡、呕吐、共济失调、厌食、腹泻等症状。牛应用浇淋剂后,6 h 内不能淋雨。

【用法与用量】内服:每 1 kg 体重,马 0.4 mg,羊 0.2 mg,犬 0.2~0.4 mg,每月一次。皮下注射:牛每 1 kg 体重 0.2 mg。背部浇淋:牛、鹿每 1 kg 体重 0.5 mg。

【最高残留限量】残留标志物:莫西克丁。牛、鹿肌肉 20 μg/kg,奶 40 μg/kg,绵羊肌肉 50 μg/kg。

【制剂】莫西菌素片(moxidectin tablets),莫西菌素溶液(moxidectin solution),莫西菌素注射液(moxidectininiection),莫西菌素浇淋剂(moxidectin pouron)。

米尔贝肟(milbexime)

【理化性质】黄色结晶性粉末,有异味,易溶于 N-己烷、苯、丙酮、乙醇、甲醇和氯仿等有机溶剂,但在水中不溶。

【药动学】本品在犬体内缓慢被吸收入血,犬按每 1 kg 体重 0.25 mg 口服,在给药后约 4 h 血浆达到最大药物浓度 74.1 ng/mL,吸收半衰期为 1.1 h,消除半衰期为 11.7 h,48 h 内血中 90% 以上的药物分布到组织和体液中,之后缓慢下降从体内清除。

【药理作用】本品为广谱抗寄生虫药,对体内外寄生虫特别是线虫和节肢动物均有良好驱杀作用。可有效对抗螨虫、线虫(幼虫和成虫)以及心丝虫的幼虫。作用机理是与靶虫细胞上特异性高亲和力的位点结合,影响细胞膜对 Cl^- 的通透性,继而引起线虫的神经细胞及节肢动物的肌细胞抑制性神经递质 GABA 的释放量增加,打开谷氨酸控制的 Cl^- 通道,增强神经膜对 Cl^- 的通透性,从而阻断神经信号的传递,最终神经麻痹,使肌肉细胞失去收缩能力,而导致虫体死亡。

【临床应用】用于预防犬心丝虫,驱除蛔虫、钩虫和鞭虫。

【不良反应】已感染心丝虫的犬服用后可能出现精神倦怠、食欲不振及呕吐等现象。

【注意事项】犬服用前,需进行血液测试,检查是否已感染心丝虫。感染心丝虫的犬,服用本品前先驱除心丝虫及幼虫。两个月以下的或体重大于 10 kg 或小于 5 kg 的犬不适用。

【用法与用量】预防心丝虫:口服,一次量,犬每 1 kg 体重 0.25~0.5 mg,每月一次;蚊患季节前一个月开始服用,直至季节完结后一个月。驱除蛔虫和钩虫:口服,一次量,犬每 1 kg 体重 0.25~0.5 mg,每月 1 次,至少连用 2 次。驱除鞭虫:口服,一次量,犬每 1 kg 体重 0.5~1 mg,每月 1 次,至少连用 2 次。

【制剂】米尔贝肟片(milbexime tablets)。

(二)苯并咪唑类

苯并咪唑类(benzimidazoles)的第一个驱虫药是噻苯达唑,自20世纪60年代初问世以来,相继合成了许多广谱、高效、低毒的抗蠕虫药,如甲苯达唑、芬苯达唑、康苯咪唑、丁苯咪唑、阿苯达唑、奥芬达唑、三氯苯咪唑、尼托比明(netobimin)、非班太尔和硫苯尿酯(thiophanate)等,作用基本相似,主要对线虫具有较强的驱杀作用,其中有些对成虫和幼虫均有效,甚至还具有杀虫卵作用。

近年来由于阿维菌素类的推广应用,苯并咪唑类的用量有减少趋势。

【作用机理】本类药物基本是细胞微管蛋白抑制剂,主要与虫体的微管蛋白结合,阻止微管组装的聚合(polymerization)。甲苯达唑对一些蠕虫的成虫和幼虫的微管蛋白有明显的损伤作用,导致线虫或绦虫的表皮层与肠细胞质的微管损伤,使虫体的消化和营养吸收降低。

在哺乳动物体温影响下,苯并咪唑类对线虫微管蛋白的亲和力比对哺乳动物的要强得多,如猪蛔虫胚胎的微管蛋白对甲苯达唑的敏感性比牛脑组织高384倍,这可能是此类药物选择性作用于虫体而对宿主毒性低的原因。

【不良反应】本品一般毒性低,安全范围大。不同种属动物对不同药物过大剂量的耐受性有很大差异,例如,绵羊服用比治疗量大1 000倍的硫苯咪唑无临床不良反应,而牛服用3倍治疗量的康苯咪唑时会出现食欲不振和精神沉郁,猪能耐受每1 kg体重1 000 mg的丁苯咪唑,鸡能耐受每1 kg体重2 000 mg的甲苯达唑。

本品具有致畸作用,阿苯达唑、丁苯咪唑或康苯咪唑可诱发妊娠2~4周的绵羊产生各种胚胎畸形,以骨骼畸形占多数。

阿苯达唑(albendazole)

本品又称丙硫苯咪唑。

【理化性质】白色或类白色粉末。无臭、无味,在水中不溶,在氯仿或丙酮中微溶,还在冰醋酸中溶解。

【药动学】本品脂溶性高,更易在消化道中吸收,有很强的首过效应,故血中的原形药物很少或不能被测到,主要在肝脏代谢为阿苯达唑亚砜和砜等代谢物,亚砜具有抗蠕虫活性。内服阿苯达唑后,其亚砜和砜代谢物在牛、羊、猪、兔、鸡的半衰期表现出明显的种属差异。内服后约47%代谢物随尿液排出。除亚砜和砜外,羟化、水解和结合产物随胆汁排出体外。

【药理作用】本品可发挥广谱驱虫作用。线虫对其敏感,对绦虫、吸虫也有较强作用(但需较大剂量),对血吸虫无效。对成虫作用强,对未成熟虫体和幼虫也有较强作用,还有杀虫卵作用。作用机理是与线虫的微管蛋白结合发挥作用,与β-微管蛋白结合后,阻止其与α-微管蛋白进行多聚化组装成微管。

【临床应用】羊:低剂量对血矛线虫、奥斯特线虫、毛圆线虫、细颈线虫、食道口线虫、夏伯特线虫、马歇尔线虫、古柏线虫、网尾线虫、莫尼茨绦虫成虫均具良好效果,高限治疗量对多数胃肠线虫幼虫、网尾线虫未成熟虫体及肝片吸虫成虫亦有明显驱除效果。

牛:本品对大多数胃肠道线虫成虫及幼虫均有良好效果。通常对小肠、皱胃未成熟虫体效果优良,而对盲肠及大肠未成熟虫体效果较差,对肝片吸虫童虫效果不稳定。

马：本品对马的大型圆线虫如普通圆形线虫、无齿圆形线虫、马圆形线虫及多数小型圆形线虫的成虫及幼虫均有高效。

猪：本品对猪蛔虫、食道口线虫、六翼泡首线虫、毛首线虫、刚棘颚口线虫、后圆线虫（肺线虫）均有良好效果，对蛭状巨吻棘头虫效果不稳定。

犬、猫：每天每1 kg体重用药20 mg，连用3 d，本品对犬蛔虫及钩虫、绦虫均有高效，对犬肠期旋毛虫亦有良好效果。感染克氏肺吸虫的猫，每1 kg体重5 mg，每天3次，连用14 d，能杀灭所有虫体。

家禽：本品对鸡蛔虫成虫及未成熟虫体有良好效果，对赖利绦虫成虫亦有较好效果。但对鸡异刺线虫、毛细线虫作用很弱。每1 kg体重25 mg，对鹅剑带绦虫、棘口吸虫疗效为100%。每1 kg体重50 mg，对鹅裂口线虫效果较好。

野生动物：本品对白尾鹿捻转血矛线虫、奥斯特线虫、毛圆线虫、细颈线虫疗效甚佳，对肝片吸虫成虫及童虫效果极差。

【不良反应】犬以50 mg/kg每天2次用药，会逐渐产生厌食症，可引起犬的再生障碍性贫血。对妊娠早期动物有致畸和胚胎毒性的作用。

【注意事项】马较敏感，不能连续大剂量给药；牛、羊妊娠45 d内禁用；泌乳期禁用。

【用法与用量】内服：一次量，每1 kg体重，马5~10 mg，牛、羊10~15 mg，猪5~10 mg，犬25~50 mg，禽10~20 mg。

【最高残留限量】残留标志物：奶，阿苯达唑亚砜、阿苯达唑砜、阿苯达唑-2-氨基砜和阿苯达唑之和；除奶外其他靶组织：阿苯达唑-2-氨基砜。所有食品动物：肌肉100 μg/kg。

【制剂与休药期】阿苯达唑片（albendazole tablets）。休药期：牛14 d，羊4 d，猪7 d，禽4 d，弃奶期60 h。

氧苯达唑（oxibendazole）

【理化性质】白色或类白色结晶性粉末，无臭，无味。不溶于水，极微溶于甲醇、乙醇、二氧六环、氯仿，溶于冰醋酸。

【药动学】本品不易被吸收。一次给绵羊内服，6 h血药浓度达峰值，24 h内随尿排泄占34%，216 h随尿排泄的占给药量40%。一次给牛内服，12 h达血药峰浓度，144 h后随尿排泄占32%。在猪体内的主要代谢物为5-羟丙基咪唑，主要经肾排泄。

【药理作用】本品为高效低毒苯并咪唑类抗线虫药。线虫对其敏感，对绦虫、吸虫也有较强作用（但需较大剂量），对血吸虫无效。与线虫的微管蛋白结合发挥作用。

【临床应用】虽然毒性极低，但因驱虫谱较窄，仅对胃肠道线虫有高效，因而应用不广。

【不良反应】按规定的用法与用量使用尚未见不良反应。

【注意事项】对噻苯达唑耐药的蠕虫，也可能对本品存在交叉耐药性。

【用法与用量】内服：一次量，每1 kg体重，马、牛10~15 mg，羊、猪10 mg，禽30~40 mg。

【制剂与休药期】氧苯达唑片（oxibendazole tablets）。休药期：牛4 d，弃奶期72 h，羊4 d，猪14 d。

非班太尔（febantel）

【理化性质】无色粉末，不溶于水和乙醇，溶于丙酮、氯仿、四氢呋喃和二氯甲烷。

【药动学】本品的相对吸收较快，代谢成分包括芬苯达唑和奥芬达唑在内大概有10种产物，其中芬苯达唑和奥芬达唑的驱虫活性比其前体药物要强得多。给犬服用后，芬苯达唑及奥芬达唑的血药浓度达峰时间为7~9 h。牛或绵羊内服每1 kg体重7.5 mg治疗量后，迅速代谢，在血浆仅出现低浓度原形药物。代谢物的血药峰时为：羊于内服后6~18 h，牛为12~24 h。

【药理作用】本品为苯并咪唑类驱虫药，在动物的胃肠道内转变成芬苯达唑（及其亚砜）和奥芬达唑而发挥驱虫效应。

【临床应用】本品可用作各种动物的驱线虫药。非班太尔多以复方制剂上市。如用于犬、猫的产品多与吡喹酮、噻嘧啶等配合，以扩大驱虫范围。

【不良反应】按推荐剂量使用，未见不良反应。超剂量使用时，犬偶见呕吐。

【注意事项】禁止用于对本品敏感的犬。建议轮换使用不同种类抗寄生虫药，以防止寄生虫出现耐药性。大剂量非班太尔对绵羊及大鼠有致畸作用，但无孕犬早期的致畸研究。不能用于妊娠期低于4周龄的犬，给妊娠犬使用切勿超过推荐剂量。必须控制绦虫中间宿主，如跳蚤、老鼠等，否则会重新出现绦虫感染。

【用法与用量】内服：一次量，每1 kg体重，马6 mg，牛、羊10 mg，猪20 mg；犬、猫，6月龄以上，10 mg，连用3 d，6月龄以下，15 mg。对6月龄以上的犬、猫，每天按每1 kg体重非班太尔10 mg、吡喹酮1 mg内服，连用3 d。不足6月龄幼犬、幼猫应增量至每1 kg体重非班太尔15 mg、吡喹酮1.5 mg，连用3 d。

【最高残留限量】残留标志物：芬苯达唑、奥芬达唑和奥芬达唑砜的总和，以奥芬达唑砜等效物表示。牛、羊、猪、马，肌肉100 μg/kg，奶100 μg/kg，蛋50 μg/kg。

（三）咪唑并噻唑类

对畜禽主要消化道寄生线虫和肺线虫有效，驱虫范围较广，主要包括四咪唑（噻咪唑）和左旋咪唑（左噻咪唑）。四咪唑为混旋体，左旋咪唑为左旋体，左旋体发挥驱虫作用。

左旋咪唑（levamisole hydrochloride）

本品又称左咪唑。

【理化性质】常用其盐酸盐或磷酸盐。白色或类白色的针状结晶或结晶状粉末，无臭。在水中极易溶解，在乙醇中易溶，在三氯甲烷中微溶，在丙酮中极微溶解。在酸性水溶液中性质稳定，在碱性水溶液中易水解失效。

【药动学】内服、肌内注射吸收迅速和完全。犬内服、肌内注射的生物利用度为49%~64%，达峰时间约2.0~4.5 h；猪内服及肌内注射的生物利用度分别为62%和83%，此外，还可通过皮肤吸收。主要通过代谢消除，原形药（少于6%）及大部分代谢物随尿排泄，小部分随粪便排出。牛、羊、猪、犬和兔的消除半衰期有明显的种属差异。

【药理作用】本品对牛、绵羊、猪、犬和鸡的大多数线虫具有活性，为广谱、高效、低毒驱虫药；对牛、羊主要消化道线虫和肺线虫有极佳的驱虫作用,对毛首线虫、肺线虫、古柏线虫幼虫和猪肾虫有良好驱除作用。作用机理是兴奋蠕虫的副交感和交感神经节,表现为烟碱样作用。高浓度时,左旋咪唑通过阻断延胡索酸还原和琥珀酸氧化作用,干扰线虫的糖代谢,最终对蠕虫起麻痹作用,使活虫体排出。除了具有驱虫活性外,还能明显提高免疫反应。可恢复外周T淋巴细胞的细胞介导免疫功能,兴奋单核细胞的吞噬作用,对免疫功能受损的动物作用更明显。

【临床应用】用于对苯并咪唑类耐药的捻转血矛线虫和蛇形毛圆线虫。

【不良反应】牛用可出现副交感神经兴奋症状,口鼻出现泡沫或流涎,舐唇和摇头等不良反应。症状一般在2 h内减退。给药后可引起绵羊暂时性兴奋,山羊可产生抑郁、感觉过敏和流涎。猪可产生流涎或口鼻冒出泡沫。犬可出现胃肠功能紊乱如呕吐、腹泻,神经毒性反应如喘气、摇头、焦虑或其他行为变化,粒细胞缺乏症,肺水肿,免疫介导性皮疹等。猫可见流涎、兴奋、瞳孔散大和呕吐等。

【注意事项】产蛋供人食用的家禽,在产蛋期不得使用本品;产乳供人食用的家畜,在泌乳期不得使用本品。极度衰弱或严重肝肾损伤患畜应慎用本品。疫苗接种、去角或去势等引起应激反应的牛应慎用或推迟使用本品。中毒时可用阿托品解毒和其他对症治疗。

【用法与用量】内服、皮下和肌内注射:一次量,每1 kg体重,牛、羊、猪7.5 mg,犬、猫10 mg,家禽25 mg。

【最高残留限量】残留标志物:左旋咪唑。牛、羊、猪、家禽,肌肉10 μg/kg。泌乳期禁用,产蛋期禁用。

【制剂及休药期】盐酸左旋咪唑片(levamisole hydrochloride tablets),盐酸左咪唑注射液(levamisole hydrochloride injection),盐酸左旋咪唑粉(levamisole hydrochloride powder)。休药期:内服,牛2 d,羊、猪3 d,禽28 d;皮下注射,牛14 d,羊、猪、禽28 d。

(四)有机磷化合物

有机磷化合物最早主要用作农业和环境杀虫药,一些毒性较低的化合物发展为兽药,部分用于驱虫的兽药有敌百虫、敌敌畏、蝇毒磷、哈罗松和萘肽磷等。我国应用最广的首推敌百虫。

有机磷化合物驱虫杀虫作用机理是抑制虫体内胆碱酯酶活性,导致乙酰胆碱蓄积而引起虫肌麻痹致死。对虫体内胆碱酯酶的抑制程度因虫种或药物种类的不同而有差异,有机磷与虫体胆碱酯酶的结合呈不可逆性时则驱虫作用强,反之,呈可逆性时则作用弱,如哈罗松对捻转血矛线虫作用强,因为捻转血矛线虫体内胆碱酯酶与其结合后呈不可逆性;而哈罗松与蛔虫体内胆碱酯酶结合后呈可逆性,因此驱蛔作用弱。

临床上使用有机磷应注意剂量,过大不仅会增强毒性,而且易造成残留超标。

敌百虫(dipterex,trichlorphon)

【理化性质】白色结晶性粉末。易溶于水,水溶液呈酸性反应,性质不稳定,宜新鲜配制。在碱性水溶液中可生成毒性增强的敌敌畏。在空气中易吸湿结块,在固体和熔融时均稳定,稀水溶液易水解。

【药动学】无论以何种途径给药,本品都能很快被吸收,主要分布于肝、肾、心、脑和脾,肺次之,肌肉、脂肪等组织较少。体内代谢较快,主要随尿排出。

【药理作用】敌百虫是国内曾广泛应用的广谱驱虫药,不仅对消化道大多数线虫有效,而且对某些吸虫(如姜片虫、血吸虫)亦有一定效果,对鱼鳃吸虫和鱼虱也有效。作用机理是与寄生虫体内的胆碱酯酶结合,使胆碱酯酶失去活性,引起乙酰胆碱大量蓄积,干扰虫体神经肌肉的兴奋传递,导致敏感寄生虫麻痹而死亡。

【临床应用】内服用于驱杀家畜多种胃肠道线虫和蜱、蚤、虱等。外用可做杀虫药。

【不良反应】本品在有机磷化合物中属低毒药物之一,但治疗量与中毒量很接近,安全范围窄,故在驱虫过程中屡有中毒现象发生。治疗量可使动物出现轻度副交感神经兴奋反应,过量使用可出现中毒症状,主要表现为流涎、腹痛、缩瞳、呼吸困难、昏迷直至死亡。

【注意事项】不同种属动物反应不一,家禽(鸡、鸭等)最敏感,易中毒,而不宜应用;犬、猪比较安全;反刍动物较敏感,慎用。水溶液应临用前配制,且不宜与碱性药物配伍,不应使用碱性水配制敌百虫溶液,不宜用碱性的碳酸钙压片。畜禽中毒时,用阿托品与解磷定等解救。

【用法与用量】内服:一次量,每1 kg体重,马30~50 mg(极量20 g),牛20~40 mg(极量15 g),猪、绵羊80~100 mg,山羊50~75 mg。外用:每1 kg体重50~75 mg内服或24%溶液喷雾对羊鼻蝇第1期幼虫均有良好杀灭作用。每1 kg体重40~75 mg混饲给药,对马胃蝇蛆有良好杀灭作用。2%溶液涂擦背部,对牛皮蝇第3期幼虫有良好杀灭作用。杀螨可配成1%~3%溶液局部应用或0.2%~0.5%溶液药浴。杀灭虱、蚤、蜱、蚊和蝇,可配成0.1%~0.5%溶液喷淋。

【最高残留限量】残留标志物:敌百虫。牛:肌肉、奶、可食性组织50 μg/kg。

【制剂与休药期】精制敌百虫。内服:各种动物的休药期为7 d。外用:暂无休药期规定。

(五)其他驱线虫药

哌嗪(piperazine)

【理化性质】磷酸哌嗪为白色鳞片状结晶或结晶性粉末,无臭,味微酸带涩,在沸水中溶解,在水中略溶,在乙醇、三氯甲烷或乙醚中不溶。枸橼酸哌嗪为白色结晶颗粒或结晶性粉末,无臭,味酸,微有引湿性。在水中易溶,在甲醇中极微溶解,在乙醇、氯仿、乙醚或石油醚中不溶。

【药动学】哌嗪及其盐类在胃肠道近端迅速被吸收,部分在组织中代谢,其余(30%~40%)随尿排泄,通常在给药后30 min即可从尿中检测到哌嗪,1~8 h为排泄高峰期,24 h内几乎排完。

【药理作用】本品可近乎完全驱除马体内的蛔虫和80%的马尖尾成线虫,但对未成熟的虫体活性很低,对猪的蛔虫和结节虫具有良好的活性。对犬弓蛔虫、猫弓蛔虫、狮弓蛔虫具有52%~100%的作用;鸡蛔虫对磷酸哌嗪很敏感,鸡盲肠线虫(鸡异刺线虫)对哌嗪不敏感。因为幼虫继续发育,食肉动物在2周内,猪和马在4周内,青年马在8周后,应重复进行治疗。并发胃肠炎的动物以及怀孕期的动物亦可安全使用。

成熟的虫体对哌嗪较敏感,幼虫和腔驻留幼虫可被部分驱除,然而,宿主组织中的幼虫则不敏感。对敏感线虫产生箭毒样作用,使虫体麻痹,从而通过粪便排出体外。其作用机理是通过阻断神经肌肉接头处乙酰胆碱的作用,诱导弛缓性麻痹;另外,还可抑制蛔虫琥珀酸的合成,干扰虫体能量代谢;通过虫体抑制性递质GABA而起作用。哌嗪的抗胆碱活性是兴奋GABA受体和阻断非特异性胆碱能受体的双重作用,结果导致虫体麻痹,失去附着于宿主肠壁的能力,并借肠蠕动而随粪便被排出体外。

【临床应用】本品主要用于畜禽蛔虫,也用于马蛲虫,犬、猫弓首蛔虫等。

【不良反应】按规定的用法与用量使用尚未见不良反应。但在犬或猫可见腹泻、呕吐和共济失调。高剂量时,马和驹可见暂时性软粪。

【注意事项】本品对未成熟虫体作用不强,通常应间隔一段时间后重复给药:马3~4周,猪2月,禽10~14 d,犬、猫2~3周。对马的适口性差,不宜混于饲料中给药,应以溶液剂灌服。对猪、禽饮水或混饲给药时应在8~12 h内用完,动物还应禁食(饮)一夜。

【用法与用量】内服:枸橼酸哌嗪,一次量,每1 kg体重,马、牛0.25 g,羊、猪0.25~0.3 g,犬0.1 g,禽0.25 g;磷酸哌嗪,一次量,每1 kg体重,马、猪0.2~0.25 g,犬、猫0.07~0.1 g,禽0.2~0.5 g。

【最高残留限量】残留标志物:哌嗪。猪,肌肉400 μg/kg,蛋2 000 μg/kg。

【制剂与休药期】枸橼酸哌嗪片(piperazine citrate tablets),磷酸哌嗪片(piperazine phosphorate tablets)。休药期:猪21 d,禽14 d,弃蛋期7 d。

二、驱绦虫药

要彻底消灭畜禽绦虫病,不仅需要使用驱绦虫药,而且还须控制绦虫的中间宿主,采取有效的综合防治措施,才能阻断其传播。理想的抗绦虫药应能完全驱杀虫体,若仅使绦虫节片脱落,则完整的头节大概在2周内又会生出体节。

目前常用的驱绦虫药主要有吡喹酮、依西太尔、氢溴酸槟榔碱、氯硝柳胺、硫双二氯酚、丁萘脒、溴羟苯酰苯胺等。其他兼有抗绦虫作用的药物,如苯并咪唑类药物。

吡喹酮(praziquantel)

【理化性质】白色或类白色结晶性粉末。几乎无臭,味苦,有吸湿性。在氯仿中易溶,在乙醇中溶解,在乙醚及水中均不溶。

【药动学】本品内服,在肠道迅速并几乎完全吸收,但有显著的首过效应。犬和绵羊用药后,分别在0.5~2 h和2 h达到血药峰浓度,肌内和皮下注射较内服的血药浓度维持时间更长。分布于全身各种组织,其中以肝、肾最高,并可穿过血脑屏障进入中枢神经系统,这种广泛分布的特点有利于驱除宿主各种器官中的幼虫。进入体内的吡喹酮迅速由肝代谢为无活性的单羟化或多羟化代谢物,主要排泄在尿中。只有极少的原形药(绵羊为0.1%)随粪便排泄。黄牛、羊、猪、犬和兔内服给药的消除半衰期存在种属差异。

【药理作用】本品是较为理想的新型广谱驱绦虫药、抗血吸虫药和驱吸虫药。对各种绦虫的成虫具有极高的活性,对幼虫也具有良好的活性,对血吸虫有很好的驱杀作用。在体外低浓度的吡喹酮似可损伤绦虫的吸盘功能并兴奋虫体的蠕动,较高浓度药物则可增强绦虫链体(节片链)的收缩(在极高浓度时为不可逆收缩)。此外,吡喹酮可引起绦虫包膜特殊部位形成灶性空泡,继而使虫体裂解。

对吸虫可能由于增加 Ca^{2+} 流进虫体而直接杀死寄生虫,随后形成灶性空泡并被吞噬。其对血吸虫的机制可能有5-羟色胺样作用,引起虫体痉挛性麻痹;同时能影响虫体肌浆膜对 Ca^{2+} 的通透性,使 Ca^{2+} 的内流增加,还能抑制肌浆网钙泵再摄取,使虫体肌细胞内 Ca^{2+} 含量大增,导致虫体麻痹。

【临床应用】本品主要用于治疗动物血吸虫病,也用于绦虫病和囊尾蚴病。

【不良反应】高剂量时,牛偶见血清谷丙转氨酶轻度升高,部分牛会出现体温升高、肌肉震颤、臌气等。犬内服后可见厌食、呕吐或腹泻,但发生率少于5%,猫的不良反应很少见。

【注意事项】4周龄以内幼犬和6周龄以内小猫慎用。

【用法与用量】内服:一次量,每1 kg体重,牛、羊、猪10~35 mg,犬、猫2.5~5 mg,禽10~20 mg。

【最高残留限量】允许用于食品动物,无需制定残留限量。

【制剂与休药期】吡喹酮片(praziquantel tablets)。休药期:牛、禽28 d,羊4 d,猪5 d,弃奶期7 d。

三、驱吸虫药

除吡喹酮、硫双二氯酚以及苯并咪唑类药物(见本章驱绦虫药部分)等具有驱吸虫作用外,还有多种驱吸虫药,主要介绍几种常用驱肝片吸虫药物。

硝氯酚(niclofolan)

又称拜耳-9015。

【理化性质】黄色结晶性粉末,无臭。不溶于水,微溶于乙醇,在冰醋酸和乙醚中略溶,在丙酮或二甲基甲酰胺中溶解,易溶于氢氧化钠或碳酸钠溶液中。

【药动学】内服后可经肠道吸收,但在瘤胃内可逐渐降解灭活。牛内服每1 kg体重3 mg后1~2 d,血药峰浓度为3~7 μg/mL,很快降至2 μg/mL以下,在用药后5~8 d,经乳汁排泄药物仍达0.1 mg/kg。从动物体内排泄较缓慢,9 d后乳、尿中基本上无残留药物。

【药理作用】本品具有高效、低毒特点。作用机理是能抑制虫体琥珀酸脱氢酶,从而影响肝片吸虫能量代谢而发挥作用。

【临床应用】本品是驱除牛、羊肝片吸虫较理想的药物,治疗量一次内服,对肝片吸虫成虫驱虫率几乎达100%。对未成熟虫体,无实用价值。对各种前后盘吸虫移行期幼虫也有较好效果。

【不良反应】硝氯酚对动物比较安全,治疗量一般不出现不良反应。

【注意事项】过量引起的中毒症状(如发热、呼吸困难、窒息),可根据症状选用尼可刹米、毒毛花苷K、维生素C等对症治疗。

【用法与用量】内服:一次量,每1 kg体重,黄牛3~7 mg,水牛1~3 mg,羊3~4 mg,猪3~6 mg。深层肌内注射:一次量,每1 kg体重,牛、羊0.5 mg~1 mg。

【制剂与休药期】硝氯酚片(niclofolan tablets),硝氯酚注射液(niclofolan injection)。休药期:15 d,弃乳期9 d。

氯生太尔(closantel)

本品又称氯氰碘柳胺。

【理化性质】浅黄色粉末,无臭,无异味。在乙醇、丙酮中易溶,在甲醇中溶解,在水或氯仿中不溶。

【药动学】牛、羊内服每1 kg体重10 mg剂量,8~24 h血药峰值为45~55 μg/mL,与注射每1 kg体重5 mg剂量的浓度近似。内服吸收较少,吸收后99%以上与血浆蛋白结合,半衰期长达14.5 d。药物长期滞留,使预防绵羊血矛线虫感染的作用长达60 d,同时也能增强对进入胆管内刚成熟肝片吸虫的杀虫效果。80%的药物经粪便排泄,不足0.5%的药物经尿排出体外。

【药理作用】对牛、羊片形吸虫、胃肠道线虫以及节肢类动物的幼虫均有驱杀活性。作用机理是增加寄生虫线粒体渗透性,通过对氧化磷酸化的解偶联作用而发挥驱杀作用。对多数胃肠道线虫,如血矛线虫、仰口线虫、食道口线虫,每1 kg体重5~7.5 mg剂量,驱除率均超过90%。每1 kg体重2.5~5 mg剂量,对1、2、3期羊鼻蝇蛆均有100%杀灭效果,对牛皮蝇3期幼虫亦有较好驱杀效果。对前后盘吸虫无效。

【临床应用】主要用作牛、羊杀肝片吸虫药。

【注意事项】注射剂对局部组织有一定的刺激性。

【用法与用量】内服:一次量,每 kg体重,牛5 mg,羊10 mg。皮下注射:一次量,每1 kg体重,牛2.5 mg,羊5 mg。

【最高残留限量】残留标志物:氯氰碘柳胺。牛,肌肉1 000 μg/kg;羊,肌肉1500 μg/kg;奶45 μg/kg。

【制剂与休药期】氯氰碘柳胺钠大丸剂(closantel sodium bolus),氯氰碘柳胺钠混悬液(closantel sodium suspension),氯氰碘柳胺钠注射液(closantel sodium injection)。休药期:牛、羊28 d,弃乳期28 d。

四、抗血吸虫药

血吸虫病是人畜共患病,耕牛患病率颇高,对人的健康造成很大威胁。防治耕牛血吸虫病,对消灭人体血吸虫病具有重要作用。

锑剂(如酒石酸锑钾等)原是传统应用最有效药物,由于毒性太大,已逐渐被其他药物取代。非锑剂抗血吸虫药物包括吡喹酮、硝硫氰酯、硝硫氰胺、六氯对二甲苯和呋喃西胺。吡喹酮为当前首选的抗血吸虫药,主用于治疗人和动物血吸虫病。

硝硫氰酯(nitroscanate)

【理化性质】无色或浅黄色微细结晶性粉末。不溶于水,极微溶于乙醇,溶于丙酮和二甲基亚砜。

【药动学】单胃动物内服本品后,吸收较慢,1~3 d达血药峰值,本品能与红细胞和血浆蛋白结合,故半衰期长达7~14 d,在体内分布不均匀,胆汁中浓度高于血浓度10倍,有明显肝肠循环现象,对杀灭血吸虫有利。吸收后药物主要经尿液排泄。反刍动物内服后驱虫效果较差,有可能在瘤胃中被降解所致。

【药理作用】本品有较强的杀血吸虫作用,具有广谱驱虫作用,国外还用于犬、猫驱虫。作用机理是抑制虫体的琥珀酸脱氢酶和ATP酶,影响三羧循环,使虫体收缩,丧失吸附于血管壁的能力,而被血流冲入肝脏,使虫体萎缩、生殖系统退化,通常于给药2周后虫体开始死亡,4周后几乎全部死亡。

【临床应用】由于其对耕牛的血吸虫病和肝片吸虫病均有较好疗效,我国主要用于耕牛上述寄生虫病的治疗。反刍动物由于内服时杀虫效果较差,而临床多选用第三胃注入法。

【不良反应】本品对胃肠道有刺激性,犬、猫反应较严重,猪偶可呕吐,个别牛表现为厌食,瘤胃臌气或反刍停止,但均能耐过。

【注意事项】应配成3%油性溶液注入牛第三胃。

【用法与用量】内服:一次量,每1 kg体重,牛30~40 mg,猪15~20 mg,犬、猫50 mg。第三胃注入:一次量,每1 kg体重,牛15~20 mg。

第二节 抗原虫药

一、抗球虫药

鸡、兔、牛和羊的球虫病危害最大,不仅流行广,而且死亡率高。球虫病目前主要还是依靠药物预防,抗球虫药可极大程度地减少球虫病造成的损失,并给畜牧业带来巨大的经济效益。

目前应用于生产的驱球虫药有20余种,一般为广谱药,大致分为两大类:一类是聚醚类离子载体抗生素,另一类是化学合成抗球虫药。常把各种化学合成药作为轮换或穿梭防治球虫用药方案中的替换药物,使用较多的有地克珠利、氨丙啉和尼卡巴嗪。

【作用机理】离子载体类、喹啉类、氯羟吡啶对球虫子孢子和滋养体起作用,尼卡巴嗪、氨丙啉、常山酮、氟嘌呤和磺胺类对后期阶段起作用,地克珠利对艾美耳球虫的多数阶段起作用,仅对巨型艾美耳球虫的有性生殖阶段起作用,氨丙啉、氟嘌呤和磺胺类对实验室虫株的有性生殖阶段也起作用。

多数药物的作用机理尚不清楚,可从药物的化学结构或特定的实验室研究结果进行推测。氨丙啉化学结构类似于硫胺,可能通过阻断虫体对硫胺的利用而起作用。喹啉类抗球虫药可逆性地与子孢子线粒体内电子运输系统部分结合,因而可阻断任何需要能量的反应。离子载体类抗球虫药可提高细胞膜对Na^+、K^+的通透性,使得虫体消耗大量能量。离子载体类处理之后的子孢子在细胞内不能存活,可能由于它们缺乏有效的机制来保持渗透平衡,氟嘌呤似乎是干扰嘌呤的补给途径,这与抗球虫活性有何相关尚不清楚。

由于绝大多数抗球虫药作用于球虫的无性周期,当鸡群出现血便等症状时,球虫发育基本完成了无性生殖,开始进入有性生殖阶段,此时用药只能保护未出现明显症状或未感染的鸡,而对出现严重症状的病鸡,用药很难见到效果。

抗球虫药的作用峰期是指对药物最敏感的球虫生活史阶段,或药物主要作用于球虫发育的某生活周期,也可按球虫生活史(即动物感染后)的第几日来计算。球虫的致病阶段是在发育史的裂殖生殖和配子生殖阶段,尤其是第二代裂殖生殖阶段,应选择作用峰期与球虫致病阶段相一致的抗球虫药作为治疗性药物。尼卡巴嗪、托曲珠利、磺胺氯吡嗪钠、磺胺喹噁啉、磺胺二甲氧嘧啶、二硝托胺都属于这种类型的抗球虫药。抗球虫药抑制球虫发育的不同阶段,直接影响鸡对球虫产生免疫力。由于作用于第一代裂殖体的药物影响鸡的免疫力,故多用于肉鸡,而蛋鸡和肉用种鸡一般不用或不宜长时间应用。作用于第二代裂殖体的药物不影响鸡的免疫力,故可用于蛋鸡和肉用种鸡。

用药时应严格根据我国《动物性食品中兽药最高残留限量》的规定,认真监控抗球虫药残留,遵守《中华人民共和国兽药典(2020年版)》关于抗球虫药休药期的规定以及其他有关的注意事项。

在使用抗球虫药物时,需要控制球虫病,将其造成的损失降至最低,推迟球虫对所用抗球虫药产生耐药性,延长有效药物的使用寿命。为达到上述目的,需要合理应用抗球虫药,应该综合考虑并做到表14-5中的几方面。

表14-5 合理使用抗球虫药应考虑的因素

因素	原因
重视药物预防作用	多数抗球虫药是作用于球虫发育过程的早期阶段(无性生殖阶段),而雏鸡感染球虫后约进行4 d的无性生殖,故必须在感染后前4 d用药方能奏效。
合理选用不同作用峰期的药物	绝大多数抗球虫药作用于球虫的无性周期,但其作用峰期并不相同。①作用峰期在感染后第1~2 d的药物,多用作预防和早期治疗。②作用峰期在感染后第3~4 d的药物,多作为治疗药。
采用轮换用药、穿梭用药或联合用药	在穿梭或轮换用药时,一般先使用作用于第一代裂殖体的药物,再换用作用于第二代裂殖体的药物,减少或避免耐药性的产生同时可提高药物防治的效果。联合用药可通过药物间的协同作用来延缓耐药虫株的产生,增强药效和减少用量。
选择适当的给药方法	治疗性用药应混饮给药。筛选出几种对当地球虫虫株敏感的抗球虫药,以备发生球虫病时使用。
合理的剂量和充足的疗程	了解饲料中的抗球虫药物添加剂品种,避免治疗时重复使用同一品种药物,造成药量增大。特别是有些抗球虫药的推荐治疗剂量与中毒剂量非常接近,重复用药会造成药物中毒。
注意配伍禁忌	如莫能霉素、盐霉素禁止与泰妙菌素、竹桃霉素并用,否则会造成鸡生长发育受阻,甚至中毒死亡。
避免抗球虫药在动物性食品中残留	遵守法律法规,严格按照休药期规定执行,以免兽药残留对人的健康造成危害。

(一)聚醚类离子载体抗生素

20世纪50年代研究发现聚醚类抗生素具有促进离子通过细胞膜的能力,但其抗球虫活性是在莫能菌素被分离后才被认识。其中的莫能菌素、拉沙菌素和盐霉素具有很广的抗虫谱,对常见的6种鸡艾美耳球虫都有抗虫活性,而且没有严重的球虫耐药性问题,因而很快被广泛应用于养鸡业。

聚醚类离子载体抗生素在化学结构上含有许多醚基和一个一元有机酸基,在溶液中由氢链连接形成特殊构型,其中心由于并列的氧原子而带负电,具有一种能捕获阳离子的"磁阱"作用。外部主要由烃类组成,具中性和疏水性。这种构型的分子能与Na^+、K^+等相互作用,并使其具有脂溶性,这样的结合并不形成牢固的键,离子在不同浓度梯度下被捕获和释放,因此,离子就容易通过细胞膜。

聚醚类离子载体抗生素对哺乳动物的毒性较大,如莫能菌素,马内服LD_{50}为每1 kg体重2 mg;而对鸡的毒性相对较小,鸡的内服LD_{50}为每1 kg体重185 mg。这类药物往往会引起鸡的羽毛生长迟缓,有时会引起来亨鸡过度兴奋。

本品对鸡艾美耳球虫的子孢子和第一代裂殖生殖阶段的初期虫体具有杀灭作用,但对裂殖生殖后期和配子生殖阶段虫体的作用极小,仅用于鸡球虫病的预防。

莫能菌素(monensin)

又称莫能星、瘤胃素(Rumensin)。其是从肉桂链霉素(Streptomyces cinnamonensis)的发酵产物中分离得到的。

【理化性质】白色或类白色结晶性粉末,稍有特殊臭味。难溶于水,易溶于有机溶剂。

【药理作用】本品为单价离子载体类较理想的广谱抗球虫药。作用机理是通过干扰球虫细胞内K^+及Na^+离子的正常渗透,使大量的Na^+和水分进入细胞内,引起肿胀而死亡。

【临床应用】本品对鸡的柔嫩、毒害、巨型、变位、堆型、变位艾美耳球虫等均有高效的杀灭效果。对火鸡腺艾美耳球虫和火鸡艾美耳球虫、鹌鹑的分散和莱泰艾美耳球虫、羔羊雅氏、阿撒地艾美耳球虫亦有效。莫能菌素的作用峰期是在球虫生活周期的最初两日,对子孢子及第一代裂殖体都有抑制作用。此外,莫能菌素对金黄色葡萄球菌、链球菌、产气荚膜梭菌等革兰氏阳性菌亦有较强的抗菌作用,并能促进动物生长发育,增加体重和提高饲料利用率。

【不良反应】饲料中本品添加量超过120 mg/kg时,可引起鸡增长率和饲料转化率下降。

【注意事项】10周龄以上火鸡、珍珠鸡及鸟类对本品较敏感,不宜应用;超过16周龄的鸡禁用,蛋鸡产蛋期禁用。饲喂前必须将莫能菌素与饲料混匀,禁止直接饲喂未经稀释的莫能菌素。禁止与泰妙菌素、竹桃霉素同时使用,以免发生中毒。马属动物禁用。

【用法与用量】混饲:每1 000 kg饲料,禽90~110 g,兔20~40 g。

【最高残留限量】残留标志物:莫能菌素。牛、羊、鸡,肌肉10 μg/kg,奶2 μg/kg。

【制剂与休药期】莫能菌素预混剂(monensin sodium premix)。休药期:鸡5 d。

拉沙洛西(lasalocid)

又称拉沙菌素,本品从拉沙链霉素(streptomyces lasaliensis)的发酵产物中分离得到。

【理化性质】浅褐色至褐色粉末,有特殊臭味。理化性质与莫能菌素相似。

【药理作用】本品为畜禽专用聚醚类抗生素类抗球虫药。作用机理是拉沙洛西钠与二价金属离子形成络合物,干扰球虫体内正常离子的平衡和转运,从而起到抑制球虫的效果。牛的瘤胃中存在大量的微生物菌群,拉沙洛西钠优先选择抑制没有外层膜的革兰氏阳性菌,改变反刍动物微生物的新陈代谢和生长,改善反刍动物对营养物质的消化和吸收,从而提高牛的增重速度和饲料转化率。对6种常见的鸡球虫均有杀灭作用,其中对柔嫩艾美耳球虫的作用最强,对毒害和堆型艾美耳球虫的作用稍弱。对子孢子、早期和晚期无性生殖阶段的球虫有杀灭作用。

【临床应用】用于治疗预防禽球虫病。

【不良反应】按推荐剂量使用本品,未见不良反应。

【注意事项】饲料中药物浓度超过每1 kg 体重150 mg(以拉沙洛西钠计)会导致鸡生长抑制和中毒。高浓度混料对饲养在潮湿鸡舍的雏鸡,能增加热应激反应,使死亡率增高。马属动物禁用。

【用法与用量】混饲:每1000 kg饲料,鸡75~125 g。

【最高残留限量】残留标志物:拉沙洛西。鸡,肌肉400 μg/kg。

【制剂与休药期】拉沙洛西钠预混剂(lasalocid sodium premix)。休药期:牛0 d,鸡3 d,蛋鸡产蛋期禁用。

马度米星(maduramicin)

又称马杜霉素,本品从一种放线菌(actinomadura yumaensis)的发酵产物中分离得到。

【理化性质】白色或类白色结晶性粉末,有微臭。理化性质与莫能菌素相似。

【药理作用】本品是一种较新型的聚醚类一价单糖苷离子载体抗生素,抗球虫谱广,对子孢子和第一代裂殖体具有抗球虫活性。作用机制与莫能菌素相似。

【耐药性】本品和化学合成的抗球虫药之间不存在交叉耐药性。

【临床应用】其抗球虫活性较其他聚醚类抗生素强,广泛用于预防鸡球虫病。可有效控制6种致病的鸡艾美耳球虫和对其他聚醚类离子载体抗生素具有耐药性的虫株。同时对鸭球虫病也有良好的预防效果。

【不良反应】本品安全范围窄,混饲浓度超过每1 kg 体重6 mg,对鸡生长有明显抑制作用,也影响饲料报酬;以每1 kg 体重7 mg浓度混饲,可引起鸡不同程度的中毒。也可引起牛、羊及猪中毒,对马属动物的毒性较小。

【注意事项】产蛋供人食用的鸡,在产蛋期不得使用。鸡喂马度米星后,其粪便不可再加工成动物饲料,否则会引起动物中毒,甚至死亡。

【用法与用量】混饲:每1 000 kg饲料,鸡50 g。

【最高残留限量】鸡,肌肉240 μg/kg。

【制剂与休药期】马度米星铵预混剂(maduramicin aminonium premix)。休药期:鸡5 d。

(二)化学合成抗球虫药

地克珠利(diclazuril)

地克珠利化学名为氯嗪苯乙氰。

【理化性质】类白色或淡黄色粉末,几乎无臭。在二甲基甲酰胺中略溶,在四氢呋喃中微溶,在水或乙醇中几乎不溶。

【药动学】给鸡混饲后,少部分被消化道吸收,但因为用量小,吸收总量很少,所以组织中药物残留少。以每 1 kg 体重 1 mg 剂量混饲，于最后一次给药后第 7 d，测得鸡组织中的平均残留量低于 0.063 mg/kg。作用时间短，停药 2 d 后作用基本消失。

【药理作用】本品为三嗪类新型广谱抗球虫药，对球虫发育的各个阶段均有效。主要抑制子孢子和裂殖体增殖，对球虫的活性峰期在子孢子和第一代裂殖体(即球虫生命周期的最初 2 d)。对鸡的柔嫩、堆型、毒害、布氏、巨型等艾美耳球虫，鸭和兔的球虫均有良好的效果。毒性小，对畜禽都很安全。长期用药易诱导耐药性产生，故应穿梭用药或短期使用。抗球虫作用机理尚不清楚。

【临床应用】用于预防禽、兔球虫病。

【不良反应】按规定的用法用量使用，尚未见不良反应。

【注意事项】产蛋供人食用的家禽，在产蛋期不得使用。药效期短，停药 1 d，抗球虫作用明显减弱，2 d 后作用基本消失。因此，必须连续用药以防球虫病再度暴发。混料浓度极低，药料应充分拌匀，否则影响疗效。

【用法与用量】混饲：每 1 kg 饲料，禽、兔 1 g。

【最高残留限量】残留标志物：地克珠利。绵羊、兔和家禽(产蛋期禁用)，肌肉 500 μg/kg。

【制剂与休药期】地克珠利预混剂(diclazuril premix)，地克珠利溶液(diclazuril solution)。休药期：鸡 5 d，兔 14 d。

托曲珠利(toltrazuril)

本品化学名为甲苯三嗪酮，市售的 2.5% 托曲珠利溶液又名百球清。

【理化性质】白色至类白色结晶性粉末，无臭。在乙酸乙酯或二氯甲烷中溶解，在甲醇中略溶，在水中不溶。

【药动学】犊牛口服用药后 5 d，血浆中药物浓度达到最大血药浓度，消除半衰期为 6.4 d。仔猪口服后 2 d 达到血药浓度最高值，消除半衰期为 6.2 d。家禽内服后，被吸收药物主要分布于肝和肾，且迅速被代谢为砜类化合物，鸡的半衰期约为 2 d，在鸡可食性组织中的残留时间很长，停药 1 d 后在胸肌中仍可检出残留药物。

【药理作用】本品属三嗪类新型广谱抗球虫药。安全范围大，用药动物可耐受 10 倍以上的推荐剂量，不影响鸡对球虫产生免疫力。作用机理是干扰球虫细胞核分裂和线粒体，影响虫体的呼吸和代谢功能，因而具有杀球虫作用。

【临床应用】作用于鸡、火鸡所有艾美耳球虫在机体细胞内的各个发育阶段。对鹅、鸽球虫也有效，而且对其他抗球虫药耐药的虫株也十分有效。对哺乳动物球虫、猪住肉孢子虫和弓形虫也有效。

【不良反应】按推荐剂量使用，未见不良反应。

【注意事项】勿用于体重超过 80 kg 的牛和育肥期犊牛。同栏犊牛建议全部同时用药。因感染球虫已出现下痢的犊牛，应进行其他辅助性(对症性)治疗。托曲珠利的主要代谢物为托曲珠利砜，该成分稳定(半衰期＞1 年)且能溶于土壤中，对植物有毒性。故用药后牛的粪便应用至少 3 倍重量的未用药牛粪便进行稀释后才能排泄到土壤中。

【用法与用量】内服：一次量，犊牛，每 1 kg 体重 15 mg；3~5 d 龄的仔猪，每 1 kg 体重 20 mg。混饮：每

1 L水,鸡25 mg,连用2 d。

【最高残留限量】残留标志物:托曲珠利砜。所有哺乳类食品动物和家禽,肌肉100 μg/kg。

【制剂与休药期】托曲珠利溶液(toltrazuril solution);托曲珠利混悬剂(toltrazuril suspension)。休药期:犊牛63 d,仔猪77 d。

常山酮(halofuginone)

又称卤夫酮。

【理化性质】本品白色至淡黄色粉末。

【药动学】本品经家禽消化后,在肠道被大量吸收,广泛代谢,并随粪便和胆汁排泄。

【药理作用】本品为新型广谱抗球虫药,对多种鸡球虫均有较强的抑杀作用,用药后明显控制球虫病临床症状,并完全抑制卵囊排出(堆形艾美耳球虫除外),从而减少再感染的可能性。作用于球虫的无性生殖阶段,对子孢子、第1代裂殖体和第2代裂殖体均有明显的抑杀作用。可抑制早期病变,从而有效保护鸡的肠道免受损伤,使得球虫不能进一步发育形成大小配子而无法进行有性繁殖从而抑制卵囊形成,对鸡柔嫩、毒害、堆型、布氏和巨型艾美耳球虫均有良好的效果。常山酮化学结构独特,因而与现有的其他抗球虫药无交叉抗药性。抗球虫的作用机理尚不清楚。

【临床应用】用于防治鸡球虫病。

【不良反应】安全范围较窄,较高浓度(高于2倍推荐给药剂量)混饲可引起鸡不同程度的采食下降甚至拒食。

【注意事项】安全范围较窄,药料必须充分拌匀,否则容易导致动物中毒。对鱼类、水禽及其他水生动物毒性较大,禁止使用。

【用法与用量】混饲:每1 000 kg饲料,鸡5 g,连用15 d。

【最高残留限量】残留标志物:常山酮。牛,肌肉10 μg/kg;鸡,肌肉100 μg/kg。

【制剂与休药期】氢溴酸常山酮预混剂(halofuginone premix)。休药期:肉鸡5 d。在我国,氢溴酸常山酮被允许以每1 kg体重3 mg的浓度添加在饲料里,其休药期为4 d。

磺胺喹恶啉(sulfaquinoxaline,SQ)

又称磺胺喹沙啉。

【理化性质】淡黄色或黄色粉末,无臭。在乙醇中极微溶解,在水或乙醚中几乎不溶,在氢氧化钠溶液中易溶。

【药理作用】本品用于治疗球虫病的专用磺胺类药。对鸡的巨型、布氏和堆型艾美耳球虫作用最强,对柔嫩和毒害艾美耳球虫作用较弱,需要较高剂量才能见效。作用峰期在第2代裂殖体(球虫感染第3~4 d),不影响禽产生球虫免疫力。有一定的抑菌活性,可预防球虫病的继发感染。与氨丙啉或抗菌增效剂合用,可产生协同作用。与其他磺胺类药之间容易产生交叉耐药性。磺胺类药的基本结构与对氨苯甲酸(PABA)相似,因而可互相争夺二氢叶酸合成酶,而影响二氢叶酸形成,最终能够影响核蛋白合成,从而抑制细菌和球虫的生长繁殖。

【临床应用】主要用于治疗鸡、火鸡球虫病。

【不良反应】鸡可能会出现中毒症状：循环障碍，肝脾出血、坏死，红细胞和淋巴细胞减少，产蛋量下降以及其他与维生素 K 缺乏有关的症状。

【注意事项】连续喂不得超过 5 d，否则动物易出现中毒反应。

【用法与用量】预防给药浓度为每 1 kg 饲料 120 mg 或每 1 L 饮水 66 mg，治疗给药浓度可比预防浓度高 4~5 倍。若给药浓度超过规定的 1~2 倍，连用 5~10 d。磺胺喹噁啉、二甲氧苄胺嘧啶预混剂：混饲，每 1000 kg 饲料，鸡 500g。磺胺喹噁啉钠可溶性粉：混饮，每 1 L 水，鸡 3~5 g。

【制剂与休药期】磺胺喹噁啉、二甲氧苄胺嘧啶预混剂（sulfaquinoxaline and diaveridine premix），磺胺喹噁啉钠可溶性粉（sulfaquinoxaline sodium soluble powder）。休药期：鸡 10 d。

二、抗锥虫药

马、牛、骆驼伊氏锥虫病（病原为伊氏锥虫）和马媾疫（病原为马媾疫锥虫）是危害我国家畜的主要锥虫病。防治本类疾病除应用抗锥虫药外，一个重要环节是杀灭螫及其他吸血蚊等中间宿主。应用本类药物治疗锥虫病时应注意：①剂量应充足，量不足则不能消灭全部锥虫，且未被杀死的虫体会逐渐产生耐药性。②防止过早使役，以免引起锥虫病复发。③治疗伊氏锥虫病可同时配合应用两种以上药物，或者一年内或两年内轮换使用药物为好，以避免产生耐药虫株。

三氮脒（diminazene aceturate）

又称贝尼尔。

【理化性质】黄色或橙色晶粉。无臭，遇光、遇热变为橙红色。在水中溶解，在乙醇、三氯甲烷或乙醚中几乎不溶。在低温下水溶液析出结晶。

【药动学】用药后血中浓度高，但持续时间较短，故主要用于治疗，预防效果较差。

【药理作用】对锥虫、梨形虫和边虫（无形体）均有作用。其作用机理是选择性地阻断锥虫动基体的 DNA 合成或复制，并与核产生不可逆性结合，从而使锥虫的动基体消失，并不能分裂繁殖。

【临床应用】用于治疗由锥虫引起的伊氏锥虫病和马媾疫、家畜巴贝斯梨形虫病和泰勒梨形虫病。

【不良反应】毒性较大，安全范围较小，治疗剂量有时可引起副交感神经兴奋样反应。用药后常出现起卧不安，频频排尿，肌肉震颤等不良反应。肌内注射有较强的刺激性。

【注意事项】骆驼敏感，不用为宜；马较敏感，忌用大剂量；水牛较敏感，连续应用时应谨慎；大剂量能使乳牛产奶量减少。水牛不宜连用，一次即可；其他家畜必要时可连用，但须间隔 24 h。连用不得超过 3 次。注射液对局部组织有刺激性，可引起肿胀，宜分点深部肌内注射。

【用法与用量】肌内注射：一次量，每 1 kg 体重，马 3~4 mg，牛、羊 3~5 mg，犬 3.5 mg。临用前配成 5%~7% 无菌溶液。

【最高残留限量】残留标志物：三氮脒。牛，肌肉 500 μg/kg；奶 150 μg/kg。

【制剂与休药期】注射用三氮脒（diminazene aceturate for injection）。食品动物休药期：28~35 d。

三、抗梨形虫药(抗焦虫药)

梨形虫曾称焦虫,所以抗焦虫药现名抗梨形虫药。防治除用抗梨形虫药外,杀灭中间宿主蜱是一个重要环节。三氮脒、双脒苯脲、间脒苯脲和硫酸喹啉脲可用于防治梨形虫病。古老的抗梨形虫药黄色素和台盼蓝逐渐被其他药物取代。

双脒苯脲(imidocarb)

【理化性质】常用其二盐酸盐和二丙酸盐,均为无色粉末,易溶于水。

【药理作用】本品兼有预防和治疗作用的新型抗梨形虫药。作用机理是与敏感虫体的DNA核酸结合,使其不能展开而变性,DNA损伤抑制了细胞修复和复制。

【临床应用】本品对巴贝斯虫病和泰勒虫病均有治疗和较好的预防作用。疗效和安全范围均优于三氮脒和间脒苯脲。

【不良反应】毒性较其他抗梨形虫药小,但应用治疗量时,仍约有半数动物出现类似抗胆碱酯酶作用的不良反应,小剂量阿托品能缓解症状。对注射局部组织有一定刺激性;不能静脉注射,因动物反应强烈,甚至引起死亡。马属动物较敏感,忌用高剂量。

【用法与用量】配制10%无菌水溶液,皮下、肌内注射,一次量,每1 kg体重,马2.2~5.0 mg,牛1~2 mg(锥虫病3 mg),犬6 mg。

【制剂与休药期】双脒唑啉苯基脲,常用其二盐酸盐和二丙酸盐。食品动物休药期:28 d。

四、抗滴虫药

毛滴虫病和组织滴虫病是对我国畜牧生产危害较大的滴虫病。前者多寄生于牛生殖器官,可导致牛流产、不孕和生殖力下降,后者寄生于禽类的盲肠和肝脏。甲硝唑和地美硝唑是常用的抗滴虫药,我国规定,此两药仅作治疗用,禁止用于促生长。

甲硝唑(metronidazole)

【理化性质】白色或微黄色结晶或结晶性粉末,有微臭,味苦。极微溶于乙醚,微溶于水和氯仿,略溶于乙醇。

【药动学】内服后吸收迅速,在组织中能很快达到高浓度。犬内服的生物利用度50%~100%,马约80%,约1 h出现药峰浓度。吸收后迅速分布到体液和组织,主要在肝中代谢,代谢物与原形从尿和粪中消除。半衰期:犬4~5 h,马2.9~4.3 h。

【药理作用】现在认为,某些厌氧纤毛虫缺乏线粒体而不能产生ATP,但其体膜上特具一种称为氢体(hydrogeno-soma)的细胞器,其含铁氧化还原蛋白样的低氧化还原势的电子转移蛋白,能将丙酮酸转化为乙酰辅酶A,但由于这种铁氧还原蛋白样的氧化还原酶比宿主体内的丙酮酸脱氢酶的氧化还原势低,而不能还原嘧啶核苷酸,但却能将丙酮酸上的电子转移到甲硝唑这类药物的硝基上,形成有毒还原产物,后者又与DNA和蛋白质结合,从而产生对厌氧原虫的选择性毒性作用。

【临床应用】广泛用于牛、犬的生殖道毛滴虫病,家禽的组织滴虫病和犬、猫、马的贾第鞭毛虫病。由于甲硝唑对厌氧菌的抑菌作用极强,也可用于各种厌氧菌感染。

【不良反应】神经系统紊乱、呆滞、体弱、厌食和腹泻等。

【注意事项】本品毒性较小,其代谢物常使尿液呈红棕色,当剂量过大,则易出现舌炎、胃炎、恶心、呕吐、白细胞减少甚至神经症状,但均能耐过。长期应用时,应监测动物肝、肾功能。能透过胎盘屏障及乳腺屏障,因此,哺乳及妊娠早期动物不宜使用。静脉注射时速度应缓慢。对某些实验动物有致癌作用。

【用法与用量】内服:一次量,每 1 kg 体重,牛 60 mg,犬 25 mg。静脉注射:每 1 kg 体重,牛 75 mg,马 20 mg。每日 1 次,连用 3 d。

【最高残留限量】允许作治疗用,不得在动物性食品中检出。

【制剂与休药期】甲硝唑片(metronidazole tablets),甲硝唑注射液(metronidazole injection)。暂无休药期规定。

地美硝唑(dimetridazole)

【药动学】本品在肠道中被迅速吸收,分布于各组织中。在禽畜体内,经氧化、还原代谢后排出体外。在土壤中分解也较快,故不会引起环境污染。

【药理作用】属于抗原虫药。本品具有广谱抗菌和极强的抗原虫效应。不仅能抗厌氧菌、大肠弧菌、链球菌和密螺旋体,而且能抗组织滴虫、纤毛虫、阿米巴原虫等。作用机理是抑制阿米巴原虫的氧化还原反应,使氮链发生断裂。

【临床应用】用于治疗猪密螺旋体性痢疾、禽组织滴虫病、毛滴虫病等。

【不良反应】鸡对本品较为敏感,大剂量可引起其平衡失调、肝肾功能损伤。

【注意事项】家禽连续应用,一般不超过 10 d 为宜。产蛋家禽禁用。不能与其他抗组织滴虫药联合使用。

【用法与用量】内服:一次量,每 1 kg 体重,牛 60~100 mg。混饲:每 1000 kg 饲料,火鸡,预防 100~200 g,治疗 500 g;猪,预防 200 g,治疗 500 g。

【最高残留限量】允许作治疗用,但不得在动物性食品中检出。

【制剂与休药期】地美硝唑预混剂(dimetridazole premix)。休药期:猪、禽 3 d。

第三节 杀虫药

对外寄生虫具有杀灭作用的药物称杀虫药。外寄生虫包括螨、蜱、虱、蚤、蚋、库蠓、蚊、蝇、蝇蛆、伤口蛆等节肢动物,除引起畜禽外寄生虫病外,还严重影响动物健康,造成巨大的经济损失。此外,宠物的豢养加快寄生虫病、传染病和许多人畜共患病的传播。因此,应用杀虫药及时防治外寄生虫病,对保护动物和人的健康、发展畜牧业和健康养宠具有重要意义。

杀虫药的应用方式如下。

1. 局部用药

个体杀虫多采用的方式,有粉剂、溶液、油剂、乳剂和软膏等局部涂擦、浇淋和撒布等。不受季节影响,剂量按规定使用有效浓度即可,但用药面积不宜过大,浓度不宜过高。涂擦的油剂可经皮肤被吸收,使用时应注意。透皮剂(或浇淋剂)中含促透剂,浇淋后可经皮肤吸收转运至全身,也具有驱杀内寄生虫的作用。

2. 全身用药

群体杀虫多采用的方式,有喷雾、喷洒、药浴,适用于温暖季节。药浴时应注意药液的浓度、温度以及动物在药浴池中停留的时间。饲料或饮水给药时,杀虫药进入动物消化道内,可杀灭寄生在体内的马胃蝇蛆和羊鼻蝇蛆等。药物经消化道吸收进入血液循环,可杀灭牛皮蝇蛆或杀灭吸吮动物血液的体外寄生虫;消化道内未吸收的药物则随粪便排出后仍可发挥杀虫作用。全身应用杀虫药时须注意药液的浓度和剂量。

杀虫药一般对虫卵无效,因此必须间隔一定时间重复用药。

一般来说,杀虫药对动物都有一定毒性,在规定剂量范围内,也会使动物出现程度不同的不良反应。因此,在使用杀虫药时,除依规定的剂量及用药方法使用外,还需密切注意用药后的动物反应,特别是马对杀虫药最为敏感,出现中毒迹象,应立即采取抢救措施。

杀虫药可分为有机氯类、有机磷类、拟菊酯类和大环内酯类。目前有机氯杀虫药因其残效期长,污染农产品和环境,已很少应用。

一、有机磷类

传统杀虫药,广泛用于畜禽外寄生虫病。具有杀虫谱广、残效期短的特性,大多兼有触毒、胃毒和内吸作用。

二嗪农(diazinon)

【理化性质】无色油状液体。有淡酯香味。微溶于水,易溶于乙醇、丙酮、二甲苯。在水和酸性溶液中迅速水解。

【药动学】被吸收的药物在3 d内从尿和奶中排出体外。

【药理作用】为新型的有机磷杀虫、杀螨剂。对各种螨类、蝇、虱、蜱均有良好杀灭效果。作用机理是通过抑制虫体胆碱酯酶的活性发挥作用。

【临床应用】主要用于驱杀家畜的体表寄生虫蜱、螨、虱。

【不良反应】安全范围小,容易引起畜禽中毒。

【注意事项】本品虽属中等毒性,但禽、猫、蜜蜂对其较敏感,毒性较大。药浴时必须精确计量药液浓度,动物应全身浸泡1 min为宜。

【用法与用量】药浴:每1 L水,绵羊,初次浸泡用250 g(相当于25%二嗪农溶液1 000 mL),补充药液添加750 g(相当于25%二嗪农溶液3 000 mL);牛初次浸泡用625 g,补充药液添加1 500 g。喷淋:每1 000 mL水,牛、羊600 mg,猪250 mg。

【最高残留限量】残留标志物:二嗪农。牛、猪、羊,肌肉20 μg/kg;奶20 μg/kg。

【制剂与休药期】二嗪农溶液(diazinon solution)。休药期:牛、羊、猪为14 d,弃奶期72 h。

倍硫磷(fenthion)

【理化性质】黄色至棕色液体,易溶于甲醇、乙醇、乙醚、丙酮和多种其他有机溶剂,几乎不溶于水。

【药理作用】其通过触杀和胃毒作用方式进入虫体,杀灭宿主体内外寄生虫。为广谱低毒有机磷杀虫药,杀灭作用比敌百虫强5倍。除了对马胃蝇蛆、家畜胃肠道线虫以及虱、蜱、蚤、蚊、蝇等有杀灭作用外,对牛皮蝇蛆有效(对第2、3期蛆均有效),在牛皮蝇产卵期应用可取得良好的效果。作用机理是抑制虫体胆碱酯酶的活性。

【临床应用】用于防治畜禽外寄生虫病。

【注意事项】外用喷洒或浇淋,重复应用应间隔14 d以上。蜜蜂对其敏感。

【用法与用量】背部浇泼:每1 kg体重,牛5~10 mg,混于液体石蜡中制成1%~2%溶液应用。喷洒时稀释成0.25%溶液。

【最高残留限量】残留标志物:倍硫磷及代谢物。牛、猪、家禽,肌肉、可食性组织100 μg/kg。

【休药期】牛35 d。

敌敌畏(dichlorvos,DDVP)

【理化性质】淡黄色至淡黄棕色的油状液体,稍带芳香味,易挥发。在强碱和沸水中易水解,在酸性溶液中较稳定,在乙醇、丙酮或乙醚中易溶,在水中微溶。

【药理作用】有机磷类杀虫药,主要用于驱杀犬和猫的虱、蚤、螨等体表寄生虫,驱虫谱与敌百虫相似。治疗量对家畜肝功能无影响,本品被吸收后对体内胆碱酯酶有抑制作用,但无临床中毒症状。抑制虫体内胆碱酯酶的活性。

【临床应用】用于驱杀犬、猫的体表蚤和虱。

【注意事项】本品仅限宠物外用,病弱以及妊娠和哺乳期慎用。

【用法与用量】将敌敌畏项圈系在猫、犬颈部。每只犬、猫1条,使用期2个月。

【制剂】国内市售的是80%敌敌畏乳油,用水稀释后作外用杀虫剂。敌敌畏项圈为多种颜色的塑料带,稍有芳香味。

马拉硫磷(malathion)

【药动学】外用可经皮肤吸收,脂肪组织中分布较多,主要经肝脏代谢,大部分随尿排出。

【药理作用】本品属于有机磷杀虫药,对人畜的毒性很低。主要以触杀、胃毒和熏蒸杀灭虫害,无内吸杀虫作用,具有广谱、低毒、使用安全等特点。对蚊、蝇、虱、蜱、螨和臭虫等都具有杀灭作用,抑制虫体内胆碱酯酶活性,在虫体内被氧化为马拉氧磷(malaoxon),抗胆碱酯酶活力增强1 000倍。

【临床应用】用于杀灭体外寄生虫。

【不良反应】过量使用本品动物可产生胆碱能神经兴奋症状。

【注意事项】本品不能与碱性物质或氧化物质接触。对眼睛皮肤有刺激性,对蜜蜂有剧毒,对鱼类毒性也较大,畜禽中毒时可用阿托品解毒。家畜体表用马拉硫磷后数小时内因避日光照射和风吹,必要时药隔2~3周可再药浴或喷雾一次。1月龄以内动物禁用。

【用法与用量】药浴或喷淋:配成0.2%~0.3%的水溶液;喷洒体表,配成0.5%的溶液;泼洒厩舍、池塘,稀释成0.2%~0.5%溶液,每平方米泼洒2 g。

【最高残留限量】残留标志物:马拉硫磷。牛、羊、猪、家禽、马,肌肉、可食性组织4 000 μg/kg。

【制剂与休药期】精制马拉硫磷溶液(refined malathion solution)。休药期为28 d。

二、拟菊酯类杀虫药

本品是根据植物杀虫药除虫菊的有效成分——除虫菊酯(pyrethrins)的化学结构合成的一类杀虫药,具有杀虫谱广、高效、速效、残效期短、毒性低以及对其他杀虫药耐药的昆虫也有杀灭作用的优点。对农业、畜牧业各种昆虫及外寄生虫均有杀灭作用。

拟菊酯类药物均不能内服或注射给药,因其性质不稳定,进入机体即迅速降解灭活。虫体对本类药品能迅速产生耐药性。

溴氰菊酯(deltamethrin)

又称四甲司林。

【药理作用】本品用于杀灭或驱除养殖青鱼、草鱼、鲢、鳙、鲫、鳊、黄鳝、鳜和鲇等鱼类水体及体表锚头鳋、中华鳋、鱼虱、鲺、三代虫、指环虫等寄生虫。防治牛、羊体外寄生虫病,如疥螨、蜱、虱、蝇和虻等。接触寄生虫后,迅速作用于神经系统,改变神经突触膜对离子的通透性,使Na^+持续内流,引起过度兴奋、痉挛,最后麻痹致死,以触杀为主,兼有胃毒作用。

【临床应用】用于治疗有机磷、有机氯耐药虫体引起感染。

【不良反应】对皮肤、呼吸道有刺激性,用时注意防护。

【注意事项】虾、蟹和鱼苗禁用。使用前24 h和用药后72 h内不得使用消毒剂。

【用法与用量】全池均匀泼洒:使用时将本品用水充分稀释后,一次量,每1 m²水体,15~22 mg。溴氰菊酯乳油(含溴氰菊酯5%),药浴或喷淋,每1 000 L水加100~300 mL。以溴氰菊酯计,药浴:每1 L水,牛、羊5~15 mg(预防),30~50 mg(治疗)。

【最高残留限量】残留标志物:溴氰菊酯。牛、羊、鸡,肌肉30 μg/kg;奶、蛋30 μg/kg。

【制剂与休药期】溴氰菊酯乳油(deltamethrin emulsifiable concentrates)。暂无休药期规定。

三、大环内酯类杀虫药

详见本章第一节。

四、氯代烟碱类

吡虫啉（imidacloprid）

【药动学】动物对吡虫啉的全身吸收量很少，且吸收方式为短暂性吸收，与临床有效性无关。将动物皮肤和被毛上的吡虫啉洗干净后，跳蚤吸食动物血液后不会被驱杀。

【药理作用】本品为抗体外寄生虫药，对昆虫的中枢神经系统突触后烟碱型乙酰胆碱受体具有较高亲和性，可抑制乙酰胆碱活性，导致寄生虫麻痹和死亡。吡虫啉对成年跳蚤和环境中的幼蚤有杀虫作用。

【临床应用】用于预防和治疗犬、猫的跳蚤感染，治疗犬的咬虱（犬啮毛虱）感染。

【不良反应】味苦。动物在给药后立即舔舐给药部位可能会导致流涎，无需治疗，几分钟后会自行消失。极少情况下，给药部位可能出现脱毛、瘙痒和/或炎症反应，也可见不安和定位异常。

【注意事项】8周龄以下的未断奶犬、猫禁用，仅限局部外用。首次治疗后，环境中孵化出的跳蚤会继续感染动物，至少持续6周。避免本品接触人和动物的眼睛及黏膜。

【用法】外用。

五、新烟碱类

烯啶虫胺（nitenpyram）

【药动学】本品给犬、猫用15~30 min后，即可对跳蚤产生驱杀作用，6 h内可达到95%甚至100%的杀灭效果。经犬、猫胃肠道迅速吸收且吸收率为90%以上。喂食不影响吸收，喂食可稍微推迟药物到达血药浓度峰值的时间，但不影响其药理作用和药效。药物在犬猫靶动物体内0.5~2 h内血药浓度达到峰值，作用后很快排出体外。犬的半衰期为4 h，猫的半衰期为8 h。犬在1 d内（猫在2 d内）90%以上药物主要以原形随尿液排泄。

【药理作用】本品可结合并抑制昆虫的烟碱型乙酰胆碱受体，干扰神经递质传递而导致成年跳蚤死亡，但不抑制乙酰胆碱酯酶。

【临床应用】用于杀灭寄生于犬、猫体表的跳蚤。

【不良反应】宠物会罕见出现短暂性多动、喘气、发声和过度梳理/舔舐等症状，罕见出现一过性肌肉震颤、共济失调和抽搐等神经系统症状。

【注意事项】本品可用于动物的怀孕期和哺乳期，不能用于小于4周龄或体重低于1 kg的犬、猫。

【用法与用量】内服：当有跳蚤寄生时，猫和体重1~11 kg的小型犬，规格11.4 mg用药1片；体重在11.1~57 kg的犬，规格57 mg用药1片；体重超过57 kg的犬，规格57 mg用药2片。若跳蚤寄生严重，则每日用药或每隔1日重复用药1次，直到跳蚤得到控制。

【制剂】烯啶虫胺片（nitenpyram tablets）。

六、异噁唑啉类

沙罗拉纳（sharorana）

【药动学】内服吸收迅速。禁食犬按每1 kg体重2 mg剂量一次口服沙罗拉纳咀嚼片后，血浆峰浓度为1 100 ng/mL，达峰时间为3 h。在禁食犬和进食犬中的口服生物利用度分别为86%和107%，消除半衰期分别为10 d和12 d。沙罗拉纳呈全身性分布，血浆蛋白结合率高（不低于99.9%），在犬体内代谢极低，主要以原形经胆汁和粪便排泄。

【药理作用】本品作用于神经肌肉接头，通过抑制GABA受体和谷氨酸受体功能，导致螨或昆虫神经肌肉活动失控，进而死亡。

【临床应用】用于预防和治疗犬跳蚤感染，治疗和控制犬蜱感染。

【不良反应】本品可能会引起异常的神经症状，如颤抖、本体感受意识减弱、共济失调、威胁反射减弱或消失和/或癫痫。

【注意事项】仅用于6月龄及以上且体重不低于1.3 kg的犬。尚未对种犬、妊娠和哺乳期犬进行安全性研究，应慎用。

【用法与用量】以沙罗拉纳计。口服：每1 kg体重，犬2 mg，每月1次。

【制剂】沙罗拉纳咀嚼片（sarolaner chewable tablets）。

七、其他杀虫药

双甲脒（amitraz）

又称虫螨脒、阿米曲士。

【药动学】本品产生杀虫作用较慢，一般在用药后24 h才能使虱、蜱等解体，48 h使患螨部皮肤自行松动脱落。残效期长，一次用药可维持药效6~8周，可保护畜体不再受外寄生虫的侵袭。

【药理作用】本品是一接触性广谱杀虫剂，兼有胃毒和内吸作用，对各种螨、蜱、蝇、虱等均有效。此外，双甲脒对大蜂螨和小蜂螨也有良好的杀灭作用。对人、畜安全，对蜜蜂相对无害。作用机理可能与干扰神经系统功能有关，使虫体兴奋性增高，口器部分失调，导致口器不能完全由动物皮肤拔出，或者拔出而掉落，同时还能影响昆虫产卵功能及虫卵的发育能力。

【临床应用】本品主要用于防治牛、羊、猪、兔的体外寄生虫病，如疥螨、痒螨、蜂螨、蜱和虱等。

【不良反应】毒性较低，但马属动物敏感。对皮肤和黏膜有一定刺激性。

【注意事项】对鱼有剧毒，勿将药液污染鱼塘、河流。马属动物较敏感。产乳供人食用的家畜在泌乳期不得使用，产蜜供人食用的蜜蜂在流蜜期不得使用。

【用法与用量】药浴、喷洒涂擦家畜，配成0.025%~0.050%溶液（以双甲脒计）。喷雾每1 L溶液中蜂蜜50 mg。

【最高残留限量】残留标志物:双甲脒-2,4-二甲基苯氨的总和。奶 10 μg/kg,蜂蜜 200 μg/kg。

【制剂与休药期】双甲脒溶液(amitraz solution)。休药期:牛、羊 21 d,猪 8 d,牛乳废弃时间为 2 d。

复习与思考

1. 为什么许多农村养猪户多把敌百虫作为猪的驱虫药?如果发生中毒,应当使用什么药物解救?
2. 三氮脒可用于哪些寄生虫病的治疗?它有哪些不良反应?
3. 为了合理应用抗球虫药物,保证其药效及用药后对畜体、人体的安全,应注意哪些方面?
4. 简述抗寄生虫药物的主要机理。
5. 抗寄生虫药物应用时有哪些注意事项?
6. 理想抗寄生虫药物的条件包含哪些?
7. 简述阿维菌素类药物的作用机理及临床应用。
8. 为防止球虫产生耐药性,可采取哪些措施?
9. 常见的杀虫药包含哪几类?各有哪些特点?

拓展阅读

扫码获取本章的复习与思考题、案例分析、相关阅读资料等数字资源。

第十五章

特效解毒药理

本章导读

动物采食不当或误食毒物,会发生中毒。此时,应及时阻止其采食,同时选用解毒药进行治疗。非特异性解毒药可以阻止毒物被进一步吸收和促进毒物的排出,特异性解毒药则可用于对因治疗。本章主要介绍动物常用的特异性解毒药。

学习目标

1. 了解非特异性解毒药和特异性解毒药的概念,了解有机磷类、亚硝酸盐、氰化物、重金属和有机氟中毒的毒性作用机制,掌握胆碱酯酶复活剂、高铁血红蛋白还原剂、氰化物解毒剂和金属络合剂等特效解毒药的解毒机理及其代表性药物。

2. 能够根据毒物的作用特点,选用合理的解毒药对动物中毒进行解救,具备理论联系实际的能力和应急情况处理能力。

3. 通过解毒过程理解其整体性和具体性:包括促进毒物排出的基础措施,以及在毒物无法通过自然途径排出时,如何运用特效解毒药进行救治,提高全面考虑问题的能力。

知识网络图

特效解毒药理
- 1. 有机磷中毒解毒剂：碘解磷定、阿托品
- 2. 亚硝酸盐中毒解毒剂：亚甲蓝
- 3. 氰化物中毒解毒剂：亚硝酸钠、硫代硫酸钠
- 4. 金属与类金属中毒解毒剂：二巯基丙醇、二巯丙磺钠
- 5. 有机氟中毒解毒剂：乙酰胺

临床上用于解救动物中毒的药物称为解毒药。解毒药分为非特异性解毒药和特异性解毒药。

非特异性解毒药是指能阻止毒物继续被吸收和促进其排出的药物,如催吐剂、吸附剂、泻药、利尿药等。此类药物解毒范围广,但无特异性、效能低,仅作为中毒的辅助治疗。及时并合理使用非特异性解毒药对缓解毒性作用、争取抢救时间、维持动物生命具有重要意义。

特异性解毒药能特异性地对抗或阻断毒物或药物的效应,其本身并不产生与毒物相反的效应。此类药物特异性强、解毒效能高,在中毒的治疗中占有重要地位。

动物急性中毒的处理原则:及时清除毒物,阻止毒物进一步吸收;促进毒物的排泄,对症治疗,尽快合理地使用特异性解毒药。

第一节 有机磷中毒解毒剂

有机磷化合物为持久性胆碱酯酶抑制剂,进入动物体内能与胆碱酯酶结合形成磷酰化胆碱酯酶,使其失去水解乙酰胆碱的能力,造成乙酰胆碱过度蓄积,使胆碱能神经产生先兴奋后抑制的中毒表现,如瞳孔缩小、血压下降、胃肠蠕动增加、呕吐和肌肉震颤等症状。有机磷中毒常使用阿托品和胆碱酯酶复活剂来解救。胆碱酯酶复活剂对刚形成不久的磷酰化胆碱酯酶具有较好的复活作用,而对毒性作用时间长、已经老化的磷酰化胆碱酯酶复活作用较差,因此解救越早效果越好。阿托品为抗胆碱药物,可竞争性地与M受体结合,对抗体内过度蓄积的乙酰胆碱对胆碱受体的过度兴奋作用。阿托品用法与用量参见本书第二章。常用的胆碱酯酶复活剂为碘解磷定。

碘解磷定(pralidoxime iodide)

又称派姆(pyridine α-aldoxime methiodide,PAM),本品是最早应用的胆碱酯酶复活剂。

【理化性质】黄色颗粒状结晶或结晶性粉末,无臭,遇光易变质。在水和热乙醇中溶解,在乙醇中微溶。

【药动学】静脉注射后迅速分布全身,在肝、肾、脾、心等器官含量较高,肺和骨骼肌次之。不易透过血脑屏障,但中毒动物注射本品后,其脑组织和脑脊液中被抑制的胆碱酯酶活力有所恢复,似有通过血脑屏障进入中枢神经系统的可能。在肝脏迅速代谢,由肾脏排泄,在体内无蓄积作用。羟苯磺胺不能延迟本品排泄,维生素B_1能延长本品半衰期。

【药理作用】肟类化合物,其带正电荷的季铵氮与被磷酰化胆碱酯酶的阴离子部位相结合,使其肟基趋向磷酰化胆碱酯酶的磷原子,进而共价结合磷酰基,生成磷酰化胆碱酯酶和碘解磷定复合物,后者进一步裂解成为磷酰化碘解磷定,使胆碱酯酶游离出来,恢复其水解乙酰胆碱的活性(图15-1)。胆碱酯酶被有机磷抑制超过36 h,其活性难以恢复,故本品早期应用效果较好,对慢性中毒无效。另外,肟类化合物能直接结合血中的有机磷,使其成为无毒物质后经尿排出。

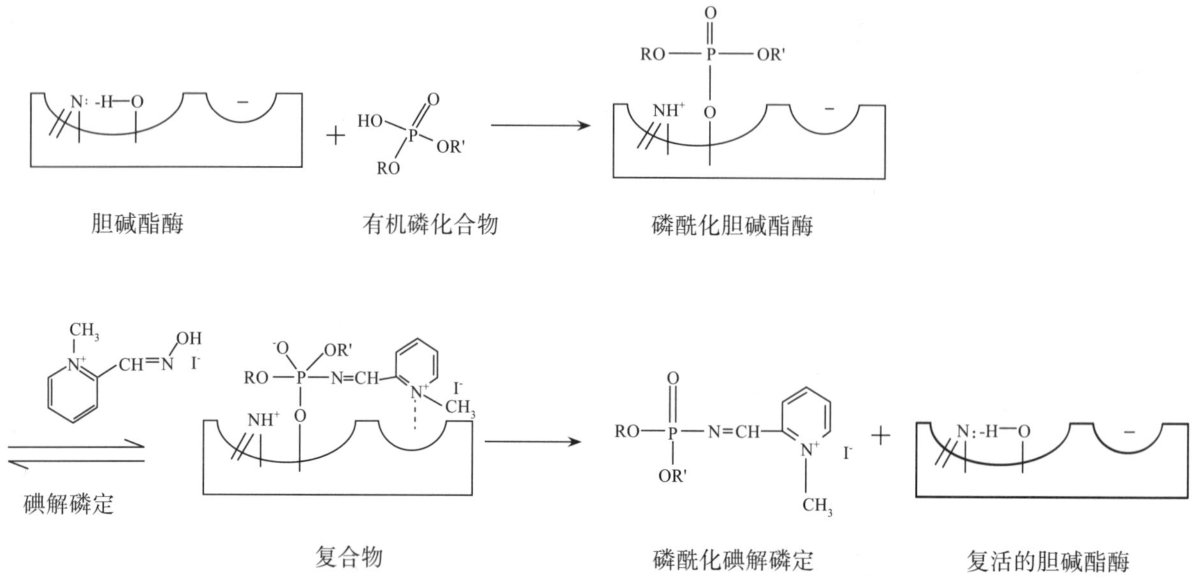

图15-1 有机磷中毒及胆碱酯酶复活剂解毒过程示意图

动物发生轻度有机磷中毒时,可单独使用本品或阿托品控制中毒症状;中度或重度中毒时,因本品不能直接作用于体内积蓄的乙酰胆碱,因此必须与阿托品联合应用。由于阿托品能解除有机磷中毒症状,有助于胆碱酯酶活性的复活,与胆碱酯酶复活剂联合应用具有协同作用,因此临床上治疗有机磷中毒时,必须及时、足量给予阿托品。

【不良反应】注射速度过快可引起呕吐、心率加快和共济失调。大剂量注射可造成呼吸抑制。

【临床应用】本品用于治疗有机磷中毒。对内吸磷、对硫磷、特普、乙硫磷等急性中毒的效果好,对敌敌畏、敌百虫、马拉硫磷效果较差,对二嗪农、甲氟磷、丙胺氟磷中毒无效。

【注意事项】应用至少维持48~72 h,以防延迟吸收的有机磷加重中毒程度,甚至致死。应定时监测血液胆碱酯酶水平,使其维持为50%~60%,必要时应及时重复应用本品。因本品与阿托品联合应用有协同作用,因此联合应用时可适当减少阿托品剂量。

【用法与用量】静脉注射:一次量,每1 kg体重,家畜15~30 mg。

【最高残留限量】允许用于所有哺乳类食品动物,不需要制定残留限量。

【制剂】碘解磷定注射液(pralidoxime iodide injection)。

第二节 | 亚硝酸盐中毒解毒剂

青贮饲料在长期贮藏过程中极易产生亚硝酸盐,亚硝酸盐为强氧化剂,进入动物机体后,能把血中氧合血红蛋白中的 Fe^{2+} 氧化成 Fe^{3+},形成高铁血红蛋白。血红蛋白失去运输氧的功能,可造成机体组织缺氧。将高铁血红蛋白还原成二价铁血红蛋白,恢复其携氧能力,才能有效解除亚硝酸盐中毒。

亚甲蓝(methythioninium chloride)

本品又称亚甲基蓝或美蓝(Methylene blue,MB)。

【理化性质】本品为深绿色,具有铜光的柱状结晶或结晶性粉末,无臭。在水或乙醇中易溶,在三氯甲烷中溶解。

【药动学】内服不易吸收。吸收后的亚甲蓝在组织中可被迅速还原为还原型亚甲蓝,并部分被代谢。亚甲蓝、还原型亚甲蓝及代谢物主要随尿液缓慢排泄,肠道中未吸收部分随粪便排泄,皮肤、尿和粪便可被染成蓝色。

【药理作用】亚甲蓝本身是一种氧化剂。但血液中不同浓度的亚甲蓝可对血红蛋白产生不同作用,低浓度起还原作用,高浓度起氧化作用。低浓度的亚甲蓝可作为中间氢递体,利用动物体内6-磷酸葡萄糖脱氢过程中产生的 H^+,将高铁血红蛋白携带的 Fe^{3+} 还原为 Fe^{2+},重新恢复血红蛋白的携氧功能,保证给组织正常供氧(图15-2)。但在高浓度时(给药剂量≥5 mg/kg体重),动物体内产生的NADPH不足以还原所有的亚甲蓝,未被还原的亚甲蓝可使正常血红蛋白被氧化为高铁血红蛋白。

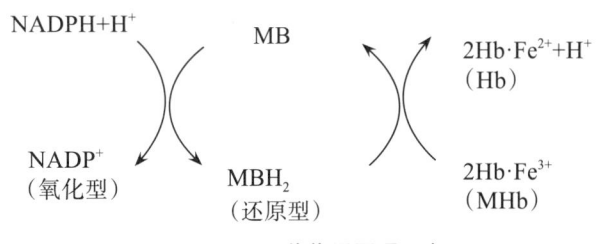

图15-2 亚甲蓝作用原理示意图

【临床应用】小剂量用于解救亚硝酸盐中毒等引起的高铁血红蛋白症,同时给予葡萄糖可提供更多的NADPH,提高亚甲蓝的疗效;大剂量可用于氰化物中毒的解救,原理同亚硝酸钠,但作用不如亚硝酸钠。

【不良反应】静脉注射过快可导致呕吐、呼吸困难、血压降低、心率加快和心律紊乱。用药后尿液呈蓝色,有时可产生尿路刺激症状。高浓度时可致亨氏小体溶血性贫血。

【注意事项】本品具有强刺激性,可致组织坏死,故禁止皮下或肌内注射。与多种药物有配伍禁忌,故不得与其他药物混合注射。静脉注射速度宜慢。

【用法与用量】静脉注射：一次量,每 1 kg 体重,家畜,解救高铁血红蛋白症 1~2 mg,解救氰化物中毒 10 mg（最高不超过 20 mg）,应与硫代硫酸钠交替使用。

【最高残留限量】允许用于食品动物牛、羊和猪,不需要制定残留限量。

【制剂】亚甲蓝注射液（methythioninium chloride injection）。

第三节 氰化物中毒解毒剂

氰化物是指带有氰基（—C≡N）的化合物。它们广泛存在于自然环境中,在工农业生产中的应用也十分普遍。一些植物如高粱嫩苗、马铃薯幼芽、南瓜藤、桃、杏、枇杷、梅及樱桃的核仁及木薯等均含有氰苷,动物大量食用或误食后可在体内酶的作用下生成氢氰酸,引起氰化物中毒。此外,家畜误食工农业生产用的氰化钠和氰化钾等氰化物污染的饮水及饲料等均可引起中毒。急性氰化物中毒的发生发展均十分迅速,可致"电击样"死亡。

氰化物的急性中毒机制主要是抑制细胞色素 C 氧化酶的作用。氰化物中的氰离子（CN^-）对金属离子的络合能力极强。氰化物进入动物体内,释放出的 CN^- 可迅速与细胞色素 C 氧化酶的 Fe^{3+} 结合,从而抑制酶的活性,阻碍线粒体电子传递链的第四步（O_2 转化为 H_2O）,导致有氧代谢停止。首先受到损害的是严重依赖有氧代谢的组织,如心脏和大脑；其后可导致全身缺氧,又称组织性窒息；由于细胞内氧的利用受阻,无氧代谢增强,乳酸产生增加,导致代谢性酸中毒；因此,氰化物中毒可在极短的时间内导致动物心肺衰竭、缺氧性脑损伤甚至死亡。此外,氰化物中毒导致的中枢神经系统缺氧,可改变神经细胞膜的通透性,使 Ca^{2+} 内流增加,造成钙稳态失调,推测这也对介导氰化物毒性起着重要作用。

慢性氰化物中毒可导致甲状腺功能减退。其中毒机制是由于氰化物的代谢物（硫氰酸盐）阻断了甲状腺滤泡上皮细胞对碘的摄取。氰化物及其代谢物如各种谷氨酰—氰丙氨酸等可引起慢性神经病变性疾病,如马的高粱膀胱炎共济失调综合征,以及牛、羊的各种膀胱炎共济失调综合征。高粱属植物中氰苷的慢性毒性可导致流产和肌肉骨骼畸形（如关节僵硬或弯曲）等。

牛对氰化物最敏感,其次是羊、马和猪。

氰化物中毒的解救：通常采用亚硝酸钠、硫代硫酸钠组合静脉注射疗法治疗氰化物中毒。其作用机制主要是：首先注射亚硝酸钠,将携带 Fe^{2+} 的血红蛋白氧化为 Fe^{3+} 的高铁血红蛋白；随后高铁血红蛋白中的Fe^{3+}夺取与细胞色素C氧化酶结合的CN^-和络合体内的游离的CN^-，形成氰化高铁血红蛋白，恢复细胞色素C氧化酶的功能，暂时阻止CN^-的毒性作用；然后注射硫代硫酸钠，与氰化高铁血红蛋白的CN^-，生成毒性很小的硫氰酸盐，随尿液排出。

亚硝酸钠（sodium nitrite）

又名亚钠。

【理化性质】无色或白色至微黄色的结晶。无臭，有引湿性。水溶液为碱性。在水中易溶，在乙醇中微溶。

【药动学】经胃肠道吸收迅速，内服15 min起效，可持续1 h。给药剂量的约60%可在体内代谢，其余以原形经肾随尿液排出。静脉注射可立即发挥疗效。

【药理作用】本品为氧化剂，可把血红蛋白中的Fe^{2+}氧化成Fe^{3+}，形成高铁血红蛋白。相比细胞色素C氧化酶中Fe^{3+}，高铁血红蛋白携带的Fe^{3+}与CN^-的亲和力更强，可使已与细胞色素C氧化酶结合的CN^-重新释放，恢复酶的活力。高铁血红蛋白还能竞争性地结合组织中未与细胞色素C氧化酶结合的CN^-。但是高铁血红蛋白与CN^-结合后形成的氰化高铁血红蛋白在数分钟后又逐渐解离，释出的CN^-又重现毒性，仅能暂时性地延迟氰化物对机体的毒性，故此时宜再注射硫代硫酸钠。

【临床应用】本品主要用于治疗氰化物中毒。

【不良反应】本品可引起呕吐、呼吸急促等。由于具有血管扩张作用，注射过快时，可致低血压、心动过速、出汗、休克和抽搐。重复给药或用量过大时，可形成过多的高铁血红蛋白，导致紫绀、呼吸困难等亚硝酸盐中毒的缺氧症状。

【注意事项】治疗氰化物中毒时，宜与硫代硫酸钠合用。应密切注意血压变化，避免引起低血压。注射中若出现严重不良反应，应立即停止给药，因过量引起的中毒，可用亚甲蓝解救。由于亚硝酸钠容易引起高铁血红蛋白症，故不宜重复给药。马属动物慎用。

【用法与用量】静脉注射：一次量，每1 kg体重，15~25 mg。

【最高残留限量】允许用于食品动物马、牛、羊和猪，不需要制定残留限量。

【制剂】亚硝酸钠注射液（sodium nitrite injection）。

硫代硫酸钠（sodium thiosulfate）

又名大苏打、海波，其是常见的硫代硫酸盐。

【理化性质】无色、透明的结晶或结晶性细粒，无臭，有风化性和潮解性。在水中极易溶解，在乙醇中不溶。

【药动学】内服后在消化道不易被吸收，静脉注射后可迅速分布到各组织的细胞外液。半衰期为39 min，可随尿液经肾脏快速排出体外。

【药理作用】在肝内硫氰生成酶的催化下，能与体内游离的或已与高铁血红蛋白结合的CN^-结合，生成无毒的硫氰酸盐随尿液排出，其化学反应如下：

$$Na_2S_2O_3 + CN^- \xrightleftharpoons{\text{转硫酶}} SCN^- + Na_2SO_3$$

【临床应用】主要用于解救氰化物中毒，也可用于砷、汞、铅、铋、碘等中毒。

【不良反应】按规定的用法用量使用尚未见不良反应。

【用法与用量】静脉或肌内注射：一次量，马、牛5~10 g，羊、猪1~3 g，犬、猫1~2 g。

【注意事项】本品解毒作用产生较慢，应先静脉注射起效迅速的亚硝酸钠或亚甲蓝后，再立即缓慢注射本品，但不能将两种药液混合静脉注射。对内服中毒动物，还应使用本品的5%溶液洗胃，洗胃后保留适量溶液于胃中。

【最高残留限量】允许用于所有食品动物，不需要制定残留限量。

【制剂】硫代硫酸钠注射液（sodium thiosulfate injection）。

第四节 金属与类金属中毒解毒剂

金属和类金属随饲料或饮水进入动物体内并在体内蓄积，可产生明显的毒性作用，对动物机体造成损害，甚至造成死亡。常见的金属毒物包括铅、汞、铜、铬、砷、锑和铋等，其毒性作用机制是与体内代谢相关的含巯基、氮、氧等基团的酶结合，改变蛋白质三级结构，抑制酶活性，从而影响机体正常的新陈代谢。金属和类金属解毒剂能与金属或类金属结合成无毒或低毒的可溶性络合物，随尿排出，从而恢复细胞酶活性，达到解毒目的。

二巯基丙醇（dimercaprol）

【理化性质】无色或几乎无色、易流动的液体，有强烈的蒜味。在甲醇、乙醇或苯甲酸苄酯中极易溶解，在水中溶解，但水溶液稳定性差。在脂肪油中不溶，通常先溶解于苯甲酸苄酯后，再加脂肪油稀释到一定浓度后使用。

【药动学】内服不吸收。肌内注射后，在30 min内血药浓度达峰值浓度，可维持2 h，药物在4 h后全部代谢、降解，最终以中性硫形式随尿排出体外。

【药理作用】本品属于竞争性解毒剂，二巯基丙醇有2个活性巯基（-SH），与金属亲和力强，能夺取已与细胞酶结合的金属，形成稳定无毒的络合物并随尿排出，发挥解毒作用。一分子二巯基丙醇可结合一个金属原子，形成不溶性复合物；二分子则与一个金属原子结合形成较稳定的水溶性复合物。复合物在体内又会解离为二巯基丙醇和金属，失去解毒作用，而游离的金属原子仍能引起中毒，因此必须重复给药，以维持血液中二巯基丙醇与金属的浓度在2∶1的优势水平，使游离金属与二巯基丙醇再结合，直至金属排出，毒性作用消失为止。对急性金属中毒有效，在动物接触金属后1~2 h内使用效果最好，超过6 h作用减弱。当动物发生慢性中毒时，虽能促进金属经尿排出，但已被金属抑制带有巯基的细胞酶无法恢复活力,解毒效果差。

【临床应用】本品主要用于解救汞、砷、金等的中毒,对铅中毒效果不及依地酸钙钠,对铜中毒效果不及青霉胺,对锑中毒的解毒效果因锑制剂品种的不同而异。

【不良反应】本品有收缩小动脉作用,可使血压上升、心跳加速,大剂量使用能损伤毛细血管,使血压下降。对肝、肾具有损害作用,过量使用可造成动物呕吐、震颤、抽搐、昏迷,甚至死亡。因药物排出迅速,多数不良反应持续时间短。

【注意事项】仅肌内注射给药,注射后会引起局部疼痛,因此需要深部注射并更换注射部位。碱化尿液以减少络合物的离解,从而减轻肾损害。禁用于镉、硒、铁、铀中毒,因与这些金属形成的复合物毒性高于金属本身。本品能抑制动物机体的其他酶系统,需严格控制其用量。

【用法与用量】肌内注射:一次量,每1 kg体重,家畜2.5~5.0 mg。

【最高残留限量】允许用于所有哺乳类食品动物,不需要制定残留限量。

【制剂】二巯基丙醇注射液(dimercaprol injection)。

二巯丙磺钠(sodium dimercaptopropanesulfonate)

【理化性质】白色结晶性粉末,有类似蒜的臭味,有引湿性。在水中易溶,在乙醇、三氯甲烷或乙醚中不溶。

【药理作用】药理作用与二巯基丙醇相似,但对急性汞中毒效果较好,毒性较弱。

【不良反应】静脉注射速度过快可引起呕吐、心动过速等。

【临床应用】主要用于解救汞、砷中毒,也可用于铅、镉中毒。

【注意事项】本品为无色澄明液体,久置毒性增大,出现浑浊变色时不能使用。多采用肌内注射,静脉注射速度宜慢。

【用法与用量】静脉或肌内注射:一次量,每1 kg体重,牛、马5~8 mg,猪、羊7~10 mg。

【最高残留限量】允许用于食品动物马、牛、猪和羊,不需要制定残留限量。

【制剂】二巯丙磺钠注射液(sodium dimercaptopropanesulfonate injection)。

第五节 有机氟中毒解毒剂

有机氟中毒是动物误食被有机氟化合物(氟乙酰胺、氟乙酸钠、甘氟等)污染的饲草或饮水而引起的中毒病。有机氟化合物在进入动物机体后活化形成氟乙酸,因氟乙酸结构与乙酸相似,能与乙酰辅酶A缩合成氟乙酰辅酶A,氟乙酰辅酶A代替乙酰辅酶A与草酰乙酸结合,生成氟柠檬酸。氟柠檬酸的结构与三羧酸循环中柠檬酸相似,能与柠檬酸竞争顺乌头酸酶,从而抑制乌头酸酶的活性,中断三羧酸循环,导致体内柠檬酸在体内蓄积和ATP生成不足,影响细胞代谢。

乙酰胺(acetamide)

乙酰胺又称解氟灵。

【理化性质】白色透明结晶,易潮解。在水中极易溶解,在乙醇或吡啶中易溶,在甘油或三氯甲烷中溶解。

【药理作用】乙酰胺为解毒药,对有机氟杀虫剂和杀鼠药氟乙酰胺、氟乙酸钠等中毒具有解毒作用。由于其化学结构与氟乙酰胺相似,其解毒机制可能为乙酰胺的乙酰基与氟乙酰胺争夺酰胺酶,使氟乙酰胺不能脱氨转化为氟乙酸,阻止氟乙酸对三羧酸循环的干扰,恢复组织正常代谢功能,从而消除有机氟对机体的毒性。

【临床应用】本品用于有机氟杀虫药和杀鼠药氟乙酰胺、氟乙酸钠等的解毒。

【不良反应】酸性强,肌内注射时引起局部疼痛。

【用法与用量】静脉或肌内注射,一次量,家畜,每1 kg体重,50~100 mg。在中毒的早期应足量给药。

【注意事项】肌内注射时可配合使用适量的普鲁卡因或利多卡因注射液,以减轻疼痛。

【制剂】乙酰胺注射液(acetamide injection)。

复习与思考

试述有机磷农药的中毒机制和解毒机制。

拓展阅读

扫码获取本章的复习与思考题、案例分析、相关阅读资料等数字资源。

附录

一、英文药名索引（以字母顺序为序）

1

1-bromo-3-chloro-5, 285

5-dimethyl hydantoin, 285

A

acetamide, 336

acetaminophen, 182

acetylcysteine, 139

adrenaline, 047

albendazole, 303

alcohol, 289

allii sativi bulbus, 121

altrenogest, 150

aluminium hydroxide, 124

aminophylline, 142

amitraz, 324

ammonium chloride, 137

amobarbital sodium, 094

amomi fructus rotundus, 120

amoxicilin, 229

ampicillin, 228

anisodamine, 058

apomorphine, 126

apramycin, 241

artificial carlsbad salt, 121

aspirin, 115

atracurium, 061

atropine, 057

B

bacitracin, 257

baclofen, 064

benadryl, 173

benzalkonium bromide, 290

benzathine benzylpenicillin, 227

benzathine cloxacillin, 230

benzylpenicillin, 225

betamethasone, 168

bethanechol, 054

bismuth subnitrate, 132

bromhexine hydrochloride, 138

buprenorphine, 086

butorphanol, 086

C

calcium carbonate, 124

calcium oxide, 288

captopril, 107

calcium pantothenate, 271

calcium hydrogen phosphate, 202

carbachol, 054

carboproste $F_{2\alpha}$, 177

carprofen, 184

castor oil, 131

cefovecin, 235

cefquinome, 233

ceftiofur, 232

cephalexin, 233

chlorhexidine acetate, 291

chlorinated lime, 284

chlorine dioxide, 287

chlorphenamine, 173

chlorpromazine, 076

chlortetracycline, 244

chlortrimeton, 173

chlorzoxazone, 063

chorionic gonadotropin, 151

choline chloride, 214

cimetidine, 174

citri reticulatae pericarpium, 120

clavulanic acid, 236

clenbuterol, 051

cloprostenol, 177

closantel, 310

clotrimazole, 275

cloxacillin, 228

codeine, 087

colistin, 256

concentrated sodium chloride injection, 127

copper sulfate, 204

cortisol, 166

cresol, 282

D

dantrolene, 061

deciquan, 290

deltamethrin, 322

dexamethasone, 167

dexamethasone acetate, 167

dextran, 192

diaveridine, 264

diazepam, 077

diazinon, 320

dichlorvos, 321

diclazuril, 314

difloxacin, 270

digoxin, 104

dihydrostreptomycin, 238

dilute acetic acid, 122

dilute hydrochloric acid, 122

dimercaprol, 334

dimethicone, 128

dimetridazole, 272

diminazene aceturate, 317

diphenhydramine, 173

diphenoxylate hydrochloride, 132

dipterex, 306

disodium cromoglycate, 143

disopyramide, 110

DL-α生育酚乙酸酯, 200

domiphen bromide, 290

domperidone, 127

doxycycline, 245

D-生物素, 211

E

enalapril, 107

enrofloxacin, 268

eperisone, 063

ephedrine, 049

ergometrine, 154

erythromycin, 248

estradiol benzoate, 148

etamsylate, 112

ethacridine lactate, 294

etorphine, 087

F

febantel, 305

fentanyl, 086

fenthion, 321

florfenicol, 247

flunixin meglumine, 182

fluocinolone acetate, 168

follicle stimulating hormone, 150

formaldehyde, 282

furosemide, 196

G

gamithromycin, 253

gentianae radix et rhizoma, 119

glucose, 191

glutaraldehyde, 283

glycerol guaiacolate, 062

glycopyrrolate, 059

glycyrrhiza radix et rhizoma, 140

gonadorelin, 153

guaifenesin, 062

H

halofuginone, 316

heparin, 114

homatropine, 059

hydralazine, 106

hydrocortisone, 166

hydrogen peroxide, 292

hydromorphone, 087

hypophysin pituitrin, 154

I

ichthammol, 128

imidacloprid, 323

imidocarb, 318

iodine, 291

isoprenaline, 050

ivermectin, 300

K

kanamycin, 239

ketamine, 094

ketoconazole, 274

kitasamycin, 249

L

lactasin, 123

lactic acid, 122

lasalocid, 313

levamisole hydrochloride, 305

lidocaine, 067

lincomycin, 254

liquid paraffin, 130

luteinizing hormone releasing hormone A_2, 153

luteinizing hormone, LH, 150

L-抗坏血酸, 213

M

maduramicin, 314

magnesium oxide, 124

magnesium sulfate, 130

magnesium sulfate injection, 081

malathion, 321

mannitol, 197

maquindox, 272

marbofloxacin, 271

medicinal charcoal, 132

meloxicam, 183

meperidine, 085

mestinon, 056

metamizole, 184

methadone, 087

methylrosanilinium chloride, 293

methythioninium chloride, 331

metoclopramide, 126

metronidazole, 272

milbexime, 302

milrinone, 105

monensin, 313

morphine, 085

moxidectin, 301

N

naloxone, 086

naltrexone, 087

nandrolone phenylpropionate, 148

neomycin, 240

neostigmine, 055

niclofolan, 308

nikethamide, 097

nitenpyram, 323

nitroscanate, 310

noradrenaline, 049

nystatin, 274

O

omeprazole, 125

oxacillin, 228

oxibendazole, 304

oxytetracycline, 243

oxytocin, 153

P

P-aminomethylbenzoic acid, 113

pancuronium bromide, 062

paracetamol, 182

pennicillin G, 225

pentazocine, 087

pentothal, 093

pentoxyverine, 140

peracetic acid, 286

pethidine, 085

phenergan, 174

phenobarbital, 080

phenol, 282

phentolamine, 051

pilocarpine, 055

pimobendane, 106

piperazine, 307

potassium chloride, 190

potassium iodide, 138

potassium permanganate, 293

potassium peroxymonosulphate, 286

povidone iodine, 292

pralidoxime iodide, 329

praziquantel, 308

prednisone acetate, 166

procaine, 067

procainamide, 109

procaine benzylpenicillin, 227

progesterone, 149

promethazine, 174

propantheline bromide, 058

propranolol, 052

prostaglandin $F_{2\alpha}$ tromethamine, 177

pyridostigmine, 056

Q

quinidine, 109

R

radixet rhizoma rhei, 131

ranitidine, 175

S

saccharomyces siccum, 123

sarafloxacin, 270

scopolamine, 058

sharorana, 324

sodium bicarbonate, 191

sodium bromide, 081

sodium chloride, 189

sodium dichloroisocyanurate, 285

sodium dimercaptopropanesulfonate, 335

sodium hydroxide, 287

sodium lactate, 192

sodium nitrite, 333

sodium salicylate, 181

sodium sulfate, 130

sodium selentite, 206

sodium iodide, 206

sodium thiosulfate, 333

sorbitol, 198

spectinomycin, 240

spironolactone, 197

streptomycin, 237

streptokinasum, 115

strong lodine tincture, 071

strophanthin K, 105

strychni semen, 120

strychnine, 097

succinylcholine, 060

sulfaquinoxaline, 259

T

testosterone propionate, 147

tetracaine, 068

tetracycline, 242

thiamphenicol, 246

thiazides, 196

tiamulin, 255

tildipirosin, 248

tilmicosin, 251

tolfenamic acid, 184

toltrazuril, 315

transamic acid, 113

trichlorphon, 306

trimethoprim, 264

tulathromycin, 252

tylosin, 250

tylvalosin, 251

V

valnemulin, 256

vitamin K, 112

vitamin A acetate, 208

vitamin A palmitate, 208

W

warfarin, 114

X

xylazine, 078

xylazole, 079

Y

yeast, 123

Z

zingiberis rhizoma recens, 121

zolazepam, 063

二、中文药名索引(以汉语拼音为序)

A

阿苯达唑, 299

阿莫西林, 217

阿扑吗啡, 126

阿曲库铵, 063

阿司匹林, 115

阿托品, 057

埃托啡,087
安乃近,184
安普霉素,241
安特诺新,113
氨茶碱,142
氨基丁三醇前列腺素 $F_{2\alpha}$,177
氨甲苯酸,113
氨甲环酸,113
氨甲酰胆碱,054
氨甲酰甲胆碱,054
氨苄西林,228
奥美拉唑,125
溴丙胺太林,125

B

倍硫磷,321
倍他米松,168
苯巴比妥,080
苯丙酸诺龙,148
苯酚,282
苯海拉明,173
苯甲酸雌二醇,148
苯扎溴铵,290
苯唑西林,229
吡虫啉,323
吡喹酮,308
蓖麻油,131
苄星氯唑西林,230
苄星青霉素,227
丙酸睾酮,147
薄荷脑,071
布他磷,202

C

常山酮,316
陈皮,120

垂体后叶素,154
促黄体素释放激素 A_2,152
促黄体素释放激素 A_3,153
醋酸地塞米松,167
醋酸氟轻松,168
醋酸氯己定,291
醋酸泼尼松,166

D

达氟沙星,269
大观霉素,240
大黄,131
大蒜,121
地高辛,104
地克珠利,314
地美硝唑,273
地塞米松,167
地西泮,077
敌百虫,306
敌敌畏,321
碘,291
碘化钾,138
碘化钠,206
碘解磷定,329
丁丙诺啡,086
丁卡因,068
东莨菪碱,058
豆蔻,120
毒毛花苷 K,105
度米芬,290
对乙酰氨基酚,182
多潘立酮,127
多西环素,245

E

恩诺沙星, 268

二氟沙星, 270

二甲硅油, 128

二甲氧苄啶, 264

二氯异氰尿酸钠, 285

二嗪农, 320

二巯丙磺钠, 335

二巯基丙醇, 334

二氧化氯, 287

F

泛酸钙, 211

非班太尔, 305

芬太尼, 086

酚磺乙胺, 112

酚妥拉明, 051

呋塞米, 196

氟苯尼考, 247

氟尼辛葡甲胺, 182

G

甘草, 140

甘露醇, 197

杆菌肽, 257

肝素, 114

干姜, 121

干酵母, 123

高锰酸钾, 293

戈那瑞林, 153

格隆溴铵, 059

枸橼酸钠, 114

癸甲溴铵, 290

过硫酸氢钾复合盐, 286

过氧化氢, 292

过氧乙酸, 286

H

含氯石灰, 284

红霉素, 248

后马托品, 059

琥珀酰胆碱, 061

华法林, 114

环氢羟吗喃, 086

黄体生成素, 151

磺胺喹噁啉, 316

J

吉他霉素, 249

加米霉素, 253

甲酚, 282

甲砜霉素, 246

甲基前列腺素 $F_{2\alpha}$, 177

甲醛, 283

甲硝阿托品, 059

甲硝唑, 273

甲氧苄啶, 264

甲氧氯普胺, 126

甲紫, 293

碱式硝酸铋, 132

金霉素, 244

肼屈嗪, 106

聚维酮碘, 292

K

卡洛芬, 184

卡那霉素, 239

卡托普利, 107

可待因, 087

克拉维酸, 236

克伦特罗, 051

克霉唑, 275

奎尼丁, 109

L

拉沙洛西,313
雷尼替丁,175
力奥来素,064
利多卡因,067
链霉素,237
林可霉素,254
磷酸氢钙,202
硫代硫酸钠,333
硫喷妥,093
硫酸镁,130
硫酸镁注射液,081
硫酸锰,205
硫酸钠,130
硫酸铜,204
硫酸锌,205
龙胆,119
卵泡刺激素,150
螺内酯,197
氯胺酮,094
氯苯那敏,173
氯丙嗪,076
氯化铵,137
氯化胆碱,214
氯化钴,206
氯化钾,190
氯化钠,189
氯前列醇,177
氯唑西林,230

M

麻黄碱,049
马波沙星,271
马促性腺激素,152
马度米星,314
马拉硫磷,321
马钱子,120
吗啡,085
麦角新碱,154
毛果芸香碱,055
美洛昔康,183
美沙酮,087
米尔贝肟,302
米力农,105
莫能菌素,313
莫西菌素,301

N

纳洛酮,086
纳曲酮,087
尼可刹米,097
黏菌素,256
浓碘酊,071
浓氯化钠注射液,127

P

哌嗪,307
哌替啶,085
潘寇罗宁,062
喷托维林,140
匹莫苯丹,106
葡萄糖,191
普鲁卡因,067
普鲁卡因胺,109
普鲁卡因青霉素,227
普萘洛尔,052

Q

青霉素,225
氢化可的松,166
氢吗啡酮,087
氢氧化铝,124

氢氧化钠, 287
庆大霉素, 239
去甲肾上腺素, 049

R

人工盐, 121
绒促性素, 151
乳酶生, 123
乳酸, 122
乳酸钠, 192
乳酸依沙吖啶, 294

S

噻嗪类, 196
赛拉嗪, 078
赛拉唑, 079
三氮脒, 317
色甘酸钠, 143
沙拉沙星, 270
沙罗拉纳, 324
山莨菪碱, 058
山梨醇, 198
肾上腺素, 047
士的宁, 097
双甲脒, 324
双脒苯脲, 318
双氢链霉素, 238
水杨酸钠, 181

S

四环素, 244
缩宫素, 153

T

泰地罗新, 252
泰拉霉素, 252
泰乐菌素, 250
泰妙菌素, 255

泰万菌素, 251
碳酸钙, 124
碳酸氢钠, 191
替米考星, 251
铁制剂, 115
酮康唑, 274
头孢氨苄, 233
头孢喹肟, 235
头孢噻呋, 234
头孢维星, 235
土霉素, 243
托芬那酸, 184
托曲珠利, 315

W

胃蛋白酶, 123
维生素 B_1, 209
维生素 B_{12}, 213
维生素 B_2, 209
维生素 D_2, 208
维生素 K, 112
沃尼妙林, 256
戊二醛, 283

X

西咪替丁, 174
烯啶虫胺, 323
稀醋酸, 122
稀盐酸, 122
硝硫氰酯, 310
硝氯酚, 309
新霉素, 240
新斯的明, 055
溴吡斯的明, 056
溴丙胺太林, 058
溴化钠, 081

溴氯海因,285
溴氰菊酯,322

Y

亚甲蓝,331
亚硒酸钠,206
亚硝酸钠,333
烟酰胺,210
盐酸地芬诺酯,132
盐酸溴己新,138
洋地黄,104
氧苯达唑,304
氧化钙,288
氧化镁,124
药用炭,132
叶酸,212
液状石蜡,130
伊维菌素,301
依那普利,107

乙醇,289
乙哌立松,063
乙酰胺,336
乙酰半胱氨酸,139
乙酰甲喹,272
异丙吡胺,110
异丙嗪,174
异丙肾上腺素,050
异戊巴比妥钠,094
右旋糖酐,192
鱼石脂,128
愈创木酚甘油醚,062
孕酮,149

Z

镇痛新,087
制霉菌素,274
左旋咪唑,305
唑拉西泮,063

主要参考文献

[1] (美)里维耶尔,帕皮奇.兽医药理学与治疗学[M].9版.操继跃,刘雅红,译.北京:中国农业出版社,2012.

[2] 曾振灵.兽药手册[M].2版.北京:化学工业出版社,2012.

[3] 常德雄.规模猪场猪病高效防控手册[M].北京:化学工业出版社,2021.

[4] (美)罗兰德.临床药代动力学与药效动力学[M].4版.陈东生,黄璞,译.北京:人民卫生出版社,2012.

[5] 陈杖榴,曾振灵.兽医药理学[M].4版.北京:中国农业出版社,2017.

[6] 陈杖榴.兽医药理学[M].3版.北京:中国农业出版社,2009.

[7] 国家药典委员会.中华人民共和国药典[M].第二部.北京:中国医药科技出版社,2020.

[8] 李继昌,哈斯苏荣.兽医药理学[M].北京:中国林业出版社,2014.

[9] (美)勃拉姆.兽药手册[M].7版.沈建忠,冯忠武,曹兴元,译.北京:中国农业大学出版社,2015.

[10] 王国栋,朱凤霞,张三军.兽医药理学[M].北京:中国农业科学技术出版社,2018.

[11] 王海洋,李春花,刘玉敏.动物药理学[M].武汉:华中科技大学出版社,2021.

[12] (美)Cynthia M. Kahn,Scott Line.默克兽医手册[M].10版.张仲秋,丁伯良,译.北京:中国农业出版社,2015.

[13] 中国兽药典委员会.兽药质量标准:2017年版·化学药品卷[M].北京:中国农业出版社,2017.

[14] 中国兽药典委员会.中华人民共和国兽药典·2020年版[M].二部.北京:中国农业出版社,2020.

[15] 中国兽药典委员会.中华人民共和国兽药典·2020年版[M].一部.北京:中国农业出版社,2020.

[16] Bill R L. Clinical pharmacology and therapeutics for veterinary technicians [M]. 10th ed. New York: Elsevier Science Health Science Division, 2006.

[17] Landsberg G M, Hunthausen W, Ackerman L. Handbook of behaviour problems of the dog and cat [M]. 2nd ed. New York: Elsevier Science Health Science division, 2003

[18] Riviere J E, Papich M G. Veterinary pharmacology & therapeutics [M] 10th ed. New York: Wiley Blackwell, 2018.